Das Rechnungswesen als Führungsinstrument

Jürg Leimgruber
Urs Prochinig

Das Rechnungswesen als Führungsinstrument

VERLAG:SKV

Dr. Jürg Leimgruber und Dr. Urs Prochinig

schlossen ihre Studien an der Universität Zürich mit dem Doktorat ab. Sie verfügen über Abschlüsse als MBA (Master of Business Administration) und MASSHE (Master of Advanced Studies in Secondary and Higher Education). Nebst ihrer wissenschaftlichen Tätigkeit arbeiten sie als Unternehmensberater und als Dozenten in der Erwachsenenbildung. Sie sind Mitglieder verschiedener eidg. Prüfungsgremien.

7. Auflage 2017

ISBN 978-3-286-33097-9

Gestaltung: Peter Heim
Umschlag: Brandl & Schärer AG
Titelbild: Weg ins Licht von Benno Schulthess, Widen

Vorwort

Die Führungsaufgaben werden für die Kader aller Stufen immer komplexer und anspruchsvoller. Deshalb müssen erfolgreiche Führungskräfte die wichtigsten Instrumente der finanziellen Unternehmungsführung beherrschen.

In diesem Lehrbuch stehen nicht buchungstechnische Vorgänge im Vordergrund, viel mehr sollen die betriebswirtschaftlichen Zusammenhänge erklärt und sichtbar gemacht werden. Das Lehrbuch beschränkt sich auf das Wesentliche und verschafft den Überblick über:

Geldflussrechnung und Finanzplanung	Kostenrechnung und Kalkulation
Bilanz- und Erfolgsanalyse	Investitionsrechnung

Das Lehrbuch setzt Grundkenntnisse der doppelten Buchhaltung① voraus und richtet sich vor allem an:

▷ Kandidatinnen und Kandidaten von höheren eidgenössischen Prüfungen wie Technische Kaufleute, Marketingplaner, Verkaufskoordinatoren, Bank- und Versicherungsfachleute, Finanzanalysten oder Wirtschaftsinformatiker

▷ Teilnehmerinnen und Teilnehmer an Kaderbildungsgängen wie Höhere Fachschule für Wirtschaft (HFW) oder Nachdiplomstudien für Nicht-Ökonomen

▷ Sachbearbeiterinnen und Sachbearbeiter im Rechnungswesen

▷ Studentinnen und Studenten an Universitäten und Fachhochschulen

▷ Praktikerinnen und Praktiker aus Wirtschaft und Verwaltung

Das Lehrmittel ist wie folgt aufgebaut:

▷ Der **Theorieteil** vermittelt das Grundwissen auf anschauliche, übersichtliche Weise.

▷ Der **Aufgabenteil** enthält vielfältige und abwechslungsreiche Übungen zur Vertiefung des Stoffs anhand von Beispielen.

▷ Der separate ausführliche **Lösungsband** dient der Lernkontrolle (Feedback) und macht dieses Lehrmittel auch für das Selbststudium attraktiv.

▷ Unter **www.verlagskv.ch** können gratis leere **Folienvorlagen** für die Aufgaben heruntergeladen werden. Ebenfalls verfügbar ist eine **Korrigenda** mit Hinweisen auf gesetzliche Änderungen und Druckfehler.

Wir danken allen Kolleginnen und Kollegen, die uns mit Rat und Tat bei der Entwicklung dieses Lehrmittels unterstützt haben. Speziell bedanken möchten wir uns bei Frau Theres Prochinig für die sorgfältige und kritische Durchsicht des Manuskriptes. Gerne hoffen wir auf aufbauende Kritik.

Viel Spass beim Lernen und viel Erfolg beim Anwenden des Gelernten.

Zürich, Januar 2017

Jürg Leimgruber
Urs Prochinig

① Die Grundlagen des Rechnungswesens werden ausführlich behandelt in: Leimgruber/Prochinig, Das Rechnungswesen der Unternehmung (mit separatem Lösungsband), Verlag SKV, Zürich.

Vorwort zur 7. Auflage

Aufgrund von Anpassungen an gesetzliche Vorgaben und Anregungen von Lehrpersonen wurde der Aufgabenteil zur Geldflussrechnung gründlich überarbeitet. Bei den übrigen Teilen des Lehrbuchs sind die Änderungen minimal.

Die wichtigsten Neuerungen im Einzelnen sind:

1. Teil: Geldflussrechnung

- ▷ Die Gliederung der Reserven erfolgt entweder nach Swiss GAAP FER oder OR.
- ▷ Kapitel 12: Der Aufgabenteil wurde gründlich überarbeitet.
- ▷ Kapitel 13: Die neuen Aufgaben 13.01, 13.06 und 13.09 ersetzen bisherige.

2. Teil: Bilanz- und Erfolgsanalyse

- ▷ Die Aufgabe 2.05 wurde ersetzt durch die erweiterte frühere Aufgabe 2.06.
- ▷ Bei den ausgewählten Bewertungsvorschriften wurden im Theorieteil die Beteiligungen entfernt. Aufgabe 22.26 wurde entsprechend angepasst.
- ▷ In der Theorie wurden die Zahlen beim Beispiel zur Aktivitätsanalyse geändert und die Kapitalbindungsdauer ausgewiesen. Dementsprechend wurden die Aufgaben 26.01 und 26.02 angepasst.

3. Teil: Kostenrechnung

- ▷ Der Theorieteil wurde erweitert um die Übersicht zu den Erfolgsrechnungen und eine alternative Methode zur Berechnung der Preisuntergrenze.
- ▷ Die neuen Aufgaben 35.25 bis 35.28 wurden eingeschoben.
- ▷ Die Aufgabe 36.07 enthält neu Erlösminderungen. Ausserdem wird in der Erfolgsrechnung zusätzlich der Bruttogewinn ausgewiesen.

4. Teil: Investitionsrechnung

- ▷ Keine Änderungen.

Das Lehrmittel erscheint neu als Bundle und enthält das Theorie- und Aufgabenbuch, das Lösungsbuch und zusätzlich die PDF-Ausgaben beider Bücher. Sämtliche digitale Begleitmaterialien können unter www.bookshelf.verlagskv.ch nach Eingabe des abgedruckten Lizenzschlüssels (siehe vorne im Buch) heruntergeladen werden.

Wir danken für das Vertrauen und wünschen weiterhin viel Spass und Erfolg beim Lernen und Lehren.

Forch und Rafz, Januar 2017 — Die Autoren

Inhaltsverzeichnis

	Theorie	Aufgaben
Anhang		
Literaturverzeichnis		457
Stichwortverzeichnis		458
Tabelle 1: Abzinsungsfaktoren		461
Tabelle 2: Rentenbarwertfaktoren		463
Kennzahlendefinitionen		466
Kennzahlenwerte aus der Praxis		467
Kontenrahmen KMU		469

Theorie

1. Teil Geldflussrechnung

Einleitung

Bilanz = 1. Jahresrechnung

Die Bilanz ist die älteste Jahresrechnung. In ihr werden die Aktiven (Vermögen) und die Passiven (Schulden und Reinvermögen) einander wie zwei Waagschalen (ital. bilancia = Waage) gegenübergestellt.

Die Bilanz ist eine Momentaufnahme, die mit einer Fotografie vergleichbar ist. Sie zeigt nicht Abläufe und Prozesse in einem Zeitraum, sondern Bestände zu einem Zeitpunkt und wird deshalb Bestandesrechnung oder statische Rechnung genannt.

In der Buchhaltung ergibt sich die Bilanz nach den Regeln der Doppik in Kontoform; in Geschäftsberichten wird die Präsentation der Bilanz in Berichtsform (Staffelform) bevorzugt.

Bilanz

Aktiven (Vermögen)	Fremdkapital (Schulden)
	Saldo = Eigenkapital (Reinvermögen)

Bilanz

	Aktiven (Vermögen)
./.	Fremdkapital (Schulden)
=	Eigenkapital (Reinvermögen)

Aus beiden Darstellungen geht hervor, dass das Eigenkapital in der Bilanz die Saldogrösse darstellt: Es zeigt den Überschuss des Vermögens über die Schulden.

Die Vertreter der **statischen Bilanztheorie** betrachten die Bilanz als den wichtigsten Teil des Rechnungswesens und sehen den Hauptzweck der Buchhaltung in der Ermittlung des Reinvermögens sowie der Rechenschaftsablage gegenüber den Kapitalgebern über die Verwendung des Kapitals und seine Deckung durch das Vermögen. Diese Auffassung prägte die obligationenrechtlichen Bewertungsvorschriften, denen letztlich die Idee zugrunde liegt, dass der Gläubigerschutz und die Erhaltung des Unternehmens durch eine fundierte Vermögenslage besser gesichert erscheinen als durch die Ertragskraft des Unternehmens.

Erfolgsrechnung = 2. Jahresrechnung

Schon dem sagenhaft reichen Perserkönig Krösus mag beim jährlichen Zählen seines immensen Vermögens die Frage aufgetaucht sein, welches wohl die Ursachen für die Vermögensvermehrungen von einem Jahresende zum nächsten gewesen sein könnten, und seine Höflinge werden ihm als mögliche Antworten erfolgreiche Feldzüge, Edelsteinfunde oder Rekordernten genannt haben. Und damit war die Erfolgsrechnung erfunden.

Allerdings dauerte es noch etwa 2000 Jahre, bis der Franziskanermönch Luca Pacioli 1494 diese Form der (doppelten) Buchführung zum ersten Mal zusammenfassend beschrieb.

Die Erfolgsrechnung gibt als zeitraumbezogene Rechnung Auskunft über die durch die Geschäftstätigkeit verursachten Erhöhungen und Verminderungen des Eigenkapitals in einer Periode.① Der Erfolg ist der Saldo der Erfolgsrechnung und bedeutet Gewinn oder Verlust, je nachdem, ob die Erträge oder die Aufwände grösser sind.

Erfolgsrechnung

Aufwand (= Abnahmen des Eigenkapitals)	Ertrag (= Zunahmen des Eigenkapitals)
Saldo = Gewinn	

Erfolgsrechnung

	Ertrag
./.	Aufwand
=	Erfolg (Gewinn oder Verlust)

Durch den industriellen Aufschwung im ausgehenden 19. Jahrhundert stiegen auch die Ansprüche des Managements an das Rechnungswesen, sodass die Erfolgsrechnung als (nach der Bilanz) zweite Jahresrechnung bald eine grosse Verbreitung erreichte.

Besondere Verdienste erwarb dabei Eugen Schmalenbach (Leipzig 1919) durch seine Ausführungen zur **dynamischen Bilanzauffassung.** Er vertrat die Ansicht, dass nicht der Bilanz, sondern der Gewinn- und Verlustrechnung (das ist die in Deutschland gebräuchliche Bezeichnung für die Erfolgsrechnung) in der Abschlussrechnung der Vorrang gebühre und die Bilanz nur den Wurmfortsatz der Erfolgsrechnung darstelle.

① In der Erfolgsrechnung unberücksichtigt bleiben die Zu- und Abnahmen des Eigenkapitals, welche durch den Verkehr mit den Eigentümern des Unternehmens entstehen, zum Beispiel Kapitalerhöhungen und -rückzüge sowie Gewinnausschüttungen.

Geldflussrechnung = 3. Jahresrechnung

In den letzten Jahrzehnten wurde die Wirtschaft immer komplexer: Wachsende Betriebsgrössen, zunehmende nationale und internationale Verflechtungen, erhöhter Konkurrenzdruck, steigende Steuer- und Soziallasten, rasante technologische Entwicklungen, vermehrte ökologische Probleme, stagnierende Umsätze, verminderte Gewinnmargen sowie weltweit nachlassende wirtschaftliche Stabilität gestalten die Führungsaufgaben für die Manager immer anspruchsvoller.

Deshalb gewannen die Instrumente der finanziellen Unternehmensführung laufend an Bedeutung. Zu den wichtigen Neuerungen gehört die Geldflussrechnung.

Die Geldflussrechnung zeigt als zeitraumbezogene Rechnung die Ursachen für die Zunahmen und Abnahmen der Geldbestände (flüssige Mittel) in einer Periode. Als Saldo ergibt sich die Veränderung der flüssigen Mittel der Berichtsperiode (im kontenmässig dargestellten Beispiel handelt es sich um eine Zunahme).

Geldflussrechnung

Einnahmen (= Zuflüsse von flüssigen Mitteln)	Ausgaben (= Abflüsse von flüssigen Mitteln)
	Saldo = Zunahme der flüssigen Mittel

Geldflussrechnung

	Einnahmen
./.	Ausgaben
=	Veränderung der flüssigen Mittel

Die Geldflussrechnung wird in der Schweiz auch **Mittelflussrechnung** genannt, weil sie die Veränderungen bestimmter Mittelgesamtheiten – in der Regel die flüssigen Mittel – aufzeigt.①

Die Deutschen verwenden für die Geldflussrechnung den Begriff **Kapitalflussrechnung**, der früher in der Schweiz auch gebräuchlich war, heute aber als nicht mehr zweckmässig betrachtet wird, weil der Begriff *Kapital* in der Wirtschaft sehr unterschiedlich verwendet wird und das Wesen der Geldflussrechnung – nämlich die Darstellung der Geldflüsse – überhaupt nicht wiedergibt.

① Mittelgesamtheiten werden auch als **Fonds** bezeichnet (von Amerikanisch *funds* = Geldmittel; bzw. Lateinisch *fundus* = für bestimmte Zwecke gebildete Vermögensreserve):

- ▷ Unter dem Fonds *flüssige Mittel* versteht man alle Bestände an Geld sowie an geldähnlichen Vermögenswerten. **Die Mittelflussrechnung zum Fonds *flüssige Mittel* wird Geldflussrechnung genannt.** Sie steht im Zentrum dieses Lehrbuchs.
- ▷ Der Fonds *Nettoumlaufvermögen* umfasst das Umlaufvermögen abzüglich das kurzfristige Fremdkapital. Die Mittelflussrechnung zum Fonds *Nettoumlaufvermögen* wird erklärt im Lehrbuch von Urs Prochinig: Mittelflussrechnung – Geldflussrechnung, Kapitel 6 (Verlag SKV).

Die ersten theoretischen Darstellungen über Mittelflussrechnungen wurden zwar schon um 1910 in den USA publiziert; praktische Bedeutung erlangten solche Rechnungen erst nach dem Zweiten Weltkrieg, zuerst in den USA und später in Europa. In der Schweiz erfolgte die erste *Veröffentlichung eines Ausweises für zusätzliche Finanzierung und Investierung* im Jahresbericht der Landis & Gyr AG von 1957, später fasste Karl Käfer (Zürich 1967) die Grundlagen in seinem Werk *Kapitalflussrechnungen* erstmals zusammen.

Die Notwendigkeit von Mittelflussrechnungen ergibt sich hauptsächlich aus dem Umstand, dass Bilanz und Erfolgsrechnung zwei wichtige Informationsbedürfnisse der Geschäftsleitung und der Investoren (Aktionäre) nicht abdecken:

▷ Eigentliche Flussgrössen, die Auskunft über die Veränderungen der Kapital- und Vermögensstruktur der Unternehmung geben können, fehlen.

▷ Die statische Liquiditätsanalyse aufgrund der Bilanz① liefert ungenügende Informationen über die Entwicklung der Zahlungsbereitschaft, vor allem weil die Zahlen zeitpunktbezogen sind, keine Angaben über die Ursachen enthalten und die Erfolgsrechnung ausser Acht lassen.

Die Geldflussrechnung schliesst als dritte Jahresrechnung die Informationslücken von Bilanz und Erfolgsrechnung, indem sie Aufschluss gibt über

▷ die Liquiditätsentwicklung

▷ die Investierungsvorgänge sowie

▷ die Finanzierungsmassnahmen

innerhalb vergangener oder künftiger Geschäftsperioden.

① Die statische Liquiditätsanalyse basiert auf folgenden Kennzahlen:

Liquiditätsgrad 1	$\frac{\text{Flüssige Mittel}}{\text{Kurzfristiges Fremdkapital}}$
Liquiditätsgrad 2	$\frac{\text{Flüssige Mittel + Forderungen}}{\text{Kurzfristiges Fremdkapital}}$
Liquiditätsgrad 3	$\frac{\text{Umlaufvermögen}}{\text{Kurzfristiges Fremdkapital}}$

Eine ausführliche Besprechung dieser Kennzahlen finden Sie in Kapitel 23 dieses Lehrbuchs.

Geldflussrechnung

Die drei Gesamtrechnungen der Finanzbuchhaltung im Überblick

Form und Inhalt des Rechnungswesens sind auf das Zielsystem einer Unternehmung auszurichten:

Unternehmensziele

Leistungsziele

Das sind Ziele bezüglich der Leistungserstellung und des Absatzes.

Beispiele:
- ▷ Eine Schule setzt sich zum Ziel, dass 90% ihrer Lernenden die Prüfung bestehen.
- ▷ Ein Chip-Hersteller will bis Ende Jahr einen Prozessor mit einer bestimmten Taktfrequenz auf den Markt bringen.

Finanzielle Ziele

Das sind Ziele zur Vermögens-, Finanz- und Ertragslage.

Beispiele:
- ▷ Im langjährigen Schnitt soll eine Rendite des Eigenkapitals von 12% erwirtschaftet werden.
- ▷ Aus Sicherheitsgründen soll die Eigenfinanzierungsquote mindestens 50% betragen.

Soziale Ziele

Diese Ziele beziehen sich auf die eigenen Mitarbeiter, die Gesellschaft oder die Umwelt.

Beispiele:
- ▷ Ein Betrieb fördert die Weiterbildung seiner Mitarbeitenden.
- ▷ Ein Modehaus kauft keine durch Kinderarbeit produzierten Kleider.
- ▷ Ein Metallbaubetrieb will die Umweltemissionen minimieren.

In diesem Lehrbuch stehen die beiden wichtigsten finanzwirtschaftlichen Ziele im Vordergrund:

- ▷ Hauptziel ist für die meisten Unternehmen die **Gewinnerzielung:** Längerfristig überlebt eine Unternehmung nur, wenn sie ihren Aufwand decken kann und Gewinn erzielt, um das eingesetzte Eigenkapital angemessen zu verzinsen (Eigenkapitalrendite).①
- ▷ Die Sicherung der **Zahlungsbereitschaft** (Liquidität) ist in normalen Zeiten das wichtigste Nebenziel, in Krisenzeiten oft das Hauptziel. Zahlungsunfähigkeit (Illiquidität) ist die häufigste Ursache für den Konkurs eines Unternehmens.

Lia / Rent / Stab

① Eine wichtige Ausnahme bilden die Nonprofit Organizations (nicht gewinnstrebige Unternehmen), bei denen nicht die Gewinnerzielung, sondern die Bedürfnisbefriedigung im Vordergrund steht, zum Beispiel staatliche Verkehrsbetriebe, Freizeitvereine, Kirchen, Hilfswerke. Allerdings müssen auch hier die Aufwände durch Erträge gedeckt sein.

Die Bilanz als statische Rechnung gibt nur teilweise Aufschluss über die Zielerreichung, indem sie als Tatsachenrechnung zwar den aktuellen Bestand der flüssigen Mittel und den per Ende Jahr erreichten Gewinn als Zuwachs des Eigenkapitals zeigt, sich aber über die Ursachen für das Entstehen dieser Grössen ausschweigt.

Bilanz

Flüssige Mittel	Fremdkapital
Übrige Aktiven	Eigenkapital Anfang Jahr
	Gewinn

Bestände (Statisch)

Um diese **Ursachen** aufzuzeigen, sind im Rechnungswesen nebst der Bilanz als statischer (zeitpunktbezogener) Rechnung zwei verschiedene dynamische (zeitraumbezogene) Rechnungen notwendig, nämlich die Geldflussrechnung und die Erfolgsrechnung:

Dynamische Ursachenrechnungen

Geldflussrechnung

Die Geldflussrechnung ist eine Gegenüberstellung von **Einnahmen** (Zunahmen an flüssigen Mitteln) und **Ausgaben** (Abnahmen an flüssigen Mitteln) in einer Periode.

Die Geldflussrechnung ist eine Ursachenrechnung; sie zeigt, *weshalb* eine bestimmte Liquiditätssituation entsteht.

Erfolgsrechnung

Die Erfolgsrechnung ist eine Gegenüberstellung von **Aufwand** (Abnahmen des Eigenkapitals) und **Ertrag** (Zunahmen des Eigenkapitals) in einer Periode.①

Die Erfolgsrechnung ist eine Ursachenrechnung; sie zeigt, *weshalb* das Eigenkapital zu- oder abnimmt.

Aus diesen Überlegungen ergeben sich in der Finanzbuchhaltung die drei auf der nächsten Seite abgebildeten Gesamtrechnungen.

Zeitraum 1.1 - 31.12

① In der Erfolgsrechnung unberücksichtigt bleiben die Zu- und Abnahmen des Eigenkapitals, welche durch den Verkehr mit den Eigentümern des Unternehmens entstehen, zum Beispiel Kapitalerhöhungen und -rückzüge sowie Gewinnausschüttungen.

Diese Darstellung zeigt schematisch den Zusammenhang zwischen den drei Rechnungen:

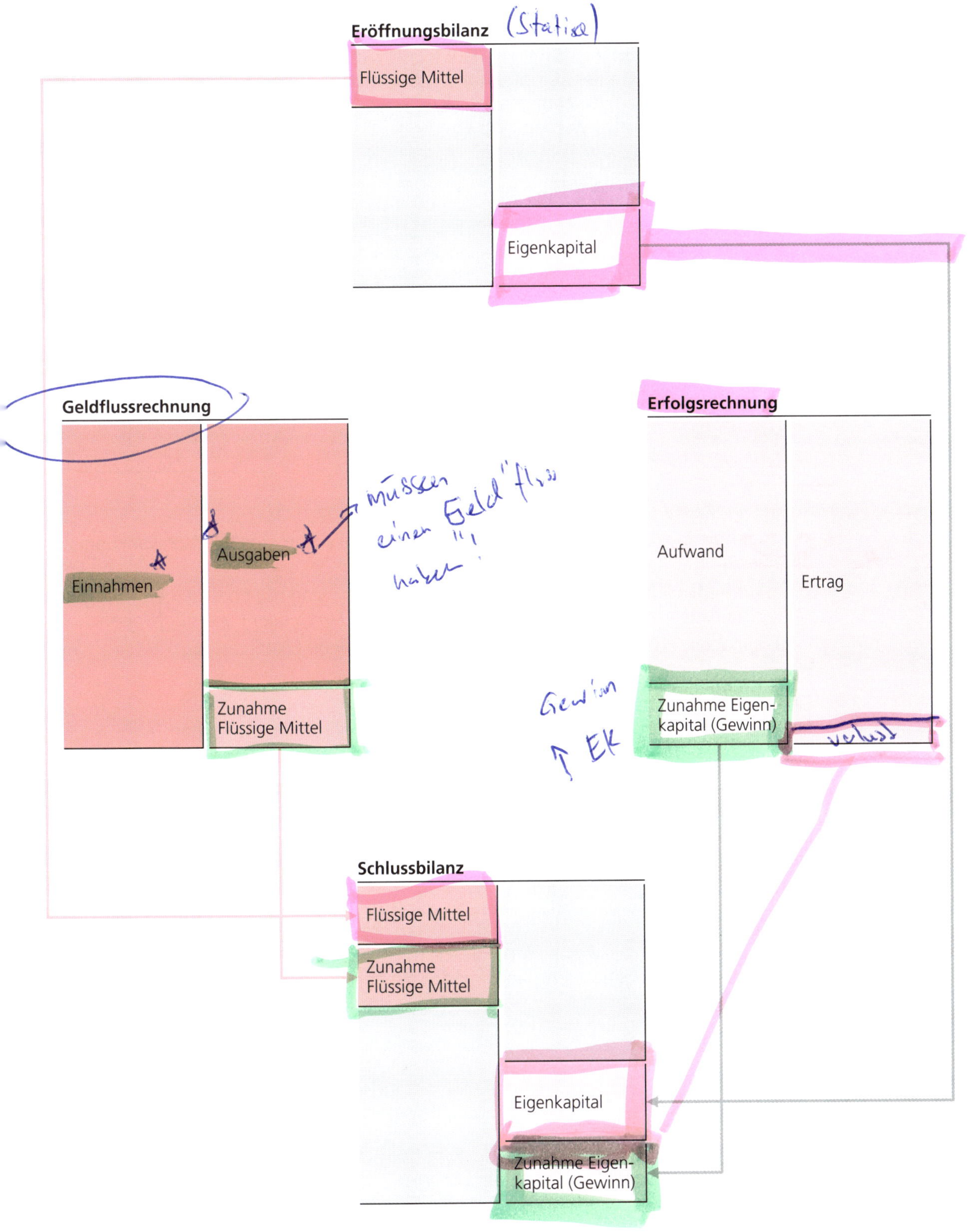

Flüssige Mittel①

Der Begriff **Geldflussrechnung** (engl. Cash flow statement) rührt daher, dass diese Rechnung die Geldzuflüsse und Geldabflüsse einer Periode zeigt.

Dabei wird der **Geldbegriff** weit gefasst: Er schliesst nicht nur das Bargeld in der Kasse und die sofort verfügbaren Gelder auf Bank- und Postkonten ein, sondern auch andere hochliquide Geldanlagen, die nur einem geringen Wertschwankungsrisiko unterliegen und kurzfristig in Geld umgewandelt werden können.

Am einfachsten lässt sich dieser erweiterte Geldbegriff durch *flüssige Mittel* wiedergeben (engl. Cash and cash equivalents):

Flüssige Mittel		Cash and cash equivalents
Geld	Diese Zahlungsmittel umfassen das Bargeld in der Kasse sowie die Sichtguthaben bei Finanzinstituten.	Cash
+ **Geldnahe Mittel**	Geldnahe Mittel (Zahlungsmitteläquivalente) sind rasch liquidierbare Geldanlagen mit geringem Wertschwankungsrisiko bis maximal 90 Tage Restlaufzeit wie Festgelder oder Geldmarktforderungen.	Cash equivalents
= **Flüssige Mittel**	Zahlungsmittel und Zahlungsmitteläquivalente	Cash and cash equivalents

Nicht zu den flüssigen Mitteln gezählt werden grundsätzlich:

▷ Wertschriften in Form von börsenkotierten Aktien, weil sie grossen Wertschwankungen unterliegen.

Wertschriften in Form von börsenkotierten Obligationen sind nur dann zu den flüssigen Mitteln zu rechnen, wenn sie eine Restlaufzeit von 90 Tagen oder kürzer aufweisen.

▷ Bankguthaben, deren Verwendung eingeschränkt ist (engl. Restricted cash).

▷ Kurz- und langfristige Bankschulden.

Eine Ausnahme sind Bankkonten mit wechselndem Kreditverhältnis, die einen integralen Bestandteil des Cash-Managements bilden: Kurzfristige Bankhabensalden (engl. Bank overdrafts) können in einem solchen Fall in den Fonds einbezogen werden, was formell den Fondstypus **netto-flüssige Mittel** ergibt:

Netto-flüssige Mittel

	Flüssige Mittel
./.	Bankverbindlichkeiten auf Sicht (Kontokorrente)
=	Netto-flüssige Mittel

Die Zusammensetzung des verwendeten Fonds (flüssige Mittel oder netto-flüssige Mittel) ist im Anhang offenzulegen. Die Anfangs- und Schlussbestände des Fonds müssen mit den Bilanzpositionen übereinstimmen.

① Da das Schweizerische Obligationenrecht keine detaillierten Vorschriften zur Geldflussrechnung enthält, basieren die folgenden Ausführungen auf Swiss GAAP FER 4.

Eine Übersicht über die gesetzlichen Bestimmungen und die anerkannten Standards findet sich auf den Seiten 29 und 30.

Die Gliederung von Geldflussrechnungen

Die Geldflüsse werden in der Geldflussrechnung in drei Ursachengruppen (Bereiche) gegliedert:

▷ **Geldflüsse aus Betriebstätigkeit (Geschäftstätigkeit, Cashflow)**①
Cash flows from operating activities

Das sind die Einnahmen und Ausgaben aus der Geschäftstätigkeit (Erstellung und Veräusserung der Leistung). Basis für die Berechnung bildet grundsätzlich die Erfolgsrechnung.	Beispiele von Einnahmen ▷ Einzahlungen von Kunden für verkaufte Lieferungen und Leistungen ▷ Zinszahlungen von Kreditnehmern	Beispiele von Ausgaben: ▷ Auszahlungen an Lieferanten für den Kauf von Lieferungen und Leistungen ▷ Lohnzahlungen an die Mitarbeiter ▷ Zinszahlungen an Kreditgeber

▷ **Geldflüsse aus Investitionstätigkeit**
Cash flows from investing activities

Das sind die Einnahmen und Ausgaben aus dem Erwerb und der Veräusserung von Anlagevermögen.	Beispiele von Einnahmen: ▷ Einzahlungen aus der Veräusserung von Sachanlagen, Finanzanlagen und immateriellem Anlagevermögen (so genannte Desinvestitionen oder Devestitionen)	Beispiele von Ausgaben: ▷ Auszahlungen für den Erwerb von Sachanlagen, Finanzanlagen und immateriellem Anlagevermögen (so genannte Investitionen).

▷ **Geldflüsse aus Finanzierungstätigkeit**
Cash flows from financing activities

Das sind die Einnahmen und Ausgaben aus Veränderungen der Finanzverbindlichkeiten und des einbezahlten Eigenkapitals sowie die Gewinnausschüttungen.	Beispiele von Einnahmen: ▷ Einnahmen aus Kapitalerhöhungen (inkl. Agio) sowie der Aufnahme von kurz- und langfristigen Finanzverbindlichkeiten (so genannte Aussenfinanzierung)	Beispiele von Ausgaben: ▷ Zahlungen zur Kapitalherabsetzung, zur Rückzahlung von kurz- und langfristigen Finanzverbindlichkeiten (so genannte Definanzierung) sowie zur Gewinnausschüttung

Als Saldo ergibt sich die Veränderung der flüssigen Mittel in der Periode.

Auf den nächsten Seiten wird die Geldflussrechnung anhand von zwei Beispielen ausführlich erläutert.

① Im deutschen Sprachraum wird für den Geldfluss aus Betriebstätigkeit oft gleichbedeutend der Begriff **Cashflow** verwendet:

Geldfluss aus Betriebstätigkeit = Cashflow

Dies ist sprachlich eigentlich falsch, denn wörtlich übersetzt bedeutet der englische Begriff **Cash flow** lediglich **Geldfluss.** Und Geldflüsse finden in allen drei Bereichen der Geldflussrechnung statt, nicht nur im Betriebsbereich. Die Bezeichnung **operativer Cashflow** wäre zweckmässiger.

Weitere bedeutungsgleiche Ausdrücke für Geldfluss aus Betriebstätigkeit sind:

▷ **Geldfluss aus Geschäftstätigkeit** (Bezeichnung gemäss OR 961b)

▷ Innenfinanzierung

Ein negativer operativer Cashflow wird manchmal **Cashdrain** (wörtlich übersetzt Geldabfluss) genannt.

Beispiel 1

Geldflussrechnung einer Privatschule

Als Ausgangslage sind die Eröffnungsbilanz sowie die summarisch zusammengefassten Geschäftsfälle einer Privatschule bekannt (alles Kurzzahlen).

Eröffnungsbilanz 1. 1. 20_1

Aktiven		Passiven	
Flüssige Mittel	10	Darlehen	35
Sachanlagen	150	Aktienkapital	100
		Gewinnreserven[1]	25
	160		160

Geschäftsfälle 20_1

Nr.	Geschäftsfall	Buchung		Betrag
1	Einzahlungen der Schulgelder aufs Bankkonto	Flüssige Mittel	Schulgeldertrag	250
2	Personalaufwand	Personalaufwand	Flüssige Mittel	120
3	Übriger Baraufwand (u.a. Mietzinse, Energieverbrauch, Kapitalzinsen, Versicherungsprämien, Werbung)	Übriger Aufwand	Flüssige Mittel	90
4	Abschreibung Sachanlagen (u.a. Schulbänke, Stühle, Computer)	Abschreibungen	Sachanlagen	30
5	Barkauf Sachanlagen (neue PCs)	Sachanlagen	Flüssige Mittel	40
6	Barverkauf von nicht mehr benötigten Sachanlagen zum Buchwert	Flüssige Mittel	Sachanlagen	2
7	Teilrückzahlung Darlehen	Darlehen	Flüssige Mittel	15
8	Aktienkapitalerhöhung zum Nominalwert durch Bareinzahlung der Aktionäre	Flüssige Mittel	Aktienkapital	20
9	Es werden keine Gewinnausschüttungen vorgenommen.	Keine Buchung		

Daraus ergeben sich die auf der nächsten Seite dargestellten drei Abschlussrechnungen:

- ▷ die Erfolgsrechnung
- ▷ die Geldflussrechnung
- ▷ die Schlussbilanz

[1] Grundsätzlich gibt es zwei verschiedene Arten von Reserven:

- ▷ **Kapitalreserven** entstehen durch Einlagen der Aktionäre, die den Nennwert der Aktien übersteigen (Agio).
- ▷ **Gewinnreserven** sind zurückbehaltene (nicht ausgeschüttete) Gewinne.

Die Reserven werden wie folgt gegliedert:

- ▷ Nach Swiss GAAP FER wird zwischen Kapitalreserven und Gewinnreserven unterschieden.
- ▷ Nach Obligationenrecht sind die gesetzliche Kapitalreserve, die gesetzliche Gewinnreserve und die freiwilligen Gewinnreserven auszuweisen. Das Konto Gewinnvortrag gehört zu den freiwilligen Gewinnreserven.

Geldflussrechnung 20_1

Geldfluss aus Betriebstätigkeit (Cashflow)		
Schulgeldeinnahmen	250	
./. Personalausgaben	– 120	
./. Übrige Ausgaben	– 90	40
Geldfluss aus Investitionstätigkeit		
./. Ausgaben für Kauf von Sachanlagen	– 40	
+ Einnahmen aus Verkauf von Sachanlagen	2	– 38
Geldfluss aus Finanzierungstätigkeit		
+ Aktienkapitalerhöhung	20	
./. Rückzahlung Darlehen	– 15	5
= Zunahme flüssige Mittel		**7**

Erfolgsrechnung 20_1

Schulgeldertrag	250
./. Personalaufwand	– 120
./. Übriger Aufwand	– 90
./. Abschreibungen	– 30
= Gewinn	**10**

Schlussbilanz 31. 12. 20_1

Aktiven		Passiven	
Flüssige Mittel	17	Darlehen	20
Sachanlagen	158	Aktienkapital	120
		Gewinnreserven	35
	175		175

Die Erläuterungen zur Geldflussrechnung sowie zur Berechnung des Cashflows sind auf der nächsten Doppelseite.

Die Erfolgsrechnung wurde auf der Vorseite in Berichtsform (als Staffel) dargestellt, wie dies in Geschäftsberichten üblich ist, um die Verständlichkeit für buchhalterisch wenig Geschulte zu verbessern. Zum Vergleich folgt nun dieselbe Erfolgsrechnung in Kontoform:

Erfolgsrechnung 20_1

Aufwand		Ertrag	
Personalaufwand	120	Schulgeldertrag	250
Übriger Aufwand	90		
Abschreibungen	30		
Gewinn	**10**		
	250		250

Die in der Erfolgsrechnung erfassten Geschäftsfälle bilden die Basis für die Cashflow-Berechnung, die auf zwei Arten erfolgen kann:

Cashflow-Berechnung (Geldfluss aus Betriebstätigkeit)

Direkte Berechnung

Geldwirksamer Ertrag (Einnahmen)①	
Schulgeldeinnahmen	250
./. **Geldwirksamer Aufwand (Ausgaben)**①	
Personalausgaben	– 120
Übrige Ausgaben	– 90
= **Cashflow**	40

Erfolgsrechnung

Geldwirksamer Aufwand (Ausgaben)	Geldwirksamer Ertrag (Einnahmen)
Abschreibungen	
Gewinn	

Indirekte Berechnung (Überleitung)

Gewinn	10
+ **Differenzen zwischen Gewinn und Cashflow**	
Abschreibungen	30
= **Cashflow**	40

Erfolgsrechnung

Geldwirksamer Aufwand (Ausgaben)	Geldwirksamer Ertrag (Einnahmen)
Abschreibungen	
Gewinn	

① Gleichbedeutende Ausdrücke für geldwirksamer Ertrag sind: Einnahmen aus Betriebstätigkeit, liquiditätswirksamer Ertrag oder Barertrag. Sinngemäss kann anstelle von geldwirksamem Aufwand auch von Ausgaben aus Betriebstätigkeit, liquiditätswirksamem Aufwand oder Baraufwand gesprochen werden.

Anmerkungen zur indirekten Cashflow-Berechnung

Bei der indirekten Cashflow-Berechnung handelt es sich um eine rechnerische **Überleitung vom Gewinn zum Cashflow.**

Differenzen zwischen Gewinn und Cashflow entstehen überall dort, wo Aufwand und Ausgabe bzw. Ertrag und Einnahme nicht gleich hoch sind. Die wichtigste Differenz zwischen Gewinn und Cashflow stellen die Abschreibungen dar:

▷ Abschreibungen sind Aufwand und verkleinern den Gewinn. Abschreibungen sind keine Ausgaben und haben keinen Einfluss auf den Cashflow.

▷ Der Gewinn ist somit (um den Abschreibungsaufwand) kleiner als der Cashflow. Um vom tieferen Gewinn zum höheren Cashflow zu gelangen, müssen die Abschreibungen zum Gewinn hinzugezählt werden.

Die in Kontoform grafisch dargestellte (nicht massstabsgetreue) Erfolgsrechnung zeigt, dass die direkte und die indirekte Berechnung zum selben Resultat führen.①

In diesem einfachen Einführungsbeispiel sind die Abschreibungen der einzige Unterschied zwischen dem Gewinn und dem Cashflow, weshalb buchhalterisch wenig geschulte «Praktiker» manchmal die Meinung vertreten, der Cashflow errechne sich ausschliesslich aus Gewinn und Abschreibungen, was in Beispiel 2 widerlegt wird.②

Darstellung der Geldflussrechnung

Wie die Bilanz und die Erfolgsrechnung könnte auch die Geldflussrechnung als Konto dargestellt werden, was in der Praxis allerdings kaum vorkommt. Dazu muss die Investitionstätigkeit in Desinvestierung (Einnahme) und Investierung (Ausgabe) aufgeteilt werden. Auch die Finanzierungstätigkeit wird zweigeteilt in Aussenfinanzierung (Einnahme) und Definanzierung (Ausgabe). Als Saldo ergibt sich die Zu- oder Abnahme der flüssigen Mittel.

Geldflussrechnung 20_1

Einnahmen			Ausgaben	
Betriebstätigkeit (Cashflow)③			**Investierung**	
Gewinn	10		Kauf Sachanlagen	40
Abschreibung	30	40		
Aussenfinanzierung④			**Definanzierung**	
Aktienkapitalerhöhung		20	Rückzahlung Darlehen	15
Desinvestierung			**Zunahme flüssige Mittel (= Saldo)**	**7**
Verkauf EDV-Anlagen		2		
		62		62

① Die bildliche Gegenüberstellung von direkter und indirekter Cashflow-Berechnung mithilfe der Erfolgsrechnung ist nur bei einfachen Geschäftsfällen möglich, weshalb in Beispiel 2 auf eine grafische Darstellung verzichtet werden muss.

② Viele Laien glauben, dass sich der Cashflow durch eine Erhöhung der Abschreibungen vergrössern lässt, was ja nicht sein kann, da bei den Abschreibungen gar kein Geld fliesst. (Buchhalterisch gesehen nimmt im Gegenzug zum höheren Abschreibungsaufwand der Gewinn als Saldo der Erfolgsrechnung um gleich viel ab, sodass die Summe aus Gewinn und Abschreibung unverändert bleibt.)

③ Der Cashflow kann auch direkt dargestellt werden.

④ Zur Unterscheidung gegenüber der Innenfinanzierung (Betriebstätigkeit, Geschäftstätigkeit, Cashflow) wird die Bezeichnung Aussenfinanzierung gewählt.

Beispiel 2

Geldflussrechnung eines Handelsbetriebs

Als Ausgangslage sind die Eröffnungsbilanz sowie die summarisch zusammengefassten Geschäftsfälle eines Handelsbetriebs bekannt.

Eröffnungsbilanz 1. 1. 20_1

Aktiven			Passiven		
Umlaufvermögen			**Fremdkapital**		
Flüssige Mittel	12		Kreditoren①	45	
Debitoren①	38		Hypothek	75	120
Warenvorrat	65	115	**Eigenkapital**		
Anlagevermögen			Aktienkapital	200	
Anlagevermögen		285	Gewinnreserven	80	280
		400			400

Geschäftsfälle 20_1

Nr.	Geschäftsfall	Betrag
1	Warenverkäufe auf Kredit	1 200
2	Zahlungen von Kunden	1 180
3	Warenaufwand	660
4	Wareneinkäufe auf Kredit	630
5	Zahlungen an Warenlieferanten	620
6	Personalaufwand (Bankzahlungen)	300
7	Übriger Baraufwand (Bankzahlungen)	140
8	Abschreibungen auf Anlagevermögen	70
9	Verkauf eines gebrauchten Fahrzeugs zum Buchwert	8
10	Kauf einer Liegenschaft (Bankzahlung)	200
11	Dividendenauszahlung	20
12	Aufnahme Hypothek (Gutschrift auf Bankkonto)	35
13	Aktienkapitalerhöhung zum Nominalwert (Bankeinzahlung der Aktionäre)	50

Wie lauten die Erfolgsrechnung, die Geldflussrechnung sowie die Schlussbilanz?

① In diesem Lehrbuch werden folgende Begriffe gleichbedeutend verwendet:

- ▷ Debitoren = Forderungen aus Lieferungen und Leistungen (L+L)
- ▷ Kreditoren = Verbindlichkeiten aus Lieferunge und Leistungen (L+L)

In der Buchhaltungspraxis werden meist die Begriffe Debitoren und Kreditoren verwendet; im Obligationenrecht wird von Forderungen und Verbindlichkeiten aus Lieferungen und Leistungen gesprochen. Im Kontenrahmen KMU sind beide Begriffspaare erwähnt.

In der Regel bestehen bei den Beispielen und Aufgaben – im Sinne einer didaktischen Vereinfachung – die Debitoren ausschliesslich aus Forderungen aus Warenverkäufen, und die Kreditoren stellen Verbindlichkeiten aus Wareneinkäufen dar.

Geldflussrechnung 20_1

Geldfluss aus Betriebstätigkeit (Cashflow)		
Zahlungen von Kunden	1 180	
./. Zahlungen an Lieferanten	– 620	
./. Personalausgaben	– 300	
./. Zahlungen für übrigen Aufwand	– 140	120
Geldfluss aus Investitionstätigkeit		
./. Kauf Liegenschaft	– 200	
+ Verkauf Fahrzeug	8	– 192
Geldfluss aus Finanzierungstätigkeit		
+ Aktienkapitalerhöhung	50	
+ Erhöhung Hypothek	35	
./. Dividendenauszahlung	– 20	65
= Abnahme flüssige Mittel		**– 7**

Erfolgsrechnung 20_1

Warenertrag		1 200
./. Warenaufwand	– 660	
./. Personalaufwand	– 300	
./. Übriger Aufwand	– 140	
./. Abschreibungen	– 70	– 1 170
= Gewinn		**30**

Schlussbilanz 31. 12. 20_1

Aktiven			Passiven		
Umlaufvermögen			**Fremdkapital**		
Flüssige Mittel	5		Kreditoren	55	
Debitoren	58		Hypothek	110	165
Warenvorrat	35	98	**Eigenkapital**		
Anlagevermögen			Aktienkapital	250	
Anlagevermögen		407	Gewinnreserven	90	340
		505			505

Die Erläuterungen zur Berechnung des Cashflows sind auf der nächsten Doppelseite.

Die durch die Betriebstätigkeit verursachten Buchungen bilden die Basis für die Cashflow-Berechnung:

Cashflow-Berechnung

Direkte Berechnung

	Geldwirksamer Ertrag	
	Zahlungen von Kunden	1 180
./.	**Geldwirksamer Aufwand**	
	Zahlungen an Lieferanten	– 620
	Personalausgaben	– 300
	Übriger Baraufwand	– 140
=	**Cashflow**	120

Indirekte Berechnung (Überleitung)

	Gewinn	30
+/–	**Differenzen zwischen Gewinn und Cashflow**	
+	Abschreibungen	70
./.	Zunahme Debitoren	– 20
+	Abnahme Warenvorrat	30
+	Zunahme Kreditoren	10
=	**Cashflow**	120

Anmerkungen zur indirekten Cashflow-Berechnung

Die indirekte Cashflow-Berechnung ist eine Überleitung vom Gewinn zum Cashflow: Da für die Gewinnermittlung die Aufwände und Erträge massgeblich sind und für die Cashflow-Berechnung die Einnahmen und Ausgaben, ergeben sich zwangsläufig Differenzen, die bei der indirekten Berechnung sichtbar werden:

▷ Die Abschreibungen sind Aufwand, aber keine Ausgabe. Folglich ist der Gewinn tiefer als der Cashflow. Um vom tieferen Gewinn zum höheren Cashflow zu gelangen, müssen die Abschreibungen zum Gewinn hinzugezählt werden.

▷ Eine Debitorenzunahme bedeutet, dass die Kunden nicht alle gestellten Rechnungen bezahlt haben. Da in diesem Fall der Ertrag höher ist als die Einnahmen, ist der Gewinn höher als der Cashflow. Wenn vom Gewinn ausgehend der Cashflow berechnet wird, muss diese Differenz folglich vom Gewinn abgezogen werden.

	Warenertrag (= an Kunden verschickte Rechnungen)	1 200	→ Die Erträge erhöhen den Gewinn.
./.	**Zunahme Debitoren**	**– 20**	→ Gewinn und Cashflow unterscheiden sich durch diese Differenz.
=	Zahlungen von Kunden	1 180	→ Die Einnahmen erhöhen den Cashflow.

▷ Sowohl die Kreditorenzunahmen als auch die Vorratsabnahmen bedeuten, dass der Warenaufwand höher ist als die Zahlungen an Lieferanten. Der Gewinn ist folglich tiefer als der Cashflow. Deshalb müssen diese Differenzen bei der Cashflow-Berechnung zum Gewinn hinzugezählt werden.

	Warenaufwand (= Einstandswert der verkauften Waren)	660	→ Die Aufwände verkleinern den Gewinn.
./.	**Abnahme Warenvorrat**	**– 30**	
=	Wareneinkäufe (= erhaltene Lieferantenrechnungen)	630	→ Gewinn und Cashflow unterscheiden sich durch diese beiden Differenzen.
./.	**Zunahme Kreditoren**	**– 10**	
=	Zahlungen an Lieferanten	620	→ Die Ausgaben verkleinern den Cashflow.

Ausgewählte Problemstellungen

Beim Aufstellen von Geldflussrechnungen stellen sich anspruchsvolle buchhalterische Fragen, weshalb gute Kenntnisse in Finanzbuchhaltung unabdingbar sind.

Auf dieser und der nächsten Seite werden die wichtigsten Probleme kurz besprochen; für eine vertiefte Auseinandersetzung mit der Thematik verweisen wir auf Kapitel 3 des Lehrbuchs *Mittelflussrechnung – Geldflussrechnung* von Urs Prochinig.

▶ Aktive und passive Rechnungsabgrenzungsposten

Durch die Rechnungsabgrenzungen entstehen weitere Differenzen zwischen der Erfolgsrechnung und dem Geldfluss aus Betriebstätigkeit (Cashflow).

Am Periodenende sind grundsätzlich vier Fälle zu unterscheiden. Beschrieben wird in der folgenden Tabelle jeweils die Bildung (bzw. die Erhöhung) der Rechnungsabgrenzung.①

Fall	Beispiel	Unterschied zwischen Erfolg und Cashflow	Rechnungsabgrenzung
Noch nicht erhaltener (aufgelaufener) Ertrag	Ein Darlehensgeber hat die Zinszahlung für die laufende Periode noch nicht erhalten.	Der Ertrag ist höher als die Einnahme.	Aktive Rechnungsabgrenzung / Zinsertrag 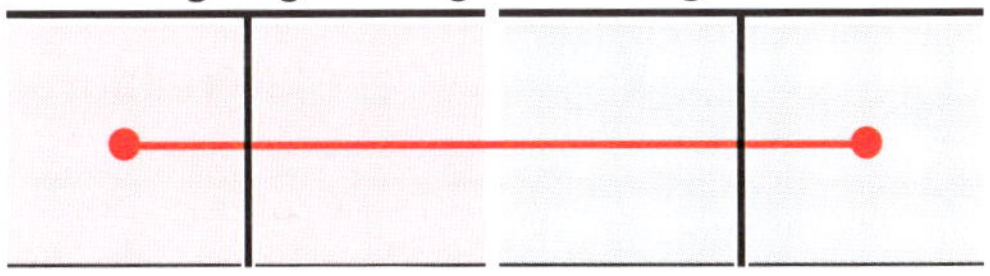
Aufgelaufener Aufwand	Ein Darlehensnehmer hat den Zins für die laufende Periode noch nicht bezahlt.	Der Aufwand ist höher als die Ausgabe.	Passive Rechnungsabgrenzung / Zinsaufwand 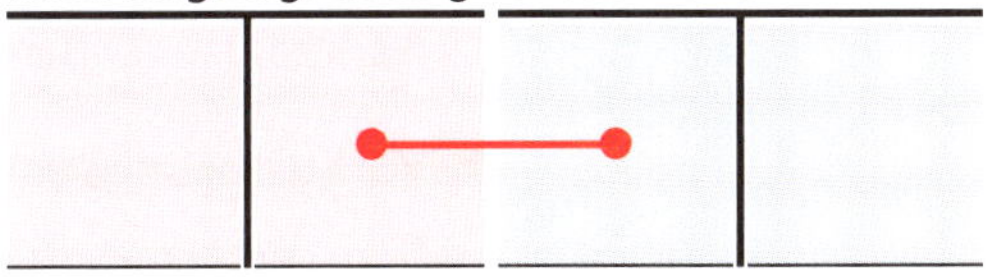
Vorausbezahlter Aufwand	Ein Mieter zahlt den Mietzins zum Voraus.	Die Ausgabe ist höher als der Aufwand.	Aktive Rechnungsabgrenzung / Mietaufwand 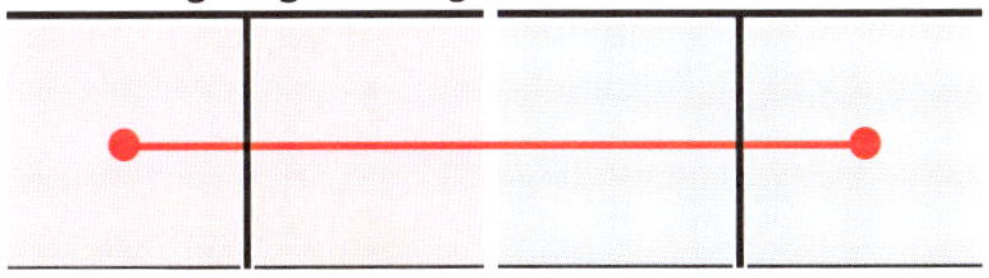
Im Voraus erhaltener Ertrag	Ein Vermieter erhält die Mietzinszahlung zum Voraus.	Die Einnahme ist höher als der Ertrag.	Passive Rechnungsabgrenzung / Mietertrag 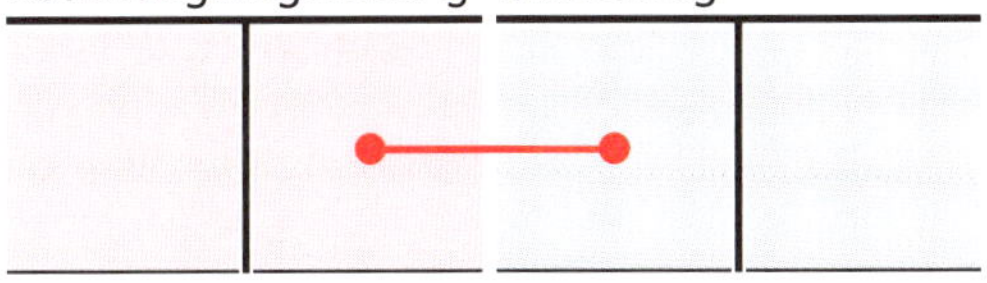

① Bei einer Auflösung oder Reduktion der Rechnungsabgrenzung ist die Wirkung umgekehrt.
Sofern sich die Höhe der Rechnungsabgrenzung in einer Periode nicht verändert, unterscheiden sich Erfolg und Cashflow nicht.

▶ Rückstellungen

Rückstellungen sind kurz- oder langfristige Verbindlichkeiten, die am Bilanzstichtag hinsichtlich ihrer Höhe oder des Zeitpunkts ihres Eintritts unbestimmt sind.

Rückstellungen werden grundsätzlich durch die operative Geschäftstätigkeit verursacht, weshalb die Veränderungen beim Geldfluss aus Betriebstätigkeit (Cashflow) auszuweisen sind. Es sind drei Tatbestände zu unterscheiden:

- ▷ Die **Bildung** und die **Auflösung** von Rückstellungen sind erfolgswirksam, aber nicht liquiditätswirksam, weshalb diese Vorgänge nur im indirekten Cashflow-Nachweis als Differenzen zwischen Gewinn und Cashflow aufzuführen sind.
- ▷ Die **Verwendung** von Rückstellungen (Zahlungen zulasten der Rückstellungen) wird im direkten Cashflow-Nachweis als Ausgabe aufgeführt. Zusätzlich ist dieser Tatbestand auch im indirekten Cashflow-Nachweis aufzuführen, weil er eine Differenz zwischen Gewinn und Cashflow darstellt: Die Verwendung ist erfolgsneutral, bewirkt aber eine Abnahme des Cashflows.

▶ Konten im Fabrikationsbetrieb

Im Fabrikationsbetrieb werden die Konten Materialaufwand und Bestandesänderungen geführt.

- ▷ Der **Materialaufwand** im Fabrikationsbetrieb wird grundsätzlich gleich gehandhabt wie der Warenaufwand im Handelsbetrieb, d.h., der Materialaufwand gemäss Erfolgsrechnung unterscheidet sich gegenüber dem Geldfluss aus Betriebstätigkeit durch die Veränderungen des Materialvorrats und der Kreditoren.
- ▷ Die **Bestandesänderungen an Fabrikaten** (unfertige und fertige Erzeugnisse) sind erfolgswirksam, aber nicht liquiditätswirksam, weshalb sie bei der indirekten Cashflow-Berechnung als Differenz auszuweisen sind.

▶ Veräusserungsgewinne

Bei der Veräusserung von nicht mehr benötigten Sachanlagen entspricht der Verkaufserlös meist nicht dem Buchwert.

- ▷ Die durch den Verkauf erhaltenen flüssigen Mittel sind als Einnahme durch Investitionstätigkeit auszuweisen (so genannte Devestition oder Desinvestition).
- ▷ Die Veräusserungsgewinne und -verluste sind im indirekten Cashflow-Nachweis als Differenzen zwischen Gewinn und Cashflow aufzuführen, weil sie erfolgswirksam, aber nicht liquiditätswirksam sind.

▶ Nicht liquiditätswirksame Transaktionen

Investitions- und Finanzierungsvorgänge, welche nicht zu einer Veränderung der flüssigen Mittel führen, sind nicht in die Geldflussrechnung aufzunehmen, sondern **im Anhang** aufzuführen. Beispiele sind:

- ▷ Kapitalerhöhung durch Sacheinlagen
- ▷ Umwandlung von Finanzverbindlichkeiten in Eigenkapital (z.B. bei Wandelanleihen oder Forderungsverzichten)
- ▷ Erwerb von Vermögenswerten im Finanzierungsleasing

Gesetzliche Grundlagen zur Geldflussrechnung

Die kaufmännische Buchführung und Rechnungslegung ist im 32. Titel des schweizerischen Obligationenrechts (OR) geregelt.①

Buchführungs- und Rechnungslegungsvorschriften

Allgemein gültige Vorschriften (OR 957)	**Rechnungslegung für grössere Unternehmen** (OR 961)	**Abschluss nach anerkanntem Standard** (OR 962)
Diese Vorschriften sind anwendbar auf ▷ alle Einzelunternehmen und Personengesellschaften ab einem jährlichen Umsatzerlös von Fr. 500 000.–② ▷ juristische Personen wie AG oder GmbH	Besondere Vorschriften gelten für Unternehmen, die zu einer ordentlichen Revision verpflichtet sind. Das sind grundsätzlich Unternehmen, die folgende Grössen überschreiten: Bilanzsumme 20 Mio., Umsatzerlös 40 Mio., 250 Vollzeitstellen.	Börsenkotierte Unternehmen müssen zusätzlich einen Abschluss nach einem anerkannten Standard zur Rechnungslegung erstellen. Bei nicht börsenkotierten Unternehmen können mindestens 20% der Gesellschafter einen solchen Abschluss verlangen.
Zu den allgemeinen Vorschriften gehören: ▷ die anzuwendenden **Grundsätze** ordnungsmässiger Buchführung und Rechnungslegung; ▷ Inhalt und Aufbau der im Geschäftsbericht enthaltenen Jahresrechnung, bestehend aus **Bilanz, Erfolgsrechnung und Anhang;** ▷ die **Bewertung** der Aktiven und Verbindlichkeiten.	Diese Unternehmen müssen zusätzlich ▷ als Teil der Jahresrechnung eine **Geldflussrechnung** erstellen; ▷ einen **Lagebericht** verfassen, der den vergangenen und künftig erwarteten Geschäftsverlauf und die wirtschaftliche Lage des Unternehmens darstellt.	Der Abschluss soll ein den tatsächlichen Verhältnissen entsprechendes Bild der Vermögens-, Finanzierungs- und Ertragslage der Unternehmung vermitteln, die so genannte **True-and-Fair-View.** Die Anforderungen an Buchführung und Rechnungslegung sind sehr hoch. Anerkannte Standards sind die Swiss GAAP FER, die IFRS und ausnahmsweise die US GAAP.③

Die Geldflussrechnung nach Obligationenrecht wird grundsätzlich gleich gegliedert, wie es die anerkannten Standards vorsehen. Ein kleiner Unterschied besteht bei den Bezeichnungen: Statt «Betriebstätigkeit» nach Swiss GAAP FER wird vom Obligationenrecht der Begriff «Geschäftstätigkeit» verwendet.

Geldflussrechnung nach Obligationenrecht

	Geldfluss aus Geschäftstätigkeit
+/–	Geldfluss aus Investitionstätigkeit
+/–	Geldfluss aus Finanzierungstätigkeit
=	Veränderung der flüssigen Mittel

Geldflussrechnung nach Swiss GAAP FER

	Geldfluss aus Betriebstätigkeit
+/–	Geldfluss aus Investitionstätigkeit
+/–	Geldfluss aus Finanzierungstätigkeit
=	Veränderung der flüssigen Mittel

① Der Gesetzgeber unterscheidet zwischen Buchführung und Rechnungslegung. Buchführung umschreibt die Tätigkeit des Führens einer Buchhaltung. Rechnungslegung bezeichnet das Ergebnis der durch die Buchführung erfassten Geschäftsfälle.

② Einzelunternehmen und Personengesellschaften mit weniger als 500 000 Franken Umsatzerlös müssen rechtlich gesehen lediglich eine einfache Buchhaltung führen (mit Einnahmen und Ausgaben sowie einer Vermögensübersicht; ein so genanntes «Milchbüchlein»).

③ Gemäss Verordnung des Bundesrates über die anerkannten Standards zur Rechnungslegung (VASR)

Im Obligationenrecht fehlen detaillierte Vorschriften zur Geldflussrechnung. Grundsätzlich ist davon auszugehen, dass nach Obligationenrecht dieselben Regeln gelten, wie sie von den anerkannten Standards verlangt werden.

In der Praxis sind sich die Experten bei zwei Fragen zur Geldflussrechnung nach Obligationenrecht uneinig:

- ▷ Gehören die geldnahen Mittel nach OR auch zu den flüssigen Mitteln?
- ▷ Ist der Fonds «Netto-flüssige Mittel» nach OR auch zugelassen?

Die verschiedenen anerkannten Standards zur Rechnungslegung können im Überblick wie folgt charakterisiert werden:

Standards zur Rechnungslegung

Swiss GAAP FER Swiss Generally Accepted Accounting Principles, Fachempfehlungen zur Rechnungslegung	**IFRS** International Financial Reporting Standards[1]	**US GAAP** United States Generally Accepted Accounting Principles
▷ Dieses Regelwerk umfasst etwa 250 Seiten. ▷ Die Swiss GAAP FER werden nur in der Schweiz angewandt. ▷ Hauptstärke: Die Regeln sind kurz, bündig und allgemein verständlich formuliert. ▷ Hauptschwäche: Die Regeln sind manchmal large und lassen zu viele alternative Methoden zu. ▷ Die Geldflussrechnung ist in Swiss GAAP FER 4 geregelt.	▷ Dieses Regelwerk umfasst etwa 3000 Seiten. ▷ Die IFRS sind weltweit in über 100 Ländern anerkannt. ▷ Hauptstärke: Die IFRS sind ein umfassendes Regelwerk, das vor allem auf Regeln (Prinzipien, Grundsätzen) beruht. ▷ Hauptschwäche: Der Umfang ist beträchtlich, was den Einsatz von (teuren) Spezialisten notwendig macht. ▷ Die Geldflussrechnung ist in IAS 7 geregelt.[2]	▷ Dieses Regelwerk umfasst über 30000 Seiten. ▷ Die US GAAP werden hauptsächlich in den USA angewandt. ▷ Hauptstärke: Die US GAAP sind meist sehr genau und lassen wenig Spielraum. ▷ Hauptschwächen: Das Regelwerk ist umfangreich und kompliziert. Es enthält viele Einzelvorschriften und wenig allgemein gültige Regeln. ▷ Die Geldflussrechnung ist hauptsächlich in FAS 95 geregelt.[3]

Alle drei Regelwerke verlangen die Publikation einer Geldflussrechnung im Geschäftsbericht. Form und Inhalt sind dabei detailliert vorgegeben. Das vorliegende Lehrbuch berücksichtigt diese Anforderungen.

① Mit den **IFRS for SMEs** (Small and Medium-sized Entities) veröffentlichte das IASB (International Accounting Standards Board) im Jahr 2009 eine verkürzte Version der vollen IFRS. Diese gelten in der Schweiz ebenfalls als anerkannter Standard.

② IAS = International Accounting Standard

③ FAS = Financial Accounting Standard

Zusammenfassung

Die Geldflussrechnung schliesst als **dritte Jahresrechnung** die Informationslücken von Bilanz und Erfolgsrechnung, indem sie Aufschluss gibt über

▷ die Liquiditätsentwicklung

▷ die Investierungsvorgänge sowie

▷ die Finanzierungsmassnahmen

innerhalb vergangener oder künftiger Geschäftsperioden.

Die Geldflussrechnung ist eine **Ursachenrechnung;** sie zeigt, weshalb eine bestimmte Liquiditätssituation entsteht.

Geldflussrechnungen werden in **drei Bereiche** gegliedert und zeigen als Saldo die Veränderung der flüssigen Mittel:

Geldflussrechnung		Cash flow statement	
	Geldfluss aus Betriebstätigkeit (Geschäftstätigkeit, Cashflow)		Cash flows from operating activities
+/–	Geldfluss aus Investitionstätigkeit	+/–	Cash flows from investing activities
+/–	Geldfluss aus Finanzierungstätigkeit	+/–	Cash flows from financing activities
=	Zunahme oder Abnahme der flüssigen Mittel	=	Increase or decrease in cash and cash equivalents

Der **Cashflow** ist die im deutschen Sprachraum gebräuchliche Bezeichnung für den Geldfluss aus Betriebstätigkeit (Geschäftstätigkeit). Er stellt die wichtigste Geldquelle einer Unternehmung dar und ist deshalb eine unverzichtbare Grösse bei der Beurteilung der finanziellen Situation, weil er Informationen vermittelt über die Fähigkeit der Unternehmung:

▷ Investitionen aus der Betriebstätigkeit zu finanzieren

▷ Gewinne auszuschütten und

▷ Schulden zurückzuzahlen

Der Cashflow lässt sich auf zwei Arten ermitteln:

▷ Bei der **direkten Methode** werden die Einnahmen und Ausgaben aus Betriebstätigkeit einander gegenübergestellt. Dadurch werden die Zahlungsvorgänge sichtbar, was vor allem bei zukunftsgerichteten Geldflussrechnungen im Rahmen der Liquiditätsplanung hilfreich ist.

▷ Bei der **indirekten Methode** handelt es sich um eine Überleitungsrechnung vom Gewinn gemäss Erfolgsrechnung zum Cashflow gemäss Geldflussrechnung durch Auflistung aller Differenzen. Im Geschäftsbericht weisen fast alle Unternehmen den Cashflow auf indirekte Weise aus, weil die Berechnung einfacher ist.

Finanzplanung

Alle Menschen planen, sobald sie etwas vorhaben, das sich von der täglichen Routine abhebt. Dabei ist das Grundprinzip der Planung immer dasselbe, unabhängig davon, ob eine Privatperson oder eine Unternehmung plant:

> Die Planung ist ein Prozess, in dessen Verlauf
> ▷ die **Ziele** bestimmt werden
> ▷ die zur Zielerreichung führenden **Massnahmen** festgelegt und
> ▷ mit dem erforderlichen **Mitteleinsatz** koordiniert werden

Zur Veranschaulichung dieser Definition dienen zwei Beispiele:

Beispiel 1

Privatperson

Ziel	Sie wollen in Ihrer beruflichen Zukunft interessantere und vielfältigere Arbeiten ausführen können und dabei mehr verdienen.
Massnahmen	Sie besuchen deshalb weiterbildende Schulen und haben unter anderem das vorliegende Buch gekauft.
Finanzielle Mittel	Der Schulbesuch verursacht Ausgaben in Form von Kursgeldern, Wegkosten, Bücherkäufen und auswärtiger Verpflegung.

Beispiel 2

Unternehmung

Ziel	Eine Schule hat sich zum Ziel gesetzt, zu den führenden Anbietern von Informatikkursen auf dem Platz Zürich zu gehören.
Massnahmen	Dazu müssen umfangreiche Investitionen in neueste Hard- und Software vorgenommen werden. Ausserdem werden Neueinstellungen von erfahrenen Lehrkräften sowie Mitarbeiter/innen in Verkauf, Technik und Administration notwendig. Zudem sind die räumlichen Verhältnisse anzupassen (Umbauten, Erweiterung der Raumkapazität).
Finanzielle Mittel	Der Kauf und der Unterhalt dieser Hard- und Software führt zu einmaligen und zu wiederkehrenden Ausgaben, die mittelfristig durch die Kursgelder zu decken sind. Ausserdem müssen die zusätzlichen Löhne und Raumkosten bezahlt werden können.

Im Geschäftsleben wird grundsätzlich zwischen strategischer und operativer Planung unterschieden:

Planung

Strategische Planung①

Die Geschäftsleitung legt die grobe Marschrichtung der Unternehmung (= Strategie) für die nächsten fünf bis zehn Jahre fest.

Operative (kurz- bis mittelfristige) Planung②

Die allgemein formulierte Strategie muss konkret umgesetzt werden in Form von quantifizierbaren (mit Zahlen fassbaren) Zielen und Massnahmen für die nächsten ein③ bis drei Jahre.

① Der Begriff geht zurück auf das griechische Wort *stratos,* was Heer bedeutet. Unter Strategie verstand man ursprünglich die Kunst der Kriegsführung.

② Das lateinische Wort *operari* bedeutet arbeiten, sich abmühen.

Nicht eingegangen wird in diesem Lehrmittel auf die **dispositive Planung** (lateinisch *disponere* bedeutet, in einer bestimmten Reihenfolge aufstellen). Bei der dispositiven Planung geht es um die konkrete Durchführung der beschlossenen Massnahmen im Rahmen des finanz- und leistungswirtschaftlichen Geschäftsprozesses. Beispiele sind die Fertigungssteuerung, die Personaleinsatzplanung, das Bestellwesen oder die sehr kurzfristige Liquiditätsplanung. Die dispositive Planung ist eine reine Ausführungsplanung.

③ Die detaillierte Einjahresplanung wird in der Praxis **Budgetierung** genannt. Dementsprechend heissen die Jahrespläne **Budgets.**

Strategische Planung

Unternehmungen können in einer sich rasch verändernden Welt nur erfolgreich überleben, wenn sie ihr Umfeld dauernd beobachten, analysieren, Trends erkennen, Veränderungen antizipieren und sich möglichst rasch darauf einstellen. Dieser ständige Prozess des Aufspürens von Tendenzen und des kreativen Reagierens ist die Kernaufgabe des strategischen Managements.

Wirkungsvolle Reaktionen sind aber nur möglich, wenn diese auf die eigenen Fähigkeiten der Unternehmung abgestimmt sind und den Wertvorstellungen ihrer Mitarbeiter entsprechen. Deshalb gehen die Analyse der Umwelt und die Analyse der eigenen Unternehmung stets Hand in Hand:

Analyse

Umwelt
Chancen/Risiken

- ▷ Absatzmärkte
- ▷ Beschaffungsmärkte
- ▷ Technologie
- ▷ Ökonomisches Umfeld
- ▷ Soziales Umfeld
- ▷ Politisches Umfeld
- ▷ Ökologisches Umfeld

Unternehmung
Stärken/Schwächen

- ▷ Absatz (Sortiment/Preise/Absatzkanäle/Kundenzufriedenheit)
- ▷ Produktion (Kapazität/Technologie/Lager)
- ▷ Beschaffung (Qualität/Preise/Lieferanten)
- ▷ Personal (Qualifikation/Lohnniveau/Beschaffung)
- ▷ Finanzen (Wirtschaftlichkeit/Rentabilität/Liquidität/Kapitalstruktur)

Wertvorstellungen
Managementphilosophie

- ▷ Risikoneigung
- ▷ Innovationsneigung
- ▷ Wachstum
- ▷ Marktleistungsqualität
- ▷ Führungsstil
- ▷ Verhältnis zu Mitarbeitern
- ▷ Verhältnis zum Staat
- ▷ Eigentumsverhältnisse
- ▷ Gewinnausschüttungspolitik

Basierend auf der Umwelt- und Unternehmungsanalyse und unter Einbezug der Wertvorstellungen, wird die Unternehmungsstrategie erarbeitet. Im Rahmen dieses komplexen Prozesses verknüpfen erfolgreiche Unternehmer/innen die oben beschriebenen analytischen Aspekte meist mit intuitiv-visionären Vorstellungen. Nur wenn «Kopf» und «Bauch» übereinstimmen, besteht die Chance, dass die optimale Strategie gefunden werden kann.①

Da die Strategiefindung nicht Hauptaufgabe des Rechnungswesens ist, wird im Rahmen dieses Lehrbuchs nicht weiter auf die strategische Planung eingegangen.

① Der Kopf steht hier für den Intellekt, der Bauch für die Intuition: Das logisch-abstrakte, analytische Denken der linken Hirnhälfte soll gepaart werden mit dem intuitiven, anschaulich-bildhaften Fühlen der rechten Hirnhälfte.

Dieser ganzheitliche Ansatz ist nicht zufällig auch das Thema des Bildes auf dem Buchdeckel dieses Lehrmittels (vgl. Beschreibung auf der Rückseite des Buchumschlags).

Operative Planung

Diese Doppelseite zeigt schematisch die Zusammenhänge zwischen den **Teilplänen** und **Gesamtplänen** im Rahmen der operativen Planung:

Der **Umsatz- oder Absatzplan** bildet immer den Ausgangspunkt der Planung. Er wird von der Marketing- oder Verkaufsabteilung erstellt.

Die Absatzzahlen sind in der Praxis schwierig abzuschätzen, hängen sie doch stark vom Verhalten der Kundschaft und der Konkurrenz ab, von Faktoren also, die von der betreffenden Unternehmung nur teilweise beeinflusst werden können. Oft werden deshalb verschiedene Prognosen gestellt und optimistische, realistische oder pessimistische Varianten konkret durchgerechnet.

Der Umsatzplan wirkt sich in der Buchhaltung in Form von Ertrag auf die Plan-Erfolgsrechnung aus und in Form von Einnahmen auf die Plan-Geldflussrechnung. Sofern nicht alle Kunden bar bezahlen, unterscheiden sich Ertrag und Einnahmen durch die Debitorenveränderungen: Nehmen die Debitoren beispielsweise zu, bedeutet dies, dass mehr verkauft wurde, als Kunden bezahlt haben; die Erträge sind also höher als die Einnahmen.

Die **Produktions- und Verwaltungspläne** ① basieren auf den voraussichtlichen Absatzzahlen. Die Umsetzung dieser Pläne verursacht Aufwände und Ausgaben. Zu beachten ist, dass die Abschreibungen und Rückstellungsbildungen wohl Aufwand darstellen, aber keine Ausgaben. Weitere Unterschiede zwischen Aufwand und Ausgabe ergeben sich bei Kreditoren- und Vorratsveränderungen.

Der **Investitionsplan** enthält die geplanten Käufe von Anlagevermögen, die zur Erbringung der vorgesehenen Produktionsmengen erforderlich sind. Er enthält auch die Desinvestitionen, d.h. die Verkäufe von nicht mehr benötigtem Anlagevermögen.

Der **Finanzierungsplan** gibt Aufschluss über die Aussenfinanzierung, d.h. über die Deckung einer Finanzierungslücke durch Aufnahme von Fremd- oder Eigenkapital, sowie die Definanzierung, d.h. die Rückzahlung fälliger Kredite. Die Dividendenausschüttung kann wahlweise entweder als Unterschied zwischen Brutto- und Nettocashflow gezeigt werden (im Schema auf der nächsten Seite der Fall) oder als Definanzierung ausgewiesen werden.

Die buchhalterischen Auswirkungen der obigen Teilpläne werden in den Gesamtplänen zusammengefasst, was nebst der Organisation des Planungsprozesses die Hauptaufgabe des Rechnungswesens darstellt. Eine zentrale Bedeutung kommt dabei der **Plan-Geldflussrechnung** ② zu. Sie umfasst alle Einnahmen und Ausgaben einer Periode, gegliedert in Betriebs-, Investitions- und Finanzierungsbereich, und zeigt als Saldo die Veränderung der flüssigen Mittel.

Die **Plan-Erfolgsrechnung** ③ gibt als weiterer Gesamtplan einen Überblick über sämtliche Eigenkapitalveränderungen, welche durch die Geschäftstätigkeit in der Planperiode verursacht werden, und zeigt als Saldo den Erfolg.

Die **Plan-Bilanz** am Ende der Planperiode ergibt sich automatisch.

Das Zusammenwirken von Teil- und Gesamtplänen wird auf der nächsten Seite schematisch dargestellt:

① Unter Produktionsplan werden hier vereinfachend verschiedene, von Branche zu Branche unterschiedliche Teilpläne zusammengefasst, zum Beispiel die Pläne für die Materialbeschaffung, den Materialfluss und die Lagerung oder die Pläne für den Einsatz von Personen und Maschinen.

② Die Plan-Geldflussrechnung wird in der Praxis auch **Finanzplan** oder **Liquiditätsbudget** genannt.

③ Die Plan-Erfolgsrechnung wird auch **Erfolgsbudget** genannt.

Schematischer Überblick über die Teilpläne und die Gesamtpläne

Plan-Geldflussrechnung Finanzplan, Liquiditätsbudget	Teilpläne	Plan-Erfolgsrechnung Erfolgsbudget
Umsatzbedingte Einnahmen	**Umsatzplan (Absatzplan)** +/– Debitorenveränderungen	Erträge
./. Umsatzbedingte Ausgaben = Cashflow (brutto) ./. Gewinnausschüttung = Cashflow (netto)	**Produktions und Verwaltungspläne** +/– Kreditoren- und Vorratsveränderungen, Abschreibungen, Rückstellungsänderungen	./. Aufwände = Erfolg (Gewinn oder Verlust)
./. Investitionen } Netto-Investitionen + Desinvestitionen } = Finanzierungslücke oder -überschuss (Free Cashflow)	**Investitionsplan**	**Plan-Bilanz** Die Plan-Bilanz ergibt sich automatisch, wenn die Periodengrössen von Erfolgs- und Geldflussrechnung zur Eröffnungsbilanz zu- oder weggezählt werden.
+ Aussenfinanzierung ./. Definanzierung = Veränderung der flüssigen Mittel	**Finanzierungsplan**	

Beispiel

Plan-Geldflussrechnung (Finanzplan, Liquiditätsbudget)

	20_1①	20_2①	20_3①
Geldfluss aus Betriebstätigkeit (Cashflow) CMH			
Zahlungen von Kunden	200	220	250
./. Zahlungen an Lieferanten	– 120	– 130	– 150
./. Zahlungen ans Personal	– 30	– 35	– 38
./. Zahlungen für Miete	– 10	– 10	– 10
./. Zahlungen für übrigen Aufwand	– 15	– 15	– 17
= Cashflow (brutto)	25	30	35
./. Gewinnausschüttung②	– 12	– 15	– 18
= Cashflow (netto)	13	15	17
Geldfluss aus Investitionstätigkeit			
./. Investitionen (Kauf Anlagevermögen)	– 20	– 20	– 20
+ Desinvestitionen (Verkauf Anlagevermögen)	0	0	6
= Free Cashflow, d. h. Finanzierungsüberschuss (+) bzw. Finanzierungslücke (–)	– 7	– 5	3
Geldfluss aus Finanzierungstätigkeit			
+ Aussenfinanzierung (Aufnahme von Kapital)	0	10	0
./. Definanzierung (Rückzahlung von Kapital)	– 2	– 2	– 2
= Zu- oder Abnahme der flüssigen Mittel	**– 9**	**3**	**1**

Die **Plan-Geldflussrechnung** wird im Rahmen der operativen Planung zum wichtigen finanziellen Führungsinstrument, weil sie den Geschäfts-, den Investitions- und den Finanzierungsbereich in *einer* Rechnung zusammenfasst und sich deshalb hervorragend zur Abstimmung von gesteckten Zielen, geplanten Massnahmen und vorhandenen finanziellen Mitteln eignet.

① Bei der mittelfristigen Planung stehen die Jahre 1 bis 3 als Kolonnenüberschriften. Bei der Jahresplanung (Budgetierung) werden die Kolonnen je nach den Bedürfnissen der Liquiditätssteuerung mit Quartalen oder Monaten oder noch kürzeren Zeitabschnitten überschrieben.

② Die Gewinnausschüttung kann auch als Definanzierung ausgewiesen werden.

Unternehmungsfinanzierung

Finanzierung ist die Versorgung der Unternehmung mit flüssigen Mitteln, damit diese in der Lage ist

- ▷ den Umsatzprozess abzuwickeln
- ▷ Investitionen vorzunehmen
- ▷ Gewinne auszuschütten.

Im Überblick lassen sich die wichtigsten Finanzierungsformen wie folgt darstellen:

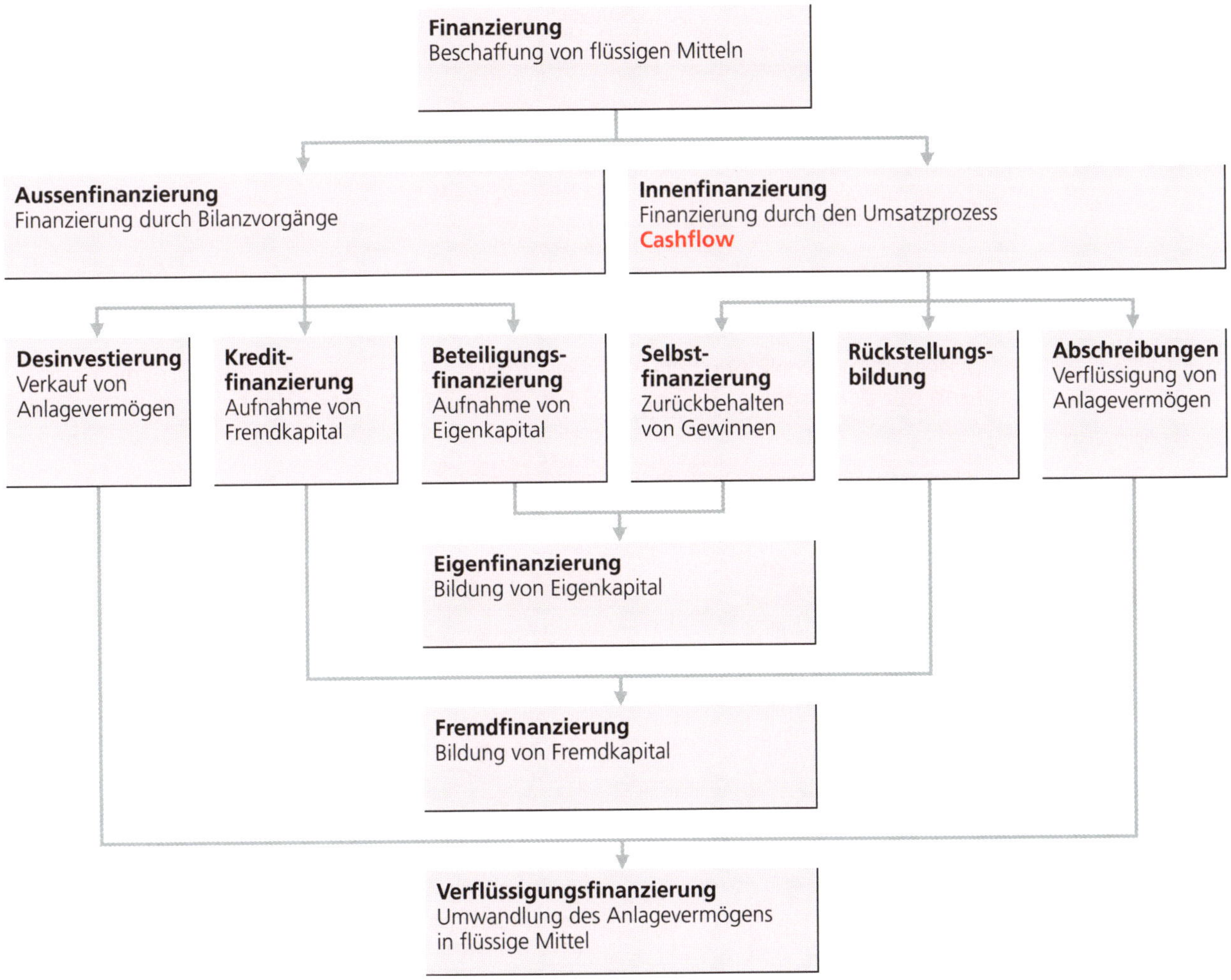

2. Teil Bilanz- und Erfolgsanalyse

Einleitung

Bei einer Unternehmensanalyse werden, vereinfacht und prägnant dargestellt, vor allem die folgenden drei Gesichtspunkte untersucht:

Analyse

Management
- ▷ Charakter
- ▷ Fachkompetenz
- ▷ Führungsqualität

Produkte und Märkte
- ▷ Stärken und Schwächen der eigenen Produkte
- ▷ Chancen und Risiken auf den Märkten

Finanzielle Situation
- ▷ Rentabilität
- ▷ Liquidität
- ▷ Kapitalstruktur

Dieses Lehrbuch behandelt die finanzielle Analyse des Jahresabschlusses, d. h. die **Beurteilung der Vermögens-, Finanz- und Ertragslage** einer Unternehmung durch interne und externe Personen:

Finanzielle Analyse

Interne Analyse

Die interne Analyse dient als Grundlage für die Unternehmungsführung. Sie ist ein Führungsinstrument, d. h. ein Hilfsmittel zur Wahrnehmung der Führungsaufgaben (Planung, Entscheidung, Anordnung und Kontrolle) durch
- ▷ das Management
- ▷ den Verwaltungsrat

Externe Analyse

Die externe Analyse dient
- ▷ den Investoren (Aktionären) und ihren Beratern (Anlageberater, Finanzanalytiker) als Grundlage für Anlageentscheide.
- ▷ den Kreditgebern als Grundlage für die Kreditprüfung (Bonitätsprüfung, Rating) und die Festlegung der Kreditbedingungen (Pricing).
- ▷ den Lieferanten zur Prüfung der Kreditfähigkeit.
- ▷ den Konkurrenten zur Beurteilung ihrer Wettbewerbsposition.
- ▷ der Wirtschaftspresse als Basis für die Berichterstattung über Unternehmungen.
- ▷ den Arbeitnehmern und ihren Organisationen zur Information und Motivation.

Ausgangspunkt für die finanzielle Analyse bilden gut gegliederte, wahrheitsgetreue Bilanzen, Erfolgsrechnungen und Geldflussrechnungen. Diese Thematik wird in Kapitel 22 dieses Lehrbuchs behandelt.

Bestimmte Grössen in den Abschlussrechnungen sind für den geübten Bilanzleser von besonderem Interesse, weil sie in konzentrierter Form wesentliche Erkenntnisse über die finanzielle Situation ermöglichen. Man nennt solche Grössen **Kennzahlen.**

Kennzahlen

Absolute Kennzahlen

Absolute① Kennzahlen sind ohne weitere Berechnungen direkt als Frankenbeträge aus Bilanz, Erfolgsrechnung oder Geldflussrechnung ersichtlich. Beispiele für aus dem Abschluss direkt sichtbare absolute Kennzahlen sind der Verkaufsumsatz, der Gewinn, der Cashflow, die Schulden oder das Eigenkapital.

Andere absolute Kennzahlen müssen zuerst berechnet werden. So lässt sich zum Beispiel der Free Cashflow aus der Geldflussrechnung errechnen.

Relative Kennzahlen

Eine vertiefte Analyse erfolgt meist durch die Bildung von relativen Kennzahlen, das sind Verhältnisgrössen, Prozentwerte oder Faktoren aus verschiedenen Teilen von Bilanz, Erfolgsrechnung und Geldflussrechnung.

Relative Kennzahlen zeigen die Beziehungen zwischen wichtigen Grössen bzw. die verhältnismässige Bedeutung einer Grösse. Oft wird mit einer Kennzahl eine Ursache-Wirkung-Beziehung zum Ausdruck gebracht.

Beispiele für solche relative Kennzahlen sind Renditen, Margen oder prozentuale Angaben zur Bilanzstruktur.

Die Bildung und Interpretation von Kennzahlen zu Bilanz, Erfolgsrechnung und Geldflussrechnung ist der Schwerpunkt in den Kapiteln 23 bis 26.

In der Regel sagt eine Kennzahl alleine noch wenig über die wirtschaftliche Lage einer Unternehmung aus; erst im Verbund mit anderen Kennzahlen ist eine fundierte Aussage möglich.

- ▷ Durch den Vergleich mit **branchenüblichen Kennzahlenwerten** lässt sich die Aussagekraft erhöhen. Insbesondere eignen sich die Werte des jeweiligen Marktführers (erfolgreichster Mitbewerber) als **Benchmark** (Zielgrösse, Beurteilungsmassstab).
- ▷ In Form von **Zeitreihen** über mehrere Perioden lassen sich Rückschlüsse auf die wirtschaftliche Entwicklung einer Unternehmung ziehen.

Geschulte, erfahrene Analysten wählen je nach Problemstellung die relevanten Kennzahlen aus und studieren vor allem die hinter den Zahlen stehenden realwirtschaftlichen Vorgänge, was die aussagekräftigen Schlüsse ermöglicht.

① Das Wort «absolut» stammt aus dem Lateinischen und bedeutet: rein, beziehungslos.

Aufbereitung des Zahlenmaterials

a) Gliederung

Eine betriebswirtschaftlich zweckmässige Gliederung von Bilanz, Erfolgsrechnung und Geldflussrechnung ist die erste Voraussetzung für eine aussagefähige finanzwirtschaftliche Analyse. In diesem Abschnitt werden die **Gliederungsschemen** vorgestellt; entsprechende Zahlenbeispiele finden Sie im Aufgabenteil.

Gliederungsschema für die Bilanz①

Aktiven (Vermögen)②	Passiven (Kapital)③
Umlaufvermögen	**Fremdkapital (Verbindlichkeiten, Schulden)**④
Flüssige Mittel	Kurzfristiges Fremdkapital
Forderungen	Langfristiges Fremdkapital
Vorräte	
Anlagevermögen	**Eigenkapital (Reinvermögen)**
Finanzielles Anlagevermögen	Aktienkapital
Materielles Anlagevermögen (Sachanlagen)	Kapitalreserven⑤
Immaterielles Anlagevermögen	Gewinnreserven⑤

① Es handelt sich hier um ein Grobschema mit den für eine Analyse wichtigsten Kontengruppen. Die Gliederung des Eigenkapitals ist von der Rechtsform abhängig. Im Beispiel ist eine Aktiengesellschaft dargestellt.

Detaillierte Vorgaben zur Gliederung finden sich im Obligationenrecht (OR 959a) oder im **Kontenrahmen KMU,** der im Anhang abgedruckt ist.

Es ist darauf zu achten, dass die Wertberichtigungsposten den Hauptkonten untergeordnet werden: Zum Beispiel ist das Delkredere in einer Vorkolonne von den Debitoren abzuziehen, die Wertberichtigungsposten zum Anlagevermögen sind bei den betreffenden Hauptkolonnen zu subtrahieren, und das Eigenkapital muss um den Bestand an eigenen Aktien korrigiert werden:

Bilanz

Aktiven				Passiven		
…				…		
Debitoren	100					
./. Delkredere	– 5	95		Aktienkapital	150	
…				Kapitalreserven	20	
Maschinen	200			Gewinnreserven	50	
./. Wertberichtigung	– 120	80		./. Eigene Aktien	– 30	190

② Aktiven (Vermögen)

Die Aktiven zeigen das für die Unternehmungstätigkeit zur Verfügung stehende **Vermögen.** Sie werden in Umlauf- und Anlagevermögen gegliedert.

Umlaufvermögen

Zum Umlaufvermögen gehören das Geld und die Vermögensteile, die innerhalb eines Jahres zur Umwandlung in Geld bestimmt sind. Das Umlaufvermögen wird nach der Flüssigkeit (Liquidierbarkeit) geordnet.

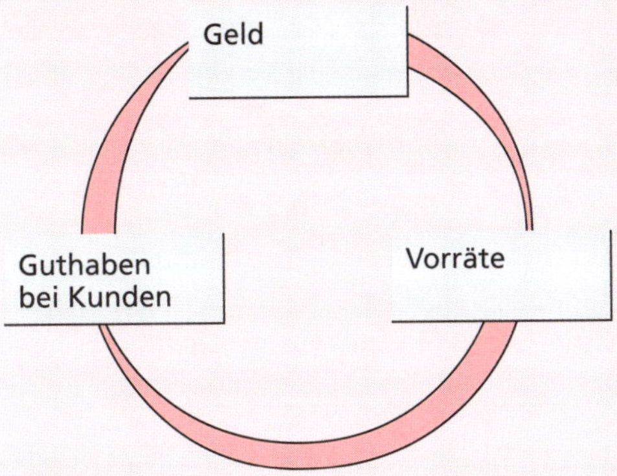

Anlagevermögen

Das Anlagevermögen, auch stehendes Vermögen genannt, umfasst die Vermögensteile, die der Unternehmung für lange Zeit (meistens über ein Jahr) zur Nutzung zur Verfügung stehen.

③ Passiven (Kapital)

Die Passiven zeigen die Ansprüche der Geldgeber am Unternehmungsvermögen. Sie werden in Fremd- und Eigen**kapital** gegliedert.

Fremdkapital (Schulden, Verbindlichkeiten)

Unter Fremdkapital oder Schulden werden die Ansprüche aussen stehender Geldgeber (Gläubiger) am Unternehmungsvermögen zusammengefasst. Das Fremdkapital wird nach der Fälligkeit der Rückzahlung geordnet (früher fällige Ansprüche werden zuerst aufgezählt).

Eigenkapital (Reinvermögen)

Unter Eigenkapital versteht man die Eigentümeransprüche am Unternehmungsvermögen. Es entspricht der Differenz zwischen dem Total der Aktiven und dem Fremdkapital.

	Aktiven (Vermögen)
./.	Fremdkapital (Schulden, Verbindlichkeiten)
=	Eigenkapital (Reinvermögen)

Die Bilanz wurde hier in der traditionellen **Kontoform** dargestellt. Die Aktiven und Passiven können statt links (Soll) und rechts (Haben) auch untereinander in der so genannten **Berichts- bzw. Staffelform** dargestellt werden, zum Beispiel:

	Umlaufvermögen
+	Anlagevermögen
=	Aktiven (Vermögen)
./.	Fremdkapital (Schulden)
=	Eigenkapital (Reinvermögen)

oder:

	Umlaufvermögen
+	Anlagevermögen
=	Aktiven (Vermögen)
	Fremdkapital (Schulden)
+	Eigenkapital (Reinvermögen)
=	Passiven (Kapital)

④ Für Analysezwecke werden die Schulden statt in kurz- und langfristiges Fremdkapital manchmal in operatives und finanzielles Fremdkapital aufgegliedert:

- ▷ Das **operative Fremdkapital** entsteht automatisch durch den Betriebsprozess und ist unverzinslich. Die wichtigsten Positionen sind Kreditoren, passive Rechnungsabgrenzungen und Rückstellungen. Verantwortlich für diese Schulden ist das operative Management.
- ▷ Das **finanzielle Fremdkapital** entsteht durch die Aufnahme von Krediten und muss verzinst werden. Die wichtigsten Positionen sind Bankschulden, Darlehen, Hypotheken und Obligationenanleihen. Verantwortlich für diese Schulden ist der Finanzchef bzw. die Finanzchefin.

⑤ **Gewinnreserven** (gesetzliche und freiwillige) entstehen aus zurückbehaltenen, nicht ausgeschütteten Gewinnen. Den **Kapitalreserven** werden jene Erlöse zugewiesen, die bei der Ausgabe von Aktien über ihren Nennwert erzielt werden, was vor allem bei Aktienkapitalerhöhungen mit Agio (Aufgeld) vorkommt.

Gliederungsschema für die Erfolgsrechnung

Nach schweizerischem Obligationenrecht (OR 959b) wird in der Erfolgsrechnung unterschieden zwischen betrieblichen und betriebsfremden sowie ausserordentlichen Aufwänden und Erträgen.

Im Kontenrahmen KMU (siehe Anhang 6) wird der Betrieb zusätzlich aufgeteilt in Hauptbetrieb (Kontenklassen 3 bis 6) und Nebenbetriebe (Kontenklasse 7).①

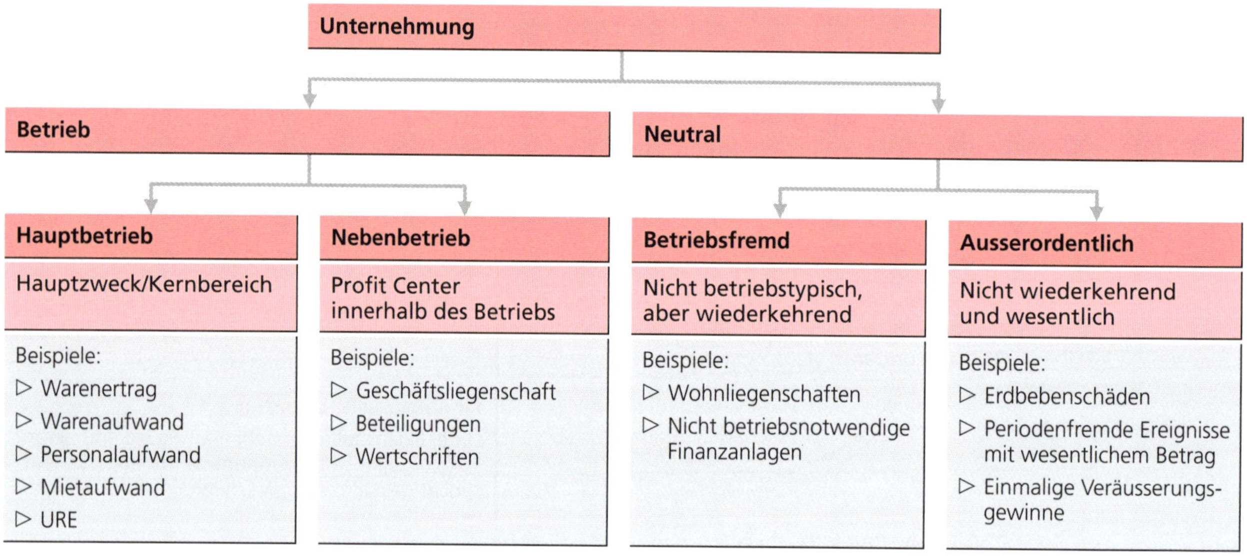

Aufgrund dieser Unterteilungen lassen sich mehrstufige Erfolgsrechnungen erstellen, die eine differenzierte Analyse des Abschlusses ermöglichen.

Die nachfolgenden Beispiele sind schematisch; die verwendeten Kontenbezeichnungen und die ausgewiesenen Stufenergebnisse hängen stark von der Branche und Grösse einer Unternehmung ab.

Beispiel 1

Dreistufige Erfolgsrechnung im Handelsbetrieb

Erfolgsrechnung

Warenertrag		100
./. Warenaufwand		– 60
= Bruttogewinn		**40**
./. Personalaufwand	Gemeinaufwand	– 25
./. Mietaufwand		– 7
./. Übriger Gemeinaufwand		– 16
= Betriebsverlust		**– 8**
+ Liegenschaftenertrag	Neutraler Aufwand und Ertrag	15
./. Liegenschaftenaufwand		– 6
+ Veräusserungsgewinn		9
= Unternehmungsgewinn		**10**

① Die Zuteilung der Geschäftsfälle auf die verschiedenen Unternehmensbereiche ist allerdings nicht immer eindeutig und wird in der Praxis uneinheitlich gehandhabt.

Beispiel 2

Mehrstufige Erfolgsrechnung auf der Basis des Kontenrahmens KMU

Im Kontenrahmen KMU wurden die Kontennummern in den Kontenklassen 3 bis 8 so gewählt, dass sich eine mehrstufige Erfolgsrechnung in Berichtsform gemäss folgendem Muster ergibt (Kontenklassen bzw. Kontengruppen in der hintersten Spalte):

Erfolgsrechnung

	Warenertrag	3
./.	Warenaufwand	4
=	**Bruttogewinn**	
./.	Personalaufwand	5
./.	Übriger Betriebsaufwand (ohne Abschreibungen und Zinsen)	60–67
=	**Betriebsergebnis vor Zinsen, Steuern und Abschreibungen (EBITDA)**①	
./.	Abschreibungen	68
=	**Betriebsergebnis vor Zinsen und Steuern (EBIT)**	
+/–	Zinsaufwand und Zinsertrag (Finanzaufwand und Finanzertrag)	69
=	**Betriebsergebnis vor Steuern**	
+/–	Aufwand und Ertrag von Nebenbetrieben	7
+/–	Betriebsfremder Aufwand und Ertrag	8
+/–	Ausserordentlicher Aufwand und Ertrag	8
=	**Unternehmenserfolg vor Steuern**	
./.	Direkte Steuern	89
=	**Unternehmenserfolg**	

Gliederungsschema für die Geldflussrechnung

Geldflussrechnungen werden in **drei Bereiche** gegliedert und zeigen als Saldo die Veränderung der flüssigen Mittel:

Geldflussrechnung

	Geldfluss aus Betriebstätigkeit (Geschäftstätigkeit, Cashflow, Innenfinanzierung)
+/–	Geldfluss aus Investitionstätigkeit
+/–	Geldfluss aus Finanzierungstätigkeit
=	Zunahme oder Abnahme der flüssigen Mittel

Für Einzelheiten zur Geldflussrechnung wird auf den ersten Teil dieses Lehrbuchs verwiesen.

Bei **börsenkotierten Unternehmen** sind die Vorschriften besonderer Regelwerke wie die Swiss GAAP FER, IFRS oder US GAAP anzuwenden. Eine Übersicht finden Sie auf den Seiten 29 und 30 dieses Lehrbuchs.

① **EBITDA** = Earnings before Interest, Taxes, Depreciation and Amortization
- ▷ Interest = Zinsen
- ▷ Taxes = Steuern
- ▷ Depreciation = Abschreibung von materiellem Anlagevermögen
- ▷ Amortization = Abschreibung von immateriellem Anlagevermögen

b) Bewertung

Beim Abschluss der Buchhaltung stellt sich die Frage, zu welchem Wert die einzelnen Bilanzpositionen in die Bilanz einzusetzen sind. Diese Tätigkeit der Wertermittlung nennt man **bewerten**; das Ergebnis heisst **Bewertung**.

Nur die Aktiven und das Fremdkapital müssen bewertet werden; das Eigenkapital ergibt sich als Saldo:

Bilanz

Aktiven	Passiven
Aktiven Vermögen	**Fremdkapital** Verbindlichkeiten, Schulden
	Eigenkapital Netto- oder Reinvermögen

Bei einigen Bilanzpositionen ist die Bewertung einfach:

- ▷ Das Schweizer Geld in der Kasse zum Beispiel lässt sich leicht zählen (sogenannter Kassensturz); der Wert ist genau bestimmt
- ▷ Ebenso steht die genaue Höhe einer Darlehensschuld in Schweizer Franken fest.

Bei den meisten Bilanzpositionen ist der Wert allerdings nicht so einfach feststellbar:

- ▷ Soll beispielsweise die Geschäftsliegenschaft zum früheren Kaufpreis oder zum geschätzten heutigen Marktwert in der Bilanz aufgeführt werden?
- ▷ Wie hoch sollen die Abschreibungen auf dem Mobiliar sein?
- ▷ Welchen Wert hat das Warenlager?
- ▷ Wie viele Debitoren werden voraussichtlich nicht zahlen?
- ▷ Welche Rückstellungen sind angemessen?
- ▷ Zu welchem Wechselkurs soll ein Guthaben in fremder Währung umgerechnet werden?

Weil die Bewertung der Aktiven und des Fremdkapitals bei der Ermittlung des Eigenkapitals und des Periodenerfolgs von grosser Bedeutung ist, enthält das **Obligationenrecht** auch Bestimmungen zur Bewertung.①

① Eine Übersicht über die Buchführungs- und Rechnungslegungsvorschriften des Obligationenrechts findet sich auf Seite 29 dieses Lehrbuchs.

Die obligationenrechtlichen **Bewertungsvorschriften** von OR 960 ff. können wie folgt zusammengefasst werden:

Bewertungsvorschriften des Obligationenrechts

Allgemeine Vorschriften

Aktiven und Verbindlichkeiten sind in der Regel einzeln zu bewerten.

Die Bewertung hat **vorsichtig** zu erfolgen, darf aber die zuverlässige Beurteilung der wirtschaftlichen Lage nicht verhindern.

Die **Aktiven** dürfen höchstens zu Anschaffungs- oder Herstellungskosten① bewertet werden. Nutzungs- und altersbedingte sowie anderweitige Wertverluste müssen durch Abschreibungen bzw. Wertberichtigungen berücksichtigt werden.

Verbindlichkeiten werden zum Nennwert bilanziert. Die Rückstellungen müssen mindestens so hoch sein wie der erwartete Mittelabfluss.

Vorschriften für ausgewählte Aktiven

Aktiven mit Börsenkurs (zum Beispiel Wertschriften oder Edelmetalle) dürfen zum Kurs am Bilanzstichtag bewertet werden, auch wenn dieser über dem Anschaffungswert liegt.

Vorräte dürfen grundsätzlich höchstens zu Anschaffungs- oder Herstellungskosten bewertet werden. Wenn ihr Wert am Bilanzstichtag unter den Nettoveräusserungswert② sinkt, so muss dieser tiefere Wert eingesetzt werden.

① Unter **Anschaffungskosten** versteht man

- ▷ bei Maschinen, Mobiliar oder Fahrzeugen den Kaufpreis zuzüglich Bezugskosten wie Fracht und Zoll sowie die Montagekosten
- ▷ bei Liegenschaften den Kaufpreis zuzüglich Handänderungssteuer und Grundbuchgebühr
- ▷ bei Waren oder Material den Einstandspreis (Ankauf zuzüglich Bezugskosten wie Fracht und Zoll).

Die **Herstellungskosten** (auch Herstellkosten genannt) umfassen die Material- und Fertigungskosten, nicht aber die Verwaltungs- und Vertriebskosten.

② **Nettoveräusserungswert** = geschätzter Verkaufserlös abzüglich noch anfallender Kosten für Fertigstellung und Veräusserung.

Die Vorsicht ist der wichtigste Bewertungsgrundsatz im Obligationenrecht. Dies im Unterschied zu den anerkannten Rechnungslegungsstandards wie Swiss GAAP FER oder IFRS, wo die Wahrheit zum führenden Prinzip erhoben wird.

Bewertungsgrundsätze

Vorsicht
Prudence

Das Vorsichtsprinzip verlangt, dass sich die Unternehmung gegenüber anderen nicht reicher und im Zweifel ärmer darstellen soll, als sie in Wirklichkeit ist.

Die Aktiven und Erträge sind deshalb eher zu tief, die Verbindlichkeiten und Aufwände eher zu hoch anzusetzen.

Wahrheit
True-and-Fair-View

Die Bewertung soll ein den tatsächlichen Verhältnissen entsprechendes Bild abgeben. Sie entspricht entweder den Tatsachen oder basiert auf vernünftigen, willkürfreien Schätzungen.

Fortführung
Going Concern

Die Bewertung der Aktiven und Verbindlichkeiten soll normalerweise unter Annahme der Weiterführung der Unternehmenstätigkeit erfolgen.①

Stetigkeit
Consistency

Die Stetigkeit in Darstellung und Bewertung bedeutet, dass die einmal gewählten Darstellungsformen und Bewertungsgrundsätze über die Jahre hinweg beibehalten werden sollen.

Das Vorsichtsprinzip lässt sich durch drei Grundsätze verdeutlichen:

Vorsichtsprinzip

Realisationsprinzip
Realization Rule

Gewinne dürfen erst ausgewiesen werden, wenn sie durch Verkauf erzielt worden sind.

Beispiel:

Die Vorräte dürfen nicht schon zu Verkaufspreisen bilanziert werden, sondern höchstens zu Anschaffungs- bzw. Herstellkosten.

Niederstwertprinzip
Lower of Cost or Market

Von mehreren für die Bewertung zur Verfügung stehenden Werten muss der niedrigste genommen werden.

Beispiel:

Bei den Vorräten müssen die Anschaffungs- bzw. Herstellkosten mit dem Nettoveräusserungswert verglichen werden. Der niedere von beiden Werten ist für die Bilanzierung massgeblich.

Imparitätsprinzip②
Unequal Treatment

Gewinne dürfen erst ausgewiesen werden, wenn sie durch Verkauf erzielt worden sind (= Realisationsprinzip); *Verluste* müssen dagegen schon gezeigt werden, wenn deren Eintritt möglich ist.

Beispiel:

Steigt der Wert der Vorräte am Bilanzstichtag über die Anschaffungs- bzw. Herstellkosten (= unrealisierter Gewinn), darf nicht aufgewertet werden; sinkt der Wert unter den Nettoveräusserungswert (= unrealisierter Verlust), muss abgewertet werden.

① Eine wichtige Ausnahme ist OR 725, wo verlangt wird, dass bei begründeter Besorgnis einer Überschuldung eine Zwischenbilanz zu Veräusserungswerten (Liquidationswerten) aufzustellen ist.

② Imparität heisst wörtlich Ungleichheit. Hier werden nicht realisierte Gewinne und Verluste ungleich behandelt.

Die Hauptunterschiede zwischen dem obligationenrechtlichen Buchführungsrecht und den anerkannten Standards lassen sich folgendermassen charakterisieren:

Merkmale	Obligationenrecht	Swiss GAAP FER, IFRS und US GAAP ①
Welche Unternehmungen müssen die Vorschriften anwenden?	Alle buchführungspflichtigen Unternehmungen in der Schweiz.	Diese Vorschriften sind hauptsächlich für börsenkotierte Gesellschaften anwendbar. Bei den anderen Unternehmungen ist ein solcher Abschluss auf Verlangen der Gesellschafter zu erstellen (zum Beispiel von Aktionären mit mindestens 20% des Grundkapitals).
Welches ist der zentrale Grundsatz ordnungsmässiger Rechnungslegung?	Die **Vorsicht** ist der dominierende Grundsatz: Der Adressat des Geschäftsberichts soll sich darauf verlassen können, dass die wirtschaftliche Lage der Gesellschaft mindestens so gut ist, wie in der Jahresrechnung dargestellt.	Die **Wahrheit** ist der wichtigste Grundsatz. Der Abschluss soll ein den tatsächlichen Verhältnissen entsprechendes Bild der Vermögens-, Finanzierungs- und Ertragslage der Unternehmung vermitteln (sogenannte **True-and-Fair-View**).
Wer steht im Zentrum der Betrachtungen, der Gläubiger oder der Investor?	Der **Gläubigerschutz** hat Priorität: Ein Kreditgeber soll sich darauf verlassen können, dass es der Unternehmung wirtschaftlich mindestens so gut geht, wie in der Jahresrechnung dargestellt. Die korrekte Information der Eigentümer (der Aktionäre) ist zweitrangig.	Die **Investoren** (die Aktionäre) sollen über die wirtschaftliche Lage ihrer Unternehmung wahrheitsgetreu informiert werden.
Welche stillen Reserven sind gestattet?	Die auf der Bilanzvorsicht basierenden Bewertungsvorschriften des Obligationenrechts ermöglichen die Bildung von **stillen Willkürreserven** (siehe nächstes Kapitel).	Es ist der Geschäftsleitung nicht erlaubt, willkürlich stille Reserven zu bilden.

Es bestehen in der Schweiz über 400 000 Unternehmungen; davon sind nur etwas mehr als 300 börsenkotiert. Deshalb stehen in diesem Lehrbuch die allgemeinen obligationenrechtlichen Vorschriften im Zentrum; auf die Rechnungslegung börsenkotierter Unternehmungen wird nicht weiter eingegangen.

① Die vom Obligationenrecht genannten anerkannten Standards zur Rechnungslegung werden auf Seite 30 dieses Lehrbuchs beschrieben.

c) Stille Reserven

Das Rechnungswesen ist das wichtigste Informationsmittel einer Unternehmung. Die Informationen richten sich an externe und interne Adressaten (Empfänger).

Adressaten

Externe

Externe Rechnungen sind zur Information Dritter (vor allem der Aktionäre und der Steuerbehörden) bestimmt. Sie zeigen in der Regel nicht die wahre Vermögens- und Ertragslage.

Interne

Interne Rechnungen sind als Entscheidungsgrundlage sowie als Kontrollinstrument für die Unternehmungsleitung bestimmt. Sie sind nach **True-and-Fair-View** erstellt und geben die wirklichen Werte wieder (so weit dies überhaupt möglich ist).

Handelsbilanz

Sie wird nach den Bewertungsvorschriften des **Obligationenrechts** erstellt und richtet sich hauptsächlich an die Aktionäre.①

Eine Unterbewertung von Aktiven bzw. Überbewertung von Verbindlichkeiten ist gestattet und in der Praxis verbreitet.

Steuerbilanz

Grundsätzlich ist die Handelsbilanz massgeblich für die Erstellung der Steuerbilanz; jedoch müssen die zusätzlichen Bewertungsvorschriften des **Steuerrechts** berücksichtigt werden.

In der Praxis von KMU sind Handels- und Steuerbilanz oft identisch.

① Da die Aktionäre keine Treuepflicht gegenüber der Aktiengesellschaft haben (ein Aktionär kann gleichzeitig Aktien zweier sich konkurrenzierender Unternehmungen halten), verfügen sie nicht über ein vollständiges Informationsrecht.

In der schweizerischen Wirtschaftspraxis unterscheiden sich interne und externe Abschlussrechnungen in der Regel deutlich: Externe Bilanzen und Erfolgsrechnungen basieren auf den obligationenrechtlichen Bewertungsvorschriften und zeigen in der Regel eine schlechtere Vermögens- und Ertragslage, als es der Wirklichkeit entspricht.

In externen Bilanzen werden in der Regel die Aktiven unterbewertet und das Fremdkapital überbewertet. Das Eigenkapital (als Saldogrösse der Bilanz) ist daher in der externen Bilanz kleiner als in der internen. Die Differenz zwischen dem in der externen Bilanz ausgewiesenen und dem effektiven Eigenkapital gemäss interner Bilanz nennt man **stille Reserven.**①

Beispiel 1

Der Bestand an stillen Reserven

Um das Wesen der stillen Reserven zu verdeutlichen, wurde in der unten stehenden externen Bilanz das Anlagevermögen (als Folge zu hoher Abschreibungen) um 20 unterbewertet. Bei den anderen Vermögens- und Schuldenpositionen bestehen in diesem Einführungsbeispiel der Einfachheit halber keine Bewertungsunterschiede.

Externe Schlussbilanz 31. 12. 20_1

Aktiven		Passiven	
Flüssige Mittel	20	Fremdkapital	50
Debitoren	30		
Vorräte	30	Grundkapital	30
Anlagevermögen	40	Offene Reserven②	40

Eigenkapital 70 (Grundkapital und Offene Reserven)

Interne Schlussbilanz 31. 12. 20_1

Aktiven		Passiven	
Flüssige Mittel	20	Fremdkapital	50
Debitoren	30		
Vorräte	30	Grundkapital	30
Anlagevermögen	60	Offene Reserven②	40
		Stille Reserven③	20

Eigenkapital 90 (Grundkapital, Offene Reserven und Stille Reserven)

① Still nennt man diese Reserven deshalb, weil sie in der externen Bilanz nicht sichtbar, d.h. für Aussenstehende nicht erkennbar sind.

② Im Gegensatz zu den stillen Reserven sind die offenen Reserven in der externen Bilanz ausgewiesen, d.h. für Aussenstehende erkennbar. Die offenen Reserven setzen sich zusammen aus der gesetzlichen Kapitalreserve, der gesetzlichen Gewinnreserve und den freiwilligen Gewinnreserven. Der Gewinnvortrag ist Teil der freiwilligen Gewinnreserven

③ Da die interne Bilanz die richtige Höhe des Eigenkapitals zeigen soll, müssen die stillen Reserven in der internen Bilanz als Eigenkapital-Bestandteil aufgeführt werden. Dieser Bilanzposten gibt an, um wie viel das Eigenkapital in der externen Bilanz tiefer bilanziert ist.

■ Beispiel 2

Die Bildung von stillen Reserven

Dieses Beispiel bildet die Fortsetzung von Beispiel 1; die Schlussbilanz von Beispiel 1 entspricht der Eröffnungsbilanz in Beispiel 2.

Im Jahr 20_2 wird durch eine erhöhte Abschreibung auf dem Anlagevermögen eine zusätzliche stille Reserve 10 gebildet.

Externe Eröffnungsbilanz 1. 1. 20_2

Aktiven		Passiven		
Flüssige Mittel	20	Fremdkapital	50	
Debitoren	30			
Vorräte	30	Grundkapital	30	Eigenkapital 70
Anlagevermögen①	40	Offene Reserven	40	

Interne Eröffnungsbilanz 1. 1. 20_2

Aktiven		Passiven		
Flüssige Mittel	20	Fremdkapital	50	
Debitoren	30			
Vorräte	30	Grundkapital	30	Eigenkapital 90
Anlagevermögen	60	Offene Reserven	40	
		Stille Reserven	20	

Externe Erfolgsrechnung 20_2

Aufwand		Ertrag	
Warenaufwand	140	Verkaufserlös	300
Personalaufwand	60		
Abschreibungen②	20		
Diverser Aufwand	60		
Gewinn	20		

Interne Erfolgsrechnung 20_2

Aufwand		Ertrag	
Warenaufwand	140	Verkaufserlös	300
Personalaufwand	60		
Abschreibungen	10		
Diverser Aufwand	60		
Gewinn	30		

Externe Schlussbilanz 31. 12. 20_2

Aktiven		Passiven	
Flüssige Mittel	25	Fremdkapital	45
Debitoren	35	Grundkapital	30
Vorräte	40	Offene Reserven③	45
Anlagevermögen④	20		

Eigenkapital 75 (Grundkapital + Offene Reserven)

Interne Schlussbilanz 31. 12. 20_2

Aktiven		Passiven	
Flüssige Mittel	25	Fremdkapital	45
Debitoren	35	Grundkapital	30
Vorräte	40	Offene Reserven③	45
Anlagevermögen	50	Stille Reserven④	30

Eigenkapital 105 (Grundkapital + Offene Reserven + Stille Reserven)

Durch die Bildung von stillen Reserven werden in der externen Erfolgsrechnung der Aufwand zu hoch und der Gewinn zu tief ausgewiesen.

① In der externen Eröffnungsbilanz vom 1. 1. 20_2 ist das Anlagevermögen um 20 unterbewertet. Der Anfangsbestand an stillen Reserven beträgt demnach 20 (vgl. Schlussbilanz vom 31. 12. 20_1).

② Durch überhöhte Abschreibungen in der externen Erfolgsrechnung werden im Verlaufe des Jahres 20_2 zusätzlich 10 stille Reserven gebildet.

Anlagevermögen

Soll		Haben	
Anfangsbestand	40		10
			10
		Schlussbestand	20
	40		40

Abschreibungen

Soll		Haben	
	10		
	10		
		Saldo	20
	20		20

richtige Abschreibungen: 10

Bildung stiller Reserven: 10

Der Buchungssatz verdeutlicht, dass durch die Bildung von stillen Reserven der Aufwand in der externen Erfolgsrechnung zu hoch und das Vermögen in der externen Bilanz zu tief ausgewiesen wird.

Abschreibungen / Anlagevermögen 10
(+ Aufwand) (– Vermögen)

Da der effektive Aufwand um 10 kleiner ist als der extern ausgewiesene, ist der effektive Gewinn um 10 höher.

③ Werden zum Anfangsbestand an offenen Reserven von 40 der Gewinn von 20 hinzugezählt und die Dividendenausschüttung von 15 abgezählt, ergibt sich der Schlussbestand von 45.

④ In der externen Schlussbilanz vom 31. 12. 20_2 wird das Anlagevermögen um 30 unterbewertet. Der Schlussbestand an stillen Reserven beträgt demnach 30.

Diesen Endbestand an stillen Reserven erhält man auch, wenn man zum Anfangsbestand an stillen Reserven die in der Periode 20_2 neu gebildeten stillen Reserven addiert:

Anfangsbestand an stillen Reserven gemäss Eröffnungsbilanz	20
Zuwachs an stillen Reserven gemäss Erfolgsrechnung	10
Endbestand an stillen Reserven gemäss Schlussbilanz	30

■ **Beispiel 3**

Die Auflösung von stillen Reserven

Dieses Beispiel bildet die Fortsetzung von Beispiel 2; die Schlussbilanz von Beispiel 2 entspricht der Eröffnungsbilanz in Beispiel 3.

Im Jahr 20_3 werden durch zu geringe Abschreibungen auf dem Anlagevermögen die früher gebildeten stillen Reserven um 5 vermindert.

Externe Eröffnungsbilanz 1. 1. 20_3

Aktiven		Passiven		
Flüssige Mittel	25	Fremdkapital	45	
Debitoren	35	Grundkapital	30	Eigenkapital 75
Vorräte	40	Offene Reserven	45	
Anlagevermögen①	20			

Interne Eröffnungsbilanz 1. 1. 20_3

Aktiven		Passiven		
Flüssige Mittel	25	Fremdkapital	45	
Debitoren	35	Grundkapital	30	Eigenkapital 105
Vorräte	40	Offene Reserven	45	
Anlagevermögen	50	Stille Reserven①	30	

Externe Erfolgsrechnung 20_3

Aufwand		Ertrag	
Warenaufwand	160	Verkaufserlös	320
Personalaufwand	60		
Abschreibungen②	5		
Diverser Aufwand	65		
Gewinn	30		

Interne Erfolgsrechnung 20_3

Aufwand		Ertrag	
Warenaufwand	160	Verkaufserlös	320
Personalaufwand	60		
Abschreibungen②	10		
Diverser Aufwand	65		
Gewinn②	25		

Externe Schlussbilanz 31. 12. 20_3

Aktiven		Passiven	
Flüssige Mittel	25	Fremdkapital	40
Debitoren	40	Grundkapital	30
Vorräte	50	Offene Reserven③	60
Anlagevermögen④	15		

Eigenkapital 90 (Grundkapital + Offene Reserven)

Interne Schlussbilanz 31. 12. 20_3

Aktiven		Passiven	
Flüssige Mittel	25	Fremdkapital	40
Debitoren	40	Grundkapital	30
Vorräte	50	Offene Reserven③	60
Anlagevermögen	40	Stille Reserven④	25

Eigenkapital 115 (Grundkapital + Offene Reserven + Stille Reserven)

Durch die Auflösung von stillen Reserven werden in der externen Erfolgsrechnung der Aufwand zu tief und der Gewinn zu hoch ausgewiesen.

① In der externen Eröffnungsbilanz vom 1. 1. 20_3 ist das Anlagevermögen um 30 unterbewertet. Der Anfangsbestand an stillen Reserven beträgt demnach 30 (vgl. Schlussbilanz vom 31. 12. 20_2).

② Durch zu kleine Abschreibungen in der externen Erfolgsrechnung werden im Verlaufe des Jahres 20_3 von den früher gebildeten stillen Reserven 5 aufgelöst.

Anlagevermögen

Anfangsbestand	20	richtige Abschreibungen	10
Auflösung stiller Reserven	5	Schlussbestand	15
	25		25

Abschreibungen

richtige Abschreibungen	10	Auflösung stiller Reserven	5
		Saldo	5
	10		10

Die Buchung verdeutlicht, dass durch die Auflösung von stillen Reserven der Aufwand in der externen Erfolgsrechnung um 5 zu tief eingesetzt wird. Die Unterbewertung des Anlagevermögens in der externen Bilanz wird um 5 vermindert.

Anlagevermögen / Abschreibungen	5
(+ Vermögen) (– Aufwand)	

Da der effektive Aufwand um 5 höher ist als der extern ausgewiesene, ist der effektive Gewinn um 5 tiefer.

③ Werden zum Anfangsbestand an offenen Reserven von 45 der Gewinn von 30 hinzugezählt und die Dividendenausschüttung von 15 abgezählt, ergibt sich der Schlussbestand von 60.

④ In der externen Schlussbilanz vom 31. 12. 20_3 wird das Anlagevermögen um 25 unterbewertet. Der Schlussbestand an stillen Reserven beträgt demnach 25.

Diesen Endbestand an stillen Reserven erhält man auch, wenn man zum Anfangsbestand an stillen Reserven die in der Periode 20_3 aufgelösten stillen Reserven wegzählt:

Anfangsbestand an stillen Reserven gemäss Eröffnungsbilanz	30
Auflösung an stillen Reserven gemäss Erfolgsrechnung	– 5
Endbestand an stillen Reserven gemäss Schlussbilanz	25

■ Beispiel 4

Bereinigung von Bilanz und Erfolgsrechnung

Diese Doppelseite zeigt ein vollständiges und übersichtliches Beispiel zur Bereinigung von Bilanz und Erfolgsrechnung. (Es besteht kein Bezug zum Zahlenmaterial der drei vorangegangenen Beispiele.)

Gegeben sind die externen Werte sowie die Bestände und Veränderungen an stillen Reserven. Gesucht sind die internen (bereinigten) Werte.

Angaben über die stillen Reserven

	Anfangsbestand an stillen Reserven	Endbestand an stillen Reserven	Veränderung an stillen Reserven
Warenvorrat	100	120	+ 20
Anlagevermögen	300	330	+ 30
Fremdkapital (Rückstellungen)①	40	50	+ 10
	440	500	+ 60

Erfolgsrechnung

Aufwand

	extern (unbereinigt)	Bereinigung	intern (bereinigt)
Warenaufwand	1 000	**– 20**	**980**
Personalaufwand	500	**–**	**500**
Abschreibungen	100	**– 30**	**70**
Übriger Aufwand	350	**– 10**	**340**
Gewinn	50	**60**	**110**
	2 000	**–**	**2 000**

Ertrag

	extern (unbereinigt)	Bereinigung	intern (bereinigt)
Warenertrag	2 000	–	**2 000**
	2 000	–	**2 000**

① Die Bildung der Rückstellungen erfolgt über den übrigen Aufwand.

Eröffnungsbilanz

Aktiven	extern (unbereinigt)	Bereinigung	intern (bereinigt)	Passiven	extern (unbereinigt)	Bereinigung	intern (bereinigt)
Flüssige Mittel	50	–	**50**	Fremdkapital	370	**– 40**	**330**
Forderungen	150	–	**150**	Aktienkapital	200	–	**200**
Warenvorrat	200	**100**	**300**	Offene Reserven	230	–	**230**
Anlagevermögen	400	**300**	**700**	Stille Reserven	–	**440**	**440**
	800	**400**	**1 200**		800	**400**	**1 200**

Schlussbilanz vor Gewinnverbuchung

Aktiven	extern (unbereinigt)	Bereinigung	intern (bereinigt)	Passiven	extern (unbereinigt)	Bereinigung	intern (bereinigt)
Flüssige Mittel	40	–	**40**	Fremdkapital	440	**– 50**	**390**
Forderungen	160	–	**160**	Aktienkapital	200	–	**200**
Warenvorrat	240	**120**	**360**	Offene Reserven	210	–	**210**
Anlagevermögen	460	**330**	**790**	Stille Reserven①	–	**440**	**440**
				Gewinn	50	**60**	**110**
	900	**450**	**1 350**		900	**450**	**1 350**

Schlussbilanz nach Gewinnverbuchung

Aktiven	extern (unbereinigt)	Bereinigung	intern (bereinigt)	Passiven	extern (unbereinigt)	Bereinigung	intern (bereinigt)
Flüssige Mittel	40	–	**40**	Fremdkapital	440	**– 50**	**390**
Forderungen	160	–	**160**	Aktienkapital	200	–	**200**
Warenvorrat	240	**120**	**360**	Offene Reserven	260	–	**260**
Anlagevermögen	460	**330**	**790**	Stille Reserven①	–	**500**	**500**
	900	**450**	**1 350**		900	**450**	**1 350**

① Zu den stillen Reserven von 440 vor Gewinnverbuchung wird die Zunahme der stillen Reserven von 60 addiert, was die stillen Reserven von 500 nach Gewinnverbuchung ergibt.

Zusammenfassung

Durch die **Bildung von stillen Reserven** werden in der externen Erfolgsrechnung der Aufwand zu hoch (bzw. der Ertrag zu tief) und der Gewinn zu tief ausgewiesen.

Die Bildung stiller Reserven ist auf zwei Wegen möglich:

Bildung von stillen Reserven

Unterbewertung von Aktiven

- ▷ Kassabestände in fremder Währung: Umrechnungskurs zu tief
  Betriebsaufwand/Kasse
- ▷ Wertschriften: Bilanzierung unter den aktuellen Börsenkursen
  Wertschriftenaufwand/Wertschriftenbestand
- ▷ Debitoren in Schweizer Franken: Delkredere höher als das tatsächliche Risiko
  Debitorenverluste/Delkredere
- ▷ Debitoren in fremder Währung: Umrechnungskurs zu tief
  Warenertrag/Debitoren
- ▷ Warenvorräte: Bilanzierung unter dem Einstandswert
  Warenaufwand/Warenvorrat
- ▷ Mobiliar, Maschinen, Fahrzeuge: Abschreibungen höher als der tatsächliche Wertverzehr
  Abschreibungen/Mobilien
- ▷ Liegenschaften: Zu viel abschreiben oder bei steigendem Marktwert den Anschaffungswert in der Bilanz belassen.
  Abschreibungen (oder Immobilienaufwand)/Immobilien. Im Falle der Wertsteigerung entstehen die stillen Reserven ohne Buchungssatz.

Überbewertung von Schulden

- ▷ Kreditoren und andere Schulden in fremder Währung: Umrechnungskurse zu hoch
  Warenaufwand/Kreditoren
- ▷ Rückstellungen: Mehr Rückstellungen als nötig
  Garantieaufwand/Rückstellungen

Die **Auflösung stiller Reserven** erfolgt durch die umgekehrten Buchungen. Dadurch werden in der externen Erfolgsrechnung der Aufwand zu tief (bzw. der Ertrag zu hoch) und der Gewinn zu hoch ausgewiesen.

Die Bestände an stillen Reserven in der Bilanz können sich von Periode zu Periode durch Bildung oder Auflösung von stillen Reserven verändern.

Der Bestand an stillen Reserven
Das ist die Differenz zwischen externem und internem Eigenkapital.

Weil in der externen Bilanz die Aktiven unterbewertet und das Fremdkapital überbewertet werden, ist das Eigenkapital in der externen Bilanz tiefer als in der internen Bilanz.

Die Differenz wird deshalb als stille Reserven bezeichnet, weil dieser Teil des Eigenkapitals für die Leser der externen Bilanz nicht sichtbar ist.

Die Bildung von stillen Reserven
Der Bestand an stillen Reserven nimmt zu.

Der Bestand an stillen Reserven wird erhöht, wenn in einer Periode mehr Aufwand oder weniger Ertrag gebucht wird, als betriebswirtschaftlich richtig ist.

Beispiele:

- ▷ Es wird zu viel abgeschrieben, womit die Unterbewertung der Aktiven zunimmt.
- ▷ Es werden zu viele Rückstellungen gebildet, womit die Überbewertung des Fremdkapitals steigt.

Durch die Bildung stiller Reserven wird der **Gewinn tiefer** ausgewiesen, als es der Wirklichkeit entspricht.

Die Auflösung von stillen Reserven
Der Bestand an stillen Reserven nimmt ab.

Früher gebildete Bestände an stillen Reserven können wieder aufgelöst werden, wenn in einer Periode weniger Aufwand oder mehr Ertrag gebucht wird, als betriebswirtschaftlich richtig ist.

Beispiele:

- ▷ Es wird zu wenig abgeschrieben, womit die Unterbewertung der Aktiven abnimmt.
- ▷ Es werden zu wenig Rückstellungen gebildet, womit sich die Überbewertung des Fremdkapitals verkleinert.

Durch die Auflösung stiller Reserven wird der **Gewinn höher** ausgewiesen, als es der Wirklichkeit entspricht.

Gesetzliche Grundlagen der stillen Reserven

Aus den folgenden OR-Artikeln geht hervor, dass die Bildung bzw. Auflösung stiller Reserven auch vom revidierten Obligationenrecht in beliebigem Umfang gestattet wird:

- ▷ OR 958c: In den Grundsätzen ordnungsmässiger Rechnungslegung wird die Vorsicht genannt, nicht aber die Wahrheit (True-and-Fair-View).
- ▷ OR 959c Ziff. 3: Im Anhang muss der Gesamtbetrag der aufgelösten stillen Reserven ausgewiesen werden, sofern dadurch das Ergebnis wesentlich günstiger dargestellt wird.
- ▷ OR 960 Abs. 2: Bei den Bewertungsvorschriften wird als Grundsatz eine vorsichtige Bewertung verlangt, was bedeutet, dass Aktiven unterbewertet und Verbindlichkeiten überbewertet werden dürfen.
- ▷ OR 960a: Aktiven dürfen höchstens zu Anschaffungs- und Herstellkosten bewertet werden, auch wenn die Marktwerte gestiegen sind. Ausserdem können zu Wiederbeschaffungszwecken sowie zur Sicherung des dauernden Gedeihens des Unternehmens zusätzliche Abschreibungen vorgenommen werden. Darüber hinaus kann von einer Auflösung nicht mehr begründeter Wertberichtigungen abgesehen werden.
- ▷ OR 960e: Rückstellungen dürfen zur Sicherung des dauernden Gedeihens des Unternehmens gebildet werden und müssen nicht aufgelöst werden, sofern sie nicht mehr begründet sind.

Arten von stillen Reserven

Aus betriebswirtschaftlicher Sicht können zwei Arten von stillen Reserven unterschieden werden:

Stille Reserven

Zwangsreserven

Zwangsreserven entstehen ohne Zutun der Geschäftsleitung automatisch durch Wertsteigerungen, die wegen der gesetzlichen Höchstbewertungsvorschriften für die Aktiven nicht ausgewiesen werden dürfen.

Beispiele:

- ▷ Ein Grundstück darf höchstens zum Anschaffungswert bewertet werden, auch wenn der Marktwert höher liegt.
- ▷ Eine nicht börsenkotierte Beteiligung darf höchstens zum Anschaffungswert bilanziert werden, auch wenn die Beteiligung im Wert steigt.

Willkürreserven

Willkürreserven (auch Absichts- oder Verwaltungsreserven genannt) werden von der Geschäftsleitung bewusst gebildet, in der Absicht, den Vermögens- und Erfolgsausweis zu beeinflussen.

Beispiele:

- ▷ Die Warenvorräte werden um den steuerlich erlaubten Drittel unter dem Einstandswert bilanziert.
- ▷ Die Rückstellungen werden bewusst höher ausgewiesen, als betriebswirtschaftlich korrekt wäre.

Aus steuerlicher Sicht kann zwischen anerkannten und nicht anerkannten stillen Reserven unterschieden werden:

Nach Obligationenrecht erlaubte stille Reserven

Nach Steuerrecht anerkannt

Nach Obligationenrecht dürfen im Prinzip beliebig viele stille Reserven gebildet werden. Viele stille Reserven werden auch von den Steuergesetzen anerkannt.

Beispiele:

- ▷ Die Warenvorräte dürfen um einen Drittel unterbewertet werden.
- ▷ Das Delkredere darf pauschal festgesetzt werden (5% auf inländischen Forderungen, 10% auf ausländischen).

Nach Steuerrecht nicht anerkannt

Einige vom Obligationenrecht erlaubte stille Reserven sind von den Steuergesetzen nicht zugelassen und werden von den Steuerbehörden aufgerechnet. Damit sollen angemessene Steuereinnahmen gewährleistet werden.

Beispiele:

- ▷ Betriebswirtschaftlich nicht begründbare Rückstellungen werden steuerlich nicht anerkannt.
- ▷ Überhöhte Abschreibungen werden aufgerechnet (von Kanton zu Kanton verschieden).

Beispiel

Anschaffungswert einer Sachanlage	100
Kalkulatorische (= betriebswirtschaftlich richtige) Abschreibung	15
Steuerlich anerkannte (zugelassene) Abschreibung	20
Buchmässige Abschreibung	50

	Steuerlich nicht anerkannte (zu versteuernde) stille Reserven (50–20)	30
+	Steuerlich anerkannte (nicht versteuerte) stille Reserven (20–15)	5
=	Gesamtbetrag an stillen Reserven (50–15)	35

Beurteilung der stillen Reserven

Bei der Diskussion über die Zweckmässigkeit von stillen Reserven geht es in der Regel nicht um die auch international verbreiteten Zwangsreserven, sondern um die **Willkürreserven.** Die willkürliche Bewertung von Aktiven und Fremdkapital ist eine schweizerische Besonderheit, die nicht mit dem Grundkonzept der **True-and-Fair-View** vereinbar ist, welches den Swiss GAAP FER, den IFRS und den US GAAP zugrunde liegt.

Das Hauptproblem der stillen Willkürreserven liegt nicht einmal so sehr in der unrichtigen Darstellung der Vermögenslage. Schwerwiegender ist die Tatsache, dass durch die Bildung bzw. Auflösung von stillen Reserven die Darstellung der **Ertragslage** manipuliert werden kann, ohne dass der externe Adressat der Jahresrechnung imstande wäre, diese verzerrte irreführende Darstellung zu erkennen. Etwas abgeschwächt wird dieses Problem allerdings durch die Pflicht zur Angabe von wesentlichen Auflösungen stiller Reserven im Anhang (OR 959c Ziff. 3).

Als Vorteil der schweizerischen Lösung wird oft aufgeführt, dass durch die Bildung von stillen Reserven der extern ausgewiesene Gewinn verkleinert wird, sodass den Aktionären weniger Gewinnanteile ausgeschüttet werden. Die zurückbehaltenen Gewinne stehen der Unternehmung als zusätzliche eigene Mittel für die Finanzierung von Investitionen oder Forschung und Entwicklung zur Verfügung (so genannte *verdeckte* **Selbstfinanzierung).** Dieses selbst erarbeitete Eigenkapital erfordert im Gegensatz zum Aktienkapital keine periodischen Auszahlungen in Form von Dividenden und verursacht im Unterschied zum Fremdkapital keine festen Zins- und Rückzahlungsverpflichtungen①.

Sofern die stillen Reserven steuerlich anerkannt sind, führt eine Verminderung des ausgewiesenen Gewinnes bzw. des Vermögens zu einer **geringeren Steuerbelastung.**

Stille Reserven sind verstecktes Eigenkapital und bilden ein bewertungsmässiges **Fettpolster für schlechte Zeiten:** Die Gesellschaft kann durch die Auflösung von stillen Reserven den Verlustausweis verkleinern oder sogar beseitigen. Gegen aussen erscheint die Unternehmung dadurch in besserem Licht. Zu beachten ist jedoch, dass Bildung und Auflösung von stillen Reserven weder Gewinne noch Verluste wirklich verändern. Die finanzielle Realität der Unternehmungslage bleibt unverändert, lediglich deren buchhalterische Darstellung wird verschleiert. Stille (wie auch offene) Reserven sind auch nicht zur «Sicherung des dauernden Gedeihens des Unternehmens» geeignet, wie sich dies der Gesetzgeber vorstellt, denn Reserven sind nur eine rechnerische Grösse; es handelt sich dabei nicht um Vermögenswerte oder gar Geldbestände.

① Die *offene* Selbstfinanzierung durch bewusstes Zurückbehalten eines Teils des Gewinns hätte finanzwirtschaftlich allerdings die gleiche Wirkung wie die verdeckte; sie ist aber in der Praxis gegenüber dividendenhungrigen Aktionären schwieriger durchsetzbar.

Bilanzbezogene Analyse

Die Bilanz ist eine Momentaufnahme, d.h. die buchhalterische Abbildung der wirtschaftlichen Lage der Unternehmung zu einem bestimmten Zeitpunkt. Aktiven (Vermögen) und Passiven (Schulden und Reinvermögen) werden einander wie bei einer Waage (ital. bilancia = Waage) gleichwertig gegenübergestellt. Die Bilanz zeigt Bestände, nicht Abläufe oder Prozesse. Deshalb wird die bilanzbezogene Analyse auch **statische Analyse** genannt.

Beispiel

Anhand der folgenden Bilanz einer Handelsunternehmung sollen die vier Bilanz-Kennzahlengruppen ermittelt werden.

Schlussbilanz

Aktiven				Passiven				
Umlaufvermögen				**Fremdkapital (FK)**				
Liquide (flüssige) Mittel	60		C	**Kurzfristiges FK**				
Forderungen	330			Verbindlichkeiten L+L	260			
Vorräte	210	600		Bank	40	300		
				Langfristiges FK				
B				Darlehen	50			
				Hypotheken	200	250	A	550
				Eigenkapital				
Anlagevermögen				Aktienkapital		300		
Mobiliar	100			Kapitalreserven		60		
Immobilien	300	400	D	Gewinnreserven		90		450
		1 000						1 000

A Kapitalstruktur (Passiven)

Fremdfinanzierungsgrad Fremdkapitalquote	Fremdkapital / Gesamtkapital	550 / 1 000	**55%**
Eigenfinanzierungsgrad Eigenkapitalquote	Eigenkapital / Gesamtkapital	450 / 1 000	**45%**
Finanzierungsverhältnis	Fremdkapital / Eigenkapital	550 / 450	**55%**① / **45%**
Selbstfinanzierungsgrad	Gewinnreserven / Eigenkapital	90 / 450	**20%**

B Vermögensstruktur (Aktiven)

Intensität des Umlaufvermögens	Umlaufvermögen / Gesamtvermögen	600 / 1 000	**60%**
Intensität des Anlagevermögens Immobilisierungsgrad	Anlagevermögen / Gesamtvermögen	400 / 1 000	**40%**
Investitionsverhältnis	Umlaufvermögen / Anlagevermögen	600 / 400	**60%**① / **40%**

C Liquidität (Zahlungsbereitschaft)

Liquiditätsgrad 1	Liquide Mittel / Kurzfristiges Fremdkapital	60 / 300	**20%**
Liquiditätsgrad 2	Liquide Mittel + Forderungen / Kurzfristiges Fremdkapital	60 + 330 / 300	**130%**
Liquiditätsgrad 3	Umlaufvermögen / Kurzfristiges Fremdkapital	600 / 300	**200%**

Liquiditätsstaffel	Liquide Mittel	60
	./. Kurzfristiges Fremdkapital	– 300
	= Unterdeckung 1. Stufe	– 240
	+ Forderungen	330
	= Überdeckung 2. Stufe	90
	+ Vorräte	210
	= Überdeckung 3. Stufe (Nettoumlaufvermögen)	300

D Anlagedeckung (Goldene Bilanzregel)

Anlagedeckungsgrad 1	Eigenkapital / Anlagevermögen	450 / 400	**113%**
Anlagedeckungsgrad 2	Eigenkapital + langfristiges Fremdkapital / Anlagevermögen	450 + 250 / 400	**175%**

Anlagedeckungsstaffel	Eigenkapital	450
	./. Anlagevermögen	– 400
	= Überdeckung 1. Stufe	50
	+ Langfristiges Fremdkapital	250
	= Überdeckung 2. Stufe (Nettoumlaufvermögen)	300

Die obigen Kennzahlen werden auf den folgenden Seiten unter den entsprechenden Buchstaben besprochen.

① Für die Angabe des Finanzierungs- und des Investitionsverhältnisses hat sich kein einheitliches Format durchgesetzt. Für das Investitionsverhältnis wären statt wie in der obigen Lösung 60% zu 40% zum Beispiel auch 60 zu 40 oder 6 zu 4 oder 3 zu 2 oder 1,5 zu 1 möglich. Oder das Verhältnis könnte (seltener) mit 150% als Prozentwert angegeben werden.

A Kapitalstruktur (Passiven)

Die **optimale Kapitalstruktur** ist nicht eindeutig bestimmbar, da ein Zielkonflikt besteht: Höhere Eigenfinanzierung bedeutet mehr Sicherheit, aber unter Umständen lässt sich die Eigenkapitalrentabilität durch den Einsatz von mehr Fremdkapital steigern.

Von den drei unten dargestellten Hauptzielbereichen wird im Rahmen der Bilanz- und Erfolgsanalyse nur das finanzwirtschaftliche Konzept näher betrachtet.

Unternehmensziele

Leistungswirtschaftliche Ziele

Finanzwirtschaftliche Ziele

Soziale Ziele

Sicherheit

Zu den wichtigsten Sicherheitszielen einer Unternehmung gehört eine genügende **Liquidität,** damit die jederzeitige Zahlungsbereitschaft gewährleistet ist. Nicht ohne Grund wird deshalb die Liquidität einer Unternehmung mit der menschlichen Atmung verglichen: Schon ein kurzes Aussetzen kann für die Unternehmung den Niedergang bedeuten.

Zu den Sicherheitszielen gehören auch die Erhaltung der **Bonität** (Kreditwürdigkeit und -fähigkeit) sowie die Gewährleistung der **Unabhängigkeit.**

Rentabilität

Rentabilität (oder Rendite) ist eine relative Grösse, die als Prozentzahl das Verhältnis zwischen dem Gewinn (allenfalls zuzüglich Zinsen) und dem eingesetzten Kapital wiedergibt.[1]

Die Rendite einer Unternehmung wird oft mit der Nahrung für den Menschen verglichen: Die Erzielung einer angemessenen Rendite ist für den Fortbestand einer Unternehmung langfristig unbedingt erforderlich.

[1] Die Rentabilität wird in Kapitel 24 eingehend behandelt.

Anmerkungen zur Sicherheit

Grundsätzlich steigt die Sicherheit mit zunehmender Eigenfinanzierung bzw. abnehmender Verschuldung:

- ▷ Durch eine höhere Verschuldung verschlechtert sich die **Liquidität** (Zahlungsbereitschaft) normalerweise, weil die vereinbarten Fremdzinsen unabhängig vom Geschäftsergebnis bezahlt werden müssen. Im Gegensatz dazu kann bei Eigenfinanzierung in liquiditätsmässig schwierigen Zeiten auf Gewinnausschüttungen verzichtet werden. Zusätzlich wird die Liquidität durch die beim Fremdkapital bestehenden Rückzahlungsverpflichtungen beeinträchtigt.
- ▷ Eine höhere Verschuldung wirkt sich auf die **Bonität** negativ aus, sodass die finanzielle Flexibilität verloren geht, weil beispielsweise bei finanziellen Engpässen keine zusätzlichen Kredite mehr aufgenommen werden können (fehlende *borrowing power*). Die schlechtere Bonität führt ausserdem zu höheren Zinsfüssen für bestehende und künftige Schulden, weil das Risiko für die Kreditgeber grösser ist.
- ▷ Durch eine zunehmende Verschuldung sinkt die **Unabhängigkeit** der Unternehmung gegenüber den Kreditgebern.

Anmerkungen zur Rentabilität

Eine höhere Verschuldung wirkt sich eindeutig negativ auf die Sicherheit aus.

Unter Umständen kann aber durch den vermehrten Einsatz von Fremdkapital die Rentabilität des Eigenkapitals verbessert werden.

Die Möglichkeit der Renditesteigerung durch den Einsatz von Fremdkapital ist unter dem Begriff **Leverage-Effekt**① bekannt. Dieser lässt sich wie folgt umschreiben:

- ▷ Die Rendite des Eigenkapitals wird umso stärker gesteigert, je höher der Fremdfinanzierungsgrad ist, sofern die Fremdzinsen niedriger sind als die Rendite des Gesamtkapitals.
- ▷ Umgekehrt besteht das Risiko, dass die Rendite des Eigenkapitals umso stärker gedrückt wird, je höher der Fremdfinanzierungsgrad ist, sobald die Rendite des Gesamtkapitals unter die Höhe des Zinsfusses für das Fremdkapital sinkt. Dies ist häufig bei Gewinnmargen-Verknappungen in Rezessionsphasen oder in Zeiten steigender Zinsen der Fall.

① Das englische Wort «lever» bedeutet Hebel. Leverage ist die Hebelwirkung des Fremdkapitals auf die Rendite des Eigenkapitals. Der Leverage-Effekt wird in Kapitel 24, Abschnitt A, ausführlicher dargestellt.

Kapitalkosten-Optimierung

Aus dem Blickwinkel der Kapitalkosten-Optimierung ist weder eine hohe Eigen- noch eine hohe Fremdfinanzierung zweckmässig:

Der Einsatz von günstigem Fremdkapital führt zunächst wegen der steuerlichen Abzugsfähigkeit der Fremdkapitalzinsen zu einer Verminderung der durchschnittlichen Kapitalkosten.

Ab einer bestimmten Verschuldungshöhe nehmen allerdings die Risiken sowohl für Fremd- als auch für Eigenkapitalgeber deutlich zu, was zu einem Anstieg der Fremd- und Eigenkapitalkostensätze führt, wodurch mit einem Wiederanstieg des durchschnittlichen Kapitalkostensatzes zu rechnen ist.

Die kostenoptimale Finanzierung ist auch abhängig von der momentanen Verfassung der Geld- und Kapitalmärkte: Bei konjunkturbedingt tiefen Zinsfüssen wird eher Fremdkapital aufgenommen; anderseits kann bei haussierenden Aktienbörsen oft «günstig» Eigenkapital beschafft werden, sei es direkt durch Aktienemissionen mit grossem Agio oder indirekt über Wandel- und Optionsanleihen.

Weltweit besteht seit rund 30 Jahren eine **Verschuldungstendenz.** In der Schweiz betrug das Finanzierungsverhältnis früher im Durchschnitt etwa 1 : 1; heute bewegen wir uns eher in Richtung 2 : 1. Als Ursachen für diesen Trend gelten hauptsächlich:

- ▷ Infolge der rasanten technologischen Entwicklung werden heute kapitalintensivere Fertigungsverfahren angewandt, und die Forschungsausgaben steigen. Dadurch wächst der längerfristige Kapitalbedarf.
- ▷ Durch den weltweit härter gewordenen Konkurrenzkampf sowie die gestiegenen Abgaben an den Sozialstaat haben sich die Gewinnmargen verknappt, was eine sinkende Selbstfinanzierungskraft zur Folge hat.

Selbstfinanzierungsgrad

Den Anforderungen an eine sichere Finanzierung wird die Selbstfinanzierung, d. h. das Erarbeiten von Eigenkapital in Form von Gewinnreserven, am ehesten gerecht:

▷ Das erarbeitete Eigenkapital erfordert im Gegensatz zum Aktienkapital keine periodischen Auszahlungen in Form von Dividenden und verursacht im Unterschied zum Fremdkapital keine festen Zins- und Rückzahlungsverpflichtungen, was sich positiv auf die **Liquidität** auswirkt.

▷ Es ist als **Risikoträger** hervorragend geeignet.

▷ Die **Bonität** steigt dank höherem Eigenfinanzierungsgrad.

▷ Das erarbeitete Eigenkapital erhöht die **Unabhängigkeit** der Unternehmung sowie die **finanzielle Flexibilität.**

Allerdings kann aufgrund eines geringen Selbstfinanzierungsgrads nicht unbedingt auf eine ungenügende Ertragskraft geschlossen werden, weil die Gewinnausschüttungspolitik nicht sichtbar ist: Werden beispielsweise hohe Gewinne erzielt, aber grösstenteils an die Aktionäre ausgeschüttet, bleiben die Gewinnreserven klein.

Es lässt sich somit nur prüfen, in welchem Ausmass die Unternehmung sich aus erarbeiteten Mitteln selbst finanzieren kann *oder* will.

B Vermögensstruktur (Aktiven)

Wie im synonymen Begriff *Immobilisierungsgrad* zum Ausdruck kommt, ist eine Unternehmung mit hohem Anlagevermögensanteil am Gesamtvermögen eher **immobil** (wörtlich: unbeweglich) d. h., einmal getroffene Investitionsentscheidungen lassen sich nicht kurzfristig rückgängig machen und haben einen langfristigen Einfluss auf das Gedeihen einer Unternehmung.①

Eine hohe Anlageintensität hat grosse **Fixkosten** in Form von Abschreibungen und Kapitalzinsen zur Folge.

Auf der anderen Seite kann ein hohes Anlagevermögen durchaus Vorteile aufweisen, wenn es sich beim Anlagevermögen zum Beispiel um Grundstücke handelt, die in Zeiten steigender Immobilienpreise an Wert gewinnen.

Die richtige Höhe des Anlagevermögens kann nicht allgemein angegeben werden. Generell sind folgende Punkte zu beachten:

- ▷ Zwischen interner und externer Bilanz kann wegen der stillen Reserven im Anlagevermögen ein grosser Unterschied bestehen.
- ▷ Ältere Unternehmungen haben gegenüber gleichartigen jüngeren infolge grösserer Abschreibungen eine geringere Anlageintensität.
- ▷ Unternehmungen mit gemieteten Geschäftsräumlichkeiten haben eine tiefere Anlageintensität.
- ▷ Wenn geleaste Anlagen aktiviert werden (was beim Finanzierungs-Leasing notwendig ist), steigt die Anlageintensität.
- ▷ Handelsbetriebe (vor allem der Grosshandel) haben oft eine kleinere Anlageintensität als Fabrikationsbetriebe (wobei je nach Art der Fabrikation grosse Unterschiede bestehen).
- ▷ Als besonders anlageintensiv gelten zum Beispiel Unternehmungen der Elektrizitäts-, Gas- und Wasserversorgung, Transportunternehmungen und Hotels.
- ▷ Bei wichtigen Branchen wie Versicherungsgesellschaften oder Banken lässt sich keine sinnvolle Abgrenzung zwischen Umlauf- und Anlagevermögen vornehmen, womit sich diese Kennzahl nicht ermitteln lässt.
- ▷ Zur zuverlässigen Beurteilung sind wenn möglich die Branchen-Durchschnittswerte heranzuziehen.②

① Tendenziell können Unternehmungen mit hoher Anlageintensität weniger flexibel auf Veränderungen auf den Märkten reagieren. Wird beispielsweise ein Hotel an einem bestimmten Ort gebaut, kann dieses nicht disloziert werden, wenn sich herausstellt, dass die Touristen ein anderes Gebiet bevorzugen. Oder das einmal gebaute Eisenbahnnetz kann nicht von heute auf morgen verlegt werden, wenn infolge veränderter Siedlungsstrukturen und Produktionsstandorte neue Transportbedürfnisse entstehen.

② Kennzahlenwerte aus der schweizerischen Wirtschaftspraxis finden sich im Anhang 5.

C Liquidität (Zahlungsbereitschaft)

Die Liquiditätsgrade 1 bis 3 sowie die Liquiditätsstaffel werden als **statische Liquiditätsanalyse** bezeichnet, da sie auf der Bilanz basieren und damit die Liquiditätssituation zu einem bestimmten Zeit*punkt* wiedergeben. Im Gegensatz dazu wird in der dynamischen Liquiditätsanalyse durch die Geldflussrechnung ein (künftiger oder vergangener) Zeit*raum* betrachtet.

Die statische Liquiditätsanalyse weist gegenüber der dynamischen eine Reihe von **Nachteilen** auf:

▷ Weil sich die Analyse auf einen **Zeitpunkt** bezieht, ist nicht ersichtlich, wie sich die Liquidität in der Vergangenheit entwickelt hat bzw. in der Zukunft entwickeln wird. Nicht zum Ausdruck kommen auch saisonal bedingte Schwankungen.

▷ Die Liquiditätseinflüsse der **Betriebstätigkeit** bleiben weitgehend unberücksichtigt. Die Lohnzahlungen im Monat nach dem Bilanzstichtag können beispielsweise die Bestände an liquiden Mitteln am Bilanzstichtag deutlich übersteigen.①

▷ Die **Ursachen** für die Liquiditätslage werden in der statischen Analyse nicht angegeben.② Die Geschäftsleitung sieht zum Beispiel wohl, *dass* der Liquiditätsgrad 2 ungenügend ist, weiss aber nicht *weshalb* und kann deshalb keine wirksamen Massnahmen ergreifen.

▷ Die Fälligkeiten im kurzfristigen Fremdkapital sind unklar: Haben zum Beispiel die Kreditoren die gleichen Fristigkeiten wie die Debitoren? Entsprechen die rechtlichen Fälligkeiten den tatsächlichen?③

▷ Vorhandene, noch nicht ausgeschöpfte **Kreditlimiten** werden nicht berücksichtigt.

▷ Die Grenze zwischen Umlauf- und Anlagevermögen kann nicht immer klar gezogen werden: Debitorenausstände mit überjähriger Zahlungsfrist müssten eigentlich aus dem Umlaufvermögen ausgeschieden werden. Ebenso gehörten eiserne Lagerbestände (Sicherheitsbestände) oder Pflichtlagervorräte ins Anlagevermögen.

Trotz der aufgeführten Mängel kann die statische Liquiditätsanalyse durchaus wertvolle Informationen liefern.

Im Zeitverlauf zeigen die Liquiditätskennzahlen Entwicklungstendenzen auf, oder im zwischenbetrieblichen Vergleich kann bei einer Abweichung nach unten eine mögliche Anspannung und damit verschlechterte Wettbewerbsposition der betroffenen Unternehmung zum Vorschein kommen.

Erfahrungsgemäss wird eine am Bilanzstichtag ungenügende Liquidität auch durch eine künftig günstige Umsatzentwicklung nicht kurzfristig verbessert, und anderseits gerät eine Unternehmung mit hohen Liquiditätsreserven am Bilanzstichtag selbst bei einer später ungünstigen Ertragsentwicklung nicht so rasch in Bedrängnis.

① In der Geldflussrechnung wird der Einfluss der Betriebstätigkeit auf die Liquidität im Cashflow wiedergegeben. Vgl. Kapitel 25: Cashflow-Analyse.

② In der Geldflussrechnung werden drei Ursachengruppen unterschieden: Betriebsbereich (Cashflow), Investitionsbereich (Investitionen und Desinvestitionen) sowie Finanzierungsbereich (Aussenfinanzierung und Definanzierung).

③ Bankkontokorrent-Schulden sind rechtlich gesehen meist täglich kündbar, werden aber tatsächlich von der Bank so lange nicht zurückgefordert, als die Bonität des Schuldners gut ist. Hypothekarschulden sind rechtlich normalerweise innerhalb eines halben Jahres kündbar, tatsächlich handelt es sich aber um langfristiges Fremdkapital.

Bei Aussagen über die **optimale Höhe von Liquiditätsgraden** muss immer vor Augen gehalten werden, dass

ein **Zielkonflikt** besteht zwischen Liquidität und Rentabilität.

Hauptziel der meisten Unternehmungen ist die Erwirtschaftung einer angemessenen Rendite; die Sicherung der jederzeitigen Zahlungsfähigkeit ist aber für jede Unternehmung eine Existenzfrage, weshalb die Geschäftsleitungen der Erhaltung einer genügenden Liquidität sehr viel Aufmerksamkeit schenken.

Liquiditätsgrade

Liquiditätsgrad 1

Die zweckmässige Höhe ist schwierig abzuschätzen und ausserordentlich stark vom Charakter der Unternehmung abhängig (z. B. Grösse,① Branche, Konzernzugehörigkeit). Eine Barliquidität von 20 bis 30% wird oft als genügend betrachtet, da das kurzfristige Fremdkapital meist nicht sofort fällig ist. Zudem schadet eine zu hohe Barliquidität im Allgemeinen der Rentabilität (Zielkonflikt).

Da die Aussagekraft des Liquiditätsgrades 1 äusserst gering ist, hat diese Kennzahl wenig praktische Bedeutung.

Liquiditätsgrad 2

Dieser Kennzahl kommt in der Finanzanalyse am ehesten eine Bedeutung zu. Theoretisch wird ein **Wert von 100%** gefordert, denn die Zahlungsbereitschaft einer Unternehmung kann oft als gefährdet betrachtet werden, wenn die liquiden Mittel und die Kundenforderungen zusammen deutlich niedriger sind als die kurzfristigen Verbindlichkeiten.

Angesichts der vorher angesprochenen begrenzten Aussage statischer Liquiditätskennziffern signalisiert ein Wert unter 100% aber nicht unbedingt eine ungenügende Liquidität. Weitere Abklärungen sind angezeigt.

Liquiditätsgrad 3

Eine Höhe von etwa 150 bis 200% wird meist als sinnvoll betrachtet. Der Liquiditätsgrad 3 ist vor allem eine Sicherheitskennzahl für die Kredit gebende Bank: Diese kann sich überschlagsmässig vergewissern, dass ihre kurzfristigen Forderungen deutlich kleiner sind als das kurzfristige Vermögen (Umlaufvermögen) des Schuldners.

Ob allerdings hohe Debitoren- und Lagerbestände Ausdruck einer guten Liquiditätslage sind oder eher auf eine schlechte Zahlungsmoral der Kunden sowie stockende Verkäufe und reichlich vorhandene Ladenhüter hinweisen, muss mit weiteren Kennzahlen wie Debitoren- und Lagerumschlag② abgeklärt werden.

① Grosse Unternehmungen mit Akquisitionsabsichten haben eher eine hohe Liquidität, kleine Unternehmungen oft eine tiefe, um die teuren Kontokorrentkredite möglichst klein zu halten. Nestlé, Novartis oder Roche hielten Ende 2002 zwischen 11 und 14 Milliarden Franken an liquiden Mitteln, was 16% bis 24% der jeweiligen Bilanzsumme entsprach.

② Debitoren- und Lagerumschlag werden in Kapitel 26 besprochen.

Die Liquiditätsgrade sind relative Grössen (Verhältniszahlen, Prozentzahlen) und eignen sich vor allem bei Zeit- und Branchenvergleichen, weil sie unabhängig von der absoluten Grösse der Unternehmung allgemeine Gültigkeit haben. Die Liquiditätsverhältnisse lassen sich in Form der **Liquiditätsstaffel** auch absolut (als Frankengrössen) darstellen. Diese früher eher gebräuchliche Ausdrucksweise kann im Einzelfall besondere Situationen zusätzlich veranschaulichen.

Die **Liquiditätsstufe 3** wird mit **Nettoumlaufvermögen** bezeichnet; sie entspricht in der Höhe der Anlagedeckungsstufe 2. Deshalb ist bei genügender Liquidität auch automatisch die goldene Bilanzregel als wichtige Finanzierungsregel eingehalten (siehe weiter unten bei D, Anlagedeckung).

Ein besonderes Problem bei der statischen Liquiditätsanalyse stellen die Anzahlungen (Vorauszahlungen) dar:

▷ **Anzahlungen von Kunden** werden oft im kurzfristigen Fremdkapital bilanziert, müssen aber für die statische Liquiditätsanalyse von den Vorräten abgezählt werden, da sie keinen künftigen Geldmittelabgang darstellen, sondern eine spätere Warenlieferung zur Folge haben. Diese Überlegung wird in der Wirtschaftspraxis oft ignoriert.

▷ Die **Anzahlungen an Lieferanten** von Waren werden bei den Vorräten bilanziert und beeinflussen damit die Liquiditätsstufe 3. Die Anzahlungen an Lieferanten von Anlagegütern wie Maschinen oder Fahrzeugen werden bei der statischen Liquiditätsanalyse nicht berücksichtigt, da sie im Anlagevermögen zu bilanzieren sind.

D Anlagedeckung① (goldene Bilanzregel)

Die Einhaltung der **goldenen Bilanzregel** ist ein wichtiger Finanzierungsgrundsatz.

Die goldene Bilanzregel verlangt, dass langfristig investiertes Vermögen (das Anlagevermögen) auch langfristig finanziert wird, am besten mit Eigenkapital und allenfalls mit langfristigem Fremdkapital.

Der Anlagedeckungsgrad 2 sollte demnach deutlich grösser als 100% sein.②

Die Liquiditätsgrade sowie die Anlagedeckungsgrade zusammen ergeben die **goldene Finanzierungsregel,** der in gewissen Branchen grosse Bedeutung zukommt (zum Beispiel bei den Banken als goldene Bankregel). Die goldene Finanzierungsregel besagt, dass zwischen der Dauer, während welcher ein Vermögensteil gebunden ist, und der Dauer, während der das zur Finanzierung herangezogene Kapital zur Verfügung steht, Übereinstimmung herrschen muss (so genannte Fristenkongruenz).

① Die Bezeichnung «Anlagedeckung» ist in der Praxis gebräuchlich, aber etwas irreführend: **«Anlagefinanzierung»** würde die Sache besser treffen.

② Der Anlagedeckungsgrad 1 ist häufig noch mehr als der Anlegedeckungsgrad 2 branchen- und betriebsabhängig. Bei grossen Unternehmungen übersteigt oft schon der Anlagedeckungsgrad 1 die 100%-Marke. Vgl. Kennzahlenwerte aus der Praxis im Anhang 6.

Erfolgsbezogene Analyse

Erfolg ist ein Zwischen- oder Endergebnis in der Erfolgsrechnung. Erfolg bezieht sich auf einen Zeitraum und ist eine absolute Zahl, d.h. ein bestimmter Betrag.

Rentabilität (oder Rendite) ist eine relative Grösse. Sie gibt als Prozentzahl das Verhältnis zwischen einer Erfolgsgrösse und einer anderen Grösse an, von der angenommen wird, dass diese wesentlich zur Erzielung des Erfolgs beigetragen hat.

Man unterscheidet zwischen Kapitalrentabilität und Umsatzrentabilität:

Rentabilität

Kapitalrentabilität	
Verhältnis zwischen einer Ergebnisgrösse aus der Erfolgsrechnung und dem Kapitaleinsatz gemäss Bilanz.	
Kapitalrentabilität	$\frac{\text{Ergebnis}}{\text{Kapitaleinsatz}}$
Return on investment, ROI	$\frac{\text{Return}}{\text{Investment}}$

Umsatzrentabilität	
Verhältnis zwischen einer Ergebnisgrösse aus der Erfolgsrechnung und einer Umsatzgrösse aus der Erfolgsrechnung.	
Umsatzrentabilität	$\frac{\text{Ergebnis}}{\text{Umsatz}}$
Return on sales, ROS	$\frac{\text{Return}}{\text{Sales}}$

Die Erzielung einer optimalen Rendite ist in der Privatwirtschaft meist das Hauptziel der unternehmerischen Tätigkeit.①

① Dies im Gegensatz zu den Non Profit Organizations (nicht gewinnorientierte Unternehmen), bei denen oft die Kostenminimierung für das Erbringen einer vorgegebenen Leistung im Vordergrund steht oder ein bestimmter Kostendeckungsgrad angestrebt wird.

Die Sicherung der jederzeitigen Zahlungsbereitschaft ist zwar für jede Unternehmung von existenzieller Bedeutung; sie bleibt aber immer ein Nebenziel.

■ **Beispiel 1**

Rentabilitätskennzahlen

Auf der Basis von Bilanz und Erfolgsrechnung dieses Handelsbetriebs werden die wichtigsten Rentabilitätskennzahlen berechnet.

Bilanz

Aktiven			Passiven		
Umlaufvermögen			**Fremdkapital**		
Liquide Mittel	3		Kreditoren	20	
Forderungen	12		Hypotheken	80	100
Vorräte	25	40			
			Eigenkapital		
			Aktienkapital	60	
Anlagevermögen		160	Reserven (inkl. Gewinnvortrag)	40	100
		200			200

Erfolgsrechnung

	Warenertrag (= Umsatz)	1 000
./.	Warenaufwand	– 600
=	**Bruttogewinn**	**400**
./.	Personalaufwand	– 190
./.	Übriger Betriebsaufwand	– 166
=	**Ergebnis vor Zinsen, Steuern und Abschreibungen (EBITDA)①**	**44**
./.	Abschreibungen	– 20
=	**Ergebnis vor Zinsen und Steuern (EBIT)①**	**24**
./.	Zinsen	– 4
=	**Gewinn vor Steuern**	**20**
./.	Steuern	– 6
=	**Gewinn**	**14**

Die wichtigsten Kennzahlen für die **Kapitalrentabilität** sind:

A	**Rentabilität des Eigenkapitals**	$\frac{\text{Gewinn}}{\text{Eigenkapital②}}$	$\frac{14}{100}$	**14%**
B	**Rentabilität des Gesamtkapitals**	$\frac{\text{EBIT}}{\text{Gesamtkapital②}}$	$\frac{24}{200}$	**12%**

Für die Beurteilung der **Umsatzrendite** stehen viele Kennzahlen zur Verfügung, die stark von der Branche abhängig sind. Die gängigsten sind:

C	**Bruttogewinnmarge** Handelsmarge	$\frac{\text{Bruttogewinn}}{\text{Umsatz}}$	$\frac{400}{1000}$	**40%**
D	**EBIT-Marge**	$\frac{\text{EBIT}}{\text{Umsatz}}$	$\frac{24}{1000}$	**2,4%**
E	(Rein-)**Gewinnmarge**	$\frac{\text{Gewinn}}{\text{Umsatz}}$	$\frac{14}{1000}$	**1,4%**

Die obigen Kennzahlen werden auf den nächsten Seiten unter dem entsprechenden Buchstaben besprochen.

① **EBITDA** = Earnings (Ergebnis) before (vor) Interest (Zinsen), Taxes (Steuern), Depreciation (Abschreibungen von Sachanlagen) and Amortization (Abschreibungen von immateriellen Anlagen). Diese englischen Begriffe sind im Geschäftsleben und in der Wirtschaftspresse sehr verbreitet.

② Siehe Fussnote auf der rechten Seite.

A Rentabilität des Eigenkapitals

Die Eigenkapitalrentabilität gibt als Prozentzahl an, welcher Gewinn mit dem eingesetzten Eigenkapital im Jahr erzielt wird.

Bei der Berechnung sind zwei Aspekte zu beachten:

- ▷ Im Zähler der Renditeformel steht der Gewinn nach Steuern, da die Aktionäre nur Anspruch auf das Nettoergebnis haben.
- ▷ Der Einfachheit halber wurde im Beispiel als Bezugsgrösse das Eigenkapital gemäss Schlussbilanz eingesetzt, obwohl der Anfangsbestand oder der Durchschnittsbestand betriebswirtschaftlich sinnvoller gewesen wären.①

Aus Sicht der Eigentümer einer Unternehmung ist die Rentabilität des Eigenkapitals die wichtigste Kennzahl.

Eine hohe Eigenkapitalrendite ist für den Aktionär immer ein Vorteil, unabhängig davon, ob die Gesellschaft die Gewinne ausschüttet oder nicht:

- ▷ Eine hohe **Dividenden-Ausschüttungsquote** bringt dem Aktionär eine hohe Dividende und damit Einkommen. Für die Gesellschaft bedeutet die Dividendenauszahlung allerdings einen Liquiditätsabfluss, der sie schwächt.
- ▷ Umgekehrt steigt mit einer tieferen Ausschüttungsquote die **Selbstfinanzierungskraft** der Unternehmung. Weil die Gewinne in der Gesellschaft reinvestiert werden, erhöht sich ihr Wachstumspotenzial, ohne dass sie die Kapitalmärkte beanspruchen muss. Der Aktionär partizipiert am Wachstum der Gesellschaft in Form von höheren Aktienkursen, was im Vergleich zu Dividenden ausserdem zu steuerlichen Vorteilen führen kann.

Die Eigenkapitalrendite muss deutlich über dem Zinsfuss für das Fremdkapital liegen, weil die Eigentümer ein höheres Risiko tragen als die Gläubiger.

Je nach Land und Branche wird zum Fremdkapitalkostensatz eine Eigenkapital-Risikoprämie von etwa 4% bis 6% dazugeschlagen. Daraus ergibt sich, dass in der Schweiz Eigenkapitalrenditen von 8% bis 10% als gut betrachtet werden können.

① In der Wirtschaftspraxis wird der **Kapitaleinsatz** nicht einheitlich ermittelt:

- ▷ Eigentlich ist der **Anfangsbestand** gemäss Eröffnungsbilanz eine logisch sinnvolle Bezugsgrösse, weil der Periodenerfolg mithilfe dieses Anfangskapitals erzielt wird.
- ▷ Auch das in der Periode **durchschnittlich investierte Kapital** ist eine vernünftige Bezugsgrösse, weil der Erfolg ebenfalls eine Periodengrösse darstellt.
- ▷ Die beiden genannten Verfahren (Anfangsbestand bzw. Durchschnitt) haben den praktischen Nachteil, dass in einem Geschäftsbericht der Anfangsbestand des Kapitals oft fehlt. Deshalb wird in der Praxis (wie hier im Beispiel) bequemerweise meist das **Schlusskapital** als Bezugsgrösse verwendet, obwohl dies theoretisch am wenigsten fundiert erscheint.
- ▷ Manchmal wird der Kapitaleinsatz um die vorgesehenen Gewinnausschüttungen vermindert, indem als Basis eine Bilanz nach Gewinnverteilung verwendet wird. Diese Berechnungsweise ist abzulehnen, da der so errechnete Kennzahlenwert zu vorteilhaft ist (die Division durch eine kleinere Bezugsgrösse lässt den Kennzahlenwert steigen).

Der Leverage-Effekt

Der finanzielle Leverage① zeigt die **Hebelwirkung des Fremdkapitaleinsatzes auf die Eigenkapitalrentabilität:**

▷ Positive Hebelwirkung: Die Eigenkapitalrentabilität lässt sich durch den Einsatz von Fremdkapital überproportional steigern, sofern die Fremdkapitalzinsen niedriger sind als die Gesamtkapitalrentabilität.

▷ Negative Hebelwirkung: Umgekehrt fällt die Eigenkapitalrentabilität mit zunehmender Fremdfinanzierung überproportional, sobald die Gesamtkapitalrentabilität unter den Zinssatz für das Fremdkapital sinkt.

Das folgende Beispiel illustriert die Wirkungsweise des finanziellen Leverage-Effekts. Dabei wird vereinfachend angenommen, dass das gesamte Fremdkapital zu 5% verzinslich ist. Die Einflüsse von Steuern werden ausgeklammert, um die Übersichtlichkeit zu erhöhen.

Beispiel 2

Leverage-Effekt

Die beiden Gesellschaften E und F sind bis auf die Finanzierung gleich: E ist zu 80% eigenfinanziert, F zu 80% fremdfinanziert.

Bilanz E

Aktiven		Passiven	
Umlaufvermögen	35	Fremdkapital	20
Anlagevermögen	65	Eigenkapital	80
	100		100

Erfolgsrechnung E

	Operativer Ertrag	200
./.	Operativer Aufwand	– 191
=	**Operatives Ergebnis**	**9**
./.	Fremdkapitalzinsen	– 1
=	**Gewinn**	**8**

Bilanz F

Aktiven		Passiven	
Umlaufvermögen	35	Fremdkapital	80
Anlagevermögen	65	Eigenkapital	20
	100		100

Erfolgsrechnung F

	Operativer Ertrag	200
./.	Operativer Aufwand	– 191
=	**Operatives Ergebnis**	**9**
./.	Fremdkapitalzinsen	– 4
=	**Gewinn**	**5**

Aus der Tabelle wird sichtbar, dass die fremdfinanzierte Gesellschaft F eine wesentlich höhere Eigenkapitalrentabilität erwirtschaftet, solange die Gesamtkapitalrendite über dem Zinsfuss für das Fremdkapital liegt:

	Gesellschaft E		Gesellschaft F	
Gesamtkapitalrentabilität, ROA	9 : 100 =	9%	9 : 100 =	9%
Zinsfuss für das Fremdkapital	1 : 20 =	5%	4 : 80 =	5%
Eigenkapitalrentabilität, ROE	8 : 80 =	10%	5 : 20 =	25%

① **Lever** bedeutet auf Deutsch Hebel; **leverage** ist die Hebelwirkung. Der Effekt beschreibt die Hebelwirkung der Fremdfinanzierung auf die Eigenkapitalrentabilität, weshalb von finanziellem Leverage gesprochen wird.

Leider wirkt der Hebel auch in die unerwünschte Richtung: Wenn die Gesamtkapitalrendite tiefer ist als der Zinsfuss für das Fremdkapital, sinkt die Eigenkapitalrendite überproportional.

Zur Veranschaulichung werden die Zahlen von Beispiel 2 geringfügig verändert: Die operativen Erträge werden bei konstantem operativem Aufwand um 6 auf 194 herabgesetzt, sodass EBIT bei beiden Gesellschaften auf 3 sinkt. E muss dabei eine Gewinnreduktion auf 2 in Kauf nehmen, bei F entsteht sogar ein Verlust von 1.

	Gesellschaft E		Gesellschaft F	
Gesamtkapitalrentabilität, ROA	3 : 100 =	3%	3 : 100 =	3%
Zinsfuss für das Fremdkapital	1 : 20 =	5%	4 : 80 =	5%
Eigenkapitalrentabilität, ROE	8 : 80 =	**2,5%**	–1 : 20 =	**– 5%**

Damit wird auch beim Leverage-Effekt der Zielkonflikt zwischen dem Streben nach Rentabilität und dem Bedürfnis nach Sicherheit offenkundig.

B Rentabilität des Gesamtkapitals

EBIT trennt die Erfolgsrechnung in zwei Teile:

Erfolgsrechnung

	Warenertrag	1 000
./.	Warenaufwand	– 600
./.	Personalaufwand	– 190
./.	Abschreibungen	– 20
./.	Übriger operativer Aufwand	– 166
=	**EBIT**	**24**
./.	Zinsen	– 4
./.	Steuern	– 6
=	Gewinn	14

Der obere Teil der Erfolgsrechnung zeigt die **Wertschöpfung:** EBIT ist das Ergebnis der operativen Tätigkeit (hier der Handel mit Waren).

Im unteren Teil der Erfolgsrechnung wird die **Verteilung** von EBIT an die Fremdkapitalgeber (Zinsen), den Staat (Steuern) und die Eigentümer (Gewinn) dargestellt.

Die Rentabilität des Gesamtkapitals ist eine zentrale Kennzahl zur Beurteilung der operativen Leistungsfähigkeit der Unternehmung, wie sie sich im oberen Teil der Erfolgsrechnung als **Wertschöpfung** niederschlägt:

Die Gesamtkapitalrendite ist ein Massstab für die Fähigkeit einer Unternehmung, durch den Einsatz von Kapital wirtschaftliche Werte zu schaffen.

Da die Wertschöpfung unabhängig von der Zusammensetzung des Kapitals gemessen wird, lassen sich mithilfe der Gesamtkapitalrendite auch Betriebe mit unterschiedlichem Fremd- bzw. Eigenfinanzierungsgrad objektiv miteinander vergleichen.

Die Gesamtkapitalrendite liegt in der Praxis meist zwischen dem Zinsfuss für das Fremdkapital und der Eigenkapitalrendite. Als Faustregel können etwa 6% bis 10% betrachtet werden.

Das DuPont-Kennzahlensystem

Da die Gesamtkapitalrendite eine zentrale Kennzahl zur Beurteilung der Effizienz der operativen Unternehmenstätigkeit ist, entstand schon früh das Bedürfnis, durch weitere Kennzahlen Aufschluss über die Ursachen von guten oder schlechten Gesamtkapitalrenditen zu erhalten. Dies um so mehr, als einzelne Kennzahlen immer nur einen Teilaspekt der betrieblichen Wirklichkeit erfassen. So entstanden **Kennzahlensysteme.**

Das bekannteste Kennzahlensystem ist der 1905 vom amerikanischen Chemiekonzern DuPont entwickelte Renditebaum, in der Praxis unter dem Namen **DuPont-Pyramide** bekannt.

Das System basiert auf der Gesamtkapitalrendite als zentraler wirtschaftlicher Zielsetzung der Unternehmung, weshalb die Gesamtkapitalrendite die Spitze der (liegenden) Pyramide bildet.

In einem ersten Schritt wird die Gesamtkapitalrendite in ihre beiden Bestimmungsfaktoren *EBIT-Marge* und *Kapitalumschlag* zerlegt:

Gesamtkapitalrentabilität	**EBIT-Marge • Kapitalumschlag**①	2,4% • 5	**12%**

① Unter Kapitalumschlag versteht man das Verhältnis von Umsatz zu Gesamtkapital:

Kapitalumschlag	$\frac{\text{Umsatz}}{\text{Kapital}}$	$\frac{1000}{200}$	**5**

Die Zerlegung der Gesamtkapitalrendite in EBIT-Marge und Kapitalumschlag geschieht durch Erweitern der Grundformel mit dem **Umsatz,** dem in vielen Unternehmen wichtigsten Value driver (Werttreiber):

Gesamtkapital-rentabilität	$\frac{\text{EBIT}}{\text{Gesamtkapital}}$	$\underbrace{\frac{\text{EBIT}}{\text{Umsatz}}}_{\text{EBIT-Marge}} \cdot \underbrace{\frac{\text{Umsatz}}{\text{Kapital}}}_{\text{Kapitalumschlag}}$	$\frac{24}{1000} \cdot \frac{1000}{200}$	**12%**

In weiteren Schritten wird die Analyse verfeinert: Im unteren Teil der Pyramide werden die investierten Aktiven weiter nach ihrer Zusammensetzung aufgespalten; auf dem oberen Ast des Kennzahlensystems wird der Umsatz im Sinne der Deckungsbeitragsrechnung in seine Kostenbestandteile aufgelöst.

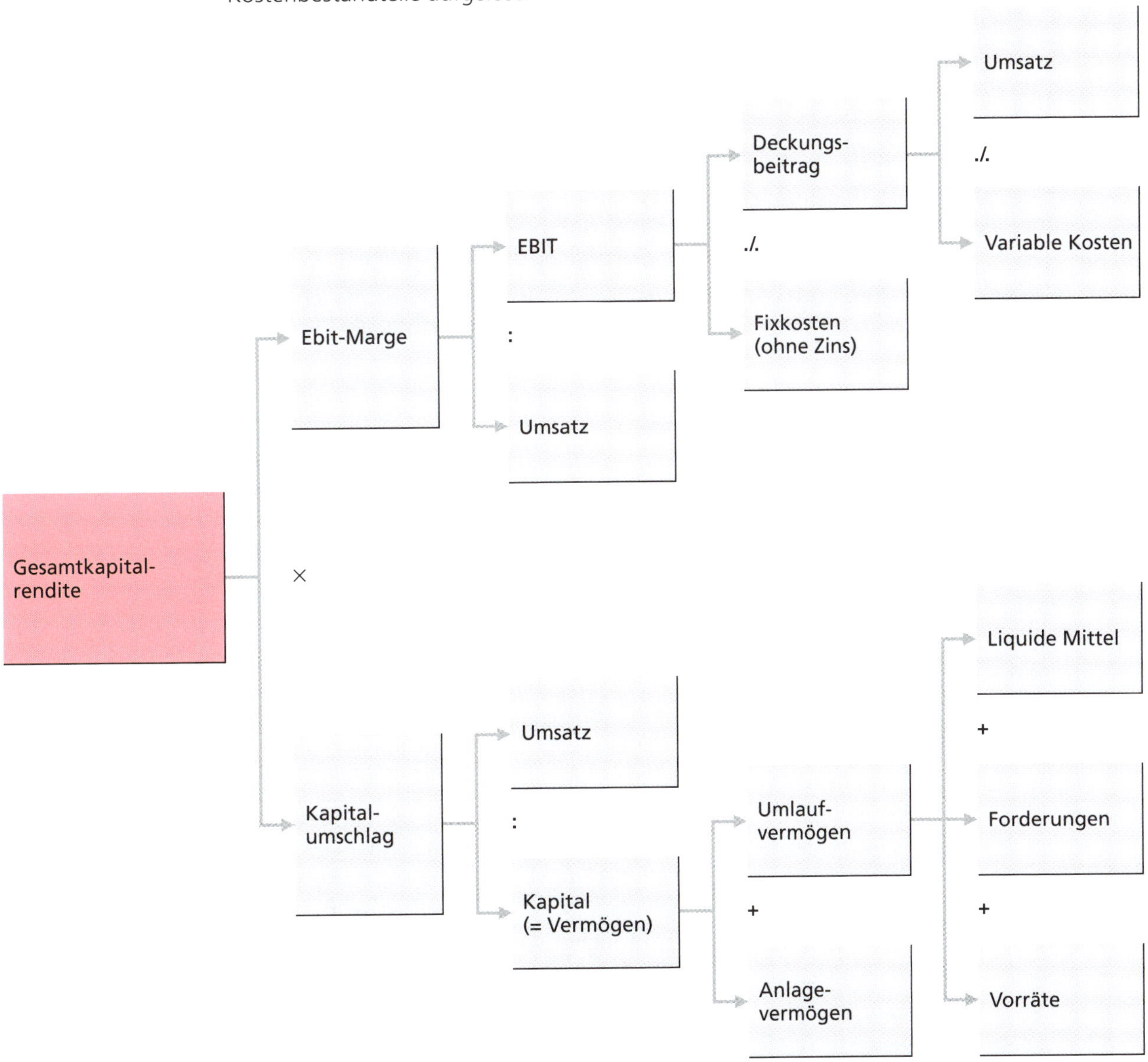

Mit dieser Zerlegung der Gesamtkapitalrendite in ihre Komponenten lassen sich in vielen Fällen die Ursachen für eine bestimmte Renditehöhe und für eine Abweichung gegenüber dem Plan oder den Vorjahreswerten herausschälen. Wichtig ist, dass anschliessend adäquate Massnahmen ergriffen werden.

C Bruttogewinnmarge

Die Bruttogewinnmarge stellt als prozentuale Differenz zwischen dem Einstandswert und dem Verkaufswert eine zentrale Grösse für die Kosten- und Preispolitik im Handelsbetrieb dar.①

Die Bruttogewinnmarge gibt Auskunft darüber, wie viel Prozent vom Umsatz nach Abzug des Warenaufwands verbleiben. Damit wird die Fähigkeit der Unternehmung sichtbar, ihre Gemeinkosten zu decken und Gewinne zu erzielen.

Eine allgemeine Aussage über die Höhe der «richtigen» Bruttogewinnmarge ist nicht möglich. Bei der Beurteilung des Kennzahlenwerts sind zwei Überlegungen wichtig:

- ▷ Wie hat sich die Kennzahl über die Zeit entwickelt?
- ▷ Wie hoch ist der Kennzahlenwert im Vergleich mit branchenüblichen Werten oder relativ zum Besten der Branche (sogenannter Benchmark)?

D EBIT-Marge

Bei der finanziellen Analyse von Unternehmen durch Investoren (Aktionäre) und Kredit gebende Banken findet EBIT eine wachsende Verbreitung, weil EBIT die Fähigkeit einer Unternehmung aufzeigt, durch den Betriebsprozess (durch die operative Tätigkeit) Werte zu schaffen. Mit EBIT lassen sich hauptsächlich zwei Kennzahlen bilden:

- ▷ EBIT im Vergleich mit dem Kapitaleinsatz ergibt die Gesamtkapitalrendite (vgl. Buchstabe B).
- ▷ EBIT im Verhältnis zum Verkaufserlös (Umsatz) ergibt die EBIT-Marge.

Mit der EBIT-Marge wird die Wirtschaftlichkeit der Leistungserstellung (Wertschöpfung) ohne Berücksichtigung des Finanzergebnisses gemessen.

Für den **zwischenbetrieblichen Vergleich** ist die EBIT-Marge sehr zweckmässig, weil keine Verfälschung durch unterschiedliche Kapitalstrukturen und den damit verbundenen Zinsaufwand stattfindet. Ausserdem bleiben die bei vielen grossen Konzernen beträchtlichen Finanzerträge aus der überschüssigen Liquidität unberücksichtigt.

Die EBIT-Margen sind sehr **branchenspezifisch,** wie die folgenden Beispiele belegen (Zahlen aus vergangenen Geschäftsberichten):

Migros	4%
Nestlé	14%
Roche	31%
Swisscom	22%

① Der Bruttogewinn wird manchmal auch Rohgewinn genannt. Er ist eine typische Grösse des Warenhandels. Zum Teil wird diese Grösse auch in Erfolgsrechnungen von Produktionsbetrieben ausgewiesen, als Differenz zwischen dem Verkaufsertrag und den Herstellkosten.

Auch innerhalb einer Unternehmung können sich die EBIT-Margen der verschiedenen **Geschäftssegmente** stark voneinander unterscheiden, weshalb in der Konzernrechnung die Segmentberichterstattung sehr wichtig ist. Aus einem früheren Geschäftsbericht der Swisscom liessen sich zum Beispiel folgende EBIT-Margen für die einzelnen Geschäftssparten berechnen:

Swisscom Schweiz	32%
Fastweb	1%
Übriges	3%

Die **zeitliche Entwicklung** der EBIT-Marge einer Unternehmung wird allgemein als vorlaufender Indikator① für die wirtschaftliche Entwicklung der betreffenden Gesellschaft betrachtet.

Informative Geschäftsberichte enthalten immer Übersichten über die zeitliche Entwicklung wichtiger Schlüsselgrössen. Als Beispiel der Nestlé-Geschäftsbericht 2008:

	2004	2005	2006	2007	2008
EBIT-Marge	12,7%	13,0%	13,5%	14,0%	14,3%

E Gewinnmarge

Für den Investor (Aktionär, Eigentümer der Unternehmung) ist massgeblich, was letztlich unter dem Strich als Ertragsüberschuss übrig bleibt, weshalb für ihn die Gewinnmarge von Bedeutung ist.

Die Gewinnmargen sind sehr **branchenabhängig,** wie die folgenden Zahlen des Bundesamtes für Statistik zeigen (vgl. Anhang 6 dieses Buchs):

Chemische Erzeugnisse	36,2%
Detailhandel	2,2%
Informatikdienste	8,7%
Energie- und Wasserversorgung	3,1%
Gastgewerbe	– 5,3%
Nahrungsmittel	2,4%

Wie bei den anderen Margen ist auch bei der Gewinnmarge die **zeitliche Entwicklung** zu beachten. Als Beispiel für eine erfolgreiche Unternehmung sei hier der Verlauf der Gewinnmarge von Nestlé abgebildet (Zahlen aus den Geschäftsberichten):

	2004	2005	2006	2007	2008
Gewinnmarge	7,8%	8,9%	9,3%	9,9%	16,4%

① Vorlaufende Indikatoren (Anzeichen, Hinweise) sind Grössen, die eine wirtschaftlich positive oder negative Entwicklung zum Voraus anzeigen.

Cashflow-Analyse

Der Cashflow ist die aus der Geschäftstätigkeit erarbeitete Liquidität. Er stellt die wichtigste Finanzierungsquelle einer Unternehmung dar und ist deshalb eine unverzichtbare Grösse bei der Beurteilung der finanziellen Situation.

Der Cashflow als Teil der Geldflussrechnung vermittelt Informationen über die Fähigkeit der Unternehmung:

- ▷ Investitionen aus der Betriebstätigkeit zu finanzieren (ohne Aufnahme von Fremd- oder Eigenkapital von aussen)
- ▷ Gewinne auszuschütten
- ▷ Schulden zurückzuzahlen①

Zusätzliche Informationen zur Finanzlage einer Unternehmung lassen sich durch die Bildung von **Cashflow-Kennzahlen** gewinnen.

Die gängigsten Cashflow-Kennzahlen werden im Beispiel auf der nächsten Seite vorgestellt.

① Um diese gewünschten Informationen sichtbar zu machen, werden die Geldflüsse in der Geldflussrechnung in die bekannten drei Bereiche gegliedert:

- ▷ Betriebstätigkeit
- ▷ Investierung
- ▷ Finanzierung

Dieser Aufbau ermöglicht der Leserin und dem Leser, sich ein Urteil darüber zu bilden, ob die Unternehmung fähig ist, aus der Betriebstätigkeit genügend Geld (Cashflow) zu erarbeiten, um die Investitionen zu finanzieren, den Eigentümern eine angemessene Dividende zu zahlen und Schulden zu tilgen.

Beispiel 1 Cashflow-Kennzahlen

Grundlage für die Kennzahlen-Ermittlung bilden die drei Jahresrechnungen eines Handelsbetriebs:

Schlussbilanz

Aktiven	
Flüssige Mittel	3
Forderungen	11
Vorräte	16
Anlagevermögen	70
	100
Passiven	
Operatives Fremdkapital	12
Finanzielles Fremdkapital	38
Eigenkapital	50
	100

Erfolgsrechnung

Warenertrag (Umsatz)	200
./. Warenaufwand	– 110
./. Personalaufwand	– 40
./. Übriger Baraufwand	– 20
EBITDA	**30**
./. Abschreibungen	– 16
EBIT	**14**
./. Zinsaufwand	– 2
Gewinn vor Steuern	**12**
./. Steuern	– 4
Gewinn nach Steuern	**8**

Geldflussrechnung

Betriebstätigkeit		
Zahlungen von Kunden	193	
./. Zahlungen an Lieferanten	– 107	
./. Zahlungen ans Personal	– 40	
./. Zahlungen für Zinsen	– 2	
./. Zahlungen übriger Aufw.	– 20	
./. Zahlungen für Steuern	– 4	
Cashflow		**20**
Investitionstätigkeit		
./. Käufe Anlagevermögen	– 13	
+ Verkäufe Anlagevermögen	3	
Nettoinvestitionen		– 10
Free Cashflow		**10**
Finanzierungstätigkeit		
+ Aufnahme Aktienkapital	5	
./. Rückzahlung Hypothek	– 2	
./. Gewinnausschüttung	– 9	– 6
Zunahme flüssige Mittel		**4**

Je nach Problemstellung, Branche und wirtschaftlichem Umfeld lassen sich verschiedene Cashflow-Kennzahlen bilden. Die wichtigsten sind:

A	**Cashflow/Investitions-Verhältnis**	Cashflow / Nettoinvestitionen	20 / 10	**200%**
B	**Verschuldungsfaktor**	Effektivverschuldung① / Cashflow	36 / 20	**1,8**
C	**Zinsdeckungsfaktor**	Cashflow vor Zinsen / Zinsen	22 / 2	**11**
D	**Cashflow-Marge**	Cashflow / Umsatz	20 / 200	**10%**

Diese Kennzahlen werden auf den nächsten Seiten unter den entsprechenden Buchstaben kurz besprochen.

① Die Effektivverschuldung am Jahresende wird wie folgt ermittelt:

Fremdkapital (kurz- und langfristig)	50
./. Flüssige Mittel	– 3
./. Kurzfristige Forderungen	– 11
= Effektivverschuldung	36

A Cashflow/Investitions-Verhältnis

Das Cashflow/Investitions-Verhältnis gibt an, ob die Unternehmung genügend Cashflow erwirtschaftet, um damit die Investitionen bezahlen zu können.

Der Kennzahlenwert sollte deutlich über 100% sein: Eine Unternehmung muss mehr Cashflow erwirtschaften, als für die Investitionen benötigt wird, um darüber hinaus die Gewinnausschüttungen sowie allfällige Schuldenrückzahlungen zu finanzieren.

Ein Kennzahlenwert unter 100% bedeutet, dass die Unternehmung zur Finanzierung der Investitionen entweder verzinsliches Fremdkapital aufnehmen oder gewinnberechtigtes Eigenkapital beschaffen muss.

Als Differenz zwischen dem Cashflow und den Nettoinvestitionen ergibt sich der **Free Cashflow.** Er heisst so, weil dieses Geld nach Bezahlung der Nettoinvestitionen für Gewinnausschüttungen und Schuldentilgungen *frei* zur Verfügung steht. Eine Unternehmung hat grundsätzlich nur dann etwas Wert, wenn sie langfristig einen positiven Free Cashflow erwirtschaften kann.①

Beispiel 2

Cashflow und Investitionen

Die Grafik aus einem früheren Geschäftsbericht der Migros zeigt, wie das Wachstum des Konzerns hauptsächlich durch die Höhe des erarbeiteten Cashflows bestimmt wird. Da Migros keine Gewinne ausschüttet und keine Schulden tilgen muss, steht der gesamte Cashflow für Investitionen zur Verfügung.

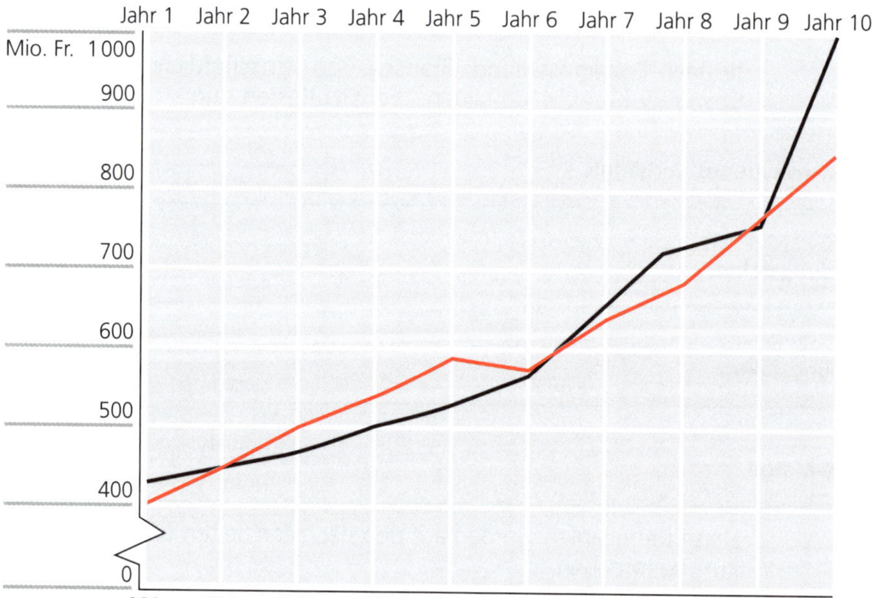

Investitionen	441	451	472	490	520	557	644	726	754	1008
Cashflow	418	457	495	535	590	572	635	682	767	843

① Die Discounted Cashflow-Methode zur Unternehmensbewertung wird in Kapitel 45 dieses Buchs erklärt.

B Verschuldungsfaktor

Der Verschuldungsfaktor gibt an, wievielmal (wie manches Jahr) der letzte Cashflow erarbeitet werden müsste, bis die Effektivverschuldung abbezahlt wäre.

Je tiefer der Verschuldungsfaktor ist, desto mehr Sicherheit besteht für die Gläubiger. Werte bis 5 gelten aus Sicht von Kreditgebern als sehr gut.

Die Aussagekraft des Verschuldungsfaktors als Sicherheitskennzahl ist vor allem in Vergleichen über einen Zeitraum gross, weil eine ungünstige finanzielle Entwicklung rasch und deutlich angezeigt wird: Bei wachsender Gefährdung der Unternehmung erhöht sich der Verschuldungsfaktor überproportional, da zugleich der Cashflow (der Nenner im Bruch) sinkt und die Effektivverschuldung (der Zähler im Bruch) steigt.

Der Verschuldungsfaktor ist in der Praxis sehr beliebt für die Bonitätsbeurteilung und die Kreditüberwachung, weil er sich vorzüglich zur Insolvenzprognose eignet (Insolvenz = Zahlungsunfähigkeit).

C Zinsdeckungsfaktor

Der Zinsdeckungsfaktor gibt an, wie gut die Fremdzinsen aus der Geschäftstätigkeit bezahlt werden können.

Während beim Verschuldungsfaktor die Höhe der Schulden im Vordergrund steht, liegt der Fokus beim Zinsdeckungsfaktor auf der durch die Verschuldung verursachten Zinsbelastung.

Der Zinsdeckungsfaktor wird in der Praxis häufig zur Bonitätsbeurteilung und zur Kreditüberwachung eingesetzt: Je höher der Zinsdeckungsfaktor ist, desto mehr Sicherheit besteht für den Kreditgeber. Werte über 5 gelten als sehr gut.

D Cashflow-Marge

Die Cashflow-Marge ist Teil der Umsatzanalyse. Sie gibt an, wie viel Prozent des Umsatzes unter dem Strich als Geldzufluss verbleibt.

Da die Betriebstätigkeit die Ursache für den Cashflow darstellt, ist die Cashflow-Marge gleichsam die Mutter aller Cashflow-Kennzahlen: Bei zu kleiner Cashflow-Marge sind meist auch alle anderen Cashflow-bezogenen Kennzahlen ungenügend.

Die Höhe der Cashflow-Marge ist sehr stark branchenabhängig, sodass keine Aussage über die «richtige» Höhe des Prozentsatzes gemacht werden kann.

Bei der Unternehmensanalyse muss nebst dem Branchenvergleich vor allem der Entwicklung des Kennzahlenwerts über einen Zeitraum gebührend Beachtung geschenkt werden.

Aktivitäts-Analyse

Aktivitätskennzahlen oder Umschlagskennzahlen bestehen grundsätzlich aus einer Erfolgsgrösse dividiert durch eine Bilanzgrösse. Sie geben Aufschluss über die Qualität der Bewirtschaftung des Nettoumlaufvermögens und die betriebliche Kapitalnutzung. Im Allgemeinen gelten höhere Umschlagshäufigkeiten als besser.

Beispiel 1

Aktivitätskennzahlen

Das folgende Zahlenbeispiel dient als Basis für die Berechnung der wichtigsten Aktivitätskennzahlen:

Schlussbilanzen 20_1 und 20_2

Aktiven	20_1	20_2	Passiven	20_1	20_2
Flüssige Mittel	5	4	Kreditoren	50	56
Debitoren	70	74	Hypotheken	80	75
Warenvorrat	68	72	Eigenkapital	200	219
Anlagevermögen	187	200			
	330	350		330	350

Erfolgsrechnung

	Warenertrag auf Kredit (Umsatz)	720
./.	Warenaufwand①	– 420
./.	Übriger Aufwand	– 285
=	**Gewinn**	**15**

Die bekanntesten Aktivitätenkennzahlen sind:

	Kennzahl	Formel	Berechnung	Ergebnis
A	**Debitorenumschlag**	$\frac{\text{(Kredit-)Warenertrag}}{\varnothing\ \text{Debitorenbestand}}$	$\frac{720}{72}$	**10**
	Debitorenfrist (-dauer)	$\frac{\text{360 Tage②}}{\text{Debitorenumschlag}}$	$\frac{360}{10}$	**36 Tage**
B	**Lagerumschlag**	$\frac{\text{Warenaufwand}}{\varnothing\ \text{Warenvorrat}}$	$\frac{420}{70}$	**6**
	Lagerdauer	$\frac{\text{360②}}{\text{Lagerumschlag}}$	$\frac{360}{6}$	**60 Tage**
C	**Kreditorenumschlag**	$\frac{\text{(Kredit-)Wareneinkäufe③}}{\varnothing\ \text{Kreditorenbestand}}$	$\frac{424}{53}$	**8**
	Kreditorenfrist (-dauer)	$\frac{\text{360②}}{\text{Kreditorenumschlag}}$	$\frac{360}{8}$	**45 Tage**

① Sämtliche Wareneinkäufe erfolgen auf Kredit.

② In Schulbeispielen wird der Einfachheit halber häufig mit 360 Tagen gerechnet. In der Praxis sind 365 Tage üblich.

③ Die Wareneinkäufe unterscheiden sich gegenüber dem Warenaufwand durch die Vorratsveränderung:

	Warenaufwand	420
+	Vorratszunahme	4
=	**Wareneinkäufe**	**424**

A Debitoren

Beim Debitorenmanagement muss vor allem darauf geachtet werden, dass die Kunden die eingeräumten Zahlungsfristen einhalten. Wenn die Zahlungsbedingungen zum Beispiel 30 Tage netto lauten, sollte die durchschnittliche Debitorenfrist nicht wesentlich über 30 Tagen liegen.

Im Rahmen der Debitorenbewirtschaftung entstehen manchmal Zielkonflikte: Der Buchhalter möchte den säumigen Kunden möglichst mahnen, sobald die Zahlungsfrist verstrichen ist; der Verkäufer verzichtet vielleicht lieber auf eine Mahnung, weil er den Kunden nicht verärgern oder gar verlieren will. Ein Lösungsansatz kann darin bestehen, dass die Boni (Vergütungen, Prämien) für die Verkaufsverantwortlichen nicht in Abhängigkeit vom erzielten Umsatz entrichtet werden, sondern auf den eingegangenen Kundenzahlungen basieren.

Die Debitorenfrist kann auch direkt ermittelt werden (ohne den Debitorenumschlag als Zwischenschritt), indem der durchschnittliche Debitorenbestand durch den durchschnittlichen Tagesumsatz geteilt wird:

Debitorenfrist	$\frac{\varnothing \text{ Debitorenbestand}}{\varnothing \text{ Umsatz/Tag}^{①}}$	$\frac{\varnothing \text{ Debitorenbestand} \cdot 360 \text{ Tage}}{\text{Warenertrag}}$	$\frac{72 \cdot 360}{720}$	**36 Tage**

① Der durchschnittliche Tagesumsatz wird wie folgt berechnet: Warenertrag : 360 Tage.

Im nächsten Schritt der Formel muss der Doppelbruch aufgelöst werden, indem mit dem Kehrwert multipliziert wird.

B Lager

Bei der Lagerbewirtschaftung geht es um eine optimale Steuerung der Waren- und Materialflüsse sowie der Lagerhöhe. In der Praxis zeigte sich, dass mit einfachen Verbesserungen im Lagerbereich die EBIT-Marge wesentlich gesteigert werden konnte. Oft war es Unternehmungen möglich, ihre Vorräte in kurzer Zeit bis zu einem Drittel zu senken, womit Mittel freigesetzt wurden, die in ihrer Höhe 10% bis 30% des Eigenkapitals oder 50% bis 100% der jährlichen Investitionen in Sachanlagen erreichten.

Die Lagerhaltung unterliegt einem Zielkonflikt: Auf der einen Seite verursacht ein hohes Lager Kosten (Zinskosten auf dem im Lager investierten Kapital, Raumkosten, Personalkosten, Gefahr des Verderbs und der Überalterung), auf der anderen Seite hat eine grosse Auswahl an sofort lieferbaren Artikeln eine Umsatz steigernde Wirkung. Oder im Fabrikationsbetrieb ist eine störungsfreie Produktion möglich, wenn alle Materialien immer vorrätig sind.

Die Lagerdauer kann auch direkt ermittelt werden (ohne den Lagerumschlag als Zwischenschritt), indem der durchschnittliche Warenvorrat durch den durchschnittlichen Tagesumsatz geteilt wird:

Lagerdauer	$\frac{\varnothing \text{ Warenvorrat}}{\varnothing \text{ Warenaufwand/Tag}}$	$\frac{\varnothing \text{ Warenvorrat} \cdot 360 \text{ Tage}}{\text{Warenaufwand}}$	$\frac{70 \cdot 360}{420}$	**60 Tage**

Für Fabrikationsbetriebe eignen sich die genannten Formeln oft nicht, weil sich die im Geschäftsbericht ausgewiesenen Vorräte aus Rohmaterial, Halb- und Fertigfabrikaten zusammensetzen und der Verkaufsertrag ausschliesslich mit Fertigfabrikaten erzielt wird. Die Angemessenheit der Vorratshöhe lässt sich in Produktionsbetrieben am ehesten durch den Prozentsatz der Vorräte zum Umsatz bestimmen.

Die gezeigten Kennzahlen eignen sich vor allem für eine Grobanalyse des Jahresabschlusses durch externe Betrachter. Im internen Controlling bestehen umfassendere Analysemöglichkeiten, indem die EDV-Systeme für einzelne Artikel oder Artikelgruppen sehr detaillierte Informationen über Verkaufsmengen, Margen und Lagerdauer liefern.

C Kreditoren

Die Überwachung der Kreditorenfristen und damit die rechtzeitige Erfüllung der Zahlungsverpflichtungen gehört zur Politik einer an langjährigen Geschäftsbeziehungen mit zuverlässigen Lieferanten interessierten Unternehmung.

Bei der Bilanzanalyse durch Aussenstehende kann die Zunahme der Kreditorendauer im Verlaufe der Jahre auf Liquiditäts- und Finanzierungsprobleme hindeuten.

Die Kreditorenfrist kann auch direkt ermittelt werden (ohne den Kreditorenumschlag als Zwischenschritt), indem der durchschnittliche Kreditorenbestand durch die durchschnittlichen Tageseinkäufe geteilt wird:

Kreditorenfrist	$\frac{\text{Ø Kreditorenbestand}}{\text{Ø Wareneinkauf/Tag}}$	$\frac{\text{Ø Kreditorenbestand} \cdot 360 \text{ Tage}}{\text{Wareneinkauf}}$	$\frac{53 \cdot 360}{424}$	**45 Tage**

Kapitalbindung

Der Zusammenhang von Debitorenfrist, Lagerdauer und Kreditorenfrist lässt sich wie folgt darstellen:

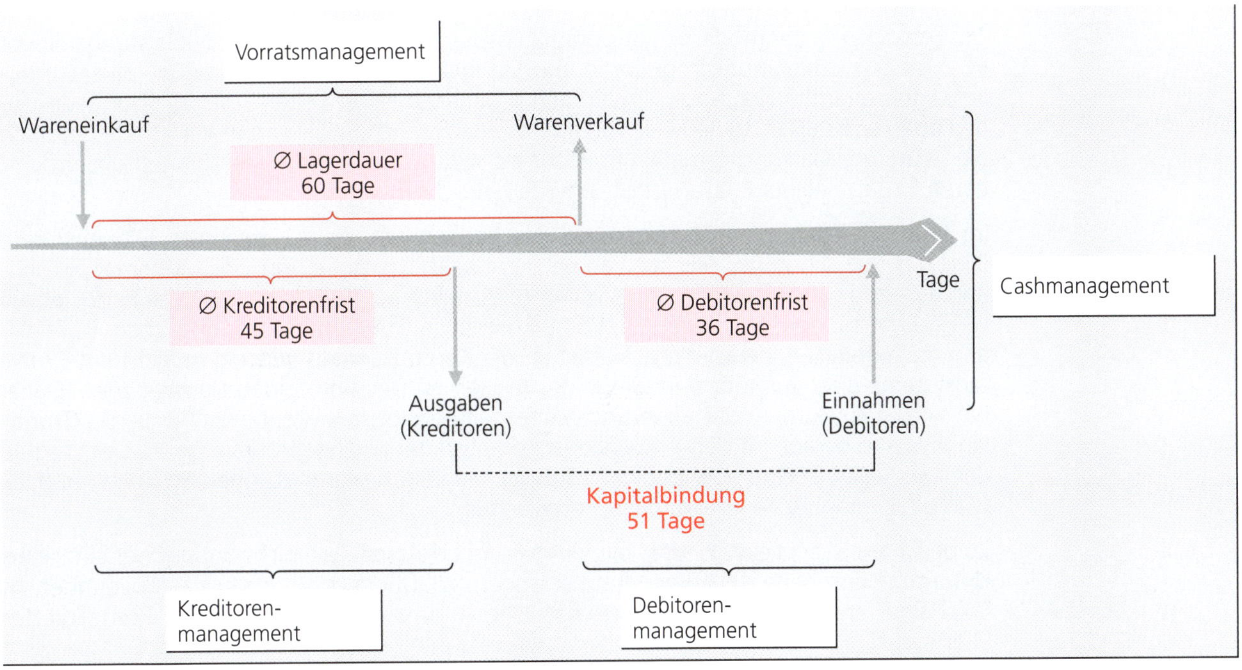

Zusammenfassung und Ausblick[1]

Die Auswertung von Jahresrechnungen im Sinne der hier behandelten Bilanz- und Erfolgsanalyse stellt ein wichtiges Instrument zur finanziellen Unternehmensbeurteilung dar. Die besprochenen Kennzahlen bilden ein «robustes» Instrumentarium, das heute weltweit eingesetzt wird und generell anerkannt ist.

Dabei ist allerdings, wie in der Einleitung erwähnt, die Bedeutung anderer Beurteilungskomponenten zu beachten. So kommt den Faktoren «Management» und «Produkte und Märkte» natürlich überragende Bedeutung zu. Interessant ist allerdings, dass sich ihr Einfluss letztlich auch wieder in den finanziellen Abschlussdaten eines Unternehmens widerspiegelt. So gesehen sind die mit der Bilanz- und Erfolgsanalyse erfassten Zahlen auch Abbild von Stärken und Schwächen des Managements sowie der betrieblichen Produkt/Markt-Positionierung.

Eine gewichtige Funktion haben die finanziellen Analysedaten insbesondere im Zusammenhang mit der mittel- und längerfristigen Finanzplanung. Planerfolgsrechnungen, Planbilanzen und Plan-Mittelflussrechnungen sollten stets durch für den konkreten Einzelfall wichtige Finanzkennzahlen ergänzt werden. Diese erleichtern die Auswertung und Interpretation von Finanzplänen entscheidend, und schliesslich bilden sie häufig auch unternehmensinterne Zielwerte, deren zukünftige Entwicklung umfassend dokumentiert werden soll.

Die Entwicklung der modernen Informatik, insbesondere die Verfügbarkeit leistungsfähiger PCs, Tabellenkalkulationsprogramme und Standard-Software-Pakete, hat die Einsatzmöglichkeiten quantitativer Analyseinstrumente dimensional erweitert. Dies gilt vor allem für den oben erläuterten Stellenwert von finanzwirtschaftlichen Plan-Kennwerten. Hier müssen die heute greifbaren Informatikmittel fast als Voraussetzung für einen breiten und fruchtbaren Einsatz solcher Führungsinstrumente betrachtet werden.

Im kommerziellen Kreditmanagement der Banken hat die so genannte EDV-gestützte Bilanzanalyse schon vor etlichen Jahren – zunächst im Sinne von Grosssystemapplikationen – Einzug gehalten. Heute sind Standardprodukte auf dem Markt, welche eine Vielzahl von Auswertungen, teils unterstützt durch hilfreiche Grafikoutputs, ermöglichen. Es bestehen auch bereits erste konkrete Versuche, die Kennzahlenauswertung in Richtung Expertensysteme oder zumindest im Sinne des modernen Decision Support auszubauen. Dabei hat sich im Zuge der Informatisierung wiederholt gezeigt, wie wichtig ein fundiertes Grundlagenwissen gerade für den Anwender automatisierter Analyseprogramme ist. Der Wegfall der manuellen Rechennotwendigkeit erhöht die Gefahr einer zu oberflächlichen und zu wenig fachmännischen Instrumentenverwendung.

Zu beachten ist schliesslich, dass die Bilanz- und Erfolgsanalyse nicht nur auf der einzelnen Unternehmensebene zur Anwendung gelangen soll. Überall dort, wo Konzernbildungen im Spiel sind, erscheint die finanzwirtschaftliche Analyse vor allem auch auf konsolidierter Ebene, d.h. auf der Basis der Konzernabschlusszahlen, wichtig. In vielen Fällen lassen sich die Finanzverhältnisse innerhalb ganzer Firmengruppen nur noch anhand konsolidierter Finanzstrukturwerte zutreffend beurteilen.

In diesem Sinne bietet sich mit den hier besprochenen Auswertungsinstrumenten eine ausserordentlich reiche Anwendungspalette an. Voraussetzung dazu bilden präzise Kenntnisse der Kennzahleninhalte und der mit ihnen eröffneten Auswertungsmöglichkeiten.

[1] von Rudolf Volkart, Professor an der Universität Zürich

3. Teil Kostenrechnung

Einleitung

Die Finanzbuchhaltung ist auf die Erfassung des Geschäftsverkehrs mit dem Umfeld der Unternehmung ausgerichtet. Sie ist geprägt durch handels- und steuerrechtliche Vorschriften sowie unternehmungspolitische Entscheide und eignet sich nur zum Teil als objektive Grundlage zur Leistungssteuerung und Kontrolle einer Unternehmung. Deshalb besteht für jede Unternehmungsführung ein Bedarf nach unverfälschten, effektiven und möglichst objektiven Zahlenwerten. Diese werden durch die **Betriebsbuchhaltung (Kostenrechnung)** bereitgestellt. Ihr Ziel ist die Überwachung der Wirtschaftlichkeit der betrieblichen Leistungserstellung und -veräusserung.

Damit die Betriebsbuchhaltung in der Praxis als Führungsinstrument wirkungsvoll eingesetzt werden kann, braucht eine Führungskraft ausreichende Kenntnisse in folgenden Themenbereichen, welche in den nächsten Kapiteln dieses Lehrmittels dargestellt werden:

▷ Fixe und variable Kosten mit Break-even-Analyse

▷ Divisionskalkulation

▷ Zuschlagskalkulation

▷ Deckungsbeitragsrechnung

▷ Normalkostenrechnung

Die wichtigsten Teile und Aufgaben des Rechnungswesens lassen sich wie folgt charakterisieren:

Rechnungswesen

Finanzbuchhaltung (FIBU)

In der Finanzbuchhaltung wird der laufende Geschäftsverkehr chronologisch (im Journal) und systematisch (in den Konten) erfasst.

Die Finanzbuchhaltung dient

▷ der Ermittlung der Vermögenslage mittels **Inventar und Bilanz**

▷ der Feststellung des Erfolges mittels **Erfolgsrechnung**

▷ der Liquiditätssteuerung und Finanzplanung mittels **Geldflussrechnung**

Die Zahlen der Finanzbuchhaltung sind für die Führung der Unternehmung zum Teil ungeeignet, weil sie einerseits stille Reserven enthalten und anderseits nur den Gesamterfolg und nicht den Erfolg je Produkt oder Dienstleistung ausweisen.

Betriebsbuchhaltung (BEBU)

In der Betriebsbuchhaltung werden die durch die Leistungserstellung entstandenen Kosten erfasst und den durch die Leistungsveräusserung erzielten Erlösen gegenübergestellt.

Die Kostenerfassung erfolgt nach

▷ **Kostenarten** (z. B. Materialkosten, Personalkosten, Abschreibungen)

▷ **Kostenstellen** (z. B. nach verschiedenen Abteilungen wie Einkauf, Lager, Fabrikation, Verkauf)

▷ **Kostenträgern** (z. B. nach den hergestellten Produkten oder Leistungen)

Die Betriebsbuchhaltung ist eine rein interne Rechnung. Sie stellt Unterlagen für die **Kalkulation** sowie die **Kosten- und Erfolgskontrolle** bereit.

Bei der Ermittlung von Kosten und Leistung wird vom Aufwand und Ertrag gemäss Finanzbuchhaltung ausgegangen. Diese finanzbuchhalterischen Grössen sind durch Korrekturen (so genannte sachliche Abgrenzungen) zu objektivieren:

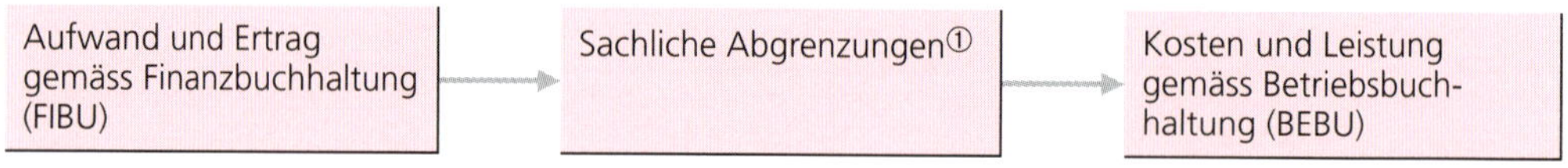

Unter **Aufwand** bzw. **Ertrag** versteht man den nach Grundsätzen der Finanzbuchhaltung bewerteten Wertverzehr bzw. Wertzuwachs einer Periode, unter **Kosten** bzw. **Leistung** den nach betriebswirtschaftlichen Grundsätzen ermittelten objektiven Wertverzehr bzw. Wertzuwachs. Den Unterschied zwischen den Grössen der Finanzbuchhaltung und den entsprechenden Grössen der Betriebsbuchhaltung bezeichnet man als **sachliche Abgrenzung.**

Stimmen Aufwand und Kosten bzw. Ertrag und Leistung zahlenmässig überein, sind keine sachlichen Abgrenzungen notwendig. In verschiedenen Fällen trifft dies jedoch nicht zu. Im Folgenden einige Beispiele:

▷ Der Abschreibungsaufwand wird in der Finanzbuchhaltung zwecks Schaffung stiller Reserven zu hoch veranschlagt. Um in der Betriebsbuchhaltung den echten Wertverzehr bzw. Substanzabgang auszuweisen, sind die Abschreibungen mittels Abgrenzungen auf das «wahre» Mass zu bereinigen. Die so ermittelten Abschreibungen nennt man kalkulatorische Abschreibungen.

▷ Vor allem bei Aktiengesellschaften werden in der Finanzbuchhaltung nur die Fremdzinsen berücksichtigt. Da das Eigenkapital jedoch nicht gratis zur Verfügung steht②, muss als sachliche Abgrenzung ein Eigenkapitalzins verbucht werden. Die Zinsen gemäss Bebu nennt man kalkulatorische Zinsen.

▷ Der Unternehmerlohn wird gar nicht oder zu klein ausgewiesen. Der tatsächlich zu bezahlende Lohn für einen Angestellten mit gleicher Funktion wäre einiges höher. Die Lohndifferenz ist als sachliche Abgrenzung einzubeziehen. Den so ermittelten Lohn nennt man kalkulatorischen Unternehmerlohn.

▷ In der Betriebsbuchhaltung werden die Bestandesänderungen an fertigen und unfertigen Erzeugnissen zu Herstellkosten bewertet und in der Finanzbuchhaltung zur Bildung stiller Reserven zu einem tieferen Wert eingesetzt.

① Neben den sachlichen Abgrenzungen in der Betriebsbuchhaltung gibt es noch die zeitlichen Abgrenzungen der Finanzbuchhaltung, welche zur periodengerechten Erfassung von Aufwand und Ertrag dienen.

② Würde das Eigenkapital anderweitig investiert, würde es entsprechende Erträge in Form von Zinsen oder Dividenden abwerfen. Dieser entgangene Nutzen wird in der Betriebsbuchhaltung in Form von so genannten Opportunitätskosten (hier als sachliche Abgrenzung) berücksichtigt.

Fixe und variable Kosten, Break-even-Analyse

Untersucht man, inwiefern die Höhe der Kosten vom Umsatz[1] abhängt, kann man zwischen fixen und variablen Kosten unterscheiden.

Kosten in Abhängigkeit vom Umsatz

Fixe (feste) Kosten

Die fixen Kosten sind immer gleich hoch, unabhängig vom erzielten Umsatz (bzw. von der erbrachten Leistung).

Beispiele: Mietkosten, Abschreibungen, Zinskosten, ein Teil der Personalkosten.[2]

Kosten

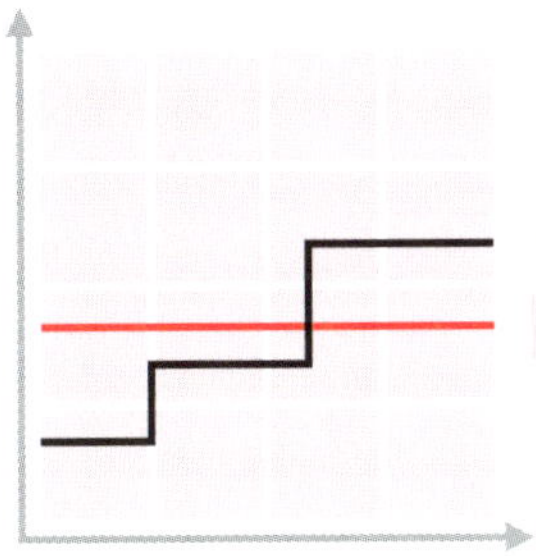

sprungfixe Kosten

absolut fixe Kosten[3]

Menge

Variable (veränderliche) Kosten

Die variablen Kosten verändern sich mit der Höhe des Umsatzes (bzw. der erbrachten Leistung), d.h., sie erhöhen sich bei steigendem Umsatz bzw. fallen bei sinkendem Umsatz.

Beispiele: Rohmaterialverbrauch, ein Teil der Löhne, Warenaufwand.

Kosten

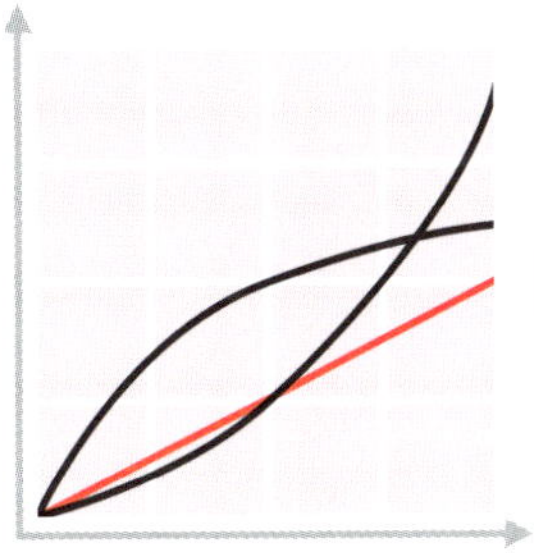

progressive Kosten (überproportionale Kosten)

degressive Kosten (unterproportionale Kosten)

proportionale Kosten[4]

Menge

① Die Betriebsleistung wird im Handelsbetrieb mit dem Umsatz, d.h. mit der verkauften Menge bzw. deren Wert, gemessen. Im Industriebetrieb wird dazu meist die Produktionsmenge (auch Beschäftigung oder Produktionshöhe genannt) herangezogen.

② Fixkosten und Gemeinkosten sind nicht dasselbe: Bei der Unterscheidung zwischen Einzel- und Gemeinkosten geht es um die Frage der Zurechenbarkeit der Kosten auf die Produkte und Leistungen (und nicht um die Abhängigkeit der Kosten vom Umsatz). Da die Gemeinkosten in den meisten Fällen eher fix sind (vgl. Fussnote 3), werden in Schulbeispielen Gemeinkosten und Fixkosten einander oft gleichgesetzt.

③ Der Einfachheit halber wird in Schulbeispielen in der Regel angenommen, die fixen Kosten seien absolut fix. Selbstverständlich sind diese Kosten nur innerhalb gewisser Umsatzbandbreiten fix. Überschreitet der Umsatz eine bestimmte Höhe, müssen zum Beispiel zusätzliche Mitarbeiter eingestellt oder zusätzliche Fabrikations- und Büroräumlichkeiten gemietet werden; das hat Kostensprünge zur Folge. Man spricht dann von sprungfixen Kosten.

④ Der Einfachheit halber wird in Schulbeispielen in der Regel angenommen, die Kostenveränderung erfolge proportional zur Umsatzschwankung. In der Praxis gibt es auch degressive Kosten (z.B. Mengenrabatte beim Einkauf von Waren oder Material) und progressive Kosten (z.B. Schichtzuschläge bei Überzeitarbeit).

Break-even-Analyse

Die Aufspaltung der gesamten Kosten in einen fixen und einen variablen Teil wird **Kostenauflösung** genannt. Diese bildet den Ausgangspunkt für viele betriebliche Problemstellungen.

Eine wichtige Fragestellung lautet: Bei welchem Umsatz erreicht eine Unternehmung die **Nutzschwelle (Break-even-Point)**①, d. h. den Punkt, bei dem weder Gewinn noch Verlust erzielt wird?

■ **Beispiel**

Ermittlung der Nutzschwelle (Break-even-Point)

Barbara Müller importiert ein chinesisches Heilmittel für Fr. 3.– je Stück und verkauft dieses in der Schweiz für Fr. 5.– je Stück. Dabei entstehen Fixkosten (vor allem für Personal und Miete) von Fr. 100 000.–.

	Verkaufspreis (Nettoerlös)	Fr. 5.–
./.	Variable Kosten (Einstandspreis)	Fr. 3.–
=	Deckungsbeitrag② (Bruttogewinn)	Fr. 2.–

Lösung 1 Tabelle

Menge (Stück)	Fixe Kosten	Variable Kosten	Totalkosten③	Nettoerlös (= Umsatz)	Erfolg	Deckungsbeitrag
0	100 000	0	100 000	0	– 100 000	0
10 000	100 000	30 000	130 000	50 000	– 80 000	20 000
20 000	100 000	60 000	160 000	100 000	– 60 000	40 000
30 000	100 000	90 000	190 000	150 000	– 40 000	60 000
40 000	100 000	120 000	220 000	200 000	– 20 000	80 000
50 000	100 000	150 000	250 000	250 000	0	100 000
60 000	100 000	180 000	280 000	300 000	20 000	120 000
70 000	100 000	210 000	310 000	350 000	40 000	140 000
80 000	100 000	240 000	340 000	400 000	60 000	160 000

Aus der Tabelle geht hervor, dass die Nutzschwelle bei einem **mengenmässigen** Umsatz von 50 000 Stück und einem **wertmässigen** Umsatz von Fr. 250 000.– erreicht wird.

① **Break-even-Point** wird auf Deutsch mit Nutzschwelle übersetzt. Bei diesem Umsatz entsteht für die Unternehmung weder Verlust noch Gewinn. Bei geringerem Umsatz wird ein Verlust erzielt, bei höherem Umsatz ein Gewinn. An diesem Punkt durchbricht (to break = durchbrechen) die Erfolgskurve gerade den Nullpunkt.

② Die Differenz zwischen dem Nettoerlös und den variablen Kosten wird **Deckungsbeitrag** genannt. In diesem Beispiel deckt jedes verkaufte Stück zwei Franken der Fixkosten von insgesamt Fr. 100 000.–. Nach 50 000 verkauften Stücken sind alle Fixkosten gedeckt, sodass die Nutzschwelle erreicht ist. Der Deckungsbeitrag entspricht bei diesem einfachen Handelsbetrieb dem Bruttogewinn. In komplizierteren Fällen sind ausser dem Einstandspreis noch weitere variable Kosten denkbar (z. B. die nicht fix besoldeten, stundenweise angestellten Mitarbeiter in der Filiale eines Grossverteilers).

③ Auch Selbstkosten genannt.

Lösung 2 **Grafik**

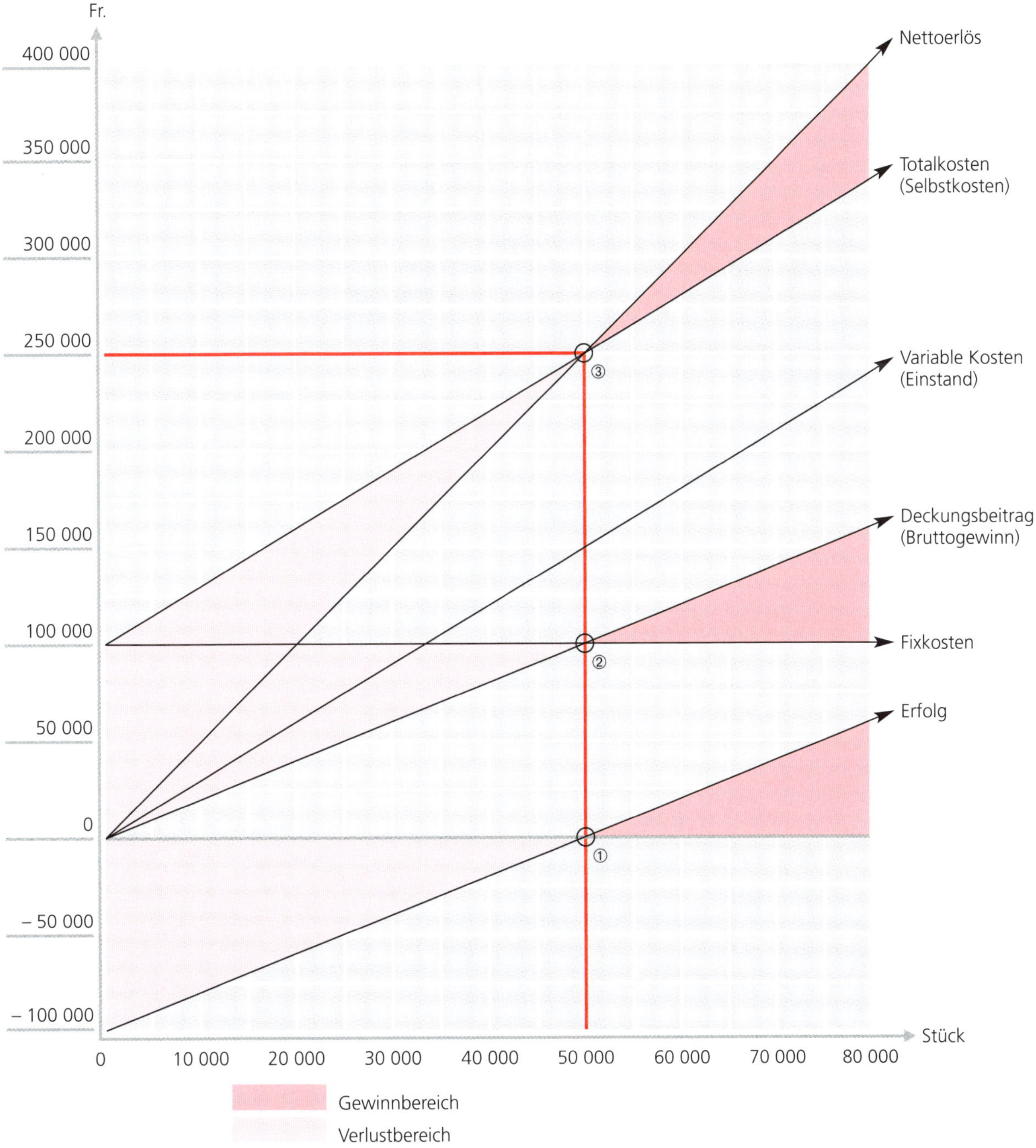

Die tabellarische und die grafische Lösung zeigen, dass bei Erreichen der Nutzschwelle folgende drei Bedingungen erfüllt sind:

① Erfolg = Fr. 0.–
② Deckungsbeitrag = Fixkosten
③ Nettoerlös = Totalkosten

Lösung 3 Rechnerische Lösung (kaufmännisch)

$$\text{Nutzschwelle} = \frac{\text{Fixkosten}}{\text{Deckungsbeitrag je Stück}} = \frac{\text{Fr. } 100\,000.–}{\text{Fr. } 2.–} = \textbf{50 000 Stück}$$

Lösung 4 Rechnerische Lösung (mathematisch)

Mit x wird die gesuchte Stückzahl bezeichnet.

Nettoerlös	– variable Kosten	– Fixkosten	= 0
⇔ 5x	– 3x	– 100 000	= 0
⇔ 2x			= 100 000
⇔ x			= **50 000 Stück**

Divisionskalkulation

Aufgabe der Kalkulation ist die Ermittlung der Kosten je Produkt oder Dienstleistung. Die Kalkulation ist damit

▷ eine Grundlage für die Festlegung der Verkaufspreise

▷ notwendig zur Überwachung der Wirtschaftlichkeit der Leistungserstellung.

Wenn in einem Betrieb eine einzige, einheitliche Leistung erstellt wird, können die Kosten pro Leistungseinheit mittels einfacher Divisionskalkulation ermittelt werden, d.h., die Totalkosten werden durch das Total der produzierten Leistungseinheiten dividiert.

Die Kosten pro Leistungseinheit ergeben sich durch Division der Totalkosten durch das Total der produzierten Leistungseinheiten.

In der Praxis sind reine Einproduktebetriebe eher selten. Bekannte Beispiele sind das Kraftwerk, welches Strom in kWh produziert, oder das Gaswerk, welches Gas in m^3 herstellt, oder der einfache Glace-Stand, der eine einheitliche Glace anbietet.

Beispiel

Von einer Wirtschaftsschule liegen die folgenden Zahlen aus der Erfolgsrechnung der Finanzbuchhaltung (in Fr. 1000.–) vor:

Aufwandarten	Betrag
Lehrerbesoldung	2 100
Löhne Schulleitung und Verwaltung	107
Lehrmittel	90
Miete	658
Werbung	10
Abschreibungen	75
Zinsen	5
Übriger Betriebsaufwand	23
Total (Selbstkosten)	3 068

Bevor die Selbstkosten pro erstellte Leistung ermittelt werden können, sind die Zahlen der Finanzbuchhaltung durch die notwendigen sachlichen Abgrenzungen in der **Kostenartenrechnung** aufzubereiten:

▷ Der Lohnaufwand für Schulleitung und Verwaltung ist um 12 zu korrigieren, da der Schulleiter einen Teil seiner Arbeitszeit für die Mitarbeit in einem regionalen Wirtschaftsförderungsverband verwendet.

▷ In der Finanzbuchhaltung werden die PCs in 3 Jahren abgeschrieben. Die Erfahrung hat aber gezeigt, dass die Geräte 5 Jahre genutzt werden. Die Abschreibungen sind um 15 zu korrigieren.

▷ Unter Einbezug der Eigenkapitalverzinsung ergeben sich gesamte Zinskosten in der Höhe von 24.

Unter Berücksichtigung dieser Abgrenzungen ergibt sich die nachstehende Kostenartenrechnung (in Fr. 1000.–):

	Kostenartenrechnung		
	Aufwand (Fibu)	Sachliche Abgrenzung	Kosten (Bebu)
Lehrerbesoldung	2 100		2 100
Schulleitung und Verwaltung	107	– 12	95
Lehrmittel	90		90
Miete	658		658
Werbung	10		10
Abschreibungen	75	– 15	60
Zinsen	5	19	24
Übriger Betriebsaufwand	23		23
Total (Selbstkosten)	3 068	– 8	3 060

Lösung 1 Einfache Divisionskalkulation

Nehmen wir an, dass in dieser Schule nur gerade *ein* Ausbildungstypus angeboten wird, also eine einheitliche Leistung hergestellt wird. Dann ist die Ermittlung der Selbstkosten pro Leistungs- oder Produktionseinheit durch einfache Division möglich.

$$\text{Selbstkosten pro Einheit} = \frac{\text{Gesamtkosten}}{\text{Total produzierte Einheiten}}$$

In der betrachteten Wirtschaftsschule werden insgesamt 30 Klassen unterrichtet bzw. 18000 Klassenlektionen erteilt. Die Selbstkosten ergeben sich wie folgt:

$$\textbf{Selbstkosten pro erteilte Lektion} = \frac{3060000}{18000\text{ Lektionen}} = \textbf{Fr. 170.–}$$

$$\textbf{Selbstkosten pro Klassenzug} = \frac{3060000}{30\text{ Klassen}} = \textbf{Fr. 102000.–}$$

Lösung 2 Divisionskalkulation mit Äquivalenzziffern

Nehmen wir an, dass in der Wirtschaftsschule drei verschiedene Ausbildungstypen angeboten werden, die sich in den Wochenpensen stark unterscheiden. In solchen Fällen kann die einfache Divisionskalkulation nicht mehr genügen. Hier behilft man sich mit der Divisionskalkulation mittels Äquivalenzziffern, welche in Betrieben anwendbar ist, die zwar verschiedene Dienstleistungen bzw. Produkte anbieten, die einander aber sehr ähnlich sind. Durch einen Gewichtungsfaktor, die so genannte **Äquivalenzziffer**①, welcher die unterschiedliche Kostenverursachung zum Ausdruck bringt, werden die hergestellten Leistungen vergleichbar gemacht.

Für die drei Ausbildungstypen lassen sich aufgrund der unterschiedlichen Wochenpensen folgende Äquivalenzziffern ableiten:

Ausbildungstypus	Wöchentliche Stundenanzahl	Äquivalenzziffer
Büroausbildung	10	1
Handelsdiplom	15	1,5
Berufsmatura	20	2

Um die Kosten pro Klassenzug und Ausbildungstypus festzustellen, wird wie folgt vorgegangen:

1. Schritt Die Anzahl Recheneinheiten werden durch Multiplikation der Klassenzüge mit den dazugehörigen Äquivalenzziffern ermittelt.

2. Schritt Die Kosten pro Recheneinheit werden durch Division der Gesamtkosten durch das Total Recheneinheiten festgestellt.

3. Schritt Die Kosten pro Klassenzug ergeben sich durch Multiplikation der Äquivalenzziffer mit den Kosten pro Recheneinheit.

			1. Schritt	2. Schritt	3. Schritt
Ausbildungstypus	Anzahl Klassenzüge	Äquivalenzziffer	Anzahl Recheneinheiten	Kosten pro Recheneinheit	Kosten pro Klassenzug
Büroausbildung	6	1	6		68 000
Handelsdiplom	18	1,5	27		102 000
Berufsmatura	6	2	12		136 000
			45	$\frac{3060000}{45} = 68000$	

Die Kostenzuteilung auf die erstellten Leistungen mittels Divisionskalkulation besticht durch ihre Einfachheit, hat jedoch die Schwäche, dass sie nur bei ähnlichen Produkten oder Leistungen zur Anwendung kommen kann. Ist diese Voraussetzung nicht gegeben, muss die Kostenzurechnung mittels Betriebsabrechnungsbogen durch Zuschlagskalkulation (siehe Kapitel 34) erfolgen.

① Äquivalent kommt aus dem Lateinischen und bedeutet gleichwertig. Durch genaue Analysen wird die Äquivalenzziffer (Gewichtungsfaktor) für die verschiedenen Leistungsarten bestimmt. Häufig geschieht dies aufgrund der unterschiedlichen Durchlauf- bzw. Fertigungszeiten, verschiedener Grössen, Gewichte oder Materialverbräuche. Wichtig ist ein offensichtlicher Zusammenhang zwischen Kostenverursachung und der die Äquivalenzziffer bestimmenden Bezugsgrösse. Ebenso muss eine entsprechende Proportionalisierung der Fixkosten vertretbar sein.

Zuschlagskalkulation

Werden in einem Betrieb verschiedenartige Leistungen erbracht, vermag die Divisionskalkulation für die Kostenzurechnung auf die produzierten Leistungen nicht mehr zu genügen. Aus diesem Grund wurde ein differenzierteres Kostenrechnungsverfahren entwickelt: die so genannte Zuschlagskalkulation.

Bei der Zuschlagskalkulation werden die Kosten in Einzel- und Gemeinkosten aufgeteilt. Nur die Einzelkosten können direkt den erstellten Leistungen (den so genannten Kostenträgern) zugerechnet werden, die Gemeinkosten müssen mithilfe von **Zuschlagssätzen** hinzugerechnet werden.

In der Praxis haben sich für diese Art der Kostenzurechnung verschiedene Darstellungsformen herausgebildet. Die bekanntesten sind:

▷ Betriebsabrechnungsbogen

▷ Kontenmässige Führung

▷ Formulare

Wir wollen uns wegen der grossen Anschaulichkeit auf den Betriebsabrechnungsbogen beschränken, wohl wissend, dass er wegen der beschränkten Anzahl Spalten in dieser Form in der Praxis nur für kleinere Unternehmungen geeignet ist.[1]

Der auf der nächsten Doppelseite abgebildete Betriebsabrechnungsbogen (BAB) umfasst die Kostenarten-, Kostenstellen- sowie die Kostenträgerrechnung eines Industriebetriebes. Hergestellt werden die beiden Produkte «Standard» und «Luxus».

Der Betriebsabrechnungsbogen (Gesamtkalkulation)

1. Die Kostenartenrechnung

Die Kostenartenrechnung dient zur Erfassung aller Kosten. Sie ist Ausgangspunkt für die Betriebsabrechnung. Die Kosten gemäss Betriebsbuchhaltung unterscheiden sich vom Aufwand gemäss Finanzbuchhaltung durch die vorgenommenen sachlichen Abgrenzungen (siehe Kapitel 31).

Die Kosten sind möglichst **verursachungsgemäss** den Kostenträgern, d. h. den hergestellten Produkten oder Leistungen zuzurechnen. Für die Kostenzurechnung ist die Unterscheidung in Einzelkosten (direkte Kosten) und Gemeinkosten (indirekte Kosten) notwendig:

Kostenarten

Einzelkosten (direkte Kosten)

Die Einzelkosten (hier Einzelmaterial und Einzellöhne) werden für jedes einzelne Produkt bzw. jede einzelne Dienstleistung erfasst und können in der Betriebsabrechnung direkt den Kostenträgern belastet werden.

Gemeinkosten (indirekte Kosten)

Bei den Gemeinkosten ist in der Regel nur bekannt, durch welche Stelle sie verursacht wurden. Deshalb werden sie im BAB in die Kostenstellenrechnung übertragen. Eine direkte Zurechnung auf die Kostenträger ist wegen ihres allgemeinen Charakters nicht möglich (z. B. Energie, Zinsen, Abschreibungen).

[1] Für die anderen Darstellungsformen verweisen wir auf die weiterführende Literatur von Winiger, Andreas und Prochinig, Urs: Kostenrechnung, Verlag SKV, Zürich.

2. Die Kostenstellenrechnung

Die Kostenstellenrechnung gibt darüber Auskunft, wo die Gemeinkosten (GK) angefallen sind. Kostenstellen sind entweder räumlich-organisatorische Stellen (d. h. Abteilungen wie z. B. Materialeinkauf, Materiallager, Fertigungshallen, Werkstätten, Verkauf, Verwaltung), für die ein Kostenstellenchef die Verantwortung trägt, oder rein abrechnungstechnische Kostenbezirke (wie z. B. Gebäude, Heizung).①

Hauptaufgaben der Kostenstellenrechnung sind:

▷ Die Kostenentwicklung in den einzelnen Abteilungen wird überwacht. Es können gezielt Massnahmen zur Verbesserung der **Wirtschaftlichkeit** getroffen und die verantwortlichen Kostenstellenleiter zur Rechenschaft gezogen werden.

▷ Für die Hauptkostenstellen② wird ein **Kostensatz** für die Umlage der Gemeinkosten auf die Kostenträger ermittelt.③ Diese Kostensätze werden auch in der Einzelkalkulation benötigt.

Im BAB-Beispiel auf der nächsten Seite ergeben sich folgende Zuschlagssätze (Kostensätze):

Kostensatz Material-GK	$\frac{\text{Material-GK}}{\text{Einzelmaterialkosten}}$	$\frac{63}{90}$	**70%**

Kostensatz Fertigungs-GK 1	$\frac{\text{Fertigungs-GK 1}}{\text{Einzellohnkosten}}$	$\frac{75}{50}$	**150%**

Die Umlage der Fertigungsgemeinkosten aus der Fertigung 2 erfolgt aufgrund der geleisteten Maschinenstunden für die Produkte Standard und Luxus. Insgesamt wurden die Maschinen für die Standardprodukte 3 000 Std. und für die Luxusprodukte 2 000 Std. beansprucht:

Kostensatz Fertigungs-GK 2	$\frac{\text{Fertigungs-GK 2}}{\text{Total Maschinenstunden}}$	$\frac{100\,000}{5\,000}$	**20.–/Std.**

Die Umlage der Verwaltungs- und Vertriebs-Gemeinkosten erfolgt in der Praxis meist proportional zu den Herstellkosten der verkauften Produkte, obwohl man damit dem Verursachungsprinzip oft nicht gerecht wird.

Kostensatz Verwaltungs- und Vertriebs-GK	$\frac{\text{Verwaltungs- und Vertriebs-GK}}{\text{Herstellkosten der verkauften Produkte}}$	$\frac{80}{400}$	**20%**

① In unseren Schulbeispielen kommen jeweils nur wenige Kostenstellen vor. In der Praxis gibt es je nach Betriebsgrösse Dutzende bis Hunderte.

② Es werden Vor- und Hauptkostenstellen unterschieden. Stehen auf einer Kostenstelle die gesammelten Gemeinkosten nicht in direktem Bezug zu den hergestellten Produkten, spricht man von einer **Vorkostenstelle.** Die Kosten von Vorkostenstellen werden nicht auf die Produkte (Kostenträger), sondern auf die sie beanspruchenden Kostenstellen umgelegt (hier im Verhältnis der zeitlichen Beanspruchung). Kostenstellen, auf denen Gemeinkosten gesammelt werden, die in direkter Beziehung zu den hergestellten Produkten stehen, sind **Hauptkostenstellen.** Ihre Kosten werden auf die Produkte umgelegt.

③ Die Umlagen haben nach dem **Verursachungsprinzip** zu erfolgen, d. h., die Kosten sind jenen Produkten anzulasten, die sie verursacht haben.

Betriebsabrechnungsbogen (BAB) eines Industriebetriebes (in Fr. 1000.–)

Einzelmaterial①	Einzelkosten (direkte Kosten)
Einzellöhne②	
Übriges Material①	Gemeinkosten (indirekte Kosten)
Übriger Lohn②	
Miete	
Zinsen	
Abschreibungen	
Sonstiges	
Total	
Umlage Vorkostenstelle Spedition③	
Total nach Umlage Vorkostenstelle	
Umlage Material-Gemeinkosten④	
Umlage Fertigungs-Gemeinkosten 1⑤	
Umlage Fertigungs-Gemeinkosten 2⑤	
Herstellkosten Produktion	
Bestandesänderungen unfertige und fertige Erzeugnisse⑥	
Herstellkosten verkaufte Erzeugnisse	
Umlage Verwaltungs- und Vertriebs-GK⑦	
Selbstkosten	
Verkaufserlös	
Erfolg⑧ (+ = Verlust / – = Gewinn)	

① Unter **Einzelmaterial** versteht man das Material, das den einzelnen Produkten direkt zugerechnet wird, zum Beispiel das Holz und die Beschläge in einer Schreinerei. Zum **Gemeinkostenmaterial** (hier mit übriges Material bezeichnet) gehört jenes Material, dessen Verbrauch nicht für jedes einzelne Produkt erfasst wird, zum Beispiel Leimverbrauch, Nägel (= Hilfsmaterial) oder die Schmiermittel (= Betriebsstoff) in einer Schreinerei. Auch das Büromaterial ist normalerweise Gemeinkostenmaterial.

② Zu den Arbeitskosten zählen die Löhne und Gehälter sowie die Sozialleistungen. Je nachdem, ob der Lohn dem Produkt direkt zugerechnet werden kann, unterscheidet man zwischen **Einzellöhnen** und **Gemeinkostenlöhnen** (hier mit übriger Lohn bezeichnet). In Industriebetrieben werden die Fertigungslöhne der Arbeiter oft als Einzellöhne erfasst; die Gehälter der Büroangestellten sowie der Kostenstellenleiter hingegen zählen meistens zu den Gemeinkostenlöhnen.

③ Die Kostenstelle Spedition ist eine so genannte **Vorkostenstelle.** Die an dieser vorgelagerten Kostenstelle gesammelten Gemeinkosten stehen nicht in einem direkten Bezug zu den hergestellten Produkten und werden deshalb verursachungsgerecht auf jene **Hauptkostenstellen** umgelegt, d. h. weiter verrechnet, welche die Spedition beansprucht haben.

Vorkostenstellen werden manchmal Hilfskostenstellen genannt, wenn sie den Charakter eines Hilfsbetriebs aufweisen, z. B. eine betriebsinterne Schreinerei, Malerei oder Reparaturwerkstatt.

④ Das Total aller der Materialkostenstelle angerechneten Gemeinkosten heisst **Material-Gemeinkosten.** In Schulbeispielen werden alle Kostenstellen, die etwas mit Materialeinkauf und der Lagerung zu tun haben, in einer Kostenstelle zusammengefasst; in der Praxis gibt es für diese Tätigkeiten mehrere Kostenstellen, z. B. Einkauf, Wareneingang und Lager. In unserem BAB werden diese Gemeinkosten prozentual zum Einzelmaterial umgelegt.

⑤ Das Total aller einer Fertigungskostenstelle belasteten Gemeinkosten heisst **Fertigungs-Gemeinkosten.** In Schulbeispielen gibt es meistens nur eine oder zwei Fertigungsstellen. Kompliziertere Produktionsprozesse erfordern in der Praxis aber oft Dutzende von Fertigungsstellen. In unserem BAB werden diese Gemeinkosten proportional zu den Einzellöhnen (Fertigungs-GK 1) bzw. anhand der Maschinenstunden (Fertigungs-GK 2) umgelegt.

⑥ Sind in einem Betrieb die **Bestände an unfertigen und fertigen Erzeugnissen (Fabrikaten, Produkten)** am Anfang und am Ende der Berichtsperiode gleich gross, entsprechen die Herstellkosten der Produktion den Herstellkosten der verkauften Erzeugnisse. Verändern sich jedoch diese Bestände, sind die Herstellkosten um die entsprechenden Lagerveränderungen zu korrigieren, da die Verwaltungs- und Vertriebs-Gemeinkosten nur den abgesetzten Erzeugnissen belastet werden. Die Bewertung der Bestandeszu- oder -abnahmen erfolgt in der BEBU zu den Herstellkosten. Hier handelt es sich per Saldo um eine Bestandesabnahme. Die sachliche Abgrenzung stellt eine Auflösung stiller Reserven in der FIBU dar.

⑦ Alle im Zusammenhang mit der Verwaltung (z. B. Direktion, Personalwesen, Buchhaltung) und dem Verkauf der Produkte beschäftigten Kostenstellen werden in Schulbeispielen meist in einer Kostenstelle zusammengefasst. Das Total der an dieser Kostenstelle gesammelten Gemeinkosten wird mit **Verwaltungs- und Vertriebs-Gemeinkosten** bezeichnet. In unserem BAB werden diese Gemeinkosten prozentual zu den Herstellkosten der verkauften Produkte umgelegt.

⑧ Im BAB werden die Kosten mit positivem und die Erlöse mit negativem Vorzeichen dargestellt. Nachteil dieser Lösung ist, dass ein Gewinn negativ und ein Verlust positiv dargestellt werden. Diese «umgekehrten» Vorzeichen ergeben sich aus der kontenmässigen Führung der Betriebsbuchhaltung, in welcher die Kosten im Soll und die Leistungen im Haben verbucht werden.

Kostenartenrechnung			Kostenstellenrechnung					Kostenträgerrechnung	
Aufwand/ Ertrag	Abgren- zungen	Kosten/ Leistung	Spedition	Materiallager	Fertigung 1	Fertigung 2	Verwaltung und Vertrieb	Standard	Luxus
90		90						60	30
50		50						30	20
49		49	4	5	15	15	10		
105	10	115	30	12	20	32	21		
36		36	5	8	9	7	7		
16	9	25	2	7	3	9	4		
38	– 7	31	3	4	7	12	5		
62		62	10	9	21	15	7		
446	12	458	54	45	75	90	54	90	50
			54	18	0	10	26		
446	12	458	0	63	75	100	80	90	50
				70% EM – 63				42	21
					150% EL – 75			45	30
						20.–/Std. – 100		60	40
								237	141
15	7	22						33	– 11
								270	130
							20% HK – 80	54	26
								324	156
– 500		– 500						– 300	– 200
Gewinn – 39	19	Gewinn – 20	0	0	0	0	0	Verlust 24	Gewinn – 44

3. Die Kostenträgerrechnung

Unter einem Kostenträger versteht man das erstellte Produkt bzw. die erbrachte Dienstleistung (in unserem Beispiel Standard und Luxus) oder einen Kunden. Er hat die mit der Erstellung und dem Vertrieb verbundenen Kosten zu tragen. Als Hauptaufgaben der Kostenträgerrechnung gelten:

▷ die Bestimmung der Selbstkosten für jeden Kostenträger

▷ der Gewinnnachweis für jeden Kostenträger.

Die Verrechnung der Kosten auf die Kostenträger und die Ermittlung des Erfolges erfolgt in der Regel nach folgendem **Schema:**

Einzelmaterial	Einzellöhne
+ Material-Gemeinkosten	+ Fertigungs-Gemeinkosten
= **Materialkosten**	= **Fertigungskosten**

= **Herstellkosten der Produktion**
./. Bestandeszunahmen unfertige Erzeugnisse①
\+ Bestandesabnahmen unfertige Erzeugnisse
= **Herstellkosten fertige Erzeugnisse**
./. Bestandeszunahmen fertige Erzeugnisse②
\+ Bestandesabnahmen fertige Erzeugnisse
= **Herstellkosten verkaufte Erzeugnisse**
\+ Verwaltungs- und Vertriebsgemeinkosten
= **Selbstkosten**
\+ Gewinn
= **Nettoerlös**

Erfolgsrechnungen

Die Ergebnisse aus dem BAB werden in der Erfolgsrechnung übersichtlich nach Kostenträgern geordnet dargestellt:

Erfolgsrechnungen der BEBU

Produktions-Erfolgsrechnung (Gesamtkostenverfahren)	**Absatz-Erfolgsrechnung (Umsatzkostenverfahren)**
Den Gesamterträgen der Periode werden die Gesamtkosten der Periode gegenübergestellt. Bei diesem Verfahren werden nebst den Verkaufserlösen auch die Bestandesänderungen von unfertigen und fertigen Erzeugnissen ausgewiesen. Das Gesamtkostenverfahren ist in der Schweiz das meist angewandte Verfahren.	Dem Verkaufserlös (Absatz, Umsatz) werden die Kosten für die verkauften Erzeugnisse gegenübergestellt. Bei diesem Verfahren werden die Bestandesänderungen an unfertigen und fertigen Erzeugnissen nicht in der Erfolgsrechnung ausgewiesen. Das Umsatzkostenverfahren wurde in den englischsprachigen Ländern entwickelt und findet sich heute weltweit in vielen Geschäftsberichten.

① Unfertige Erzeugnisse werden auch als Fabrikate in Arbeit oder als angefangene Fabrikate bezeichnet.

② Fertige Erzeugnisse werden auch Fertigfabrikate genannt.

Die folgenden Erfolgsrechnungen basieren auf dem BAB des Industriebetriebs auf den Seiten 102 und 103.

In der Regel werden die Vorzeichen in der Erfolgsrechnung nicht nach buchhaltungstechnischen Gesichtspunkten gewählt, wie dies im BAB der Fall ist, sondern dem natürlichen Verständnis des Informationsempfängers angepasst: Ertrag und Gewinn haben ein positives Vorzeichen, Kosten und Verlust ein negatives.

Produktions-Erfolgsrechnung①

	Standard	Luxus	Total
Verkaufserlös	300	200	500
./. Bestandesänderungen unfertige und fertige Erzeugnisse	– 33	11	– 22
= Produktionsertrag (Gesamtertrag)	**267**	**211**	**478**
./. Herstellkosten der Produktion	– 237	– 141	– 378
./. Verwaltungs- und Vertriebs-Gemeinkosten	– 54	– 26	– 80
= Betriebserfolg gemäss BEBU	**– 24**	**44**	**20**
+ Sachliche Abgrenzungen			19
= Betriebsgewinn gemäss FIBU			**39**

Absatz-Erfolgsrechnung in Fr. 1000

	Standard	Luxus	Total
Verkaufserlös	300	200	500
./. Herstellkosten der verkauften Erzeugnisse	– 270	– 130	– 400
./. Verwaltungs- und Vertriebs-Gemeinkosten	– 54	– 26	– 80
= Betriebserfolg gemäss BEBU	**– 24**	**44**	**20**
+ Sachliche Abgrenzungen			19
= Betriebsgewinn gemäss FIBU			**39**

① Die hier dargestellte Produktions-Erfolgsrechnung ist die in der Praxis gebräuchliche Form. Es ist technisch möglich, die Produktions-Erfolgsrechnungen nach Kostenstellen oder nach Kostenarten zu gliedern, wobei Letztere gegenüber der FIBU keinen Zusatznutzen bringt, weil die Ergebnisse nicht je Kostenträger ausgewiesen werden können:

Produktions-Erfolgsrechnung

	Standard	Luxus	Total
Verkaufserlös	300	200	500
./. Bestandesänderungen	– 33	11	– 22
= Produktionsertrag (Gesamtertrag)	**267**	**211**	**478**
./. Einzelmaterial	– 60	– 30	– 90
./. Einzellöhne	– 30	– 20	– 50
./. Material-Gemeinkosten	– 42	– 21	– 63
./. Fertigungs-Gemeinkosten 1	– 45	– 30	– 75
./. Fertigungs-Gemeinkosten 2	– 60	– 40	– 100
./. Verwaltungs- und Vertriebs-Gemeinkosten	– 54	– 26	– 80
= Betriebserfolg gemäss BEBU	**– 24**	**44**	**20**
+ Sachliche Abgrenzungen			19
= Betriebsgewinn gemäss FIBU			**39**

Produktions-Erfolgsrechnung

	Total
Verkaufserlös	500
./. Bestandesänderungen	– 22
= Produktionsertrag (Gesamtertrag)	**478**
./. Einzelmaterial	– 90
./. Einzellöhne	– 50
./. Übriges Material	– 49
./. Übriger Lohn	– 115
./. Miete	– 36
./. Zinsen	– 25
./. Abschreibungen	– 31
./. Sonstiges	– 62
= Betriebserfolg gemäss BEBU	**20**
+ Sachliche Abgrenzungen	19
= Betriebsgewinn gemäss FIBU	**39**

Einzelkalkulation

Anhand der aus dem Betriebsabrechnungsbogen ermittelten Gemeinkostensätze ist es nun möglich, die Selbstkosten für ein einzelnes Produkt oder einen einzelnen Auftrag zu ermitteln. Der Zusammenhang zwischen Gesamtkalkulation (BAB) und der Einzel- oder Stückkalkulation lässt sich wie folgt darstellen.

Kalkulation

Gesamtkalkulation

In der Gesamtkalkulation werden die gesamten Kosten für **alle** in einer bestimmten Rechnungsperiode erzeugten Produkte und Dienstleistungen erfasst (vgl. BAB).

In der Gesamtkalkulation werden **die Zuschlagssätze ermittelt.**

Einzelkalkulation

In der Einzelkalkulation werden die Kosten für **ein** bestimmtes Produkt bzw. für **eine** bestimmte Leistungseinheit erfasst.

In der Einzelkalkulation werden **die Zuschlagssätze angewandt.**

Beispiel 1

Wie hoch kommen die Selbstkosten für ein neues Produkt «Modern» zu stehen, wenn mit folgenden Grössen kalkuliert wird und die Gemeinkostenzuschläge gemäss BAB zur Anwendung kommen?

Einzelmaterial	Fr. 100.–
Einzellohnkosten in der Fertigung 1	Fr. 60.–
Maschinenstunden in der Fertigung 2	6 Stunden

Einzelmaterial	100		100%
Material-Gemeinkosten	70		70%
Materialkosten		**170**	170%
Einzellöhne	60		100%
Fertigungs-Gemeinkosten 1	90		150%
Fertigungs-Gemeinkosten 2 (6 Maschinenstunden zu Fr. 20.–)	120		
Fertigungskosten		**270**	
Herstellkosten		**440**	100%
Verwaltungs- und Vertriebs-Gemeinkosten		88	20%
Selbstkosten		**528**	120%

Deckungsbeitragsrechnung

Bei der in Kapitel 34 behandelten Zuschlagskalkulation handelt es sich um eine **Vollkostenrechnung,** weil alle entstandenen Kosten (die vollen Kosten) möglichst verursachungsgerecht entweder direkt oder indirekt durch Schlüsselung den Kostenträgern zugerechnet werden. Dies führt in der Kostenträgerrechnung zum Ausweis der Selbstkosten und des Erfolgs je Kostenträger.

Vollkostenrechnungen sind in der betrieblichen Praxis verbreitet und liefern unentbehrliche Informationen zur Kostenkontrolle und Kalkulation; sie weisen aber zwei wesentliche Nachteile auf:

- ▷ Bei der Zurechnung der Kosten auf die Kostenträger wird teilweise mit fragwürdigen Bezugsgrössen und Schlüsseln gerechnet, die dem Verursachungsprinzip nicht entsprechen (z. B. die Verrechnung der Verwaltungs- und Vertriebsgemeinkosten in Prozenten der Herstellkosten).
- ▷ Das Rechnungswesen soll Führungsinstrument sein und damit das Management bei der Entscheidungsfindung unterstützen. Die Vollkostenrechnung führt manchmal zu Fehlüberlegungen, weil durch unternehmerische Entscheide oft nicht alle Kosten beeinflusst werden, sondern nur die variablen.

Diese Mängel versucht die Deckungsbeitragsrechnung zu beheben, indem sie die Kosten des Betriebs in variable und fixe Kosten aufspaltet (so genannte Kostenauflösung, vgl. Kapitel 32). Den Kostenträgern wird nur ein Teil der Kosten (nur die variablen Kosten) zugerechnet, weshalb diese Form der Kostenrechnung auch **Teilkostenrechnung** genannt wird. Dies führt in der Kostenträgerrechnung zum Ausweis des Deckungsbeitrags. Werden anschliessend die Fixkosten abgezählt, ergibt sich das Betriebsergebnis:

Beispiel 1

Grundschema der Deckungsbeitragsrechnung

	Kostenträgerrechnung			
	Artikel A	Artikel B	Total	
Erlös	300	400	700	Entscheidungs-rechnung
./. Variable Kosten	– 200	– 250	– 450	
= Deckungsbeitrag	100	150	250	
./. Fixkosten			– 220	Ergebnisrechnung
= Betriebsgewinn			30	

Das Vorgehen in der Deckungsbeitragskalkulation ist gegenüber der Zuschlagskalkulation gerade umgekehrt: Während bei der Zuschlagskalkulation die Gemeinkosten durch Schlüsselung zu den Einzelkosten hinzugezählt werden, zieht die Deckungsbeitragsrechnung die variablen Kosten (das sind vor allem die Einzelkosten) vom Verkaufserlös ab und verzichtet weitgehend auf Schlüsselungen.

> In der Deckungsbeitragsrechnung werden den Kostenträgern nur die variablen Kosten zugerechnet.

Beispiel 2 — Betriebsabrechnung als Deckungsbeitragsrechnung

Diese Betriebsabrechnung basiert auf denselben Zahlen wie das Theoriebeispiel in Kapitel 34. Die Deckungsbeitragsrechnung zeichnet sich gegenüber der Vollkostenrechnung vor allem durch folgende Unterscheidungsmerkmale aus:

▷ **Die Deckungsbeitragsrechnung rechnet den Kostenträgern grundsätzlich nur die variablen Kosten zu.**

▷ Die Differenzen zwischen den Erlösen und den variablen Kosten ergeben die Deckungsbeiträge für alle Kostenträger einzeln. Diese Deckungsbeiträge dienen der Entscheidungsfindung bei vielen wirtschaftlichen Problemstellungen (so genannte Entscheidungsrechnung, vgl. Beispiel 4).

▷ Durch Abzug der Fixkosten vom Deckungsbeitrag ergibt sich der Erfolg für den gesamten Betrieb (so genannte Ergebnisrechnung).

▷ Die Bestandesveränderungen an angefangenen und fertigen Fabrikaten erfolgen nur zu den variablen und nicht zu den vollen Herstellkosten. Dies führt zu einem gegenüber der Vollkostenrechnung abweichenden Betriebsergebnis. (Bei Lagerabnahmen ist das Ergebnis gemäss Teilkostenrechnung besser als gemäss Vollkostenrechnung, und umgekehrt.)⑧

BAB eines Industriebetriebes (in Fr. 1000.–)

Einzelmaterial
Einzellöhne
Übriges Material
Übrige Löhne
Mietzinsen
Zinsen
Abschreibungen
Sonstiges
Total Kosten
Umlage variable Material-GK
Umlage variable Fertigungs-GK 1
Umlage variable Fertigungs-GK 2
Variable Herstellkosten der Produktion
Bestandesänderungen unfertige und fertige Erzeugnisse
Variable Herstellkosten verkaufte Erzeugnisse
Verkaufserlöse
Deckungsbeiträge⑦
Fixe Speditions-GK
Fixe Material-GK
Fixe Fertigungs-GK 1
Fixe Fertigungs-GK 2
Fixe Verwaltungs- und Vertriebs-GK
Gewinn⑦

① Die Kostenauflösung kann mit dem **Variator** dargestellt werden. Der Variator zeigt den Anteil der variablen Kosten an den Gesamtkosten in einer Zehnerskala. Der Variator für die Kostenstelle Spedition beträgt in diesem Beispiel 0. Das heisst, es sind alle Kosten fix.

② Der Variator für die Kostenstelle Material beträgt 2. Das heisst, 20% der Kosten sind variabel.

③ Der Variator für die Kostenstelle Fertigung 1 beträgt 8. Das heisst, 80% der Kosten sind variabel.

④ Der Variator für die Kostenstelle Fertigung 2 beträgt 5. Das heisst, 50% der Kosten sind variabel.

⑤ Der Variator für die Kostenstelle Verwaltung und Vertrieb beträgt 0. Das heisst, alle Kosten sind fix.

⑥ Die Bestandesabnahmen (Standard) und Bestandeszunahmen (Luxus) werden zu variablen Herstellkosten bewertet.

⑦ Im BAB werden die Kosten mit positivem Vorzeichen (= Sollbuchungen) dargestellt und die Erlöse mit negativem Vorzeichen (= Habenbuchungen), was systematisch richtig ist. Als Nachteil dieser Lösung muss die Darstellung des Deckungsbeitrags und des Erfolgs mit «verkehrtem» Vorzeichen angesehen werden: Ein positiver Deckungsbeitrag und ein positiver Erfolg (Gewinn) weisen ein negatives Vorzeichen auf (weil es sich um Habenüberschüsse handelt).

⑧ Durch Aufrechnung der fixen Herstellkosten von angefangenen und fertigen Fabrikaten kann von einer Teilkostenrechnung auf eine Vollkostenrechnung übergeleitet werden. Siehe Lehrbuch von Winiger/Prochinig: Kostenrechnung, Kapitel 6, Verlag SKV.

osten- rten- echnung	Kostenstellenrechnung					Kostenträgerrechnung		
	Spedition①	Material②	Fertigung 1③	Fertigung 2④	Verwaltung/ Vertrieb⑤	Standard	Luxus	Total
90						60	30	90
50						30	20	50
49	4	5	15	15	10			
115	30	12	20	32	21			
36	5	8	9	7	7			
25	2	7	3	9	4			
31	3	4	7	12	5			
62	10	9	21	15	7			
458	54	45	75	90	54	90	50	140
		– 9				6	3	9
			– 60			36	24	60
				– 45		27	18	45
						159	95	254
15						21	– 6	15
						180	89	269
– 500						– 300	– 200	– 500
						– 120	– 111	– 231
	– 54							54
		– 36						36
			– 15					15
				– 45				45
					– 54			54
ewinn – 27	0	0	0	0	0	–	–	Gewinn – 27

Beispiel 3

Mehrstufige Deckungsbeitragsrechnung

Die mehrstufige Deckungsbeitragsrechnung kann in vielen Fällen zu einer Erhöhung der Transparenz der Kostenstruktur und damit einer Verbesserung der Kalkulationsgrundlagen führen. Im Grundaufbau unterscheidet sie sich nicht gegenüber der einfachen Deckungsbeitragsrechnung von Beispiel 1. Hingegen werden in der mehrstufigen Deckungsbeitragsrechnung die **Fixkosten nicht in einem Block** dem Deckungsbeitrag gegenübergestellt, sondern entsprechend ihrer Abhängigkeit von den verschiedenen Kostenträgern (Artikel, Bereiche und Gesamtunternehmung) in mehreren Stufen verrechnet.

Grundschema der mehrstufigen Deckungsbeitragsrechnung①

	Kostenträgerrechnung						
	Unternehmungsbereich A			Unternehmungsbereich B			Total
	Artikel A1	Artikel A2	Total A	Artikel B1	Artikel B2	Total B	
Erlös	200	100	300	50	40	90	390
./. Variable Kosten	– 120	– 80	– 200	– 20	– 30	– 50	– 250
= Deckungsbeitrag 1	80	20	100	30	10	40	140
./. Artikelfixkosten	– 10	– 2	– 12	– 5	– 1	– 6	– 18
= Deckungsbeitrag 2	70	18	88	25	9	34	122
./. Bereichsfixkosten			– 40			– 20	– 60
= Deckungsbeitrag 3			48			14	62
./. Unternehmungs-fixkosten							– 42
= Erfolg (Gewinn)							20

Die Deckungsbeitragsrechnung liefert den Entscheidungsträgern (Führungskräften) in vielen Fällen zweckmässigere Informationen als die Vollkostenrechnung. Sie wird vor allem bei folgenden Problemstellungen angewandt:

- ▷ Bestimmung der Verkaufspreise
- ▷ Entscheid über Eigenfertigung oder Fremdbezug (make or buy)
- ▷ Fragen zur Sortimentsgestaltung
- ▷ Analyse der Wirtschaftlichkeit (z. B. Break-even-Überlegungen)

① Je nach Betrieb und Problemstellung ist eine unterschiedliche Anzahl Deckungsbeitragsstufen zweckmässig. Das hier abgebildete Schema ist ein Grundmuster. Da hier kein vollständiger BAB dargestellt wird, sondern nur die Kostenträgerrechnung, kann mit dem Erlös begonnen werden, was den Vorteil hat, dass die Vorzeichen besser dem natürlichen Empfinden entsprechen, indem die Kosten negativ sind und die Deckungsbeiträge sowie der Gewinn positiv.

■ **Beispiel 4**

Kalkulation eines Zusatzauftrages

Ein Schreiner stellt zwei verschiedene Stühle aus Arvenholz her: Das Standardmodell wird aus importierten, vorgefertigten Teilen massenweise fabriziert. Das Luxusmodell wird aus einheimischem Holz von Hand gefertigt und mit umfangreichen Schnitzereien versehen.

	Standard-modell	Luxusmodell
Verkaufspreis	Fr. 80.–	Fr. 230.–
./. Variable Kosten	– Fr. 20.–	– Fr. 50.–
= Deckungsbeitrag	Fr. 60.–	Fr. 180.–
Bearbeitungszeit durch Schreiner	15 Minuten	1 Stunde
Deckungsbeitrag je Stunde	Fr. 240.–	Fr. 180.–

Ein Restaurant will 100 Stühle kaufen. Welchen Stuhl soll der Schreiner aus wirtschaftlichen Überlegungen verkaufen, und welches ist die Verkaufspreisuntergrenze?

Lösung 1 Entscheid bei freier Kapazität

Wenn die Produktionskapazität der Schreinerei nicht ausgelastet ist (Unterbeschäftigung), wird der Schreiner den Verkauf des Luxusmodells favorisieren, weil hier der höhere **zusätzliche Deckungsbeitrag** erzielt wird:

Zusätzlicher Deckungsbeitrag beim Standardmodell	100 Stück x Fr. 60.– = 6000.–
Zusätzlicher Deckungsbeitrag beim Luxusmodell	**100 Stück x Fr. 180.– = 18000.–**

Die Verkaufspreisuntergrenze liegt für beide Modelle bei den variablen Kosten, weil jeder Verkaufspreis über den variablen Kosten einen zusätzlichen Deckungsbeitrag ergibt. Diese Überlegung gilt allerdings nur kurzfristig für diesen Zusatzauftrag. Langfristig müssen auch die fixen Kosten gedeckt werden, weshalb in der Praxis jeweils gleichzeitig eine Vollkosten- und eine Deckungsbeitragsrechnung geführt werden.

Preisuntergrenze = variable Kosten

Lösung 2 Entscheid bei ausgelasteter Kapazität

Wenn die Produktionskapazität der Schreinerei voll ausgelastet ist (Vollbeschäftigung), favorisiert der Schreiner den Verkauf des Standardmodells, weil hier der **zusätzliche Deckungsbeitrag je Engpasseinheit** (hier ist die Bearbeitungszeit durch die Schreiner der Engpass) grösser ist:

Zusätzlicher Deckungsbeitrag je Engpasseinheit beim Standardmodell	**Fr. 240.–/Stunde**
Zusätzlicher Deckungsbeitrag je Engpasseinheit beim Luxusmodell	Fr. 180.–/Stunde

Bei der Bestimmung des Verkaufspreises müssen bei ausgelasteter Kapazität auch die sogenannten **Opportunitätskosten** berücksichtigt werden.

Opportunität bedeutet allgemein günstige Gelegenheit oder Vorteil. Im Wirtschaftsleben stellen Opportunitätskosten den Nutzenentgang einer Entscheidungsalternative dar. Das sind in diesem Beispiel die entgangenen bzw. verdrängten Deckungsbeiträge des Alternativartikels.

Die Opportunitätskosten lassen sind nach zwei Varianten ermitteln, je nachdem ob die Verkaufspreise oder die variablen Kosten als Basis herangezogen werden:

Variante 1

Die Preisuntergrenze entspricht dem Verkaufspreis bei freier Kapazität plus den im Vergleich zum besten Produkt entgangenen Deckungsbeiträgen (Opportunitätskosten):

Preisuntergrenze = Verkaufspreis bei freier Kapazität + Opportunitätskosten (entgangene Deckungsbeiträge)

Mit den Zahlen von Beispiel 4 ergibt sich diese Kalkulation:

	Standardmodell	Luxusmodell
Verkaufspreis bei freier Kapazität	Fr. 80.–	Fr. 230.–
+ Entgangene Deckungsbeiträge (Opportunitätskosten)	Fr. 0.–	Fr. 60.–
= Verkaufspreis bei ausgelasteter Kapazität	Fr. 80.–	Fr. 290.–

Beim Standardmodell müssen keine Opportunitätskosten verrechnet werden, weil das Standardmodell in der Engpasssituation den höchsten Deckungsbeitrag je Engpasseinheit erzeugt und somit keine alternativen Deckungsbeiträge verdrängt.

Beim Luxusmodell müssen Opportunitätskosten von Fr. 60.– kalkuliert werden: Wenn ein Luxusstuhl mit einer Produktionszeit von einer Stunde fabriziert (und verkauft) wird, kann ein zusätzlicher Deckungsbeitrag von Fr. 180.– erzielt werden. Allerdings können gleichzeitig vier Standardstühle mit einer Produktionszeit von je 15 Minuten weniger hergestellt werden, womit ein Deckungsbeitrag von Fr. 240.– (4 × 60) verloren geht. Durch die Produktion von Luxusstühlen gehen demnach insgesamt Fr. 60.– (240–180) an Deckungsbeiträgen verloren.

Variante 2

Die Preisuntergrenze entspricht den variablen Kosten plus den verdrängten Deckungsbeiträgen des Produkts mit den höchsten Deckungsbeiträgen je Engpasseinheit (Opportunitätskosten):

Preisuntergrenze = variable Kosten + Opportunitätskosten (verdrängte Deckungsbeiträge)

Mit den Zahlen von Beispiel 4 ergibt sich folgende Kalkulation:

	Standardmodell	Luxusmodell
Variable Kosten	Fr. 20.–	Fr. 50.–
+ Verdrängter Deckungsbeitrag (Opportunitätskosten)	Fr. 60.–	Fr. 240.–
= Verkaufspreis bei ausgelasteter Kapazität	Fr. 80.–	Fr. 290.–

Da beim Standardmodell die höchsten Deckungsbeiträge je Engpasseinheit erzielt werden, wird kein Deckungsbeitrag verdrängt, sodass nur der ordentliche Deckungsbeitrag kalkuliert werden muss.

Durch die Produktion eines Luxusstuhls mit einer Bearbeitungszeit von einer Stunde können vier Standardstühle weniger hergestellt werden. Mit anderen Worten verdrängt die Produktion eines Luxusmodells die Deckungsbeiträge von vier Standardmodellen, das sind Fr. 240.– (4 × 60).

Problemstellungen wie in Beispiel 4 – Ermittlung der Preisuntergrenze für einen Zusatzauftrag sowie Sortimentsgestaltung – kommen vor allem bei unvollkommenen Märkten vor, wo sich die betrachteten Produkte in den Augen der Käufer gegenüber Konkurrenzprodukten in irgendeiner Form unterscheiden und somit für den Unternehmer ein gewisser **preispolitischer Spielraum** besteht. Bei vollständiger Konkurrenz (z.B. auf den Rohwarenmärkten) besteht für die einzelnen Anbieter kein preispolitischer Spielraum, weil der Weltmarktpreis einfach übernommen werden muss. In diesem Fall dienen die im Beispiel 4 ermittelten Kosteninformationen dem Unternehmer zur Entscheidungsfindung, ob die Teilnahme an diesem Markt aus Kostensicht sinnvoll ist.

Zu berücksichtigen ist ferner, dass so ermittelte Preisuntergrenzen nur kurzfristig (hier für diesen Zusatzauftrag) gelten, und es sich **langfristig** kein Unternehmen leisten kann, die Summe seiner Produkte zu Preisen zu verkaufen, die insgesamt die vollen Kosten nicht decken. Die Frage stellt sich allerdings, ob diese Kostendeckung für jedes einzelne Produkt im Sortiment gelten soll und ob nicht in gewissen Fällen ein Produkt am Markt angeboten werden soll, das die vollen Kosten nicht deckt.

Beispiele:

- ▷ Ein Konkurrent soll verdrängt und eine bestimmte Marktstellung errungen werden.
- ▷ Ein bestimmtes Produkt ist für sich allein vielleicht nicht kostendeckend (z.B. der Verkauf eines Druckers), aber es ergänzt das Sortiment und ermöglicht den Verkauf eines anderen, gewinnbringenden Produktes (z.B. Druckpatronen).
- ▷ Wenn Lagerbestände liquidiert werden sollen, spielen die verursachten (vergangenen) Kosten für die Preisfindung überhaupt keine Rolle mehr. Entscheidungsrelevant sind vor allem die künftigen Lagerkosten.

Normalkostenrechnung

Die in Kapitel 34 dargestellte Vollkostenrechnung ist eine so genannte **Ist-Kostenrechnung.** Mit dem Wort *Ist* wird zum Ausdruck gebracht, dass die *tatsächlich* angefallenen Kosten auf die Kostenstellen und Kostenträger verrechnet werden.① Mithilfe der Ist-Kostenrechnung wird festgestellt, welche Kosten für welche Kostenträger entstanden sind. Sie ist somit eine Vergangenheitsrechnung und konzentriert sich auf zurückliegende Ereignisse.

Aufgrund der gestiegenen Informationsbedürfnisse des Managements entwickelte sich aus der Ist-Vollkostenrechnung die **Normalkostenrechnung.** In der Normalkostenrechnung werden den Kostenträgern im Unterschied zur Ist-Kostenrechnung nicht die erfassten Ist-Kosten angelastet, sondern die Normalkosten. Normalkosten sind Soll-Kosten, d.h. geplante, vorkalkulierte, normierte② Kosten.

Dies hat vor allem den Vorteil, dass die Kostenträgerrechnung unter dem Jahr laufend nachgeführt werden kann, was ein sofortiges Eingreifen bei Kostenüberschreitungen ermöglicht.

Normiert werden können grundsätzlich sowohl die Einzelkosten (z.B. Verrechnungspreise beim Material oder feste Lohnsätze) als auch die Gemeinkosten. Typisch für die Normalkostenrechnung ist die Verrechnung der Gemeinkosten ab Kostenstellenrechnung mithilfe von normierten Kostensätzen.③

In der Normalkostenrechnung erfolgen die Umlagen der Kostenstellen auf die Kostenträger zu Normalkosten.

Die zur Umlage der Kostenstellen angewandten Normalkostensätze werden am häufigsten auf zwei Arten ermittelt:

- ▷ Entweder bilden die Ist-Werte aus der vergangenen Periode die Grundlage, wobei diese Werte um erwartete Veränderungen in der Kostenstruktur zu korrigieren sind (z.B. Anpassung der Lohnsätze an die Teuerung), oder
- ▷ die Normalkostensätze werden aus dem Budget (Jahresplanung) abgeleitet, was zwar aufwändiger, aber auch aussagekräftiger ist:

$$\text{Normalkostensatz} = \frac{\text{geplante Kosten für eine Kostenstelle}}{\text{geplante Bezugsgrösse④}}$$

① Eigentlich gibt es gar keine reinen Ist-Kostenrechnungen, weil es keine tatsächlich angefallenen Kosten gibt. Im Rechnungswesen sind nur die Einnahmen und Ausgaben Wirklichkeit. Die Kosten stehen hingegen nicht fest; sie werden vom Buchhalter im Rahmen des zeitlichen und sachlichen Abgrenzungsprozesses oft mithilfe von Annahmen, Rechnungen, Schätzungen und Schlüsselungen ermittelt.

② Der Begriff Normalkostenrechnung rührt daher, dass durch die Ermittlung von Soll-Kosten einerseits Normen gesetzt werden (Norm = allgemein anerkannte, verbindliche Richtschnur) und anderseits bei der Ermittlung der Kostensätze häufig normale Betriebsvoraussetzungen zugrunde gelegt werden (normal = üblich, richtig, der Norm entsprechend).

③ Wir beschränken uns in diesem Lehrmittel auf die Darstellung der Umlagen von Stellenkosten mithilfe von Normalkostensätzen, weil diese Methode in der Praxis am wichtigsten ist.

④ Als Bezugsgrösse dient entweder eine Mengengrösse (z.B. die Anzahl Maschinenstunden zur Umlage der Fabrikations-Gemeinkosten) oder eine Wertgrösse (z.B. der Einzelmaterialverbrauch in Franken als Bezugsgrösse für die Verrechnung der Material-Gemeinkosten). Dementsprechend ist der Normalkostensatz ein Frankenbetrag oder ein Prozentsatz.

An den Kostenstellen entstehen in der Normalkostenrechnung **Deckungsdifferenzen,** weil die Kostenstellen mit Ist-Kosten belastet werden und die Umlagen zu Normalkosten (Soll-Kosten) erfolgen.

Beispiel 1

Deckungsdifferenzen

	Kostenstellentotal (Ist-Kosten)	140 000
./.	Umlage (Normalkosten)	– 130 000
=	**Unterdeckung**	10 000

	Kostenstellentotal (Ist-Kosten)	230 000
./.	Umlage (Normalkosten)	– 250 000
=	**Überdeckung**	– 20 000

Bei einer Unterdeckung sind die verrechneten Normalkosten kleiner als die angefallenen Ist-Kosten. Von einer Überdeckung spricht man, wenn die verrechneten Normalkosten höher sind als die angefallenen Ist-Kosten.

Sofern die Normalkosten auf einer sorgfältigen Planung beruhen①, werden die Deckungsdifferenzen im Rahmen einer **Soll-/Ist-Analyse** untersucht und allfällige Unwirtschaftlichkeiten aufgedeckt. Deckungsdifferenzen können beispielsweise folgende Ursachen haben:

- ▷ Mengenabweichung: Verbrauch zu grosser Materialmengen oder Einsatz zu vieler Arbeitsstunden
- ▷ Preisabweichung: Gegenüber der Planung höhere Stundenlöhne oder Materialpreise
- ▷ Beschäftigungsabweichung: Die effektive Beschäftigung ist geringer als geplant.

① Basieren die Kosten auf einem umfassenden Planungssystem (mit geplanter Beschäftigung sowie detaillierten Zeit- und Mengenvorgaben), spricht man von Standardkosten. Die **Standardkostenrechnung** ist eine Weiterentwicklung der Normalkostenrechnung. Typisch für die Standardkostenrechnung ist die umfassende Abweichungsanalyse mit Ausweis von Preis- und Mengenabweichungen bei den Einzelkosten sowie von Verbrauchs- und Volumenabweichungen bei den Kostenstellen. Ausführlich beschrieben wird die Standardkostenrechnung von Winiger Andreas und Prochinig Urs, in: Kostenrechnung, Verlag SKV, Zürich.

Beispiel 2 — Betriebsabrechnung als Normalkostenrechnung

Der nebenstehende Betriebsabrechnungsbogen basiert auf denselben Zahlen wie das Beispiel zur Ist-Kostenrechnung in Kapitel 34. Im Unterschied zur Ist-Kostenrechnung erfolgen bei der Normalkostenrechnung die Umlagen der Kostenstellen zu Normalkosten, sodass sich an den Kostenstellen Deckungsdifferenzen ergeben.

Zusätzliche Angaben zur Aufgabenstellung

Die Umlage der Kostenstellen erfolgt zu Normalkosten. Es sind folgende **Normalkostensätze** anzuwenden:

▷ Für die Umlage der Vorkostenstelle Spedition gilt ein Normalkostensatz von Fr. 1.–/km. Für die Hauptkostenstellen sind folgende Speditionsleistungen erbracht worden: 19 000 km für die Materialstelle, 2 000 km für die Fertigungsstelle 1, 6 000 km für die Fertigungsstelle 2, 26 000 km für Verwaltung und Vertrieb.

▷ Der Normalkostensatz für die Umlage der Materialstelle beträgt 60% des Einzelmaterialverbrauchs.

▷ Für die Umlage der Fertigungsstelle 1 gelangt ein Normalkostensatz von 160% der Einzellöhne zur Anwendung.

▷ Der Normalkostensatz für die Umlage der Fertigungsstelle 2 beträgt Fr. 20.– pro Maschinenstunde. Für das Modell Standard wurden 3 250 Maschinenstunden geleistet, für das Modell Luxus 2 000 Maschinenstunden.

▷ Für die Umlage der Verwaltungs- und Vertriebsgemeinkosten gilt ein Normalkostensatz von 20% der kalkulierten Herstellkosten der verkauften Fabrikate.

BAB eines Industriebetriebes (in Fr. 1000.–)

Einzelmaterial
Einzellöhne
Übriges Material
Übrige Löhne
Mietzinsen
Zinsen
Abschreibungen
Sonstiges
Total Kosten
Umlage Vorkostenstelle Spedition
Total Kosten nach Umlage Vorkostenstelle
Umlage Materialgemeinkosten
Umlage Fertigungsgemeinkosten 1
Umlage Fertigungsgemeinkosten 2
Kalkulierte Herstellkosten der Produktion
Bestandesänderungen unfertige und fertige Erzeugnisse
Kalkulierte Herstellkosten verkaufte Fabrikate
Umlage Verwaltungs- und Vertriebs-GK
Kalkulierte Selbstkosten
Erlöse
Erfolg bzw. Deckungsdifferenzen②

osten- rten- echnung	Kostenstellenrechnung					Kostenträgerrechnung		
	Spedition	Material	Fertigung 1	Fertigung 2	Verwaltung und Vertrieb	Standard	Luxus	Total
90						60	30	90
50						30	20	50
49	4	5	15	15	10			
115	30	12	20	32	21			
36	5	8	9	7	7			
25	2	7	3	9	4			
31	3	4	7	12	5			
62	10	9	21	15	7			
458	54	45	75	90	54	90	50	140
	1.–/km – 53	19	2	6	26			
458	1	64	77	96	80	90	50	140
		60% EM – 54				36	18	54
			160% EL – 80			48	32	80
				20.–/Std. –105		65	40	105
						239	140	379
26						36	– 10	26
						275	130	405
					20% HK – 81	55	26	81
						330	156	486
– 500						– 300	– 200	– 500
Gewinn – 16	Unterdeckung 1	Unterdeckung 10	Überdeckung – 3	Überdeckung – 9	Überdeckung – 1	Verlust 30	Gewinn – 44	Gewinn – 14

① Die Bewertung der unfertigen und fertigen Erzeugnisse erfolgt zu kalkulierten Herstellkosten. Deshalb ist der effektive Gewinn gemäss Normalkostenrechnung (16) nicht gleich hoch wie gemäss Ist-Kostenrechnung (20) in Kapitel 34.

② Ein Minuszeichen bedeutet Gewinn bzw. eine Überdeckung. Eine positive Zahl stellt einen Verlust bzw. eine Unterdeckung dar.

Beispiel 3

Erfolgsrechnungen mit Normalkosten

Aufgrund der vorherigen Betriebsabrechnung können die Absatzerfolgsrechnung und die Produktionserfolgsrechnung (hier als Beispiel der Kostenträgertyp) aufgestellt werden:

Absatz-Erfolgsrechnung

	Verkaufserlös	500
./.	Kalkulierte Herstellkosten der verkauften Fabrikate	– 405
./.	Kalkulierte Verwaltungs- und Vertriebsgemeinkosten	– 81
=	**Kalkulierter Gewinn**	**14**
+	Überdeckungen (3 + 9 + 1)	13
./.	Unterdeckungen (1 + 10)	– 11
=	**Effektiver Gewinn (Ist)**	**16**

Produktions-Erfolgsrechnung

	Verkaufserlös	500
./.	Bestandesabnahme unfertige und fertige Erzeugnisse zu kalkulierten Herstellkosten	– 26
=	**Produktionsleistung**	**474**
./.	Kalkulierte Herstellkosten der Produktion	– 379
./.	Kalkulierte Verwaltungs- und Vertriebsgemeinkosten	– 81
=	**Kalkulierter Gewinn**	**14**
+	Überdeckungen (3 + 9 + 1)	13
./.	Unterdeckungen (1 + 10)	– 11
=	**Effektiver Gewinn (Ist)**	**16**

Zusammenfassung

Die Finanzbuchhaltung kann nicht alle Informationsbedürfnisse des Managements erfüllen. Die Betriebsbuchhaltung liefert für viele Problemstellungen differenziertere und objektivere Grundlagen, zum Beispiel für:

- ▷ die Überwachung der Wirtschaftlichkeit (Planung und Kontrolle von Kosten und Leistung)
- ▷ den Ausweis des Erfolgs bzw. des Deckungsbeitrags nach Kostenträgern
- ▷ die Preisfindung
- ▷ die Sortimentsgestaltung
- ▷ Entscheide bei Engpasssituationen

In der Praxis wird die Finanzbuchhaltung in vielen Unternehmungen auf ähnliche Weise organisiert. Die Ausgestaltung der Betriebsbuchhaltung hingegen kann sich von Betrieb zu Betrieb erheblich unterscheiden, weil die Betriebsabläufe und Informationsbedürfnisse des Managements je nach Branche, Betriebsgrösse und Führungsstil stark voneinander abweichen.

Die in diesem Lehrbuch aufgezeigten Grundsätze für den Aufbau der Betriebsabrechnung und die Durchführung der Kalkulation sind allgemein gültig; sie müssen aber in der praktischen Anwendung unter Berücksichtigung der besonderen Situation des einzelnen Betriebs umgesetzt werden.

4. Teil Investitionsrechnung

Einleitung

a) Begriff

«Investire» kommt aus dem Lateinischen und bedeutet einkleiden. Bei Investitionen geht es also im weitesten Sinne um finanzielle Mittel, die für längere Zeit in Sachgüter, Leistungen oder Forderungen «eingekleidet», das heisst angelegt, werden.

In der Praxis haben sich folgende Investitionsmerkmale herausgebildet[1]:

▷ Der erwartete Nutzen aus der Investition erstreckt sich über eine längere Zeit hinweg.

▷ Einnahmen- und Ausgabenströme fallen unregelmässig verteilt über die Nutzungsdauer an.

▷ Von Investitionen spricht man nur, wenn es sich um die Einkleidung grösserer Beträge handelt.

Je nachdem wie die Anlage der Mittel erfolgt, werden folgende Investitionen unterschieden:

Investitionsarten

Sachinvestition
▷ Fahrzeuge
▷ Maschinen
▷ Immobilien

Finanzinvestition
▷ Aktivdarlehen
▷ Beteiligungen

Immaterielle Investition
▷ Forschung
▷ Sozialleistungen
▷ Patente
▷ Lizenzen
▷ Schulung

Allen diesen Investitionen ist gemeinsam, dass zugunsten der Erwartung von künftigen höheren Einnahmen heute auf einen kleineren, weniger risikoreichen Nutzen verzichtet wird.

[1] Vgl. Weilenmann Paul, Investitionsentscheidung, in: Die Orientierung, Nr. 80.

b) Probleme

Bei Investitionsentscheidungen stehen folgende Probleme im Vordergrund:

Probleme

Unsicherheit der Zukunft

Investitionen sind zukunftsgerichtet und deshalb unsicher. Je weiter sich eine Investition in die Zukunft auswirkt, desto unsicherer sind die zugrunde gelegten Daten. Häufig werden mehrere Varianten durchgerechnet, welche den Streubereich der Zukunftserwartungen abgrenzen.[1]

Kapitalknappheit

Einem beschränkten Kapitaleinsatz stehen verschiedene Investitionsmöglichkeiten gegenüber. Unter angemessener Berücksichtigung des Risikos sind jene Projekte zuerst zu realisieren, welche die grösste Differenz zwischen Einnahmen und Ausgaben erwarten lassen. Je höher die erwartete Rentabilität, desto rascher die Realisierung.

Quantifizierbarkeit der relevanten Daten

Viele für den Entscheid relevante Daten (z. B. Umweltverträglichkeit, Kundenpflege, Erfahrung) können nicht in Geldwerte gefasst werden. Nicht quantifizierbare Grössen sind separat, z. B. mittels Nutzwertanalyse, in den Entscheidungsprozess einzubeziehen.[1]

[1] Vgl. Leimgruber/Prochinig, Investitionsrechnung, Kapitel 5, Verlag SKV, Zürich.

Rechengrössen

In Wirtschaftlichkeitsrechnungen werden grundsätzlich Ausgaben und Einnahmen einander gegenübergestellt, die durch das Investitionsprojekt verursacht werden. Grafisch lässt sich dies wie folgt veranschaulichen[1]:

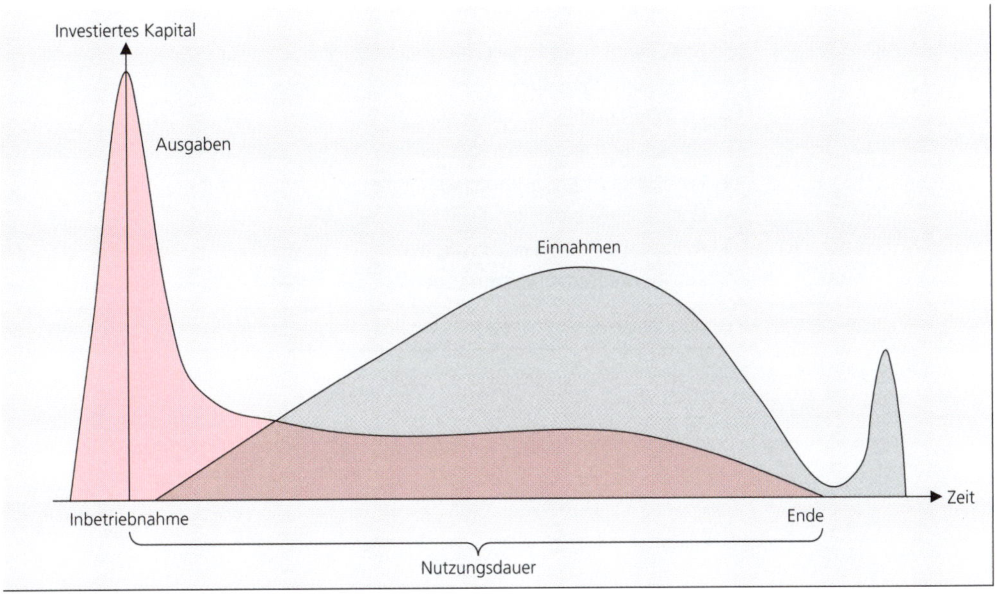

Daraus abgeleitet, stehen für die Investitionsrechnungen folgende Rechengrössen im Vordergrund:

- ▷ Kapitaleinsatz (Anfangsausgaben)
- ▷ laufende Ausgaben } Differenz = Cashflow
- ▷ laufende Einnahmen }
- ▷ Nutzungsdauer
- ▷ Zinsfuss zur Verzinsung des gebundenen Kapitals
- ▷ Liquidationserlös (Schlusseinnahmen)

Bei den einfachen statischen Rechenverfahren, die auf einer Durchschnittsbetrachtung basieren, werden mittels buchhalterischer Abgrenzungen der durchschnittliche jährliche Aufwand und Ertrag ermittelt.

Im Folgenden werden die obigen Grössen näher erläutert.

[1] In Anlehnung an Weilenmann Paul, Investitionsentscheidung, in: Die Orientierung, Nr. 80.

a) Kapitaleinsatz

Im Kapitaleinsatz werden sämtliche bis zum Zeitpunkt der Inbetriebnahme der Investition anfallenden Kosten zusammengefasst. Ebenfalls einzubeziehen sind die durch die Investition bedingten Sekundärinvestitionen① und Erhöhungen des Umlaufvermögens②.

Rechnerisch wird der massgebliche Kapitaleinsatz wie folgt ermittelt:

Einstandspreis③ des Investitionsobjektes
+ Forschungs- und Entwicklungskosten
+ Projektierungskosten
+ Personal- und Umschulungskosten
+ Einbau- und Installationskosten
+ Wartungskosten bis Inbetriebnahme
+ Kosten eines allfälligen Produktionsausfalles
+ Kosten für Sekundärinvestitionen
+ Erhöhung des Umlaufvermögens
= Kapitaleinsatz (= investiertes Kapital)

① Unter Sekundärinvestitionen versteht man alle unabdingbar mit der eigentlichen Investition verbundenen Folgeinvestitionen. Zum Beispiel muss durch die Umstellung auf EDV einerseits der Zugang zum Informatikraum mit einer neuen Sicherheitsanlage und anderseits der Raum mit einer Klimatisierung ausgestattet werden. Sicherheits- und Klimaanlage gelten als Sekundärinvestitionen.

② Bei Erweiterungsinvestitionen (Erhöhung der Produktionskapazität und des Absatzes) sind beispielsweise erhöhte Bestände an liquiden Mitteln, Forderungen sowie Roh-, Halb- und Fertigfabrikaten die Folge. Die dadurch zusätzlich gebundenen Mittel erhöhen den massgeblichen Kapitaleinsatz. Am Ende der Nutzungsdauer fliessen diese Mittel wieder zurück.

③ Vom Bruttokaufpreis eines Investitionsobjektes werden Rabatte und Skonto abgezogen. Wird vom Lieferanten eine alte Maschine an Zahlung genommen, kann dies wie ein zusätzlicher Rabatt behandelt werden, sofern mit der alten Maschine sonst kein Liquidationserlös erzielt werden könnte.

b) Cashflow

Der jährliche Cashflow ergibt sich als Überschuss der investitionsbedingten Einnahmen über die entsprechenden Ausgaben bzw. aus dem entsprechenden Nutzen abzüglich der Betriebskosten. In der älteren Literatur wird dieser Cashflow Rohgewinn genannt.

Der Cashflow aus einer Investition gibt den Liquiditätszufluss aus der Investitionstätigkeit an. Analog zum Cashflow bei der Mittelflussrechnung kann der Cashflow entweder direkt über die liquiditätswirksamen oder indirekt über die liquiditäts*un*wirksamen Positionen einer investitionsbezogenen Erfolgsrechnung ermittelt werden.

Cashflow①

Direkte Berechnung

Einnahmen (Nutzen)		1 000
./. Liquiditätswirksame Betriebskosten		
▷ Materialkosten	– 150	
▷ Personalkosten	– 300	
▷ Energiekosten	– 50	
▷ Raumkosten	– 40	
▷ Reparaturkosten	– 30	
▷ Unterhaltskosten	– 30	– 600
= Cashflow		400

Erfolgsrechnung

Liquiditätswirksame Betriebskosten	Einnahmen (Nutzen)
Kalkulatorische Zinsen	
Abschreibungen	
Reingewinn	

Indirekte Berechnung

Reingewinn	40
+ Liquiditäts*un*wirksame Kosten	
▷ Kalkulatorische Zinsen	60
▷ Abschreibungen	300
= Cashflow	400

Erfolgsrechnung

Liquiditätswirksame Betriebskosten	Einnahmen (Nutzen)
Kalkulatorische Zinsen	
Abschreibungen	
Reingewinn	

① Der Cashflow in der Investitionsrechnung unterscheidet sich insofern vom Cashflow in der Mittelflussrechnung, als hier der Standpunkt des Investors und nicht der Unternehmung eingenommen wird. Der Investitionsentscheid muss grundsätzlich von der Finanzierung unabhängig erfolgen, weshalb hier keine Fremdkapitalzinsen bezahlt werden. Die kalkulatorischen Zinsen sind liquiditäts*un*wirksam.

Der wie hier ermittelte Cashflow wird in der Wirtschaftspraxis heute oft auch **EBITDA** genannt (Earnings before Interest, Taxes, Depreciation and Amortization = Gewinn vor Zinsen, Steuern, Abschreibungen von Sachanlagen und Abschreibungen von immateriellen Anlagen).

c) Nutzungsdauer

Unter Nutzungsdauer versteht man die Zeit, während der die Investition genutzt werden soll. Im Vordergrund steht die wirtschaftliche Nutzungsdauer, d. h. die Zeitspanne, während der es wirtschaftlich sinnvoll ist, eine Anlage zu nutzen. Sie entspricht in der Regel nicht der technischen Lebensdauer. Durch sorgfältige und sachgemässe Pflege und Wartung können die Nutzungs- und die Lebensdauer entscheidend beeinflusst werden.

Zur Bestimmung der Nutzungsdauer gibt es verschiedene Ansätze:

Nutzungsdauer

Wirtschaftliche Dauer

Die Anlage wird solange genutzt, wie bei normaler Wartung noch Einnahmenüberschüsse erzielt werden. Zuverlässige Angaben darüber sind aber nur für die ersten paar Jahre möglich, sodass dieser an sich richtige Ansatz nur für kurzlebige Anlagen in Frage kommt.

Steuerlich zulässige Abschreibung

Die Nutzungsdauer richtet sich nach der von der Finanzverwaltung festgelegten Abschreibungsdauer. Dieser Ansatz ist sehr einfach, doch klaffen die steuerlich zulässige und die wirkliche Nutzungsdauer in der Regel zu stark auseinander.

Erfahrungswerte

Es wird auf die Erfahrungswerte von bisherigen Investitionsobjekten abgestellt. Wo diese fehlen, werden Erfahrungswerte anderer Betriebe oder Richtwerte des Herstellers, die nach Intensität der Nutzung differenziert werden, verwendet.

Bei der Festlegung der Nutzungsdauer ist neben der Wertverminderung durch Gebrauch oder natürlichen Verschleiss unbedingt auch die Entwertung durch technischen Fortschritt zu berücksichtigen.

d) Zinsfuss

Bei der Festlegung des Zinsfusses wird häufig von den längerfristig gültigen Zinssätzen auf dem Kapitalmarkt ausgegangen. Dadurch werden kurzfristige Zinsschwankungen ausgeschaltet, was dem meist langfristigen Charakter von Investitionen entspricht. Werden verschiedene Investitionsmöglichkeiten, welche demselben Zweck dienen, auf ihre Wirtschaftlichkeit geprüft, ist die Wahl des Kalkulationszinsfusses von zweitrangiger Bedeutung; wichtig ist, dass alle fraglichen Investitionsvarianten mit demselben Satz gerechnet werden.

Verschiedene Anlagen müssen aber auch bezüglich ihres Risikos beurteilt werden: Risikoreichere Investitionen sollten eine entsprechend höhere Anlagerendite abwerfen als weniger risikobehaftete Projekte. Bei gleicher Renditeerwartung sind Projekte mit geringerem Risiko vorzuziehen. Umgekehrt muss der Kapitalkostensatz entsprechend dem Projektrisiko um einen mehr oder weniger grossen Risikozusatz erhöht werden.

Als Folgerung ergibt sich daraus, dass unterschiedlich risikobehaftete Branchen und Investitionen auch risikodifferenziert behandelt werden müssen.[1]

Der kalkulatorische Zinsfuss wird wie folgt bestimmt:

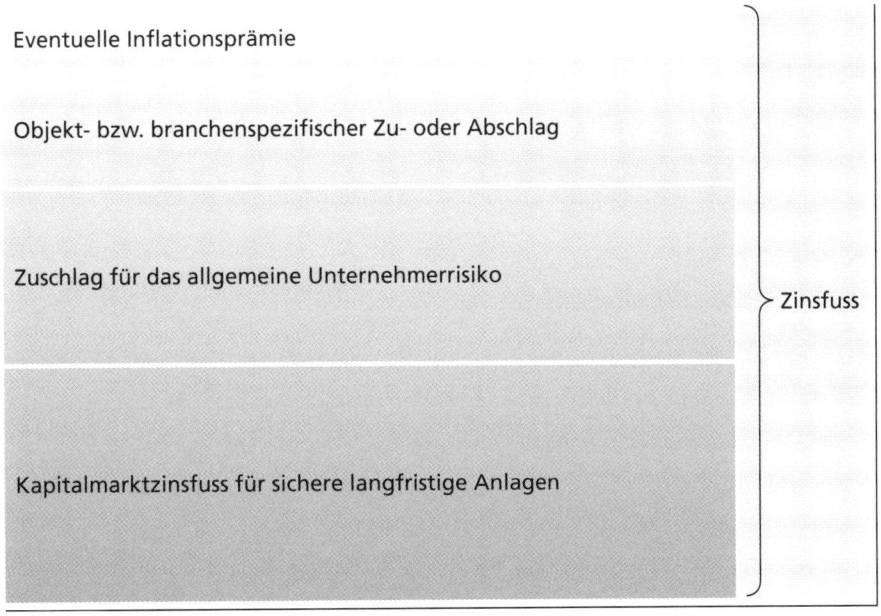

[1] Vgl. Volkart, Rudolf: Dynamische Investitionsrechnungen in Theorie und Praxis, in: Beiträge zur Theorie und Praxis des Finanzmanagements, Band 73 der Schriftenreihe der Treuhandkammer, 5. Auflage 1993, S. 31f.

e) Liquidationserlös

Unter Liquidationserlös versteht man den Netto-Mittelzufluss aus einer Anlage am Ende der Nutzungsdauer, d.h. den **Verkaufserlös abzüglich allfälliger Entsorgungs- und/oder Demontagekosten.** Daraus wird erkennbar, dass der Liquidationserlös nicht einfach mit dem Schrottwert gleichgesetzt werden darf.

Die Höhe des Liquidationserlöses ist vor allem abhängig:

- ▷ vom Zeitpunkt der Anlageveräusserung in Bezug auf die mögliche Nutzungsdauer
- ▷ von der Intensität der Nutzung
- ▷ von der technischen Überalterung
- ▷ von der Art des Investitionsgutes

Häufig liegt der Liquidationserlös weit in der Zukunft, und dessen Schätzung ist mit so viel Unsicherheit behaftet und in Relation zum gesamten Kapitaleinsatz von so geringer Bedeutung, dass er vernachlässigt werden kann.

Anders liegen die Dinge, wenn zum vornherein ein Eintausch der alten gegen eine neue Anlage auf einen zum Voraus bestimmten Zeitpunkt geplant wird und der Rest- oder Eintauschwert beträchtlich ist.

Der Liquidationserlös wird bei den statischen und den dynamischen Verfahren sehr unterschiedlich behandelt:

Liquidationserlös

Statische Betrachtung	Dynamische Betrachtung
Der Liquidationserlös vermindert den Abschreibungsbetrag, erhöht dafür den durchschnittlichen Kapitaleinsatz.[1]	Der Liquidationserlös wird als zusätzliche Einnahme am Ende der Nutzungsdauer behandelt.[1]

[1] Falls die Demontage- bzw. Entsorgungskosten einen negativen Liquidationserlös zur Folge hätten, müsste dieser als zusätzliche Kosten bzw. Ausgaben behandelt werden.

Statische Rechenverfahren

Die statischen Rechenverfahren leiten sich direkt aus den Grundsätzen der betrieblichen Rechnungsführung ab. Sie basieren auf einer **periodisierten, durchschnittlichen Betrachtungsweise,** im Gegensatz zu den dynamischen Rechnungsverfahren, welchen die gesamte Laufzeit der Investition zugrunde gelegt wird.

Durch die Periodisierung bei den statischen Verfahren werden buchhalterische Abgrenzungen notwendig, die vor allem bei den Abschreibungen und der Verzinsung des investierten Kapitals Probleme aufwerfen.

Die heute in der Praxis gebräuchlichsten Rechenverfahren sind:[1]

Rechenverfahren

Statische (buchhalterische) Verfahren

- ▷ Kostenvergleich
- ▷ Gewinnvergleich
- ▷ Renditerechnung
- ▷ Amortisationsrechnung (Payback-Methode)

Dynamische (finanzmathematische) Verfahren

- ▷ Kapitalwertverfahren
- ▷ Annuitätenmethode
- ▷ Interner Ertragssatz
- ▷ Dynamisierte Payback-Methode

a) Kostenvergleich

Mit der Kostenvergleichsrechnung wird ein Vergleich der in einer Periode (in der Regel 1 Jahr) anfallenden Kosten zweier oder mehrerer Investitionsobjekte durchgeführt. Dabei kann es sich um einen Vergleich zwischen einer alten, zu ersetzenden Anlage und einer *oder* mehreren neuen Anlagen handeln.

Da der Erlös nicht berücksichtigt wird, ist der Kostenvergleich nur bei Alternativen sinnvoll, bei welchen derselbe Erlös bzw. Nutzen vorausgesetzt oder ein Erlös gar nicht ermittelt werden kann.

> Gewählt wird diejenige Investition, bei welcher die jährlichen Durchschnittskosten am geringsten sind.①

① Weisen die zu prüfenden Anlagen unterschiedliche Kapazitäten auf, ist jene Anlage zu wählen, welche die tiefsten Durchschnittskosten pro Leistungseinheit aufweist.

[1] Vgl. Volkart, Rudolf: Dynamische Investitionsrechnungen in Theorie und Praxis, in: Beiträge zur Theorie und Praxis des Finanzmanagements, Band 73 der Schriftenreihe der Treuhandkammer.

■ **Beispiel 1**

Kostenvergleich ohne Liquidationserlös

	Anlage A	Anlage B
Jährliche Betriebskosten	300	200
Kapitaleinsatz (= investiertes Kapital)	500	900
Nutzungsdauer	5 Jahre	6 Jahre
Liquidationserlös	0	0
Kalkulatorischer Zinsfuss	8%	8%

	Anlage A	Anlage B
Jährliche Betriebskosten	300	200
Jährliche Abschreibung①	100	150
Zins auf Durchschnittskapital②	20	36
Jährliche Gesamtkosten	420	386
Rangfolge	2	1

① Der Abschreibungsbetrag für Anlage A wird wie folgt errechnet:

$$\text{Abschreibung} = \frac{\text{Kapitaleinsatz}}{\text{Nutzungsdauer}} = \frac{500}{5} = 100$$

② Für Anlage A beträgt der Zins 8% vom Durchschnittskapital, d.h. 8% von 250 = 20. Das durchschnittlich investierte Kapital entspricht der Hälfte der Nettoinvestition, da die Anlage auf 0 abgeschrieben wird.

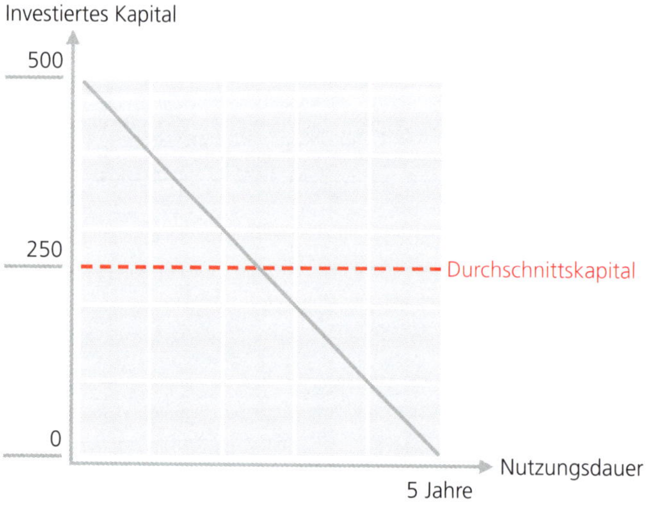

Ein besonderes Problem in der statischen Betrachtungsweise stellt der Einbezug eines Liquidationserlöses dar. Dieser hat eine Erhöhung des durchschnittlich investierten Kapitals, dafür eine Verringerung des jährlichen Abschreibungsbetrages zur Folge.

Beispiel 2

Kostenvergleich mit Liquidationserlös

Wie verändern sich die jährlichen Gesamtkosten für Anlage A, falls am Ende der Nutzungsdauer noch mit einem Liquidationserlös von 100 gerechnet werden kann?

	Anlage A
Betriebskosten	300
Jährliche Abschreibung①	80
Zins auf Durchschnittskapital②	24
Jährliche Gesamtkosten	404

① Abschreibung = $\frac{\text{Kapitaleinsatz} - \text{Liquidationserlös}}{\text{Nutzungsdauer}} = \frac{500 - 100}{5} = \frac{400}{5} = 80$

② Die Berechnung des durchschnittlich investierten Kapitals wird anhand der Grafik veranschaulicht:

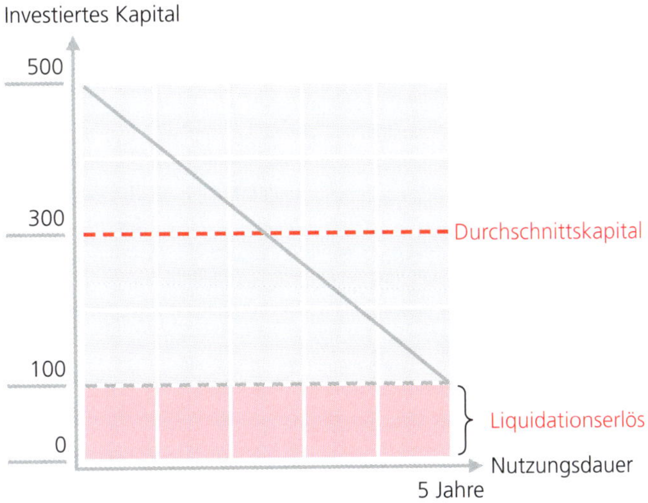

Durchschnittskapital = $\frac{\text{Investiertes Kapital} - \text{Liquidationserlös}}{2} + \text{Liquidationserlös} = \frac{500 - 100}{2} + 100 = 300$

oder einfacher

Durchschnittskapital = $\frac{\text{Investiertes Kapital} + \text{Liquidationserlös}}{2} = \frac{500 + 100}{2} = 300$

Ein weiteres Problem bei der Kostenberechnung in den statischen Methoden sind die **Grossrevisionen** oder die durch die Investition bedingte **Erhöhung des Umlaufvermögens** (siehe Fussnote ② auf Seite 124).

Beispiel 3

Kostenvergleich mit Grossrevision und Erhöhung des Umlaufvermögens

Welchen zusätzlichen Einfluss auf die Gesamtkosten von Anlage A hätte eine durch die Investition bedingte Erhöhung des Umlaufvermögens von 50 und eine Grossrevision von 30 am Ende des 3. Jahres? (Die übrigen Angaben sind gemäss Beispiel 2.)

	Anlage A
Betriebskosten①	306
Jährliche Abschreibung②	80
Zins auf Durchschnittskapital③	28
Jährliche Gesamtkosten	414

① Die Revisionskosten werden nicht aktiviert, sondern gleichmässig auf die gesamte Nutzungsdauer verteilt, sodass sich die jährlichen Betriebskosten um durchschnittlich 6 (Grossrevision 30 : 5 Jahre) erhöhen.

② $\text{Abschreibungen} = \frac{\text{Kapitaleinsatz} - \text{Liquidationserlös} - \text{UV-Erhöhung}}{\text{Nutzungsdauer}} = \frac{550 - 100 - 50}{5}$

③ Die Erhöhung des Umlaufvermögens ist im Prinzip wie ein Liquidationserlös zu behandeln. Während der Nutzungsdauer wird die Umlaufvermögen-Erhöhung voll verzinst, was sich in einer entsprechenden Erhöhung des durchschnittlich investierten Kapitals niederschlägt. Selbstverständlich ist die UV-Erhöhung nicht abzuschreiben, da anzunehmen ist, dass die zusätzlich im UV investierten Mittel am Ende der Nutzungsdauer zurückfliessen.

Die Berechnung des durchschnittlich investierten Kapitals wird wieder anhand der Grafik veranschaulicht:

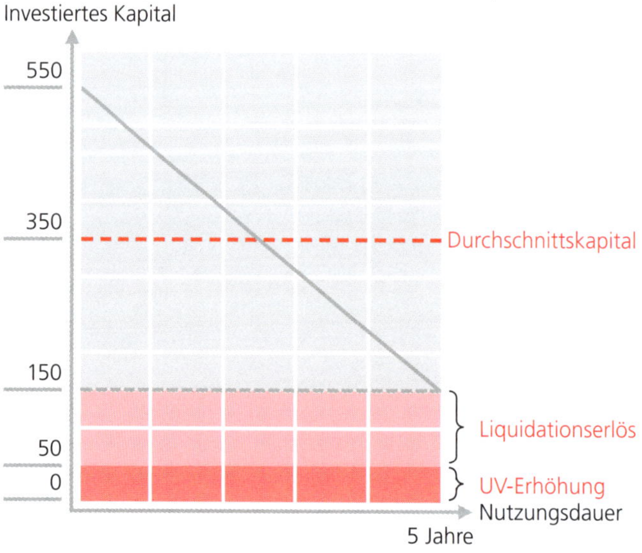

$$\text{Durchschnittskapital} = \frac{\text{Investiertes Kapital} + \text{Liquidationserlös} + \text{UV-Erhöhung}}{2} = \frac{550 + 100 + 50}{2} = 350$$

b) Gewinnvergleich

Der Gewinnvergleich bezieht die Erlöse mit in die Rechnung ein und stellt die zu erwartenden Jahresgewinne der verschiedenen Investitionen einander gegenüber.

Dieses Verfahren eignet sich dort, wo für die zu prüfenden Investitionsvarianten mit verschiedenen Erlösen zu rechnen ist. Allerdings dürfen die Kapitaleinsätze für die verschiedenen Varianten nicht stark voneinander abweichen, da sonst das Projekt mit dem grössten Kapitaleinsatz zu gut wegkommt.① In der Praxis ist diese Methode für die Prüfung von Ersatz- oder Erweiterungsinvestitionen geeignet.

Gewählt wird diejenige Investition, welche den grössten Jahresgewinn aufweist.

Im Folgenden werden die Angaben aus Beispiel 1 durch die entsprechenden Erlöse für Anlage A und Anlage B ergänzt.

Beispiel 4

Gewinnvergleich

	Anlage A	Anlage B
Jährlicher Erlös	450	400
Jährliche Betriebskosten	300	200
Kapitaleinsatz	500	900
Nutzungsdauer	5 Jahre	6 Jahre
Liquidationserlös	0	0
Kalkulatorischer Zinsfuss	8%	8%

	Anlage A	Anlage B
Erlös	450	400
./. Betriebskosten	– 300	– 200
./. Jährliche Abschreibung	– 100	– 150
./. Zins auf Durchschnittskapital	– 20	– 36
= Jährlicher Gewinn	30	14
Rangfolge	1	2

Aus diesem Beispiel wird ersichtlich, dass bei unterschiedlichen Erlöserwartungen die Rangfolge gegenüber dem Kostenvergleich ändern kann. Was der Gewinnvergleich hingegen auch ungenügend berücksichtigt, sind die unterschiedlichen Kapitaleinsätze. Wird dieser Schwäche Rechnung getragen und der Gewinn ins Verhältnis zum Kapitaleinsatz gesetzt, ist man bei der **Renditerechnung.**

① Werden nur die absoluten Gewinne miteinander verglichen, muss der Kapitaleinsatz in etwa gleich sein. Ein Projekt mit einem Kapitaleinsatz von 500 000 muss, absolut gesehen, natürlich einen höheren Gewinn abwerfen als ein Projekt mit nur 100 000 Kapitaleinsatz.

c) Renditerechnung

Die Renditerechnung, aus den USA bekannt unter «**R**eturn **o**n **I**nvestment» (abgekürzt ROI), bezieht den durchschnittlich erzielten Jahresgewinn vor Abzug der kalkulatorischen Zinsen auf das durchschnittlich eingesetzte Kapital.

$$\text{Rentabilität} = \frac{\text{Gewinn + kalkulatorische Zinsen}}{\text{durchschnittlicher Kapitaleinsatz}}$$

Bei der hier gezeigten Rendite handelt es sich um die Bruttorendite, welche die gesamte Verzinsung der Investition nachweist. Deshalb ist der bereits um die kalkulatorischen Zinsen geschmälerte Gewinn wieder zu korrigieren. Vom Durchschnittskapital wird ausgegangen, weil damit gerechnet wird, dass die zurückfliessenden Mittel reinvestiert werden können.

Gegenüber dem Kosten- und Gewinnvergleich hat die Rentabilitätskennzahl den grossen Vorteil, dass gänzlich unterschiedliche oder auch nur ein einzelnes Investitionsvorhaben beurteilt werden können. Die Renditerechnung ist deshalb für Ersatz-, Rationalisierungs- und Erweiterungsinvestitionen gleich geeignet.

Bevorzugt wird diejenige Investition, welche die höchste Rendite aufweist.

■ **Beispiel 5**

Renditerechnung (Zahlen wie Beispiel 4)

	Anlage A	Anlage B
Jährlicher Erlös	450	400
Jährliche Betriebskosten	300	200
Kapitaleinsatz	500	900
Nutzungsdauer	5 Jahre	6 Jahre
Liquidationserlös	0	0
Kalkulatorischer Zinsfuss	8%	8%

	Anlage A	Anlage B
Berechnung	$\frac{30 + 20}{250}$	$\frac{14 + 36}{450}$
Rentabilität	20%	11,1%
Rangfolge	1	2

d) Amortisationsrechnung

Die Amortisationsrechnung berechnet den Zeitraum, der erforderlich ist, bis sich eine Investition mit den erzielten Cashflows (Einnahmeüberschüsse) oder liquiditätswirksamen Kostenersparnissen vollständig zurückzahlt. Diesen Zeitraum nennt man **Wiedergewinnungszeit, Amortisationsdauer oder Payback-Period.**

$$\text{Wiedergewinnungszeit} = \frac{\text{Kapitaleinsatz}}{\text{Cashflow①}} \textit{ oder } \frac{\text{Kapitaleinsatz}}{\text{Kostenersparnis}}$$

Ist die Wiedergewinnungszeit kürzer als die Nutzungsdauer, ist die Investition grundsätzlich rentabel.

Bevorzugt wird jene Investition, welche die kürzeste Wiedergewinnungszeit aufweist.

Beispiel 6

Amortisationsrechnung (Zahlen wie Beispiel 4)

	Anlage A	Anlage B
Jährlicher Erlös	450	400
Jährliche Betriebskosten	300	200
Kapitaleinsatz	500	900
Nutzungsdauer	5 Jahre	6 Jahre
Liquidationserlös	0	0
Kalkulatorischer Zinsfuss	8%	8%

	Anlage A	Anlage B
Wiedergewinnungszeit②	$\frac{500}{150}$ = 3,33 Jahre	$\frac{900}{200}$ = 4,5 Jahre
Rangfolge	1	2

Die Wiedergewinnungszeit gibt nicht nur Aufschluss über die Liquiditätswirksamkeit einer Investition, sie ist auch beliebt als Risikomass zur Beurteilung der Sicherheit einer Investition. Je kürzer die Wiedergewinnungszeit,

- ▷ desto wahrscheinlicher sind die der Rechnung zugrunde gelegten Daten.
- ▷ desto rascher stehen die investierten Mittel der Unternehmung wieder zur Verfügung.

① und ② Siehe nächste Seite.

Beim Vergleich von Investitionen mit **unterschiedlicher Nutzungsdauer** darf nicht nur auf die Amortisationszeit abgestellt werden. Diese ist ins Verhältnis zur Nutzungsdauer zu setzen, was dann die Rückflusszahl ergibt. Sie besagt, wie oft sich die Investition während ihrer Lebensdauer amortisiert:

$$\text{Rückflusszahl} = \frac{\text{Nutzungsdauer}}{\text{Wiedergewinnungszeit}}$$

Ist die Rückflusszahl grösser als 1, ist die Investition grundsätzlich rentabel.

Gewählt wird diejenige Investition, welche die grösste Rückflusszahl aufweist.

Da die Anlage A und B nicht dieselbe Nutzungsdauer aufweisen, ist für eine richtige Beurteilung die jeweilige Rückflusszahl zu berechnen.

	Anlage A	Anlage B
Rückflusszahl	$\frac{5}{3{,}33} = 1{,}5$	$\frac{6}{4{,}5} = 1{,}33$
Rangfolge	1	2

① Wenn die Cashflows über die Jahre unregelmässig anfallen, muss die Payback-Rechnung in Form einer Staffel gelöst werden. Ein Beispiel findet sich in Aufgabe 43.05c)

② Die Wiedergewinnungszeit kann auch grafisch abgelesen werden, z. B. für Anlage A:

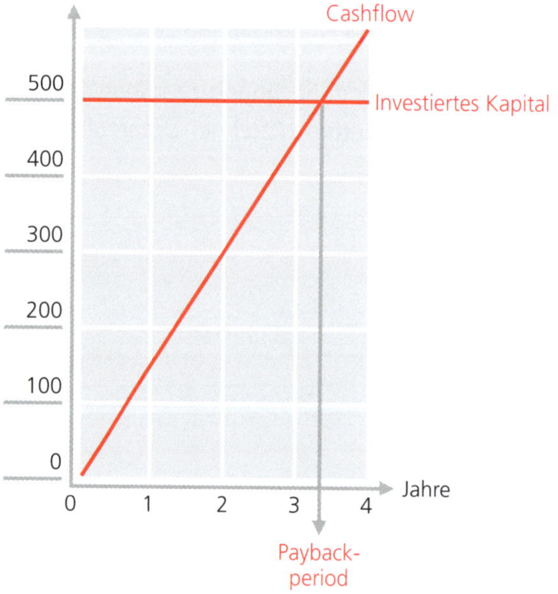

Dynamische Rechenverfahren

Bei den dynamischen Verfahren geht es – im Gegensatz zu den statischen Verfahren – um eine ganzheitliche Betrachtung. Den Rechnungen wird nicht ein Durchschnittsjahr zugrunde gelegt, es wird die ganze Nutzungsdauer, inklusive die Vorbereitungs- und Liquidationsphase, einbezogen. Die dynamischen Verfahren haben den grossen Vorteil, dass sie den zeitlichen Anfall der Zahlungsströme mittels **Zinseszinsrechnung** gewichten. Es gilt der Grundsatz:

Heute verfügbares Geld ist mehr wert als künftiges.

Die einzelnen Zahlungen werden grundsätzlich auf den Zeitpunkt der Inbetriebnahme der Investition bezogen. Zahlungen, die vor der Inbetriebnahme anfallen, wie z. B. Projektierungs-, Vorfinanzierungs- oder Personalumschulungskosten, werden auf den Investitionszeitpunkt **aufgezinst.** Zahlungen, die nach der Inbetriebnahme anfallen, werden auf diesen Zeitpunkt **abgezinst.**

Für die dynamischen Investitionsrechnungen ist die Kenntnis einiger Grundbegriffe wichtig:

Begriff	Erklärung
▷ Zeitwert	Wert einer Ein- oder Auszahlung zum Zeitpunkt ihres Anfalls.
▷ Barwert	Wert einer Ein- oder Auszahlung, der sich durch die Auf- oder Abzinsung auf den Zeitpunkt der Inbetriebnahme ergibt.
▷ Rente	Über mehrere Jahre gleich bleibende jährliche Ein- oder Auszahlung.
▷ Aufzinsungsfaktor	Durch Multiplikation des vor Inbetriebnahme liegenden Zeitwertes mit dem Aufzinsungsfaktor ergibt sich der Barwert (Beispiel 1).
▷ Renten*end*wertfaktor	Bei Rentenzahlungen vor Inbetriebnahme ergibt sich der Barwert durch Multiplikation *einer* Rentenzahlung mit dem Rentenendwertfaktor (Beispiel 2).
▷ Abzinsungsfaktor	Durch Multiplikation des in der Zukunft liegenden Zeitwertes mit dem Abzinsungsfaktor ergibt sich der Barwert (Beispiel 3).
▷ Renten*bar*wertfaktor	Bei künftigen Rentenzahlungen ergibt sich der Barwert durch Multiplikation *einer* Rentenzahlung mit dem Rentenbarwertfaktor (Beispiel 4).

Aufzinsung

Bei der Aufzinsung werden Grössen, die *vor* dem Entscheidungs- oder Inbetriebnahmezeitpunkt anfallen, auf diesen aufgezinst. Gemessen mit heutigen Zahlungen, sind früher fällig gewordene Zahlungen mehr wert, da sie vom Fälligkeitszeitpunkt bis heute hätten an Zins gelegt werden können.

Zum besseren Verständnis der Zinseszinsrechnung werden im Folgenden die Grundzüge der Auf- und Abzinsung erläutert. Insbesondere werden die Auf- und Abzinsungsfaktoren kurz hergeleitet. Es werden dabei folgende Grössen verwendet:

K_o = Kapital am Ende des Jahres 0, d.h. am Anfang des 1. Jahres
K_n = Kapital einschliesslich Zinseszinsen am Ende des n-ten Jahres
p = Zinsfuss
$i = \frac{p}{100}$

Aufzinsungsfaktor r = 1 + i

K_n errechnet sich wie folgt:

$K_1 = K_o + K_o \cdot i = K_o \cdot (1 + i)$	$= K_o \cdot r^1$	Aufzinsungsfaktor für 1 Jahr
$K_2 = K_1 + K_1 \cdot i = K_1 \cdot (1 + i) = K_1 \cdot r = K_o \cdot r \cdot r$	$= K_o \cdot r^2$	Aufzinsungsfaktor für 2 Jahre
•		
•		
•		
K_n	$= K_o \cdot r^n$	Aufzinsungsfaktor für n Jahre

Beispiel 1

Aufzinsung *einzelner* Zahlungen vor Inbetriebnahme

Wie gross sind die Barwerte der Vorauszahlungen von 1000 bei einer Verzinsung von 8%?

Zahlung vor	Zeitwert	Aufzinsungsfaktor	Barwert
1 Jahr	1 000	$1{,}08^1 = 1{,}08$	1 080
2 Jahren	1 000	$1{,}08^2 = 1{,}1664$	1 166
3 Jahren	1 000	$1{,}08^3 = 1{,}2597$	1 260

Beispiel 2

Aufzinsung von Rentenzahlungen vor Inbetriebnahme

Wie gross ist der Barwert von drei jährlichen Zahlungen von je 1000, zahlbar jeweils Anfang Jahr (vorschüssig) bei einer Verzinsung von 8%?

Der Rentenbarwert ergibt sich aus der Addition der drei einzelnen Barwerte gemäss Lösung Beispiel 1:

	Zeitwert	Aufzinsungsfaktor	Barwert
Rente 1. Jahr	1 000	$1{,}08^1 = 1{,}08$	1 080
Rente 2. Jahr	1 000	$1{,}08^2 = 1{,}1664$	1 166
Rente 3. Jahr	1 000	$1{,}08^3 = 1{,}2597$	1 260
Rentenbarwert			3 506

Dieses Resultat kann auch durch Multiplikation der Rente mit dem Rentenendwertfaktor errechnet werden, da es sich um jährlich gleich bleibende Zahlungen handelt:

	Rente		Aufzinsungsfaktor		
Rente 1. Jahr	1 000		1,08		
Rente 2. Jahr	1 000		1,1664		
Rente 3. Jahr	1 000		1,2597		
Rentenendwertfaktor			3,5061		
Rentenbarwert	1 000	•	3,5061	=	3 506

Der Renten*end*wertfaktor (Ref) ergibt sich aus der Addition der Aufzinsungsfaktoren für die einzelnen Jahre, in welchen die Rentenzahlungen anfallen.

Werden Aufzinsungs- und Rentenendwertfaktoren für mehrere Jahre benötigt, gibt es dafür spezielle Finanzrechner oder Tabellen. Da Aufzinsungen bei der Investitionsrechnung nur selten zur Anwendung kommen, sind keine entsprechenden Tabellen im Anhang dieses Buches abgedruckt.

Abzinsung

Bei der Abzinsung werden Grössen, die nach dem Entscheidungs- oder Inbetriebnahmezeitpunkt anfallen, auf diesen abgezinst. Ein heute fälliger Betrag hat mehr Gewicht als ein Betrag, der erst in ein paar Jahren zur Zahlung kommt. Diesem Umstand wird durch die Abzinsung (Diskontierung) Rechnung getragen.

Der Abzinsungsfaktor und der Renten*bar*wertfaktor lassen sich einfach durch die Umkehrung der Aufzinsung herleiten:

$K_0 = \frac{K_1}{r} = K_1 \cdot \frac{1}{r}$	Abzinsungsfaktor für 1 Jahr
$K_0 = \frac{K_2}{r^2} = K_2 \cdot \frac{1}{r^2}$	Abzinsungsfaktor für 2 Jahre
•	
•	
•	
$K_0 = \frac{K_n}{r^n} = K_n \cdot \frac{1}{r^n}$	Abzinsungsfaktor für n Jahre

$$\text{Abzinsungsfaktor } v = \frac{1}{1+i} = \frac{1}{r}$$

Beispiel 3

Abzinsung *einzelner* künftiger Zahlungen

Wie gross sind die Barwerte von künftigen Zahlungen von 1000 bei einer Verzinsung von 8%?

Zahlung nach	Zeitwert	Abzinsungsfaktor	Barwert
1 Jahr	1 000	$\frac{1}{1{,}08} = 0{,}9259^1 = 0{,}9259$	926
2 Jahren	1 000	$\frac{1}{1{,}08^2} = 0{,}9259^2 = 0{,}8573$	857
3 Jahren	1 000	$\frac{1}{1{,}08^3} = 0{,}9259^3 = 0{,}7938$	794

Beispiel 4

Abzinsung von künftigen Rentenzahlungen (nachschüssig)

Wie gross ist der Barwert von drei jährlichen Zahlungen von je 1000, zahlbar jeweils *Ende* Jahr bei einer Verzinsung von 8%? Ende Jahr fällige Zahlungen nennt man nachschüssig.

Der Rentenbarwert ergibt sich aus der Addition der drei einzelnen Barwerte gemäss Lösung Beispiel 3:

	Zeitwert	Abzinsungsfaktor	Barwert
Rente 1. Jahr	1 000	$0{,}9259^1 = 0{,}9259$	926
Rente 2. Jahr	1 000	$0{,}9259^2 = 0{,}8573$	857
Rente 3. Jahr	1 000	$0{,}9259^3 = 0{,}7938$	794
Rentenbarwert			2 577

Dieses Resultat kann auch durch Multiplikation der Rente mit dem Rentenbarwertfaktor errechnet werden, da es sich um jährlich gleich bleibende Zahlungen handelt.

	Rente		Abzinsungsfaktor		
Rente 1. Jahr	1 000		0,9259		
Rente 2. Jahr	1 000		0,8573		
Rente 3. Jahr	1 000		0,7938		
Rentenbarwertfaktor			2,5770		
Rentenbarwert	1 000	•	2,5770	=	2 577

Der Rentenbarwertfaktor (Rbf) ergibt sich aus der Addition der Abzinsungsfaktoren für die einzelnen Jahre, in welchen die Rentenzahlungen anfallen.

■ **Beispiel 5**

Abzinsung von künftigen Rentenzahlungen (vorschüssig)

Wie gross ist der Barwert von drei jährlichen Zahlungen von je 1000, zahlbar jeweils *Anfang* Jahr bei einer Verzinsung von 8%? Anfang Jahr fällige Zahlungen nennt man vorschüssig.

Der Rentenbarwert ergibt sich aus der Addition der drei einzelnen Barwerte, wobei die erste Rente, da sie Anfang Jahr bezahlt wird, sofort fällig ist und deshalb nicht abgezinst werden muss. Die zweite Rente wird dementsprechend nur für ein Jahr, die dritte nur für zwei Jahre abgezinst:

	Zeitwert	Abzinsungsfaktor	Barwert
Rente Anfang 1. Jahr	1 000	1,0 = 1,0	1 000
Rente Anfang 2. Jahr	1 000	$0{,}9259^1 = 0{,}9259$	926
Rente Anfang 3. Jahr	1 000	$0{,}9259^2 = 0{,}8573$	857
Rentenbarwert			2 783

Auch bei vorschüssigen Zahlungen ergibt sich der Rentenbarwertfaktor durch die Addition der einzelnen Abzinsungsfaktoren:

Rentenbarwertfaktor = 1,0 + 0,9259 + 0,8573 = 2,7832

Rentenbarwert	1 000	•	2,7832	=	2 783

Achtung! Beispiele 4 und 5 zeigen, dass bei der Auf- und Abzinsung darauf geachtet werden muss, ob eine Zahlung Anfang Jahr *(vorschüssig)* oder Ende Jahr *(nachschüssig)* anfällt.

Abzinsungsfaktoren und Rentenbarwertfaktoren können in den Tabellen 1 und 2 im Anhang dieses Buches abgelesen werden.①

① In der Praxis werden häufig auch Tabellen bzw. Computerprogramme mit monatlichen Rückflüssen verwendet, da ja die Zahlungen in der Realität kontinuierlich über das ganze Jahr verteilt anfallen. Der Einfachheit halber wird in diesem Lehrbuch auf die Verwendung mehrerer Tabellen nebeneinander verzichtet.

a) Kapitalwertverfahren

In der Kapitalwertrechnung (**N**et **P**resent **V**alue, abgekürzt NPV, oder **D**iscounted **C**ash**f**low, abgekürzt DCF) werden dem Kapitaleinsatz die auf den Zeitpunkt der Inbetriebnahme abgezinsten Cashflows gegenübergestellt. Sind die abgezinsten Cashflows grösser als der Kapitaleinsatz, resultiert ein positiver Kapitalwert. Dies bedeutet, dass die Investition einen Überschuss über die durch den Kalkulationszinsfuss geforderte Mindestverzinsung abwirft.①

Kapitalwertberechnung

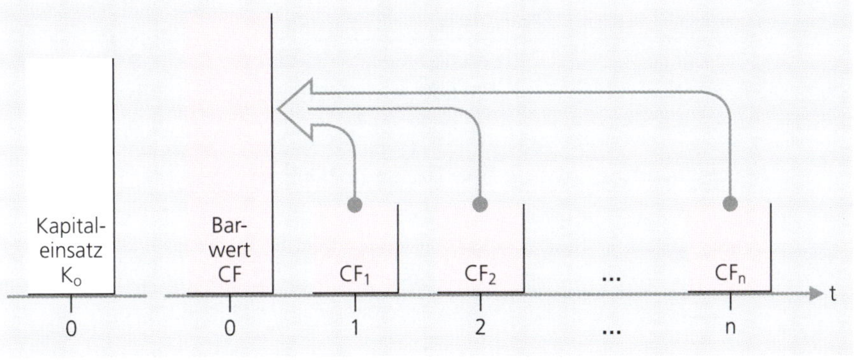

Lösung:
Kapitalwert = Barwert aller Cashflows ./. Kapitaleinsatz

Eine Investition ist akzeptabel, wenn der Kapitalwert ≥0 ist. Bei verschiedenen Alternativen wird diejenige Investition bevorzugt, welche den grössten Kapitalwert aufweist.

① Die Formel für die Kapitalwertberechnung lautet:

$$\text{Kapitalwert (NPV)} = \sum_{t=1}^{n} \frac{CF_t}{\left(1+\frac{p}{100}\right)^t} - K_o$$

CF_t	Einnahmeüberschuss (Cashflow) im Jahre t
K_o	Kapitaleinsatz zum Zeitpunkt der Inbetriebnahme
p	Kalkulationszinssatz
Index t	einzelne Jahre von 1 bis n
n	Nutzungsdauer

Anhand der Beispiele 6 und 7 wird ersichtlich, dass der Barwert der Cashflows und damit die Höhe des Kapitalwertes massgeblich durch zwei Faktoren beeinflusst wird:

- ▷ Höhe des Kalkulationszinsfusses. Je höher der gewählte Zinsfuss, desto stärker der Abzinsungseffekt bzw. desto kleiner der Kapitalwert.
- ▷ Höhe und zeitliche Verteilung der Cashflows. Je grösser die *anfänglichen* Cashflows, desto grösser der Kapitalwert.

Beispiel 6

	Cashflow		Abzinsungsfaktor 10%	Barwert	
	A	B		A	B
1. Jahr	10 000	70 000	0,909	9 090	63 630
2. Jahr	20 000	20 000	0,826	16 520	16 520
3. Jahr	70 000	10 000	0,751	52 570	7 510
Total	100 000	100 000		78 180	87 660

Obwohl die beiden Anlagen insgesamt denselben Cashflow abwerfen, erzielt Anlage B wegen des anfänglich grossen Cashflows einen um 9480 höheren Barwert als Anlage A.

Beispiel 7

	Cashflow		Abzinsungsfaktor 20%	Barwert	
	A	B		A	B
1. Jahr	10 000	70 000	0,833	8 330	58 310
2. Jahr	20 000	20 000	0,694	13 880	13 880
3. Jahr	70 000	10 000	0,579	40 530	5 790
Total	100 000	100 000		62 740	77 980

Durch den hohen kalkulatorischen Zinsfuss werden die Cashflows gegenüber Beispiel 6 viel stärker beschnitten, was sich in deutlich tieferen Barwerten niederschlägt. Die Differenz der Barwerte zwischen Anlage A und B wird durch den hohen Abzinsungszinsfuss verstärkt. A fällt gegenüber B noch mehr ab.

Beispiel 8

Welche der beiden Investitionen A und B ist bei einer Verzinsung von 10% vorteilhafter, wenn der Kapitaleinsatz bei Anlage A 70000, bei Anlage B 75000 beträgt?

	A	B
Barwert der Cashflows gemäss Beispiel 6	78 180	87 660
./. Kapitaleinsatz	– 70 000	– 75 000
= Kapitalwert (NPV)	8 180	12 660
Rangfolge	2	1

Beide Anlagen bringen mehr als nur die geforderte Minimalverzinsung von 10%. Investition B ist allerdings interessanter, da sie einen um 4480 höheren Kapitalwert aufweist.

Zum selben Entscheid gelangt man, wenn man von den Differenzgrössen zwischen Anlage A und B ausgeht:

	Cashflow					Abzinsungs-faktor 10%	Barwert Differenz
	A		./. B		Differenz		
1. Jahr	10 000	–	70 000	=	– 60 000	0,909	– 54 540
2. Jahr	20 000	–	20 000	=	0		0
3. Jahr	70 000	–	10 000	=	+ 60 000	0,751	+ 45 060
Kapitaleinsatz	– 70 000	+	75 000	=	+ 5 000		+ 5 000
Differenz Kapitalwert A gegenüber B							– 4 480

Beispiel 9

Für eine Investition C liegen folgende Daten vor:

Kapitaleinsatz	40 000
Jährlicher Cashflow	10 000
Grossrevision am Ende des 3. Jahres	5 000
Liquidationserlös am Ende der Nutzungsdauer	3 000
Nutzungsdauer	6 Jahre
Kalkulatorischer Zinsfuss	10%

Der Kapitalwert lässt sich wie folgt errechnen:

Barwert der Cashflows	(10 000 • 4,355)	43 550
+ Barwert Liquidationserlös	(3 000 • 0,564)	1 692
= Barwert Rückflüsse		45 242
./. Kapitaleinsatz		– 40 000
./. Barwert Grossrevision	(5 000 • 0,751)	– 3 755
= Kapitalwert (NPV)		1 487

Die Investition lohnt sich; sie bringt über die geforderte Verzinsung noch einen Kapitalwert von 1487.

Zum selben Resultat gelangt man, wenn mit den Netto-Cashflows gerechnet wird, d.h., wenn die Grossrevision und der Liquidationserlös mit dem Cashflow des jeweiligen Jahres verrechnet werden.

	Cashflow	Abzinsungsfaktor 10%	Barwert
1. Jahr	10 000	0,909	9 090
2. Jahr	10 000	0,826	8 260
3. Jahr	5 000	0,751	3 755
4. Jahr	10 000	0,683	6 830
5. Jahr	10 000	0,621	6 210
6. Jahr	13 000	0,564	7 332
Barwert Rückflüsse			41 477
./. Kapitaleinsatz			– 40 000
= Kapitalwert (NPV)			1 477

Die kleine Differenz im Kapitalwert gegenüber der ersten Lösung beruht auf Rundungsdifferenzen.

Liegen jährlich gleich bleibende Cashflows vor, empfiehlt sich vom rechnerischen Standpunkt aus die erste Lösung. Bei unterschiedlichen Cashflows ist die zweite Lösung weniger aufwändig.

b) Annuitätenmethode

Die Annuitätenmethode ist eine Abwandlung der Kapitalwertmethode und ist das Pendant zum statischen Gewinnvergleich.

Der Kapitaleinsatz wird mittels der Zinseszinsrechnung in Renten, d.h. Annuitäten,① umgeformt und den durchschnittlichen jährlichen Cashflows (CF) bzw. Kostenersparnissen gegenübergestellt.

Eine Investition ist vorteilhaft, wenn die durchschnittlichen jährlichen Cashflows mindestens so gross sind wie die Annuität.

Grafisch dargestellt, wird der Zusammenhang zwischen Kapitalwert- und Annuitätenmethode leicht ersichtlich:

Barwertberechnung

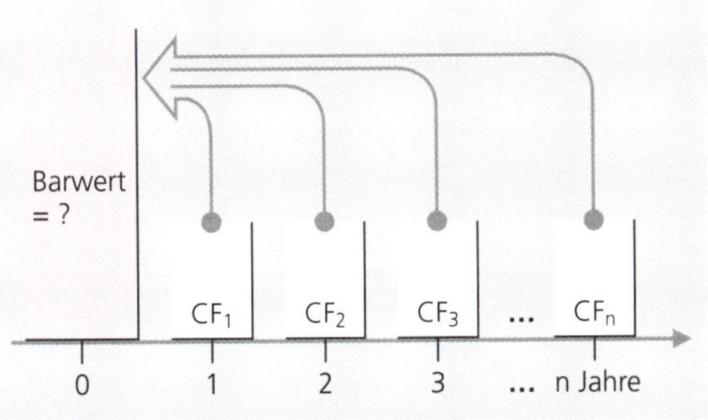

Lösung:
Rentenbarwert = CF • Rbf

Annuitätenberechnung

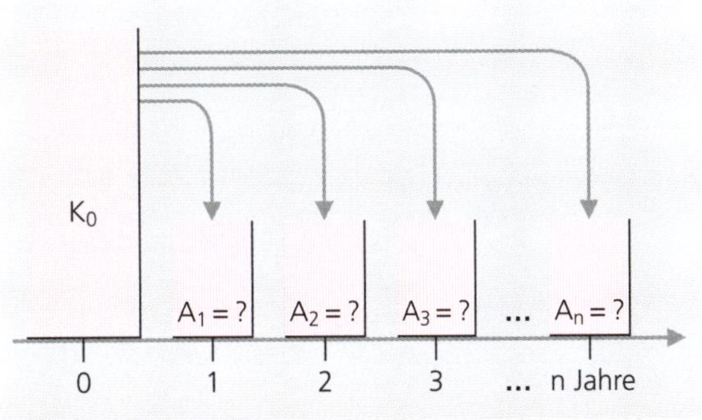

Lösung:
$\text{Annuität} = \frac{K_o}{\text{Rbf}}$

Mithilfe der Rentenbarwertfaktoren aus Tabelle 2 lassen sich die Annuitäten einfach ermitteln.

Die Entscheidungsfindung erfolgt am besten in zwei Schritten:

1. Schritt: Ermittlung der Annuität aus dem Kapitaleinsatz

2. Schritt: Bestimmung des Überschusses bzw. Fehlbetrages durch die Gegenüberstellung von Cashflow und Annuität

① Unter einer Annuität versteht man einen gleich bleibenden jährlichen Betrag, der sich aus einem Kapitalanteil und der geforderten Kapitalverzinsung zusammensetzt.

Beispiel 10

Annuitätenmethode bei *gleichen* Cashflows

Wie ist folgende Investition zu beurteilen?

Kapitaleinsatz	20 000
Jährlicher Cashflow	5 000
Nutzungsdauer	5 Jahre
Kalkulatorischer Zinsfuss	10%

1. Schritt: Ermittlung der Annuität (= Soll-Cashflow)

$$\text{Annuität} = \frac{\text{Kapitaleinsatz}}{\text{Rbf}} = \frac{20\,000}{3{,}791①} = 5\,276$$

2. Schritt: Gegenüberstellung von Annuität und Cashflow

Jährlicher Cashflow	5 000
./. Annuität	– 5 276
= Fehlbetrag	– 276

Dieser Fehlbetrag zeigt, dass die jährlichen Cashflows die Abschreibungen und Zinseszinsen von 10% nicht zu decken vermögen. Die Investition entspricht nicht den Anforderungen.

① Der Rentenbarwertfaktor kann in Tabelle 2 bei 5 Jahren und einer Verzinsung von 10% abgelesen werden.

■ **Beispiel 11**

Annuitätenmethode bei *ungleichen* Cashflows

Wie ist die Investition zu beurteilen, wenn die Cashflows ungleichmässig über die 5 Jahre verteilt sind?

Cashflow	1. Jahr	10 000
	2. Jahr	6 000
	3. Jahr	4 000
	4. Jahr	3 000
	5. Jahr	2 000

Damit die Cashflows überhaupt mit der Annuität verglichen werden können, sind sie zuerst über den Umweg des Barwertes gleichmässig auf die Nutzungsdauer zu verteilen.

	Cashflow	Abzinsungsfaktor	Barwert
1. Jahr	10 000	0,909	9 090
2. Jahr	6 000	0,826	4 956
3. Jahr	4 000	0,751	3 004
4. Jahr	3 000	0,683	2 049
5. Jahr	2 000	0,621	1 242
Total	25 000		20 341

Der gesamte Barwert muss nun wieder «verrentet», d. h. mithilfe des Rentenbarwertfaktors (Tabelle 2 bei 10% und 5 Jahren) in gleichmässige Cashflows umgeformt werden:

$$\text{Durchschnittlicher Cashflow} = \frac{\text{Barwert total}}{\text{Rbf}} = \frac{20\,341}{3{,}791} = 5\,366$$

./. Annuität (wie Beispiel 10)	5 276
= Überschuss	90

Dank dem Umstand, dass die grossen Cashflows am Anfang der Nutzungsdauer anfallen, wird jetzt sogar ein kleiner jährlicher Überschuss erzielt, d. h., die Investition ist vom wirtschaftlichen Standpunkt her akzeptabel.

c) Interner Ertragssatz

Auch die Methode des internen Ertragssatzes (**I**nternal **R**ate of **R**eturn, abgekürzt IRR) ist eigentlich eine Ableitung aus der Kapitalwertmethode. Der interne Ertragssatz ist der Zinsfuss, bei welchem die diskontierten Cashflows gerade dem Kapitaleinsatz entsprechen bzw. ein Kapitalwert von Null erzielt wird. Mit der Methode des internen Ertragssatzes wird die Renditerechnung dynamisiert.

Eine Investition ist vorteilhaft, wenn der interne Ertragssatz über dem von der Geschäftsleitung geforderten Mindestzinsfuss liegt.

Relativ einfach ist die Bestimmung des internen Ertragssatzes, wenn die Cashflows (CF) gleichmässig anfallen. Hier ist die folgende Bedingung erfüllt:

Kapitaleinsatz $K_0 = CF \cdot Rbf$ = Barwert aller Cashflows

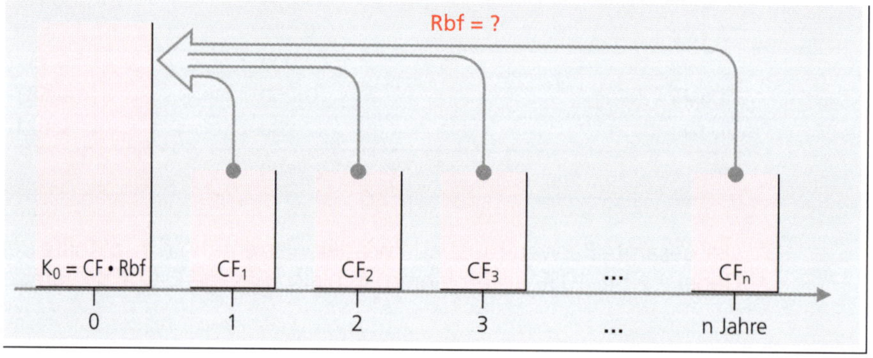

Die Annäherung an den internen Ertragssatz erfolgt am besten schrittweise:

1. Schritt: Ermittlung des Rentenbarwertfaktors: $\frac{\text{Kapitaleinsatz}}{\varnothing \text{ Cashflow}}$

2. Schritt: Bestimmung des Zinsfusses mittels Tabelle 2

Beispiel 12

Interner Ertragssatz bei *gleichen* Cashflows

Wie gross ist der interne Ertragssatz für folgende Investition?

Kapitaleinsatz	20 000
Jährlicher Cashflow	5 000
Nutzungsdauer	6 Jahre

1. Schritt: Ermittlung des Rentenbarwertfaktors

$$\text{Rbf} = \frac{\text{Kapitaleinsatz}}{\varnothing\ \text{Cashflow}} = \frac{20000}{5000} = 4$$

2. Schritt: Bestimmung des Zinsfusses

Rbf-Tabelle bei 6 Jahren Abzinsung:	Rbf 4,111 = 12%	Rbf 3,889 = 14%
Interner Ertragssatz	→ 13% ←	

Beispiel 13

Interner Ertragssatz bei *ungleichen* Cashflows

Wie gross ist der interne Ertragssatz für folgende Investition?

Kapitaleinsatz		20 000
Cashflow	1. Jahr	4 000
	2. Jahr	9 000
	3. Jahr	14 000

Auch in diesem Fall muss schrittweise vorgegangen werden:

1. Schritt: Ermittlung des durchschnittlichen Cashflows
$\varnothing$ Cashflow = (4000 + 9000 + 14000) : 3 = 9000

2. Schritt: Bestimmung des *ungefähren* Zinsfusses

$$\text{Rbf} = \frac{20\,000}{9\,000} = 2{,}222 \longrightarrow \text{Tabelle 2 bei 3 Jahren: } \sim 16\%$$

3. Schritt: Korrektur des ungefähren Zinsfusses, da die Cashflows ansteigen. Weil die hohen Cashflows erst am Schluss anfallen, ist eine Korrektur des ungefähren Satzes nach unten notwendig, also z. B. auf 14%.

4. Schritt: Kontrolle mit 14%

	Cashflow	Abzinsungsfaktor	Barwert
1. Jahr	4 000	0,877	3 508
2. Jahr	9 000	0,769	6 921
3. Jahr	14 000	0,675	9 450
Total			19 879
Fehlbetrag zum Kapitaleinsatz			**121**

Der Barwert der Cashflows entspricht ziemlich genau dem Kapitaleinsatz; die Investition verzinst sich – da ein kleiner Fehlbetrag resultiert – nicht ganz mit 14%.

Für eine genauere Lösung ist es am einfachsten, die Investition noch mit einem zweiten Zinsfuss durchzurechnen und den genauen internen Ertragssatz durch grafische oder rechnerische lineare **Interpolation** zu bestimmen.

Kontrolle mit 12%

	Cashflow	Abzinsungsfaktor	Barwert
1. Jahr	4 000	0,893	3 572
2. Jahr	9 000	0,797	7 173
3. Jahr	14 000	0,712	9 968
Total			20 713
Überschuss zum Kapitaleinsatz			**713**

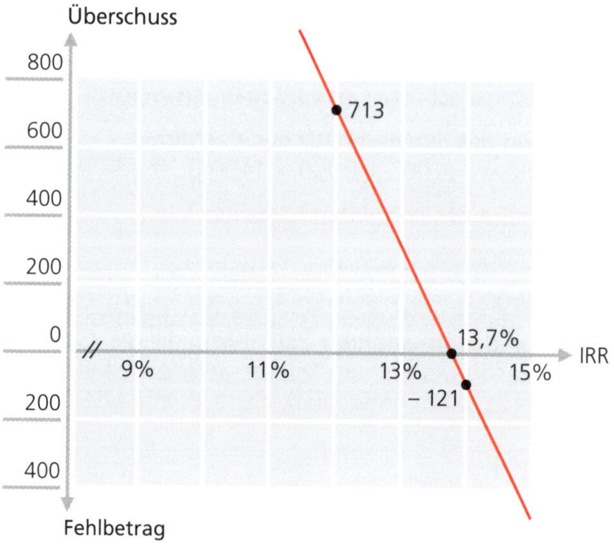

Interner Ertragssatz	$= 12 + \frac{713}{(713 + 121) : 2}$	$= 12 + \frac{713}{417}$	**= 13,7%**

Diese Lösung ist mathematisch nicht ganz genau, liefert aber bei nicht allzu grossen Interpolationsintervallen ausreichende Resultate. Für diese Investition beträgt der interne Ertragssatz 13,7%.

d) Dynamisierte Payback-Methode

Die dynamische Payback-Methode ist eine Weiterentwicklung der statischen Amortisationsrechnung. Die Wiedergewinnungszeit gibt die Anzahl Jahre wieder, die verstreichen, bis die Investition ihren Kapitaleinsatz *nebst Zins und Zinseszinsen* erwirtschaftet hat. Statt der nominellen Cashflows bzw. Kostenersparnissen werden deren abgezinste Barwerte eingesetzt. Da die dynamische Amortisationszeit auch die Verzinsung der Rückflüsse zum kalkulatorischen Zinssatz berücksichtigt, ist sie länger als die statisch ermittelte Wiedergewinnungszeit.

Auch die dynamisierte Payback-Methode ist letztlich eine Abwandlung der Kapitalwertmethode. Hier wird die Frage gestellt, **nach wie viel Jahren Laufzeit gerade ein Kapitalwert (NPV) von 0 erzielt wird**.

Eine Investition ist vorteilhaft, wenn die dynamisierte Wiedergewinnungszeit kürzer ist als die Nutzungsdauer.

Beispiel 14

Nach welcher Zeit hat sich die folgende Investition amortisiert?

Kapitaleinsatz	20 000
Jährlicher Cashflow	5 000
Nutzungsdauer	6 Jahre
Kalkulatorischer Zinsfuss	10%

Jahr	Cashflow	Abzinsungsfaktor	Barwert Cashflow	Kumulierte Barwerte	NPV
1	5 000	0,909	4 545	4 545	– 15 455
2	5 000	0,826	4 130	8 675	– 11 325
3	5 000	0,751	3 755	12 430	– 7 570
4	5 000	0,683	3 415	15 845	– 4 155
5	5 000	0,621	3 105	18 950	– 1 050
6	5 000	0,564	2 820	21 770	+ 1 770

Die Wiedergewinnungszeit beträgt 5 Jahre + $\frac{1\,050}{2\,820}$ = 5,4 Jahre

Diese Investition ist empfehlenswert, da bei einer Verzinsung von 10% die Amortisationszeit kürzer ist als die Nutzungsdauer.

Beurteilung der statischen und dynamischen Rechenverfahren

Noch immer sind in der Praxis die statischen Methoden sehr beliebt, obwohl sich in den letzten Jahren die dynamischen Methoden zunehmend stärker durchsetzen. Welche Methode im konkreten Fall zweckmässig ist, hängt von der Fragestellung des Investors ab.

▷ Stehen unbeschränkte finanzielle Mittel zu einem bestimmten Zinssatz zur Verfügung, ist die Net-Present-Value-Methode empfehlenswert; realisiert werden alle Vorhaben mit einem positiven Kapitalwert.

▷ Sind die finanziellen Mittel beschränkt, kann aufgrund der Rendite- oder Internen Ertragssatzrechnung eine Rangfolge für die Realisation der Investitionsvorhaben erstellt werden, falls von der Annahme ausgegangen wird, dass Projekte mit höherer Rendite solchen mit tieferer Rendite vorgezogen werden.

▷ Geht es darum, das Risiko bis zur Wiedergewinnung der investierten Mittel oder die liquiditätsmässigen Auswirkungen einer Investition abzuschätzen, sind die Payback-Methoden gefragt.

Sowohl den statischen als auch den dynamischen Methoden haftet die Schwäche an, dass sie auf der unrealistischen Wiederanlageprämisse basieren, welche besagt, dass die Cashflows sofort und ohne Wiederanlagenebenkosten zum vorgegebenen Kalkulationszinsfuss oder zum Renditesatz reinvestiert werden können. Diese Annahme kann zu unterschiedlichen Rangfolgen bei der Beurteilung verschiedener Investitionsobjekte führen.

	Statische Methoden	Dynamische Methoden
Stärken	▷ Auch für nicht betriebswirtschaftlich geschulte Personen verständlich. ▷ Einfachheit der Berechnung. ▷ Datenmaterial kann meistens der Buchhaltung entnommen werden. ▷ Klarer Aussagegehalt der Resultate.	▷ Gewichtung des zeitlichen Anfalls der Zahlungsströme mittels der Zinseszinsrechnung. ▷ Ausgangslage bieten die effektiven Zahlungen und nicht Durchschnittswerte. ▷ Zuverlässige Beurteilung auch für langfristige Investitionen.
Schwächen	▷ Beschränkung auf Durchschnittsjahr bei unregelmässigen Zahlungen ist ungenau. ▷ Zeitlicher Anfall der Zahlungen wird nicht berücksichtigt, was grosse Verzerrungen zur Folge haben kann. ▷ Nutzungsdauer der Investition wird unzureichend berücksichtigt. ▷ Über die Jahre unterschiedlich wachsenden Kosten- und Erlösgrössen wird nicht Rechnung getragen.	▷ Für Laien schwer verständlich und schwierig zu interpretieren. ▷ Datenbereitstellung kann sehr aufwändig sein. ▷ Vorausgesetzt wird, dass die Zahlungsströme für die einzelnen Jahre richtig geschätzt werden können. ▷ Wegen Wiederanlageprämisse können Methoden zu unterschiedlichen Resultaten führen, da Zwischenanlage einmal zum Kalkulationssatz bzw. zum internen Ertragssatz erfolgt.

Cashflow-basierte Unternehmungsbewertung

Die Gründe, die zu einer Unternehmungsbewertung führen, sind vielfältig:

▷ Kauf oder Verkauf einer Unternehmung
▷ Fusion von zwei oder mehreren Unternehmungen
▷ Nachfolgeregelung oder Erbteilung
▷ Finanzanalyse
▷ Berechnung des Shareholder Values
▷ Basis für Mitarbeiterbeteiligung
▷ Vorbereitung eines Going Public
▷ Fiskalpolitische Zwecke

Die traditionellen Methoden zur Unternehmungsbewertung wie Substanz-, Ertrags- und gewichtete Mittelwertverfahren werden heute zunehmend durch Cashflow-basierte Unternehmungsbewertungen ersetzt. Nimmt man die Discounted Cashflow-Methode (DCF) genauer unter die Lupe, stellt man fest, dass sie nichts anderes als eine Anwendung der bekannten Kapitalwertmethode darstellt und sich unter bestimmten Annahmen auch nicht von der Ertragswertmethode unterscheidet.

Ausgangspunkt für die Unternehmungsbewertung ist die Ermittlung der künftigen Einnahmenüberschüsse, d.h. des **Free Cashflows.** Zunächst wird der Geldzufluss aus der Betriebstätigkeit, d.h. der Cashflow, ermittelt. Der Cashflow als Massgrösse hat den Vorteil, dass es sich dabei um eine tatsächliche Grösse handelt, während der Gewinn durch die Vornahme von buchhalterischen Eingriffen wie Abschreibungen und Rückstellungsbildung einer Bewertungswillkür unterworfen ist. Deshalb sagen die Amerikaner: «Profit is an opinion, cash is a fact» (Gewinn ist eine Meinung, Geld eine Tatsache). Von diesem Cashflow sind noch die künftigen Investitionen abzuzählen, da sie künftige Ausgaben darstellen.

Für den Free Cashflow gilt demnach folgende Definition:

	Reingewinn nach Steuern	
+	Abschreibungen	
+	Fremdzinsen	
=	Cashflow (Praktikermethode)	
+/–	Debitorenveränderungen	= Investitionen und Desinvestitionen im Nettoumlaufvermögen
+/–	Lagerveränderungen	
+/–	Kreditorenveränderungen	
=	**Cashflow** (Einnahmenüberschuss aus Betriebstätigkeit)	
–	Investitionen im Anlagevermögen	
+	Desinvestitionen im Anlagevermögen	
=	**Free Cashflow** (Einnahmenüberschuss total)	

Aus dem Free Cashflow für ein einzelnes Jahr kann noch nicht auf den Unternehmungswert geschlossen werden. Unternehmungen mit kleinem oder sogar negativem Free Cashflow können auch auf eine dynamische, rasch wachsende, anlageintensive Unternehmung mit grossem Investitionsbedarf hindeuten. Ein einzelner Free Cashflow als isolierte Grösse ist deshalb ohne direkten Bezug zum Unternehmungswert. Erst durch den Einbezug *aller* künftigen Free Cashflows kann der Unternehmungswert bestimmt werden.

Unternehmungswert = Barwert aller künftigen Free Cashflows.

Unter der Annahme, dass die Investitionen über die nächsten Jahre konstant bleiben, gleichen sich die künftigen Abschreibungen den zu tätigenden Ersatzinvestitionen an, was dazu führt, dass die künftigen Free Cashflows den geschätzten künftigen Gewinnen vor Abzug von Zinsen gleichgesetzt werden können. Diese nachhaltig erzielbaren Gewinne stellen eine ewige Rente dar und ergeben mit der entsprechenden Formel abgezinst den Ertragswert (vgl. dazu Aufgabe 44.13):

$$\text{Ertragswert (Unternehmungswert)} = \frac{\text{nachhaltig erzielbarer Gewinn vor Zinsen}}{\text{Kalkulatorischer Zinsfuss}}$$

Die Ertragswertmethode stimmt also mit der Discounted Cashflow-Methode überein, sofern die Unternehmung ein Nullwachstum mit sich entsprechenden Abschreibungen und Ersatzinvestitionen aufweist.

Warum dann überhaupt die DCF-Methode? Erstens wird der Ertragswertmethode mit Recht angelastet, dass sie von den *vergangenen* Gewinnen ausgeht und diese einfach in die Zukunft extrapoliert. Die Investitionsrechnung als Zukunftsrechnung hat jedoch von zukünftig erzielbaren Cashflows auszugehen, vermindert um die zukünftig notwendigen Investitionen. Zweitens ist ein Nullwachstum eher unwahrscheinlich. Wird zum Beispiel für die Zukunft mit einem konstanten Unternehmungswachstum gerechnet, liegen die Investitionen in der Regel über den Abschreibungen, d.h., der stabilisierte Free Cashflow läge dann unter dem stabilisierten Reingewinn.

Bei der DCF-Methode werden deshalb in einem ersten Schritt die einzelnen unterschiedlichen Free Cashflows bis zu dem Zeitpunkt ermittelt, bei welchem ein stabiler Free Cashflow erreicht wird. In einem zweiten Schritt wird für die weitere Lebensdauer der Unternehmung der gleich bleibende Free Cashflow als ewige Rente kapitalisiert (= **Endwert**).

Der Unternehmungswert bestimmt sich somit aus den diskontierten Free Cashflows der ersten Jahre und dem diskontierten Endwert:

Unternehmungswert① = diskontierte Free Cashflows + diskontierter Endwert

① Die Formel für die Berechnung des Unternehmungswertes lautet:

$$\text{Unternehmungswert} = \sum_{t=1}^{u} \frac{FCF_t}{\left(1+\frac{p}{100}\right)^t} + \frac{EW_u}{\left(1+\frac{p}{100}\right)^u}$$

FCF_t	Free Cashflow im Jahre t	Index t	einzelne Jahre von 1 bis u
EW	Endwert	u	Prognosehorizont von u Jahren bis zur Stabilisierung der Free Cashflows
p	Kalkulationszinssatz		

Dem Endwert kommt zur Bestimmung des heutigen Unternehmungswertes ebenfalls entscheidende Bedeutung zu, da dieser in der Praxis meistens weit mehr als die Hälfte des gesamten Unternehmungswertes ausmacht. Aus diesem Grunde hat nicht nur die Ermittlung der Free Cashflows mit grosser Genauigkeit zu erfolgen, sondern in ebensolchem Masse der geschätzte Endwert. Dies ist aber nur möglich, wenn der Endwert der zu bewertenden Unternehmung nicht in unerreichbar weiter Ferne liegt, sondern «greifbar», d. h. mit einem Planungshorizont von ca. fünf Jahren, bestimmt werden kann.

Beispiel 1

Unternehmung mit Nullwachstum

Der kalkulatorische Zinssatz beträgt 10%, die Investitionen und Abschreibungen bleiben über die Jahre gleich. Wie gross ist der Unternehmungswert nach der Discounted Cashflow-Methode, wenn von den folgenden Angaben ausgegangen wird:

	20_1	20_2	20_3	20_4	20_5ff.
Reingewinn vor Zinsen	50	50	50	50	50
Abschreibungen	40	40	40	40	40
Investitionen	40	40	40	40	40

	20_1	20_2	20_3	20_4	20_5ff.
Free Cashflow	50	50	50	50	50
Endwert					$\frac{50}{0{,}10} = 500$
Barwertfaktor 10%	3,170 (für 20_1 bis 20_4)				0,683 (für 20_4)
Unternehmungswert = Discounted Cashflows	158,50			+	341,50 = 500

Da es sich in diesem Fall um gleich bleibende Free Cashflows handelt, die den nachhaltig erzielbaren Reingewinnen vor Zinsen gleichgesetzt werden können, entsprechen diese einer ewigen Rente. Der aufgrund der Ertragswertformel berechnete Unternehmungswert entspricht in diesem Fall genau dem Cashflow-basierten Unternehmungswert.

$$\textbf{Unternehmungswert} = \frac{\text{Gewinn}}{\text{Kalk. Zinsfuss}} = \frac{50}{0{,}10} = \mathbf{500}$$

Beispiel 2

Unternehmung mit variablem Wachstum

Der kalkulatorische Zinssatz beträgt 10%, die Investitionen und die Abschreibungen verändern sich von Jahr zu Jahr und stabilisieren sich ab dem Jahr 20_5. Wie gross ist der Unternehmungswert nach der Discounted Cashflow-Methode, wenn folgende Daten als Grundlage dienen?

	20_1	20_2	20_3	20_4	20_5ff.
Reingewinn vor Zinsen	10	40	70	80	50
Abschreibungen	40	50	30	40	40
Investitionen	60	40	15	45	40

	20_1	20_2	20_3	20_4	20_5ff.
Free Cashflow	– 10	50	85	75	50
Endwert					$\frac{50}{0{,}10} = 500$
Barwertfaktor 10%	0,909	0,826	0,751	0,683	0,683
Unternehmungswert = Discounted Cashflows	– 9,09	+ 41,3	+ 63,84	+ 51,23	+ 341,5 = 488,78

Zusammenfassend gelten für die DCF-Methode folgende Grundsätze:

- ▷ Die künftig zur Verfügung stehenden Free Cashflows werden auf den Bewertungszeitpunkt abgezinst.
- ▷ Grundlage für die Bewertung sind Budgets und Prognosen über die zukünftige Unternehmungsentwicklung. Nur die ordentliche Geschäftstätigkeit wird bewertet.
- ▷ Die DCF-Methode ist vor allem geeignet, wenn zeitlich stark schwankende Cashflows und grosse strukturelle Änderungen zu erwarten sind.

Zusammenfassung

Diese systematische Abhandlung der heute in der Praxis gängigen Investitionsrechenverfahren versucht, auf einfache und anschauliche Art das Rüstzeug zu vermitteln, um die meist knappen finanziellen Mittel «richtig» anzulegen. Dabei wurde bewusst eine Beschränkung auf die statischen und dynamischen Methoden vorgenommen, da diese den Anforderungen der Praxis in der Regel vollauf zu genügen vermögen.

Wichtig ist allerdings die Erkenntnis, dass jede Investitionsrechnung letztlich nur zuverlässige Entscheidungsgrundlagen liefern kann, wenn die ihr zugrunde gelegten Rechendaten auch der Wirklichkeit entsprechen. Da die Investitionsrechnung als Zukunftsrechnung jedoch immer eine Schau in die unsichere und unberechenbare Zukunft bleibt, wird sie das unternehmerische Risiko höchstens zu einem gewissen Grad mindern, aber nie beseitigen können. Nicht im Ungenügen der Methoden liegt die Hauptproblematik, sondern in dem sich immer rascher verändernden Umfeld jedes einzelnen Menschen und jeder Unternehmung, was kaum mehr zuverlässige Prognosen über die unmittelbare Zukunft hinaus zulässt. Aus diesem Grunde gewinnen Sensitivitätsanalysen① an Bedeutung, da sie dem Investor bei Schätzungsfehlern wichtige Anhaltspunkte über das Ausmass der Zielverfehlung zu geben vermögen.

Mit dem zunehmenden ökologischen Bewusstsein wird auch der Einbezug der nicht quantifizierbaren Daten in die Investitionsentscheidung wichtiger. Mehr und mehr Investitionen, die vom wirtschaftlichen Standpunkt her gesehen sinnvoll erscheinen, werden künftig keine Chance mehr haben, da sie den gestiegenen ökologischen Anforderungen nicht genügen. Hier zeigt sich eine neue Stossrichtung für die Forschung, nämlich praktikable Modelle zu entwickeln, in welchen auf einfache Art sowohl quantifizierbare als auch nicht quantifizierbare Grössen miteinander verknüpft werden können.

Zweifellos sind die dynamischen Methoden wegen der Gewichtung des zeitlichen Anfalls der Zahlungsströme den statischen Verfahren bezüglich Aussagekraft überlegen. Dem weniger geübten Investitionsrechner oder dem durch die betriebliche Rechnungsführung mit klaren Periodenabgrenzungen Geprägten werden jedoch die statischen Methoden nach wie vor einleuchtender sein. Bei der Präsentation neuer Projekte ist diesem Aspekt genügend Rechnung zu tragen, ist doch ein positiver Entscheid häufig auch davon abhängig, dass die angestellten Überlegungen und Rechnungen für die Entscheidungsträger durchschaubar und nachvollziehbar sind. Auch in diesem Sinne ist es empfehlenswert, ein mögliches Investitionsvorhaben gleichzeitig mit verschiedenen Methoden durchzurechnen.

① Mit der Sensitivitätsanalyse wird der Bereich abgesteckt, in welchem die Schätzungsfehler liegen dürfen, ohne die definierte Zielsetzung (Rendite, Umsatz oder Nutzungsdauer) zu gefährden.

Aufgaben

1. Teil Geldflussrechnung

12.01[1]

Die Bilanz ist die älteste Jahresrechnung. In ihr werden die Aktiven und Passiven einander wie zwei Waagschalen (ital. bilancia = Waage) gegenübergestellt.

Im Rahmen der finanziellen Unternehmensführung kann die Bilanz schematisch wie folgt gegliedert werden:

Bilanz

Aktiven	Passiven
Flüssige Mittel	Operatives Fremdkapital
Forderungen	Finanzielles Fremdkapital
Vorräte	Finanzielles Fremdkapital
Anlagevermögen – Finanzanlage – Sachanlagen – Immaterielle Anlage	Eigenkapital

a) Woraus setzen sich die flüssigen Mittel zusammen?

b) Welche Konten gehören zum operativen bzw. zum finanziellen Fremdkapital? Nach welchen Gesichtspunkten erfolgt die Gliederung des Fremdkapitals im obigen Schema?

c) Warum wird das Eigenkapital auch Reinvermögen (oder Nettovermögen) genannt?

d) Wie verändert sich das Eigenkapital durch Aufwand und Ertrag?

e) Was sind Einnahmen und Ausgaben?

a) Ka, Bk, (Po), "geldnahe" Mittel (≈ 90 Tage)
b) verzinslich / nicht verzinslich → operatives FK
↳ finanzielles FK
c) EK stellt Überschuss des Vermögens (a) über die Schulden (p) dar.
d) Aufwand = EK Verminderung, Ertrag = EK Erhöhung
e) Einnahmen = Zunahme FL Mittel. Ausgaben = Abnahme FL Mittel

[1] Zu Kapitel 11 gibt es keine Aufgaben.

f) Nennen sie für die folgenden Geschäftsfälle die Buchungssätze, und kreuzen Sie an, ob es sich um Einnahmen, Ausgaben, Aufwände oder Erträge handelt.

Nr.	Geschäftsfall	Buchungssatz	Einnahme	Ausgabe	Aufwand	Ertrag
1	Barkauf einer Maschine **(= Investition)**	Maschine / Fl. Mittel		X		
2	Erhöhung des Aktienkapitals durch Barliberierung **(= Aussenfinanzierung)**	Fl. Mittel / AK	X			
3	Rückzahlung einer Hypothek **(= Definanzierung)**	Hypothek / Fl. Mittel		X		
4	Barverkauf eines gebrauchten Fahrzeugs zum Buchwert **(= Desinvestierung)**	Fl. Mittel / Fahrzeuge	X			
5	Warenverkauf gegen bar	Fl. Mittel / Warenertrag	X			X
6	Warenverkauf gegen Rechnung	FoLL / Warenertrag				X
7	Bankbelastung für Mietzinse	Raumaufw. / Fl. Mittel		X	X	
8	Abschreibung einer Maschine	Abschreibung / Maschine			X	
9	Bankbelastung für Lohnzahlungen	Lohn Aufw. / Fl. Mittel		X	X	

Geldflussrechnung | Erfolgsrechnung

12.02

Als Ausgangslage sind die Eröffnungsbilanz sowie die summarisch zusammengefassten Geschäftsfälle einer **Privatschule** bekannt (alles Kurzzahlen).

Eröffnungsbilanz 1. 1. 20_1

Aktiven		Passiven	
Flüssige Mittel	20	Darlehen	70
Sachanlagen	200	Aktienkapital	100
		Gewinnreserven	50
	220		220

Geschäftsfälle 20_1

Nr.	Geschäftsfall	Buchung		Betrag
1	Einzahlungen der Schulgelder aufs Bankkonto	Flüssige Mittel	Schulgeldertrag	300
2	Personalaufwand	Personalaufwand	Flüssige Mittel	150
3	Übriger Baraufwand (u. a. Mietzinse, Energieverbrauch, Kapitalzinsen, Versicherungsprämien, Schulmaterialverbrauch)	Übriger Aufwand	Flüssige Mittel	110
4	Abschreibung Einrichtungen	Abschreibungen	Sachanlagen	30
5	Barkauf von Sachanlagen	Sachanlagen	Flüssige Mittel	60
6	Barverkauf von nicht mehr benötigten Sachanlagen zum Buchwert	Flüssige Mittel	Sachanlagen	5
7	Teilrückzahlung Darlehen (Bankzahlung)	Darlehen	Flüssige Mittel	20
8	Aktienkapitalerhöhung zum Nominalwert durch Barliberierung	Flüssige Mittel	Aktienkapital	50
9	Es werden keine Gewinnausschüttungen vorgenommen.	Keine Buchung		

Lösen Sie die Aufgaben auf den nächsten drei Seiten.

1. ER
2. GFR
3. Bi

a) Erstellen Sie die Erfolgsrechnung.

Erfolgsrechnung 20_1

Aufwand		Ertrag	
Personalaufwand	150	Schulgeldertrag	300
Üb. Betriebsaufw.	110		
Abschreibungen	30		
Gewinn	10		
	300		300

b) Ermitteln Sie den Cashflow nach der direkten und der indirekten Methode.

Cashflow-Berechnung

Direkte Berechnung

Einnahmen von Schulgelderträgen	300
./. Ausgaben für Personalaufwand	– 150
./. Ausgaben für übrigen Aufwand	– 110
= Cashflow	40

Indirekte Berechnung

Gewinn	10
Differenz zwischen Gewinn und Cashflow	
Abschreibungen	30
= Cashflow	40

Erfolgsrechnung

Aufwand	Ertrag
Geldwirksamer Aufwand (Ausgaben)	Geldwirksamer Ertrag (Einnahmen) ✓
Abschreibungen	
Gewinn	

Betrieblicher CF

Erfolgsrechnung

Aufwand	Ertrag
Geldwirksamer Aufwand (Ausgaben)	Geldwirksamer Ertrag (Einnahmen)
Abschreibungen	
Gewinn	

→ praktikere Formel = Gewinn + Aufwand!

c) Erstellen Sie die Geldflussrechnung in Kontoform. Der Cashflow ist indirekt auszuweisen.

Geldflussrechnung 20_1 (in Kontoform)

Einnahmen				Ausgaben	
Cashflow (Innenfinanzierung)				**Investierung**	
Gewinn	10			Kauf Sachanlage	60
Abschreibungen	30		40		
Aussenfinanzierung				**Definanzierung**	
Erhöhung AK			50	Teilrückzahlung Darlehen	20
Desinvestierung					
Verkauf Sachanlage			5	Zunahme Fl. Mittel	15
			95		95

d) Wie lautet die Schlussbilanz? 20 → 35 31.12 Δ +15

Schlussbilanz 31. 12. 20_1

Aktiven			Passiven		
Flüssige Mittel	(20+15)	35	Darlehen	(70−20)	50
Sachanlagen	(200−5+60−30)	225	Aktienkapital	(100+50)	150
			Gewinnreserven	(50+10)	60
		260			260

e) Erstellen Sie die Geldflussrechnung in Berichtsform (Cashflow indirekt).

Geldflussrechnung (in Berichtsform)

	Geldfluss aus Betriebstätigkeit (Cashflow)		
	Gewinn	10	
+	Abschreibungen	30	40
	Geldfluss aus Investitionstätigkeit		
./.	Kauf von Sachanlagen	− 60	
+	Verkauf von Sachanlagen	5	−55
	[Free Cashflow]		−15
	Geldfluss aus Finanzierungstätigkeit		
+	Erhöhung AK	50	
./.	Rückzahlung Darlehen	− 20	30
=	**Zunahme flüssige Mittel**		+15

f) Vervollständigen Sie den schematischen Überblick über die drei Gesamtrechnungen der Finanzbuchhaltung. Die grafischen Darstellungen sind nicht massstabsgetreu.

GFR

1.1

Eröffnungsbilanz

Aktiven		Passiven	
Anfangsbestand flüssige Mittel	20		
		Anfangsbestand Eigenkapital	150

ER

Geldflussrechnung

Einnahmen		Ausgaben	
Cashflow (Innenfinanzierung)	40	Investierung	60
Aussenfinanzierung	50	Definanzierung	20
Desinvestierung	5	Zunahme	15

Erfolgsrechnung

Aufwand		Ertrag	
Aufwand	290	Ertrag	300
Gewinn	10		

Schlussbilanz

Aktiven		Passiven	
Anfangsbestand flüssige Mittel	20		
Zunahme flüssige Mittel	15	Anfangsbestand Eigenkapital	150
31.12	35	AK-Erhöhung	50
		Gewinn	10

Schlussbestand flüssige Mittel

Schlussbestand Eigenkapital 210

1. ER
2. GFR
3. BI

12.03

Vervollständigen Sie die Jahresrechnungen der **Gartenbau** M. Schwaiger mit Texten und Zahlen.

Eröffnungsbilanz

Aktiven		Passiven	
Flüssige Mittel	18	Darlehen	28
Sachanlagen	100	Eigenkapital	90
	118		118

Geldflussrechnung

(GF)	Geldfluss aus Geschäftstätigkeit		
	Einnahmen Gartenarbeit	200	
	– Personalaufwand	–110	
	– Übriger Aufwand	–65	25
(GIA)	Geldfluss aus Investitionstätigkeit		
./.	Kauf Werkzeuge	–7	
./.	Kauf Fahrzeug	–30	
+	Verkauf Fahrzeug zum Buchwert	9	–28
(GFA)	Geldfluss aus Finanzierungstätigkeit		
	Rückzahlung Darlehen		–8
=	Abnahme flüssige Mittel		**– 11**

Erfolgsrechnung

	Ertrag Gartenarbeiten (bar)	200
./.	Personalaufwand (bar)	– 110
	Abschreibung	–10
./.	Übriger Aufwand (bar)	– 65
=	**Gewinn**	**15**

Cashflow indirekt

Gewinn	15
Abschreibung	10
Cashflow	25

Schlussbilanz

Aktiven		Passiven	
Flüssige Mittel (18 – 11)	7	Darlehen	20
Sachanlagen (100 + 28 – 10)	118	Eigenkapital 90 + 15	105
	125		125

12.04

Vom **Taxiunternehmen** R. Schmidt sind die Eröffnungsbilanz sowie die summarisch zusammengefassten Geschäftsfälle bekannt.

Eröffnungsbilanz 1. 1. 20_1

Aktiven		Passiven	
Flüssige Mittel	20	Darlehen	70
Fahrzeuge	130	Eigenkapital	80
	150		150

Geschäftsfälle 20_1

Nr.	Geschäftsfall	Betrag
1	Bareinnahmen aus Taxifahrten	280
2	Bankzahlungen für Personalaufwand	200
3	Übriger Baraufwand	25
4	Abschreibungen Fahrzeuge	35
5	Barkauf eines neuen Fahrzeugs	50
6	Barverkauf eines gebrauchten Fahrzeugs zum Buchwert	7
7	Rückzahlung Darlehen durch Bankzahlung	10
8	Gewinnausschüttung an Geschäftsinhaber (private Bargeldbezüge)	16
9	Übertrag des Gewinnes aufs Eigenkapital	?

a) Welche Rechtsform hat dieser Taxibetrieb?

b) Nennen Sie fünf Beispiele für übrigen Baraufwand.

c) Erstellen Sie folgende Rechnungen:
- ▷ Erfolgsrechnung
- ▷ Geldflussrechnung mit direktem Nachweis des Geldflusses aus Geschäftstätigkeit
- ▷ Indirekter Cashflow-Nachweis
- ▷ Schlussbilanz

d) Wie beurteilen Sie die finanzielle Situation dieser Unternehmung?

12.05

Die **Transport AG** befördert Güter für kommerzielle Kunden. Es liegen diese Informationen vor:

Schlussbilanzen

	20_6	20_7		20_6	20_7
Flüssige Mittel	4	5	Verbindlichkeiten L+L (Kreditoren)	8	12
Forderungen L+L (Debitoren)	50	60	Langfristiges Darlehen	60	56
Mobile Sachanlagen	270	300	Aktienkapital	200	220
			Gesetzliche Gewinnreserve	20	22
			Freiwillige Gewinnreserven	36	55
	324	365		324	365

Erfolgsrechnung 20_7

Transportertrag	400
./. Personalaufwand	– 140
./. Treibstoffaufwand	– 60
./. Abschreibungen	– 40
./. Übriger Aufwand	– 130
= Gewinn	**30**

Die Kreditoren bestehen aus unbezahlten Treibstoffrechnungen. Der Personalaufwand und der übrige Aufwand wurden durch Bankzahlung beglichen.

In der Berichtsperiode wurde ein gebrauchtes Fahrzeug zum Buchwert von 20 bar verkauft. Die Aktienkapitalerhöhung sowie der Kauf eines neuen Fahrzeugs erfolgten gegen Bankzahlung.

a) Führen Sie diese ausgewählten Konten mit Texten und Beträgen.

Forderungen aus L+L (Debitoren)

Verbindlichkeiten aus L+L (Kreditoren)

Mobile Sachanlagen

Freiwillige Gewinnreserven

b) Erstellen Sie die Geldflussrechnung mit direktem Ausweis des Geldflusses aus Geschäftstätigkeit. Ermitteln Sie den operativen Cashflow in einer separaten Rechnung indirekt.

Geldflussrechnung 20_7

Geldfluss aus Geschäftstätigkeit (direkt)		
KD Zahlungen	380	
– Zahlungen für Personal	–140	
– Zahlungen für Lieferanten	–56	
– Zahlungen für Übriges	–120	64
Geldfluss aus Investitionstätigkeit		
– Kauf FZ	–90	
+ Verkäufe FZ	20	–70
Geldfluss aus Finanzierungstätigkeit		
+ Erhöhung AK	20	
– Gewinnausschüttung	–9	
– Rückzahlung Darlehen	–4	7
=		1

Geldfluss aus Geschäftstätigkeit 20_7 (indirekt)

Gewinn	30
+ Abschreibung	40
– Zunahme FLL	–10
+ Zunahme VLL	+4
	64

12.06

Die **Treuhand GmbH** führt Buchhaltungen für andere Unternehmungen, macht Steuerberatungen und betreut Revisionsmandate.

Die Eröffnungsbilanz sowie die summarisch zusammengefassten Geschäftsfälle lauten:

Eröffnungsbilanz 1. 1. 20_1

Aktiven			Passiven		
Umlaufvermögen			**Fremdkapital**		
Bank	17		Kreditoren①	1	
Debitoren	15	32	Darlehen	21	22
Anlagevermögen			**Eigenkapital**		
Büroeinrichtung		40	Stammkapital	20	
			Gesetzliche Gewinnreserve	7	
			Freiwillige Gewinnreserven	23	50
		72			72

Geschäftsfälle 20_1

Nr.	Geschäftsfall	Betrag
1	Honorarertrag (den Kunden verschickte Rechnungen)	140
2	Zahlungen von Kunden	120
3	Zahlungen für Personalaufwand	65
4	Mietaufwand (Zahlungen für Büromiete)	30
5	Diverser Aufwand (u. a. Darlehenszinsen, Energieverbrauch, Versicherungsprämien, Büromaterialverbrauch)	21
6	Zahlungen für diversen Aufwand	20
7	Abschreibung Büroeinrichtung	13
8	Barkäufe von Büromobiliar und EDV-Anlagen	11
9	Rückzahlung Darlehen durch Bankzahlung	4
10	Zuweisung an gesetzliche Gewinnreserve	2
11	Gewinnausschüttung durch Bankzahlung	5

a) Erstellen Sie auf der nächsten Seite die verlangten Abschlussrechnungen.

b) Ist die Eigenkapitalrendite (Gewinn im Verhältnis zum durchschnittlichen Eigenkapital) ausreichend?

c) Beurteilen Sie die Liquiditätsentwicklung für 20_1 und 20_2 (unter der Annahme, dass die Zahlen des nächsten Jahres ähnlich sein werden wie im vergangenen Jahr).

① Die Kreditoren stellen noch nicht bezahlte Rechnungen für Büromaterial dar.

Geldflussrechnung 20_1

Geldfluss aus Geschäftstätigkeit		
Zahlungen von Kunden	120	
Zahlungen für Personal	−65	
Zahlung für Miete	−30	Zufluss
Zahlung div. Aufwand	−20	5
Geldfluss Investitionstätigkeit		Abfluss
Kauf Büro Mobiliar		−11
		−6 FCF
Geldfluss aus Finanzierungstätigkeit		
− Rückzahlung Darlehen	−4	
− Gewinnausschüttung	−5	−9
= Abnahme flüssige Mittel:	Abfluss	−15

Erfolgsrechnung 20_1

Honorarertrag	140
− Personalaufwand	−65
− Mietaufwand	−30
− div. Aufwand	−21
− Abschreibungen	−13
= Gewinn	11

Cashflow indirekt (Überleitung)

Gewinn	11
Differenzen zwischen Gewinn und Cashflow	
+ Abschreibungen	13
− Debitorenzunahme	−20
+ Kreditorenzunahme	+1
= Cashflow	5

Schlussbilanz 31. 12. 20_1

Aktiven			Passiven		
Umlaufvermögen			**Fremdkapital**		
Bank	2		Kreditoren①	2	
Debitoren	35	37	Darlehen	17	19
Anlagevermögen			**Eigenkapital**		
Büroeinrichtung (40+11−13)		38	Stammkapital	20	
			Gesetzliche Gewinnreserve	9	
			Freiwillige Gewinnreserven (23−5−2+11)	27	56
		75			75

12.07

Die Jahresrechnung der **Power Clean AG,** Handel mit Reinigungs- und Pflegemitteln für professionelle Anwender, präsentiert sich wie folgt:

Schlussbilanzen

	20_1	20_2		20_1	20_2
Flüssige Mittel	9	6	Kreditoren	14	17
Debitoren	30	35	Langfristiges Darlehen	43	39
Warenvorrat	15	17	Aktienkapital	50	60
Sachanlagen	70	80	Gesetzl. Kapitalreserve		2
			Gesetzl. Gewinnreserve	8	9
			Freiw. Gewinnreserven	9	11
	124	138		124	138

Erfolgsrechnung 20_2

Warenertrag	300
./. Warenaufwand	– 200
./. Abschreibungen	– 20
./. Diverser Baraufwand	– 70
= Gewinn	**10**

Es liegen diese Zusatzinformationen zur Berichtsperiode vor:

- ▷ Alle Wareneinkäufe und Warenverkäufe erfolgen auf Kredit.
- ▷ Barverkauf von Sachanlagen zum Buchwert von 7.
- ▷ Barkauf eines neuen Fahrzeugs für ?
- ▷ Bardividende ?

a) Führen Sie diese ausgewählten Konten mit Texten und Beträgen.

Debitoren (Forderungen L+L)

AB	30	[illegible]	295
[illegible]	300	SB	35
	330		330

Kreditoren (Verbindlichkeiten L+L)

[illegible]	199	AB	14
SB	17	[illegible]	202
	216		216

Warenvorrat

AB	15	WaA	200
Wareneinkauf	202	SB	17
	217		217

Sachanlagen

Freiwillige Gewinnreserven

b) Erstellen Sie die Geldflussrechnung für das Jahr 20_2 mit direktem Ausweis des Geldflusses aus Geschäftstätigkeit (Cashflow). Ermitteln Sie den Cashflow in einer separaten Rechnung indirekt.

Geldflussrechnung 20_2

Geldfluss aus

Geldfluss aus

Geldfluss aus

=

Cashflow indirekt 20_2

=

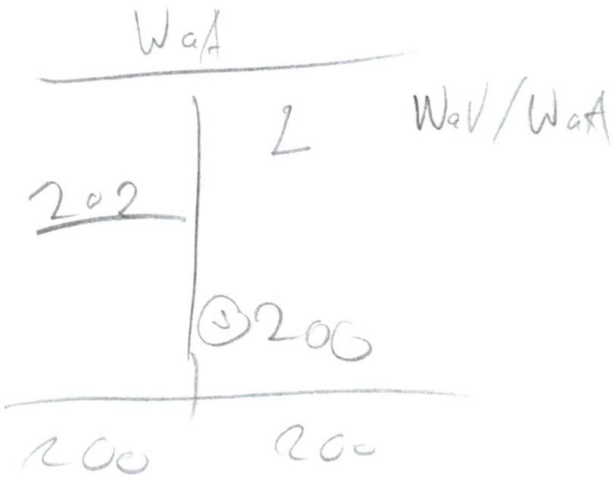

12.08

Von der **Handel AG** sind die Eröffnungsbilanz sowie die summarisch zusammengefassten Geschäftsfälle des Geschäftsjahres bekannt.

Eröffnungsbilanz 1. 1. 20_1

Aktiven			Passiven		
Umlaufvermögen			**Fremdkapital**		
Flüssige Mittel	70		Kreditoren	180	
Debitoren	150		Hypotheken	300	480
Warenvorrat	160	380			
Anlagevermögen			**Eigenkapital**		
Einrichtungen	62		Aktienkapital	200	
Fahrzeuge	48		Gesetzliche Gewinnreserve	70	
Immobilien	400	510	Freiwillige Gewinnreserven	140	410
		890			890

Geschäftsfälle 20_1

Nr.	Text	Betrag
1	Warenverkäufe auf Kredit (zu Verkaufspreisen)	1 200
2	Bankzahlungen von Kunden	1 160
3	Warenaufwand (Verkäufe zu Einstandspreisen)	830
4	Wareneinkäufe auf Kredit	800
5	Bankzahlungen an Lieferanten	780
6	Personalaufwand (= Ausgaben)	250
7	Übriger Baraufwand	70
8	Abschreibungen Einrichtungen	12
9	Abschreibungen Fahrzeuge	8
10	Abschreibung Liegenschaft	0
11	Barkauf von Einrichtungen	42
12	Barkauf eines Fahrzeugs	38
13	Barverkauf eines Fahrzeugs zum Buchwert	5
14	Dividendenauszahlung	34
15	Bildung gesetzlicher Gewinnreserven	9
16	Rückzahlung Hypothek	60
17	Aktienkapitalerhöhung zum Nominalwert	100

Erstellen Sie folgende Abschlussrechnungen:

▷ Erfolgsrechnung 20_1

▷ Geldflussrechnung 20_1 (mit direkter Cashflow-Berechnung; zusätzlich als separate Rechnung der indirekte Cashflow-Nachweis)

▷ Schlussbilanz 31. 12. 20_1

Geldflussrechnung 20_1

Geldfluss aus Geschäftstätigkeit

Geldfluss aus Investitionstätigkeit

Geldfluss Finanzierung

Erfolgsrechnung 20_1

Cashflow (indirekt)

Differenzen zwischen Gewinn und Cashflow

Schlussbilanz 31. 12. 20_1

Aktiven		Passiven	
Umlaufvermögen		**Fremdkapital**	
Flüssige Mittel		Kreditoren	
Debitoren		Hypotheken	
Warenvorrat			
Anlagevermögen		**Eigenkapital**	
Einrichtungen		Aktienkapital	
Fahrzeuge		Gesetzliche Gewinnreserve	
Immobilien		Freiwillige Gewinnreserven	

12.09

Die **Mercato AG** handelt mit elektrischen Geräten aller Art.

a) Erstellen Sie aufgrund der Eröffnungsbilanz sowie der summarisch zusammengefassten Geschäftsfälle

▷ die Erfolgsrechnung
▷ die Geldflussrechnung
▷ die Schlussbilanz

Eröffnungsbilanz 1. 1. 20_1

Aktiven			Passiven		
Umlaufvermögen			**Fremdkapital**		
Flüssige Mittel	20		Verbindlichkeiten L+L	50	
Forderungen L+L	40		Hypotheken	70	120
Warenvorrat	80	140			
			Eigenkapital		
Anlagevermögen			Aktienkapital	150	
Immobilien	160		Kapitalreserven	20	
Mobilien	50	210	Gewinnreserven	60	230
		350			350

Geschäftsfälle 20_1

Nr.	Text	Betrag
1	Abnahme Warenvorrat	12
2	Abschreibung Liegenschaft	15
3	Abschreibung Mobilien	20
4	Aktienkapitalerhöhung (nominal 15, Agio 5), Barliberierung	20
5	Barkauf von Mobiliar	32
6	Barverkauf von Land zum Buchwert	11
7	Gewinnausschüttung durch Bankzahlung	38
8	Personalaufwand (= Ausgaben)	400
9	Tilgung Hypothek durch Bankzahlung	30
10	Übriger Baraufwand	320
11	Warenaufwand	1 000
12	Warenverkäufe auf Kredit	1 800
13	Zunahme Forderungen L+L	10
14	Zunahme Verbindlichkeiten L+L (infolge Wareneinkäufen auf Kredit)	8

b) Was bedeutet der **Free Cashflow,** welcher in dieser Geldflussrechnung als Zwischenergebnis ausgewiesen wird?

Vorgehen: 1. ER 2. GFR – indirekt – direkt

Geldflussrechnung 20_1

Geldfluss aus Betriebstätigkeit (direkt)

Zahlungen von Kunden (1800-10)	1790	
– Zahlungen an Lieferanten (1000-12-8)	–380	
– Personalaufwand	–400	
– übr. Betriebsaufw.	–320	
Cashflow aus Betriebstätigkeit		90

Geldfluss aus Investitionstätigkeit

– Barkauf Mobiliar	–32	
+ Barverkauf Land	+11	–21

= Free Cashflow 69

Geldfluss aus Finanzierungstätigkeit

+ Aktienkapitalerhöhung	15	
+ Agio	5	
– Gewinnausschüttung	–38	
– Tilgung Hypothek	–30	
CF aus Finanzierung	–48	21

Zunahme Flü. Mi.

(1) Erfolgsrechnung 20_1

WaE	1'800	(12)
– WaA	–1'000	(11)
– Personalaufw.	–400	(8)
– Übriger Betriebsaufw.	–320	(10)
– Abschreibungen Mobiliar	–20	(3)
– Abschreibungen Liegenschaft	–15	(2)
Gewinn	45	

(2) Geldfluss aus Betriebstätigkeit (indirekt)

Gewinn	45
Differenzen zwischen Gewinn und Cashflow	
+ Abschreibungen Mob.	+20
+ Abschreibungen Liegenschaft	+15
– Zunahme FLL	–10
+ Abnahme WaV	+12
+ Zunahme VLL	+8
= CF aus Betriebstätigkeit	90

Schlussbilanz 31. 12. 20_1

Aktiven			Passiven		
Umlaufvermögen			**Fremdkapital**		
Flüssige Mittel 20+21	41		Verbindlichkeiten L+L 50+8	58	
Forderungen L+L 40+10	50		Hypotheken 70-30	40	98
Warenvorrat 80-12	68	159			
			Eigenkapital		
Anlagevermögen			Aktienkapital 150+15	165	
Immobilien 160-11-15	134		Kapitalreserven 20+5	25	
Mobilien 50+32-20	62	196	Gewinnreserven 60-38+45	67	257
		355			355

12.10

Wie verändern sich der Gewinn, der Geldfluss aus Betriebstätigkeit (Cashflow) und der Bestand an flüssigen Mitteln aufgrund folgender Geschäftsfälle?

+ bedeutet Zunahme
– bedeutet Abnahme
0 bedeutet keine Veränderung

Nr.	Geschäftsfall	Gewinn	Cashflow	Flüssige Mittel
1	Bankzahlung von Zinsen			
2	Abschreibung auf Mobiliar			
3	Barkauf eines Fahrzeugs			
4	Rückzahlung einer Hypothek durch Bankzahlung			
5	Warenverkauf gegen Barzahlung			
6	Warenverkauf auf Kredit			
7	Erhöhung des Aktienkapitals mit Agio durch Barliberierung			
8	Aktienkapitalerhöhung durch Sacheinlage einer Liegenschaft			
9	Bildung von Rückstellungen			
10	Auflösung einer Rückstellung			
11	Bankzahlung für Lohnaufwand			
12	Verkauf mobiler Sachanlagen zum Buchwert gegen Barzahlung			

12.11

Kreuzen Sie die richtigen Aussagen zum operativen Cashflow an:

a)	Der Geldfluss aus Betriebstätigkeit wird oft als Cashflow bezeichnet.	
b)	Der Cashflow kann in der Geldflussrechnung direkt oder indirekt ausgewiesen werden.	
c)	Durch die Erhöhung der Abschreibungen steigt der Cashflow.	
d)	Ein grösserer Warenertrag führt zwingend zu einem höheren Cashflow.	
e)	Ein negativer Cashflow wird auch Cashdrain genannt.	
f)	Ein negativer Cashflow ist nur bei gleichzeitigem Verlust möglich.	
g)	Das schweizerische Obligationenrecht schreibt für die Geldflussrechnung eine Gliederung der Geldflüsse in die drei Bereiche Betriebs-, Investitions- und Finanzierungstätigkeit vor.	
h)	Innenfinanzierung und Selbstfinanzierung sind nicht dasselbe: ▷ Innenfinanzierung bedeutet Geldfluss aus Betriebstätigkeit ▷ Selbstfinanzierung ist die Reservenbildung aus der Zurückbehaltung von Gewinnen.	

12.12

Vervollständigen Sie die Jahresrechnungen der Handelsgesellschaft **Semper AG** mit Text und Zahlen.

Eröffnungsbilanz

Aktiven		Passiven	
Flüssige Mittel	16	Verbindlichkeiten L+L	108
Forderungen L+L	65	Aktienkapital	100
Warenvorrat	52	Gewinnreserven	55
Sachanlagen	130		
	263		263

Geldflussrechnung

./. Zahlungen für übrigen Aufwand	– 145	
./. Barkauf von Sachanlagen	– 90	
+ Barverkauf Sachanlagen zum Buchwert	8	– 82
=		

Erfolgsrechnung

Warenertrag	600
./. Warenaufwand	– 400
./. Übriger Aufwand	– 145
=	

Cashflow indirekt

=	

Schlussbilanz

Aktiven		Passiven	
Flüssige Mittel		Verbindlichkeiten L+L	138
Forderungen L+L	75	Aktienkapital	120
Warenvorrat	72	Gewinnreserven	64
Sachanlagen	172		
	322		322

Die Aktienkapitalerhöhung erfolgte zum Nennwert (Barliberierung).

12.13

Erstellen Sie für die **Commerce SA** aufgrund der Eröffnungsbilanz sowie der summarisch zusammengefassten Geschäftsfälle

▷ die Erfolgsrechnung

▷ die Geldflussrechnung (Cashflow in der Geldflussrechnung direkt und in einer separaten Rechnung indirekt ausweisen)

▷ die Schlussbilanz

Eröffnungsbilanz 1. 1. 20_1

Aktiven			Passiven		
Umlaufvermögen			**Fremdkapital**		
Flüssige Mittel	10		Kreditoren	55	
Debitoren	40		Hypotheken	50	105
Warenvorrat	70	120			
			Eigenkapital		
Anlagevermögen			Aktienkapital	120	
Immobilien	130		Kapitalreserven	10	
Mobilien	30	160	Gewinnreserven	45	175
		280			280

Geschäftsfälle 20_1

Nr.	Text	Betrag
1	Abnahme Debitoren	10
2	Abschreibung Liegenschaft	0
3	Abschreibung Mobilien	6
4	Agio aus Aktienkapitalerhöhung	10
5	Aktienkapitalerhöhung Nominalwert	20
6	Amortisation Hypothek durch Bankzahlung	15
7	Ausgabe einer Obligationenanleihe zum Nennwert	25
8	Barkauf einer Liegenschaft	45
9	Barverkauf eines gebrauchten Fahrzeugs zum Buchwert	3
10	Barverkauf Land zum Buchwert	14
11	Gewinnausschüttung durch Bankzahlung	30
12	Kauf eines neuen Fahrzeugs	11
13	Personalaufwand (= Zahlungen)	400
14	Übriger Baraufwand	270
15	Wareneinkäufe auf Kredit (≠ Warenaufwand)	1 320
16	Warenverkäufe auf Kredit	2 000
17	Zunahme Kreditoren	5
18	Zunahme Warenvorrat	20

Geldflussrechnung 20_1

Erfolgsrechnung 20_1

Betriebstätigkeit (indirekt)

Differenzen zwischen Gewinn und Cashflow

Schlussbilanz 31. 12. 20_1

Aktiven			Passiven		
Umlaufvermögen			**Fremdkapital**		
Flüssige Mittel			Kreditoren		
Debitoren			Hypotheken		
Warenvorrat					
			Eigenkapital		
Anlagevermögen			Aktienkapital		
Immobilien			Kapitalreserven		
Mobilien			Gewinnreserven		

12.14

Die **Bäckerei AG** produziert Backwaren und Patisserie. Die Erzeugnisse werden teils bar im eigenen Laden verkauft und teils auf Kredit an andere Geschäfte geliefert. Gegeben sind die Eröffnungsbilanz und der summarisch zusammengefasste Geschäftsverkehr.

Eröffnungsbilanz 1. 1. 20_4

Aktiven			Passiven		
Umlaufvermögen			**Fremdkapital**		
Flüssige Mittel	20		Kreditoren	25	
Debitoren	45		Hypotheken	200	225
Vorräte①	5	70			
Anlagevermögen			**Eigenkapital**		
Einrichtungen	90		Aktienkapital	200	
Fahrzeug	40		Gesetzliche Gewinnreserve	49	
Liegenschaft	400	530	Freiwillige Gewinnreserven	126	375
		600			600

Journal 20_4

Nr.	Geschäftsfälle	Betrag
1	Barverkäufe im Laden	110
2	Kreditverkäufe an andere Geschäfte	260
3	Bankzahlungen von Kunden	250
4	Einkäufe von Rohmaterialvorräten (Mehl, Hefe, Salz, Zucker u. Ä.) auf Kredit	90
5	Bankzahlungen an Lieferanten	82
6	Abnahme Rohmaterialvorrat	4
7	Bankzahlungen für Löhne und Sozialleistungen	190
8	Bankzahlungen für übrigen Aufwand wie Miete, Zinsen, Energieverbrauch	70
9	Abschreibung Einrichtungen	9
10	Abschreibung Fahrzeug	12
11	Zuweisung an gesetzliche Gewinnreserve	5
12	Banküberweisung der Dividende	20
13	Bankzahlung für den Umbau der Ladeneinrichtung (wertvermehrend)	63
14	Erhöhung der Hypothek (Gutschrift auf dem Bankkonto)	65
15	Kauf eines neuen Lieferwagens (Bankzahlung)	54
16	Verkauf des alten Lieferwagens zum Buchwert gegen bar	40
17	Verrechnung des Verlusts mit den freiwilligen Gewinnreserven	?

① Das sind Rohmaterialvorräte wie Mehl, Salz, Hefe, Zucker, Schokolade oder Butter. Fertige Erzeugnisse wie Brote und Patisserie sind keine vorrätig, da diese jeden Tag frisch hergestellt werden.

a) Wie lauten die Abschlussrechnungen des Geschäftsjahres 20_4?

Geldflussrechnung 20_4

Erfolgsrechnung 20_4

Verkaufsertrag Laden

Cashflow 20_4 (indirekt)

Differenzen zwischen Gewinn und Cashflow

Schlussbilanz 31. 12. 20_4

Aktiven			Passiven		
Umlaufvermögen			**Fremdkapital**		
Flüssige Mittel			Kreditoren		
Debitoren			Hypotheken		
Vorräte					
Anlagevermögen			**Eigenkapital**		
Einrichtungen			Aktienkapital		
Fahrzeug			Gesetzliche Gewinnreserve		
Liegenschaft			Freiwillige Gewinnreserven		

b) Wie beurteilen Sie die finanzielle Situation dieser Bäckerei?

12.15

Von der **Mercurio AG** liegen diese Informationen vor:

Schlussbilanz per 31. 12.

Aktiven | Passiven

	20_4	20_5		20_4	20_5
Kasse	2	1	Bank-Kontokorrent	12	7
Post	5	3	Verbindlichkeiten L+L	32	29
Forderungen L+L	60	67	Bankdarlehen	80	85
Warenvorrat	46	40	Aktienkapital	70	80
Sachanlagen	200	230	Kapitalreserven	5	9
./. WB Sachanlagen	– 90	– 104	Gewinnreserven	24	27
	223	237		223	237

Erfolgsrechnung 20_5

Warenertrag	500
./. Warenaufwand	– 365
./. Abschreibungen Sachanlagen	?
./. Übriger Aufwand (= Ausgaben)	– 100
= **Gewinn**	**?**

Zusätzlich Angaben zum Jahr 20_5

▷ Die Aktienkapitalerhöhung wurde von den Aktionären bar liberiert.

▷ Es wurden Sachanlagen zum Buchwert von 5 bar verkauft. Der Anschaffungswert betrug 11.

a) Vervollständigen Sie die Erfolgsrechnung auf der linken Seite.

b) Weisen Sie den Bestand und die Veränderung des Fonds **netto-flüssige Mittel** nach.

Netto-flüssige Mittel

	1. 1. 20_5	31. 12. 20_5	Veränderung
Kasse			
+ Post			
./. Bank-Kontokorrent			
= **Netto-flüssige Mittel**			

c) Erstellen Sie die Geldflussrechnung zum Fonds netto-flüssige Mittel. Der Geldfluss aus Betriebstätigkeit ist in der Geldflussrechnung direkt und in einer Nebenrechnung indirekt auszuweisen.

Geldflussrechnung 20_5

Geldfluss aus

Geldfluss aus

Geldfluss aus

=

Geldfluss aus Betriebstätigkeit (indirekt) 20_5

= **Cashflow**

12.16

Kreuzen Sie an, welche der folgenden Bestände per 31. 12. 20_4 zum Fonds *flüssige Mittel* bzw. *netto-flüssige Mittel* gehören.

Nr.	Bestände	Flüssige Mittel	Netto-flüssige Mittel
1	Fr. 30 000.– Bargeld in der Kasse		
2	Fr. 400 000.– Sichtguthaben bei einer Schweizer Grossbank (Kontokorrent)		
3	Aktien der Biotechnologie AG zum Börsenkurswert von Fr. 80 000.–		
4	Fr. 150 000.– Kassenobligationen (Kauf am 23. April 20_2, Fälligkeit am 23. April 20_5).		
5	Fr. 30 000.– Habensaldo im Kontokorrent bei einer Bank, das für die Abwicklung des Zahlungsverkehrs benötigt wird.		
6	Fr. 200 000.– Festgeldanlage bei einer Schweizer Grossbank (Abschluss am 30. 11. 20_4, Fälligkeit am 28. 02. 20_5)		
7	Fr. 60 000.– Guthaben bei der Raiffeisen Bank auf einem Sperrkonto (voraussichtlich nicht beanspruchte Kaution zur Sicherung eines Mietvertrags)		

12.17

Erstellen Sie für die **Birdie AG** aufgrund der folgenden alphabetisch geordneten Angaben eine Geldflussrechnung mit indirektem Ausweis des Geldflusses aus Betriebstätigkeit.

Nr.	Geschäftsfälle	Betrag
1	Agio bei Aktienkapitalerhöhung (Liberierung durch Einbringung von Sachanlagen)	15
2	Barverkauf von Sachanlagen zum Buchwert①	?
3	Dividendenauszahlung gemäss Beschluss der Generalversammlung	5
4	Erhöhung des Aktienkapitals durch Einbringung von Sachanlagen	50
5	Indirekte Abschreibungen Sachanlagen②	40
6	Kreditkäufe von Sachanlagen	30
7	Rechnungen für den Verkauf von Waren (Verkäufe zu Verkaufspreisen)	900
8	Rückzahlung Hypothek	10
9	Übriger Aufwand (= Ausgaben)	240
10	Warenaufwand (Verkäufe zu Einstandspreisen)	600
11	Wareneinkäufe zu Einstandspreisen	606
12	Zahlungen an Lieferanten	610
13	Zahlungen von Kunden	905
14	Zunahme der Kreditoren aus Käufen von Sachanlagen	3
15	Zuweisung an die gesetzliche Gewinnreserve gemäss Beschluss der Generalversammlung	12

① Das Sachanlagenkonto weist einen Anfangsbestand von 220 und einen Schlussbestand von 277 auf.

② Das Wertberichtigungskonto weist einen Anfangsbestand von 100 und einen Schlussbestand von 125 auf.

12.18

Die **Venta SA** veräusserte Mitte 20_5 ein Stück Land wie folgt gegen Bankzahlung:

	Verkaufspreis	100
./.	Buchwert	70
=	Veräusserungsgewinn	30

Für die Verbuchung dieses Geschäftsfalls bestehen zwei Möglichkeiten:

Variante 1 Veräusserungsgewinn

Flüssige Mittel/Ertrag aus Veräusserung von Anlagen	30
Flüssige Mittel/Immobilien	70

Variante 2

Immobilien/Ertrag aus Veräusserung von Anlagen	30
Flüssige Mittel/Immobilien	100

a) Wie wirken sich diese Buchungsvarianten auf die Geldflussrechnung aus?

Geldflussrechnung Variante 1

	Betriebstätigkeit (direkt)		
	Zahlungen von Kunden	300	
./.	Zahlungen an Lieferanten	– 130	
./.	Zahlungen für diversen Aufwand	– 80	
+	Veräusserungsgewinn/auso. Ertrag	30	120
	Investitionstätigkeit		
./.	Kauf von Anlagevermögen	– 110	
	Verkauf	70	– 40
	Finanzierungstätigkeit		
./.	Rückzahlung Hypothek	– 50	
./.	Dividendenauszahlung	– 20	– 70
=	**Zunahme flüssige Mittel**		**10**

Geldflussrechnung Variante 2

	Betriebstätigkeit (direkt)		
	Zahlungen von Kunden	300	
./.	Zahlungen an Lieferanten	– 130	
./.	Zahlungen für diversen Aufwand	– 80	
		–	90
	Investitionstätigkeit		
./.	Kauf von Anlagevermögen	– 110	
	Verkauf Immob.	100	– 10
	Finanzierungstätigkeit		
./.	Rückzahlung Hypothek	– 50	
./.	Dividendenauszahlung	– 20	– 70
=	**Zunahme flüssige Mittel**		**10**

Variante 1

	Betriebstätigkeit (indirekt)		
	Gewinn	80	
+	Abschreibungen	50	
./.	Veränderung NUV	– 10	
			120

Variante 2

	Betriebstätigkeit (indirekt)		
	Gewinn	80	
+	Abschreibungen	50	
./.	Veränderung NUV	– 10	
./.	Veräusserungsgewinn	– 30	90

b) Beurteilen Sie, welche Lösung aus betriebswirtschaftlicher Sicht die richtige ist.

Variante 2 → ausserord. Ertrag (Veräusserungsgewinn) ≠ CF
→ Fl. aus Immo. Verkauf eff. 100

12.19

Von der **Manta GmbH,** Handel mit Autozubehör, sind die Eröffnungsbilanz, die Erfolgsrechnung sowie weitere Angaben bekannt.

Zu erstellen sind die Geldflussrechnung mit direktem Cashflow-Nachweis und die Schlussbilanz. Der Cashflow ist in einer separaten Rechnung auch indirekt nachzuweisen.

Eröffnungsbilanz 1. 1. 20_1

Aktiven			Passiven		
Umlaufvermögen			**Fremdkapital**		
Flüssige Mittel	16		Kreditoren	28	
Debitoren	34		Passive Rechnungsabgrenzung	3	
Aktive Rechnungsabgrenzung	5		Darlehen	61	
Warenvorrat	24	79	Rückstellungen	7	99
			Eigenkapital		
Anlagevermögen			Stammkapital	40	
Anlagevermögen	130		Gesetzliche Gewinnreserve	9	
./. Wertberichtigung	– 40	90	Freiwillige Gewinnreserven	21	70
		169			169

Erfolgsrechnung 20_1

Aufwand		Ertrag	
Warenaufwand	200	Warenertrag	300
Personalaufwand (bar)	38		
Mietaufwand	10		
Zinsaufwand	4		
Übriger Baraufwand	21		
Abschreibungen	8		
Rückstellungsbildung	2		
Gewinn	**17**		
	300		300

Weitere Angaben

Nr.	Text	Betrag
1	Abnahme Debitoren	6
2	Zahlungen an Lieferanten	187
3	Zunahme Kreditoren	4
4	Mietzinszahlungen an Vermieter	12
5	Zunahme vorausbezahlte Mietzinse	2
6	Zinszahlungen an Darlehensgeber	5
7	Abnahme aufgelaufene Kapitalzinsen	1
8	Barkauf von Einrichtungen	19
9	Barkauf eines Fahrzeugs	28
10	Barverkauf eines Fahrzeugs zum Buchwert (Anschaffungswert 12)	5
11	Erhöhung Stammkapital durch Bareinzahlung	20
12	Tilgung Darlehen	10
13	Dividendenauszahlung	9

Geldflussrechnung 20_1

Geldfluss aus Geschäftstätigkeit

Geldfluss aus Investitionstätigkeit

Geldfluss aus Finanzierungstätigkeit

= Zunahme flüssige Mittel

Indirekter Cashflow-Nachweis

= Cashflow

Schlussbilanz 31. 12. 20_1

Aktiven			Passiven		
Umlaufvermögen			**Fremdkapital**		
Flüssige Mittel			Kreditoren		
Debitoren			Passive Rechnungsabgrenzung		
Aktive Rechnungsabgrenzung			Darlehen		
Warenvorrat			Rückstellungen		
			Eigenkapital		
Anlagevermögen			Stammkapital		
Anlagevermögen			Gesetzliche Gewinnreserve	11	
./. Wertberichtigung			Freiwillige Gewinnreserven		

12.20

Die **Fitness AG** handelt mit Bekleidung und Geräten zur Ausübung von Sport.

Vervollständigen Sie die Lösungshilfen, und erstellen Sie die Geldflussrechnung mit direktem Ausweis des Geldflusses aus Geschäftstätigkeit. Der operative Cashflow ist in einer separaten Rechnung auch indirekt nachzuweisen.

Schlussbilanz per 31. 12.

Aktiven	20_6	20_7	Passiven	20_6	20_7
Flüssige Mittel	22	16	Verbindlichkeiten aus L+L	80	86
Forderungen aus L+L	90	95	Passive Rechnungsabgrenzung	3	2
Aktive Rechnungsabgrenzung	5	8	Finanzverbindlichkeiten	130	100
Warenvorrat	70	66	Aktienkapital	100	100
Sachanlagen	300	323	Gesetzliche Kapitalreserve	10	10
./. WB Sachanlagen	– 110	– 139	Gesetzliche Gewinnreserve	18	21
			Freiwillige Gewinnreserven	36	50
	377	369		377	369

Erfolgsrechnung 20_7

Warenertrag	900
./. Warenaufwand	– 650
= **Bruttogewinn**	**250**
./. Raumaufwand	– 60
./. Abschreibungen Sachanlagen	– 45
./. Sonstiger Betriebsaufwand (= Ausgaben)	– 105
+ Veräusserungsgewinn	2
= **EBIT**	**42**
./. Zinsaufwand	– 8
./. Steueraufwand (= Ausgaben)	– 7
= **Gewinn**	**27**

Zusätzliche Angaben zum Jahr 20_7

▷ Die Forderungen und Verbindlichkeiten aus Lieferungen und Leistungen betreffen Warenverkäufe und Wareneinkäufe. Alle Einkäufe und Verkäufe erfolgen auf Kredit.

▷ Die Rechnungsabgrenzungen betreffen aufgelaufene Zinsen und vorausbezahlte Mietzinse.

▷ In der Rechnungsperiode wurden Sachanlagen mit einem Anschaffungswert von 19 gegen bar verkauft. Die Käufe von Sachanlagen erfolgten gegen Barzahlung.

Warenverkäufe

Warenertrag

= Zahlungen von Kunden

Wareneinkäufe

Warenaufwand

= Wareneinkäufe (Rechnungen)

= Zahlungen an Lieferanten

Mietzinse

Raumaufwand

= Zahlungen für Raumaufwand

Zinsen

Zinsaufwand

= Zahlungen für Zinsen

Veräusserung von Sachanlagen

Anschaffungswert

= Buchwert

= Einnahmen aus Verkauf

Geldflussrechnung

Geldfluss aus Geschäftstätigkeit

Zahlungen von Kunden

./. Zahlungen

Geldfluss aus Investitionstätigkeit

Geldfluss aus Finanzierungstätigkeit

=

Geldfluss aus Geschäftstätigkeit (indirekt)

Gewinn

\+

= **Geldfluss aus Geschäftstätigkeit**

12.21

Die **Pharmalogics AG** ist ein Zulieferbetrieb für die Pharmaindustrie. Vervollständigen Sie die auf der nächsten Seite abgebildeten Jahresrechnungen, die bis auf die folgenden Angaben im Rückstellungsspiegel vollständig sind.

Rückstellungsspiegel 20_7

	Rechtsfälle	Restrukturierungen	Total
Anfangsbestand am 1. 1. 20_7	12	10	22
+ Bildung	15		15
./. Auflösung	– 3		– 3
./. Verwendung (Verbrauch, Entnahme, Zahlung)	– 5	– 6	– 11
= **Schlussbestand am 31. 12. 20_7**	**19**	**4**	**23**

12.22

Die **Aquarius AG** ist ein Handelsbetrieb für Fischereiartikel. Erstellen Sie folgende Rechnungen (es bestehen keine Lösungshilfen):

▷ Erfolgsrechnung

▷ Geldflussrechnung mit direktem Nachweis des Geldflusses aus Betriebstätigkeit

▷ Indirekter Nachweis des Geldflusses aus Betriebstätigkeit

Abnahme aufgelaufene Schuldzinsen (passive Rechnungsabgrenzung)	1
Abnahme Forderungen aus Lieferungen und Leistungen (Debitoren)	6
Abnahme Rückstellungen (Bildung 6, Auflösung 7, Verwendung bar 3)	4
Abschreibungen	60
Diverser Baraufwand	220
Dividendenausschüttung durch Bankzahlung	24
Einnahme aus Aktienkapitalerhöhung (nominal 30, Agio 15)	45
Kauf von Sachanlagen (Bankzahlung)	70
Raumaufwand	80
Rückzahlung von Finanzverbindlichkeiten	40
Verkauf von Sachanlagen zum Buchwert (Bankzahlung)	9
Warenaufwand	500
Warenertrag	900
Zinsaufwand	8
Zunahme Verbindlichkeiten aus Lieferungen und Leistungen (Kreditoren)	3
Zunahme vorausbezahlte Mietzinse (aktive Rechnungsabgrenzung)	2
Zunahme Warenvorrat	5

Eröffnungsbilanz 1. 1. 20 _7

Flüssige Mittel	50	Verbindlichkeiten L+L	160
Forderungen L+L	200	Finanzverbindlichkeiten	300
Vorräte	150		
Sachanlagen	700	Aktienkapital	300
./. Wertberichtigung Sachanlagen	– 200	Gewinnreserven	118
	900		900

Geldflussrechnung 20_7

Geldfluss aus Betriebstätigkeit (direkt)		
Zahlungen von Kunden	1 170	
./. Zahlungen an Lieferanten	– 790	
./. Zahlungen übriger Aufwand	– 260	109
Geldfluss aus Investitionstätigkeit		
./. Kauf Sachanlagen	– 70	
+ Verkauf Sachanlagen	10	– 60
Geldfluss aus Finanzierungstätigkeit		
./. Verminderung Finanzverbindlichkeiten	– 50	
./. Dividendenauszahlung	– 35	– 85
= **Abnahme flüssige Mittel**		**– 36**

Erfolgsrechnung 20_7

Warenertrag	1 200
./. Warenaufwand	– 800
./. Abschreibungen	– 80
./. Übriger Aufwand	– 260
= **Gewinn**	**48**

Geldfluss aus Betriebstätigkeit (indirekt)

Gewinn	48
+ Abschreibungen	80
./. Zunahme Forderungen L+L	– 30
./. Zunahme Warenvorrat	– 10
+ Zunahme Verbindlichkeiten L+L	20
= Operativer Cashflow	109

Schlussbilanz 31. 12. 20 _7

Flüssige Mittel	14	Verbindlichkeiten L+L	180
Forderungen L+L	230	Finanzverbindlichkeiten	250
Vorräte	160		
Sachanlagen	740	Aktienkapital	300
./. Wertberichtigung Sachanlagen	– 260	Gewinnreserven	131
	884		884

12.23

Die **RomAntik AG** handelt mit Nachahmungen von Möbelstücken aus vergangenen Stilepochen wie Bauhaus, Biedermeier oder Louis XV.

Schlussbilanzen

Aktiven	20_5	20_6	Passiven	20_5	20_6
Flüssige Mittel	23	15	Verbindlichkeiten L+L	160	140
Forderungen L+L	200	210	Rechnungsabgrenzung	8	6
Warenvorrat	150	157	Finanzverbindlichkeiten	200	150
Rechnungsabgrenzung	1	2	Rückstellungen	7	8
Sachanlagen	600	700	Aktienkapital	300	400
./. Wertberichtigung Sachanlagen	– 220	– 250	Kapitalreserven	12	52
			Gewinnreserven	67	78
	754	834		754	834

Erfolgsrechnung 20_6

Warenertrag (Nettoerlös)	1 500
./. Warenaufwand	– 900
= **Bruttogewinn**	**600**
./. Abschreibungen Sachanlagen	– 45
./. Diverser Betriebsaufwand	– 521
+ Gewinn aus Veräusserung Sachanlagen	8
= **EBIT**	**42**
./. Zinsaufwand	– 10
./. Steueraufwand (= Ausgaben)	– 6
= **Gewinn**	**26**

Rückstellungen

Anfangsbestand	7
+ Bildung	6
./. Auflösung	– 2
./. Verwendung (Zahlung)	– 3
= Schlussbestand	8

Zusätzliche Angaben

- ▷ Die Forderungen und Verbindlichkeiten aus Lieferungen und Leistungen entstanden aus Warenverkäufen und Wareneinkäufen.
- ▷ Die Rechnungsabgrenzungen betreffen vorausbezahlte Sachversicherungsprämien und aufgelaufene Zinsen.
- ▷ Über den diversen Betriebsaufwand wurden auch der Sachversicherungsaufwand und die erfolgswirksamen Rückstellungsveränderungen verbucht.
- ▷ Sachanlagen mit einem Anschaffungswert von 20 wurden gegen bar veräussert.
- ▷ Gegen Barzahlung abgewickelt wurden die Aktienkapitalerhöhung und die Dividendenausschüttung.

Erstellen Sie die Geldflussrechnung. Der Geldfluss aus Betriebstätigkeit ist in der Geldflussrechnung direkt und in einer Nebenrechnung indirekt auszuweisen.

Geldflussrechnung

Geldfluss aus Betriebstätigkeit		
Zahlungen von Kunden (1500-10)	1490	
– Zahlungen an Lief. (800+20+7)	–827	
– Zahlungen f. div. Aufw.	–518	
– Zahlung von Rückstellung	–3	
– Zinsausgaben	–12	
– Steuerausgaben	–6	24
Geldfluss aus Investitionstätigkeit		
– Kauf von Sachanlagen	–120	
+ Verkauf Sachanlagen (10+8–5)	+13	–107
Geldfluss aus Finanzierungstätigkeit		
+ AK-Erhöhung (inkl. Agio)	+140	
– Ab. Finanzverb.	–50	
– Divi. ausschüttung	–15	75
= Abnahme Flü. Mi.		–8

Geldfluss aus Betriebstätigkeit indirekt

Gewinn	26
+ Abschreibungen	+ 45
– Debitoren	– 10
– Warenvorräte	–7
+ Zunahme TA	–1
– Verb.	–20
+ Zunahme Rückstellung	+1
– Abnahme TP	–2
Veräusserungsgewinn	–8
= **Geldfluss aus Betriebstätigkeit**	24

78 – 26 (Gewinn) = 52 31.12.
67 1.1. –15

Das Führen dieses Kontos ist als Lösungshilfe empfohlen.

Diverser Betriebsaufwand

Zahlung an Lief.	518	Auflösung Rückst.	2
Erhöhung Rückstellung	6	Bildung TA	2
Aufl. TA	1	Saldo	521 ER
	525		525

ZW:
1 → 5 b[illegible] Aktiv[illegible]

Zinsen

6	8
Ausgaben 12	10
18	18

12.24

Von der **Bellissima AG,** einem Handelsbetrieb für dekorative Artikel zur Wohnungseinrichtung, liegen diese Informationen vor:

Schlussbilanzen

	20_0	20_1		20_0	20_1
Umlaufvermögen			**Fremdkapital**		
Flüssige Mittel	40	32	Verbindlichkeiten aus L+L (Kreditoren)	50	44
Forderungen aus L+L (Debitoren)	80	73	Passive Rechnungsabgrenzung	2	3
Warenvorräte	42	40	Finanzverbindlichkeiten	79	85
Aktive Rechnungsabgrenzung	6	9	Rückstellungen	12	10
Anlagevermögen			**Eigenkapital**		
Sachanlagen	200	250	Aktienkapital	80	90
./. WB mobile Sachanlagen	– 80	– 102	Gesetzliche Kapitalreserve	8	12
			Gesetzliche Gewinnreserve	15	18
			Freiwillige Gewinnreserven	42	40
	288	302		288	302

Erfolgsrechnung 20_1

Warenertrag	720
./. Warenaufwand	– 460
= **Bruttogewinn**	**260**
./. Raumaufwand	– 53
./. Abschreibungen	– 30
./. Bildung Rückstellungen	– 8
+ Auflösung Rückstellungen	7
./. Diverser Betriebsaufwand (= Ausgaben)	– 143
+ Gewinn aus Veräusserung von Sachanlagen	4
= **EBIT**	**37**
./. Zinsaufwand	– 4
./. Steueraufwand (= Ausgaben)	– 6
= **Gewinn**	**27**

- ▷ Die aktiven und passiven Rechnungsabgrenzungen bestehen aus vorausbezahlten Mietzinsen sowie aufgelaufenen Zinsen für die Finanzverbindlichkeiten.
- ▷ Alle Käufe und Verkäufe von Sachanlagen erfolgten bar. Durch Verkäufe wurden Einnahmen von 15 erzielt.
- ▷ Die Aktienkapitalerhöhung wurde von den Aktionären bar liberiert.

Erstellen Sie auf der nächsten Seite die Geldflussrechnung für das Jahr 20_1. Der Geldfluss aus Geschäftstätigkeit ist in der Geldflussrechnung indirekt und in einer separaten Rechnung direkt auszuweisen. Als zusätzliche Lösungshilfen dienen die Übersichten und Konten.

Raumaufwand

Raumaufwand	53
+ Zunahme TA	+3
= Zahlungen für Raumaufwand	56

Kapitalzinsen

Zinsaufwand	4
./. Zunahme TP	−1
= Zinszahlungen	3

Rückstellungsspiegel

Anfangsbestand	12
+ Bildung	8
− Auflösung	−7
− Verwendung Zahlung	−3
= Schlussbestand	10

Verkauf von Sachanlagen

Anschaffungswert	19
Ausbuchung WBerich	−8
= Buchwert	11
Einnahmen Veräusserungsgewinn	4
= Verkaufserlös	15

Sachanlagen

Anfangsbestand	200	Verkäufe	19
Käufe	69	Schlussbestand	250
	269		269

Wertberichtigung Sachanlagen

Auflösung	8	Anfangsbestand	80
Schlussbestand	102	Abschreibung	30
	110		110

Geldflussrechnung

Geldfluss aus Geschäftstätigkeit			
Gewinn	27		
+ Abschreibungen	30		
+ Abnahme Ford LL	7		
+ Rückst.	2		
+ Zunahme TA	−3		
− Abnahme Kred.	−6		
+ Zunahme TP	+1		
Rückstellungen	−2		
Veräusserungsgewinn	−4		
		52	
Geldfluss aus Investitionstätigkeit			
Käufe	−69		
Verkäufe	15	−54	
Geldfluss aus Finanzierungstätigkeit			
Zunahme Finanz Kd.	+ 6		
Erhöhung AK + Agio	+ 14		
Divi-Ausschüttung	− 26	−6	
=		−8	

Geldfluss aus Geschäftstätigkeit direkt

Kundenzahlungen	720 + 7	727
./. Zahlungen an Lief.	(460 + 6 − 2)	−464
./. Raumaufwand		−56
./. Zahlung Rückstellung		−3
./. Zahlungen div.		−142
./. Zinsz.		−3
./. Steuern		−6
		52

12.25

Ergänzen Sie die vorliegenden Jahresrechnungen der **Fabrik AG.**

Eröffnungsbilanz 1. 1. 20_5

Flüssige Mittel	20	Kreditoren (Verbindlichkeiten L+L)	100
Debitoren (Forderungen L+L)	130	Finanzverbindlichkeiten	300
Materialvorrat	80	Aktienkapital	250
Vorrat unfertige und fertige Erzeugnisse	60	Gewinnreserven	160
Sachanlagen	520		
	810		810

Geldflussrechnung 20_5

	Geldfluss aus Betriebstätigkeit		
	Zahlungen von Kunden		
./.	Zahlungen an Lieferanten		
./.	Zahlungen übriger Aufwand	– 400	
	Geldfluss aus Investitionstätigkeit		
./.	Kauf Sachanlagen	– 60	
+	Verkauf Sachanlagen	10	– 50
	Geldfluss aus Finanzierungstätigkeit		
./.	Verminderung Finanzverbindlichkeiten	– 40	
./.	Dividendenauszahlung	– 30	– 70
=	**Abnahme flüssige Mittel**		**– 5**

Erfolgsrechnung 20_5

	Fabrikateertrag (Produktionserlös)	900
+	Bestandesänderung Erzeugnisse	20
=	**Produktionsertrag**	**920**
./.	Materialaufwand	– 350
./.	Abschreibungen	– 100
./.	Übriger Aufwand (= Ausgabe)	– 400
=	**Gewinn**	**70**

Geldfluss aus Betriebstätigkeit (indirekt)

	Gewinn	
+	Abschreibungen	
./.	Veränderung Debitoren	– 30
+	Veränderung Materialvorrat	5
./.	Veränderung Kreditoren	– 10
=	Operativer Cashflow	

Schlussbilanz 31. 12. 20_5

Flüssige Mittel		Kreditoren (Verbindlichkeiten L+L)	
Debitoren (Forderungen L+L)		Finanzverbindlichkeiten	
Materialvorrat		Aktienkapital	
Vorrat unfertige und fertige Erzeugnisse		Gewinnreserven	
Sachanlagen			

12.26

Erstellen Sie mithilfe der Angaben zur **RoboTech AG**, einem Produktionsbetrieb im Bereich der Robotertechnik, folgende Rechnungen:

▷ Erfolgsrechnung

▷ Geldflussrechnung mit direktem Nachweis des Geldflusses aus Betriebstätigkeit

▷ Indirekter Nachweis des Geldflusses aus Betriebstätigkeit

Abnahme Forderungen aus Lieferungen und Leistungen (Debitoren)	7
Abnahme Rückstellungen (Bildung 7, Auflösung 5, Verwendung bar 4)	2
Abschreibungen	90
Bestandesänderungen unfertige und fertige Erzeugnisse (Zunahme)	10
Diverser Baraufwand	560
Dividendenausschüttung durch Bankzahlung	28
Einnahme aus Aktienkapitalerhöhung (nominal 50, Agio 25)	75
Fabrikateertrag (Erlös aus dem Verkauf von Erzeugnissen)	1 500
Kauf von Sachanlagen (Bankzahlung)	90
Materialaufwand	650
Raumaufwand	120
Rückzahlung von Finanzverbindlichkeiten	100
Verkauf von Sachanlagen zum Buchwert (Bankzahlung)	6
Zinsaufwand	40
Zunahme aufgelaufene Schuldzinsen (passive Rechnungsabgrenzung)	1
Zunahme Materialvorrat	12
Zunahme Verbindlichkeiten aus Lieferungen und Leistungen (Kreditoren)	8
Zunahme vorausbezahlte Mietzinse (aktive Rechnungsabgrenzung)	4

12.27

Die **Heavy Metal AG** ist ein führendes Unternehmen im Bereich Metall- und Fassadenbau sowie hochsensibler Glas-Metall-Kombinationen. Es liegen diese Informationen vor:

Schlussbilanz 31. 12. 20_6

Flüssige Mittel	11	Verbindlichkeiten L+L (Materiallieferanten)	25
Forderungen L+L (Kunden)	50	Passive Rechnungsabgrenzung (Zinsen)	1
Übrige kurzfristige Forderungen	3	Übriges kurzfristiges Fremdkapital	3
Materialvorrat	15	Langfristige Finanzverbindlichkeiten	60
Unfertige und fertige Erzeugnisse	9	Rückstellungen	8
Sachanlagen	120	Aktienkapital	50
./. Wertberichtigung Sachanlagen	– 30	Gewinnreserven	31
	178		178

Erfolgsrechnung 20_7

Fakturierter Verkaufserlös (Produktionserlös)	200
./. Bestandesänderung unfertige und fertige Erzeugnisse	– 3
./. Materialaufwand	– 70
./. Abschreibungen Sachanlagen	– 10
./. Sonstiger Betriebsaufwand	– 90
+ Gewinn aus Veräusserung von Sachanlagen	1
= EBIT	**28**
./. Zinsaufwand	– 3
./. Steueraufwand (= Ausgabe)	– 5
= Gewinn	**20**

Rückstellungsspiegel 20_7

Anfangsbestand	8
+ Bildung	2
./. Auflösung	– 1
./. Verwendung	– 3
= Schlussbestand	6

Zusätzliche Angaben zum Jahr 20_7

- ▷ Im Mai 20_7 wurde das Aktienkapital um nominell 10 mit einem Agio von 5 erhöht. Die Liberierung erfolgte durch eine Sacheinlage.
- ▷ Die Bildung und die Auflösung von Rückstellungen werden über den sonstigen Betriebsaufwand erfasst. Die Verwendung erfolgte durch Bankzahlung.
- ▷ Im Jahr 20_7 wurden Sachanlagen mit einem Anschaffungswert von 30 gegen Barzahlung erworben und Sachanlagen mit einem Anschaffungswert von 6 gegen Barzahlung verkauft.
- ▷ Die Dividendenausschüttung erfolgte durch Bankzahlung.

Erstellen Sie die Geldflussrechnung. Der Geldfluss aus Betriebstätigkeit ist in der Geldflussrechnung direkt und in einer Nebenrechnung indirekt auszuweisen. Die Anzahl Hilfszeilen entspricht nicht der Musterlösung.

Geldflussrechnung 20_7

Geldfluss aus

Geldfluss aus

Geldfluss aus

=

Geldfluss aus

Schlussbilanz 31. 12. 20_7

Flüssige Mittel		Verbindlichkeiten L+L (Materiallieferanten)	23
Forderungen L+L (Kunden)	46	Passive Rechnungsabgrenzung (Zinsen)	2
Übrige kurzfristige Forderungen	3	Übriges kurzfristiges Fremdkapital	3
Materialvorrat	18	Langfristige Finanzverbindlichkeiten	70
Unfertige und fertige Erzeugnisse		Rückstellungen	
Sachanlagen		Aktienkapital	
./. Wertberichtigung Sachanlagen	– 36	Kapitalreserven	
		Gewinnreserven	36

12.28

Erstellen Sie für die **Classico AG** die Geldflussrechnung mit direktem Cashflow-Ausweis. In einer gesonderten Rechnung ist ein indirekter Nachweis des Geldflusses aus Betriebstätigkeit zu erbringen.

Schlussbilanz per 31. 12.

Aktiven / Passiven

Aktiven	20_7	20_8	Passiven	20_7	20_8
Flüssige Mittel	11	12	Verbindlichkeiten L+L	110	102
Forderungen L+L	140	120	Passive Rechnungsabgrenzung	7	9
Materialvorrat	60	70	Bankdarlehen	112	82
Fabrikatevorrat (Erzeugnisse)	50	65	Rückstellungen	6	4
Sachanlagen	480	500	Aktienkapital	150	150
./. Wertberichtigung Sachanlagen	– 260	– 320	Gesetzliche Gewinnreserve	44	46
			Freiwillige Gewinnreserven	52	54
	481	447		481	447

Erfolgsrechnung 20_8

	Fabrikateertrag	700
+	Bestandesänderung Fabrikatevorrat	15
=	**Produktionsertrag**	**715**
./.	Materialaufwand	– 280
./.	Personalaufwand	– 200
./.	Rückstellungsaufwand gemäss Spiegel	– 1
./.	Abschreibungen	– 70
./.	Übriger Aufwand	– 134
+	Veräusserungsgewinn	2
=	**EBIT**	**32**
./.	Zinsaufwand	– 6
./.	Steueraufwand	– 7
=	**Gewinn**	**19**

Rückstellungen 20_8

	Anfangsbestand	6
+	Bildung	2
./.	Auflösung	– 1
./.	Verbrauch (Zahlung)	– 3
=	Schlussbestand	4

Passive Rechnungsabgrenzung 20_8

	Anfangsbestand	7
+	Zunahme Ferienguthaben Mitarbeiter	3
./.	Abnahme aufgelaufene Zinsen	– 2
+	Zunahme geschuldete Steuern	1
=	Schlussbestand	9

Sachanlagen 20_8

	Anfangsbestand	480
+	Käufe	50
./.	Verkäufe	– 30
=	Schlussbestand	500

12.29

Von der **Inversion AG** liegen die Eröffnungsbilanz, die Geldflussrechnung sowie der indirekte Cashflow-Nachweis vor, wobei die Texte in den beiden dynamischen Rechnungen zum Teil suboptimal sind.

Wie lauten die Erfolgsrechnung sowie die Schlussbilanz?

Eröffnungsbilanz 1. 1. 20_1

Aktiven			Passiven		
Umlaufvermögen			**Fremdkapital**		
Flüssige Mittel	6		Kreditoren	76	
Debitoren	63		Passive Rechnungsabgrenzung	4	
Aktive Rechnungsabgrenzung	1		Hypotheken	120	200
Warenvorrat	70	140	**Eigenkapital**		
Anlagevermögen			Aktienkapital	100	
Sachanlagen	400		Kapitalreserven	20	
./. Wertberichtigung	– 110	290	Gewinnreserven	110	230
		430			430

Geldflussrechnung 20_1

Geldfluss aus Betriebstätigkeit		
Zahlungen von Kunden	910	
./. Zahlungen an Lieferanten	– 580	
./. Zahlungen für Personalaufwand	– 188	
./. Zahlungen für Zinsen	– 6	
./. Zahlungen für übrigen Aufwand	– 66	70
Geldfluss aus Investitionstätigkeit		
./. Liegenschaft	– 90	
./. Einrichtungen	– 60	
+ Fahrzeug (Anschaffungswert 10)	4	– 146
Geldfluss aus Finanzierungstätigkeit		
+ Aktienkapital	40	
+ Agio bei Aktienkapitalerhöhung	40	
+ Hypotheken	30	
./. Dividenden	– 10	100
Saldo		**24**

Indirekter Cashflow-Nachweis

Gewinn	26
+ Abschreibungen Sachanlagen	45
+ Debitoren	6
./. Vorausbezahlter Aufwand (Sachversicherungsprämien)	– 1
+ Warenvorrat	8
./. Kreditoren	– 14
+ Aufgelaufene Ferienguthaben	3
./. Aufgelaufener Zinsaufwand	– 1
./. Veräusserungsgewinn Fahrzeug	– 2
= Cashflow	70

12.30

Erstellen Sie für die **AmaVita AG** auf der nächsten Seite folgende Rechnungen zum Fonds netto-flüssige Mittel:

▷ Nachweis der Fondsveränderung

▷ Geldflussrechnung mit direktem Ausweis des Geldflusses aus Betriebstätigkeit

▷ Überleitungsrechnung vom Gewinn zum Geldfluss aus Betriebstätigkeit

Es liegen diese Informationen vor:

Schlussbilanzen per 31. 12.

Aktiven	20_6	20_7	Passiven	20_6	20_7
Kasse	1	1	Bank-Kontokorrent	7	13
Post	3	2	Verbindlichkeiten L+L	90	87
Forderungen L+L	120	124	Passive Rechnungsabgrenzung	4	5
Aktive Rechnungsabgrenzung	17	18	Bankdarlehen	310	360
Warenvorrat	84	89	Rückstellungen	20	24
Sachanlagen	600	750	Aktienkapital	100	140
./. WB Sachanlagen	– 230	– 270	Kapitalreserven	15	25
			Gewinnreserven	49	60
	595	714		595	714

Erfolgsrechnung 20_7

Warenertrag	1 400
./. Warenaufwand	– 1 000
= **Bruttogewinn**	**400**
./. Personalaufwand	– 150
./. Mietzinsaufwand	– 60
./. Abschreibungen Sachanlagen	– 50
./. Bildung von Rückstellungen	– 9
+ Auflösung von Rückstellungen	3
./. Übriger Aufwand (= Ausgabe)	– 87
+ Gewinn aus Veräusserung von Sachanlagen	7
= **EBIT**	**54**
./. Zinsaufwand	– 16
./. Steueraufwand (= Ausgabe)	– 8
= **Gewinn**	**30**

Zusätzliche Angaben zum Jahr 20_7

▷ Die Aktienkapitalerhöhung wurde von den Aktionären bar liberiert.

▷ In der Rechnungsperiode wurden Sachanlagen bar verkauft, die einen Buchwert von 23 aufwiesen.

▷ Als Rechnungsabgrenzungen wurden vorausbezahlte Mietzinse und aufgelaufene Zinsen erfasst. Die Differenz bei den Rückstellungen ist auf eine Schadenersatzzahlung zurückzuführen.

Netto-flüssige Mittel

	1. 1. 20_7	31. 12. 20_7	Veränderung
Kasse			
+ Post			
./. Bank-Kontokorrent			
= Netto-flüssige Mittel			

Geldflussrechnung 20_7

Geldfluss aus Betriebstätigkeit

Geldfluss aus Investitionstätigkeit

Geldfluss aus Finanzierungstätigkeit

Abnahme netto-flüssige Mittel

Cashflow indirekt 20_7

Finanzplanung

13.01

Die **KochFix AG** handelt mit praktischen Küchenhelfern wie Backformen, Grillschalen, Mixern, Zwiebelmessern, Krustenentfernern, Schneidebrettern u.a.

Teilaufgabe 1

Jahresrechnung 20_1

Die Bilanz zeigt eine markante Verschlechterung der Zahlungsbereitschaft. In einem ersten Schritt sollen mithilfe einer Geldflussrechnung die Ursachen für die vergangenen Liquiditätsveränderungen aufgedeckt werden. Nebst den in Bilanz und Erfolgsrechnung verfügbaren Informationen ist bekannt, dass ein Fahrzeug zum Buchwert von 6 bar verkauft wurde.

Teilaufgabe 2

Budget 20_2

Zur Verbesserung der Ertragslage und zur Gesundung der Zahlungsbereitschaft fasst die Geschäftleitung die folgenden Massnahmen ins Auge. Erstellen Sie das entsprechende Budget für das Jahr 20_2.

- ▷ Durch Preissenkungen von durchschnittlich 5% und Werbemassnahmen im Umfang von 6 (Aufwand und Ausgabe) soll eine mengenmässige Umsatzsteigerung von 20% erreicht werden.
- ▷ Die den Kunden gewährte Zahlungsfrist von 30 Tagen wird oft nicht eingehalten. Durch geeignete Massnahmen soll das Zahlungsverhalten der Kunden verbessert werden, sodass per Ende 20_2 noch Rechnungen von 10% des Jahresumsatzes offen sind.
- ▷ Es ist anzunehmen, dass die Einkaufspreise für die Waren wegen günstiger Wechselkurseffekte abnehmen werden, was einen positiven Effekt auf den Warenaufwand von etwa 5% haben dürfte.
- ▷ Dank tieferen Einstandspreisen und mithilfe einer Lageranalyse soll der Warenvorrat bis Ende 20_2 auf 28 gesenkt werden.
- ▷ Durch die hohen Kreditorenausstände entstanden in der Vergangenheit Probleme mit Lieferanten. Das eigene Zahlungsverhalten soll deshalb verbessert werden. Per Ende 20_2 wird ein Kreditorenbestand von 125% des Warenvorrats angestrebt.
- ▷ Infolge Lohnerhöhungen und Verstärkung des Verkaufsteams wird der Lohnaufwand um 5 steigen.
- ▷ Zur Stärkung der Eigenkapitalbasis konnte ein neuer Aktionär gewonnen werden, der Mitte Jahr eine Aktienkapitalerhöhung von nominal 10 mit einem Agio von 30% durch Bareinzahlung leisten wird.
- ▷ Anfang 20_2 muss ein zu 5% verzinsliches Darlehen von 20 zurückbezahlt werden.
- ▷ Der zunächst geplante Ersatz von Informatik- und Kommunikationsanlagen für 27 wird aufs Jahr 20_3 verschoben.
- ▷ Zur Verbesserung des Kundenauftritts wird der Ausstellungsraum neu ausgestattet werden, was Ausgaben von 42 verursachen wird.
- ▷ Der ursprünglich vorgesehene Kauf eines Lieferwagens für 30 wird durch ein Leasing ersetzt, was im Jahr 20_2 zu Leasingaufwand (= Ausgaben) von 4 führt.
- ▷ Die Abschreibungen werden mit 33 angesetzt.
- ▷ Nicht mehr benötigte Sachanlagen werden zum Buchwert von 8 bar verkauft.
- ▷ Zur Schonung der Liquidität soll die Dividendenauszahlung auf 10 vermindert werden. Die Zuweisung an die gesetzliche Gewinnreserve wird mit 1 festgesetzt.

Schlussbilanzen

Aktiven	20_0 (Ist)	20_1 (Ist)	20_2 (Budget)	Passiven	20_0 (Ist)	20_1 (Ist)	20_2 (Budget)
Flüssige Mittel	20	2		Verbindlichkeiten L+L	46	47	
Forderungen L+L	60	65		Diverses Fremdkapital	90	97	
Warenvorräte	30	36		Aktienkapital	70	70	
Sachanlagen	130	143		Gesetzliche Kapitalreserve			
				Gesetzliche Gewinnreserve	15	16	
				Freiwillige Gewinnreserven	19	16	
	240	246			240	246	

Erfolgsrechnungen

	20_1 (Ist)	20_2 (Budget)
Warenertrag	500	
./. Warenaufwand	– 300	
./. Personalaufwand (= Ausgaben)	– 90	
./. Abschreibungen	– 30	
./. Zinsaufwand (= Ausgaben)	– 5	
./. Übriger Aufwand (= Ausgaben)	– 60	
= Gewinn	**15**	

Geldflussrechnungen

	20_1 (Ist)	20_2 (Budget)
Zahlungen von Kunden		
./. Zahlungen an Lieferanten		
./. Zahlungen ans Personal		
./. Zahlungen für Zinsen		
./. Zahlungen für diversen Aufwand		
= Cashflow		
./. Investitionen		
+ Desinvestitionen		
= Free Cashflow		
+ Aussenfinanzierung		
./. Definanzierung		
./. Gewinnausschüttung		
= Veränderung flüssige Mittel		

13.02

Eine Gruppe von Hoteliers, Handwerkern und Bauern aus einem voralpinen Ski- und Wandergebiet gründete vor ein paar Jahren unter dem Namen **Eremit AG** eine Gesellschaft zum Bau und Betrieb von Freizeitanlagen. Die Bilanz zeigt Ende 20_5 folgendes Bild (alle Zahlen sind in Fr. 1000.–):

Schlussbilanz 31. 12. 20_5

Aktiven		Passiven	
Kasse, Bank	100	Kreditoren	20
Sesselbahn	1 000	Darlehen①	800
Pistenfahrzeuge	500	Aktienkapital	1 000
Diverse Anlagen	400	Gewinnreserven	180
	2 000		2 000

Im Jahre 20_6 soll das Ergebnis der Eremit AG durch zwei **Investitionen** markant verbessert werden:

- ▷ Durch den Bau einer Rutschbahn für 600 kann die Bahn auch in den Sommermonaten genutzt werden.
- ▷ Da die Talstation nur 1000 Meter über Meer liegt, kann der Kauf einer Beschneiungsanlage für 450 zu einer deutlichen Steigerung der Anzahl Betriebstage führen.

Die **Finanzierung** der geplanten Investitionen erfolgt u.a. durch:

- ▷ eine Aktienkapitalerhöhung von nominal 500 (Barliberierung)
- ▷ ein zinsloses Darlehen der regionalen Entwicklungsbank von 400

Die Betreiber der Eremit AG rechnen für 20_6 mit folgenden **Erträgen und Aufwänden:**

- ▷ Barverkauf Tageskarten im Winter 340, Barverkauf von Einzelbilletten im Sommer 460
- ▷ Bankzahlungen für Personalaufwand 310, für Pachtzinse 36 (das Land wird von der Allmeind-Korporation gepachtet), für Unterhalt und Reparaturen 30, für Energiebezüge (Strom und Diesel) 60, für Versicherungsprämien 22, für Werbung 72 und für übrigen Betriebsaufwand 68.
- ▷ Eine Kreditorenerhöhung von 6 ergibt sich bei den Rechnungen für Energiebezüge; die übrigen Kreditoren sind unverändert.
- ▷ Abschreibungen Sesselbahn 60, Pistenfahrzeuge 45, diverse Anlagen 25. Die Neuinvestitionen sind erst ab dem folgenden Jahr abzuschreiben.
- ▷ Für eine Grossrevision der Sesselbahn ist eine Rückstellung von 20 zu bilden.
- ▷ Eine Gewinnausschüttung ist vorläufig nicht vorgesehen.

Erstellen Sie als Entscheidungsgrundlage zuhanden der Investoren und Kreditgeber für das Jahr 20_6 folgende Rechnungen (die Anzahl Hilfszeilen auf dem Lösungsblatt ist nicht überall korrekt:

- ▷ Plan-Erfolgsrechnung
- ▷ Plan-Geldflussrechnung (Cashflow direkt ausweisen)
- ▷ Indirekter Cashflow-Nachweis
- ▷ Plan-Bilanz

① Das Darlehen der regionalen Entwicklungsbank ist zinslos, muss aber in Raten zurückbezahlt werden (für 20_6 ist eine Amortisation von 80 vorgesehen).

Plan-Geldflussrechnung 20_6

Geldfluss aus Betriebstätigkeit (direkt)

Geldfluss aus Investitionstätigkeit

Geldfluss aus Finanzierungstätigkeit

Plan-Erfolgsrechnung 20_6

Gewinn

Betriebstätigkeit (indirekt)

Cashflow

Plan-Bilanz 31. 12. 20_6

Aktiven		Passiven	
Kasse, Bank		Kreditoren	
Sesselbahn		Darlehen	
Pistenfahrzeuge			
		Aktienkapital	
		Gewinnreserven	
Diverse Anlagen			

13.03

Zwei Ingenieure und eine Kauffrau gründen unter der Firma **Safety First AG** eine Aktiengesellschaft, um auf dem Gebiet der Sicherheit vor unglücksmässigen Ereignissen bei technischen Systemen (mit Schwergewicht im Bereich des Umgangs mit explosionsgefährlichen Stoffen) als Berater tätig zu sein.

Das von den drei Aktionären aufgebrachte Eigenkapital von Fr. 100 000.– reicht nicht aus für die Finanzierung der Unternehmung, weshalb der lokalen Bank ein Kreditgesuch für einen Kontokorrentkredit unterbreitet wird. Die Bank verlangt zur Kreditprüfung eine **Plan-Erfolgsrechnung,** eine **Plan-Geldflussrechnung** sowie eine **Plan-Bilanz** per Ende Jahr.①

Erstellen Sie die verlangten Planungsrechnungen aufgrund der folgenden Angaben (Beträge in Fr. 1000.–):

Gründung	Gründungsdatum ist der 1. September 20_1.
Aktienkapital	100, Bareinzahlung durch die Aktionäre per 1. September 20_1.
Gründungsaufwand	Für Stempelsteuern, öffentliche Beurkundungen, Handelsregistereintrag und Beratung durch einen Treuhänder entstehen im September Ausgaben von 10, die sofort als Aufwand verbucht werden.
Investitionen	Im September werden für 160 Büromöbel, Geräte, EDV-Hard- und Software sowie Fachliteratur gegen bar gekauft. Dieses Anlagevermögen soll linear abgeschrieben werden; 20_1 insgesamt um 16.
Honorarertrag	Da aufgrund der bisherigen Geschäftsbeziehungen der drei Gründer schon potenzielle Auftraggeber vorhanden sind, kann nach Geschäftseröffnung sofort mit der Beratertätigkeit begonnen und im Oktober 20_1 bereits ein erstes Mal fakturiert werden. Es ist mit folgenden Umsätzen zu rechnen: Oktober 40, November 60, Dezember 80. Ende Jahr bestehen keine Aufträge in Arbeit. Die Kunden zahlen voraussichtlich einen Monat nach Rechnungsstellung.
Lohnaufwand	Die drei Gründer arbeiten vorläufig alleine im Betrieb und beziehen vorsichtshalber einen bescheidenen Monatslohn von je 5 und Ende Jahr eine Gratifikation von je 4. Auf die Ermittlung und Abrechnung der Sozialabgaben wie AHV/IV/EO/ALV, PK und UVG wird hier der Einfachheit halber verzichtet.
Mietaufwand	Es wird stilvoll ein kleines Einfamilienhaus am Stadtrand gemietet. Der Mietzins beträgt 5 im Monat und muss jeweils für ein Vierteljahr im Voraus bezahlt werden (Zinstermine Anfang September, Dezember, März und Juni).
Kapitalzinsaufwand	Für den Kontokorrentkredit bei der Bank kann mit folgendem Zinsaufwand gerechnet werden: September 6, Oktober 8, November 7, Dezember 8. Diese Zinsen werden jeweils am Ende eines Quartals (Ende September, Dezember, März und Juni) zur Zahlung fällig.
Übriger Baraufwand	Für Energieverbrauch, Unterhalt und Reparaturen, Versicherungen, Büroaufwand sowie Diverses ist im Monat durchschnittlich mit 6 zu rechnen (Aufwand = Ausgabe).
Steuern, Dividenden	Gewinn- und Kapitalsteuern sowie Gewinnausschüttungen können vorläufig vernachlässigt werden.

① Um den Rechenaufwand im Rahmen der Schulung klein zu halten, sind hier die Budgets nur für die ersten vier Monate zu erstellen. Die Bank verlangt in Wirklichkeit wahrscheinlich Budgets für zwei Jahre, d.h. für 24 Monate.

Plan-Erfolgsrechnung (Erfolgsbudget) 20_1

Text	Sept.	Oktober	November	Dezember	Total
Honorarertrag (Umsatz)					
./. Lohnaufwand					
./. Mietaufwand					
./. Kapitalzinsaufwand					
./.					
./.					
./. Gründungsaufwand					
= **Erfolg**					

Plan-Geldflussrechnung (Liquiditätsbudget, Finanzplan) 20_1

Text	Sept.	Oktober	November	Dezember	Total
Zahlungen von Kunden					
./. Lohnzahlungen					
./. Mietzinszahlungen					
./. Kapitalzinszahlungen					
./.					
./. Gründungsaufwand					
=					
./. Investitionen					
= **Kapitalbedarf (Finanzierungslücke)**					
+					
= **Veränderungen der flüssigen Mittel**					
Bestand der Kontokorrentschuld jeweils Ende Monat					

Für die Plan-Bilanz gibt es kein Lösungsblatt.

13.04

Die Gesamtrechnungen der **SeisMeses AG** sind nach folgenden Angaben zu vervollständigen:

▷ Die Kunden zahlen die Rechnungen einen Monat nach Rechnungsstellung.

▷ Die Bruttogewinnmarge beträgt konstant 40%.

▷ Die Wareneinkäufe erfolgen einen Monat vor dem Verkauf. Die Lieferantenrechnungen werden je zur Hälfte im laufenden und im Folgemonat bezahlt.

▷ Das Darlehen muss jeweils Ende Mai nachschüssig zu 6% verzinst werden.

▷ Die Abschreibungen erfolgen linear.

▷ Anfang Mai wird ein Lieferwagen für 59 gekauft, der sofort in Betrieb genommen und im Juni bezahlt wird. Die Abschreibung erfolgt linear über eine Nutzungsdauer von 4 Jahren auf einen Restwert von 11.

▷ An der Generalversammlung vom 23. April wird eine Dividendenausschüttung von 10% beschlossen, die im Mai ausbezahlt wird. Die Reservenzuweisung beträgt 8.

▷ Im Mai wird eine Aktienkapitalerhöhung von nominell 50 und einem Agio von 40% durchgeführt (Barliberierung).

Eröffnungsbilanz 1. 1. 20_1

Flüssige Mittel	50	Verbindlichkeiten L+L	90
Forderungen L+L	500	Passive Rechnungsabgrenzung	7
Warenvorrat	180	Darlehen	200
Sachanlagen	300	Aktienkapital	400
		Kapitalreserven	30
		Gewinnreserven	303
	1 030		1 030

Schlussbilanz 30. 6. 20_1

Flüssige Mittel		Verbindlichkeiten L+L	250
Forderungen L+L		Passive Rechnungsabgrenzung	
Warenvorrat		Darlehen	
Sachanlagen		Aktienkapital	
		Kapitalreserven	
		Gewinnreserven	
		Gewinn	

Erfolgsrechnung 1. 1. bis 30. 6. 20_1

	Januar	Februar	März	April	Mai	Juni	Total
Verkaufsertrag	300	200	400	500	600	400	2 400
./. Warenaufwand							
./. Zinsaufwand							
./. Abschreibungen Sachanlagen					– 7	– 7	
./. Übriger Aufwand	– 145	– 140	– 150	– 152	– 160	– 150	– 897
= **Gewinn**							

Wareneinkäufe 1. 1. bis 30. 6. 20_1

	Januar	Februar	März	April	Mai	Juni	Total
Wareneinkäufe							

Liquiditätsbudget 1. 1. bis 30. 6. 20_1

	Januar	Februar	März	April	Mai	Juni	Total
Zahlungen von Kunden							
./. Zahlungen an Lieferanten							
./.							
./. Zahlungen für übrigen Aufwand	– 145	– 140	– 150	– 152	– 160	– 150	– 897
= Operativer Cashflow							
./. Kauf Sachanlagen							
+ Aktienkapitalerhöhung mit Agio							
./. Dividendenausschüttung							
= Veränderungen flüssige Mittel							

Bestände an flüssigen Mitteln per Ende Monat

	Januar	Februar	März	April	Mai	Juni
Flüssige Mittel						

13.05

Für die **Futura AG** sind die Budgets des ersten Quartals 20_1 zu vervollständigen:

▷ Die Kunden zahlen die Rechnungen je zur Hälfte im laufenden und im folgenden Monat. Beispiel: Verkauf mit Fakturierung im Mai, Zahlung je die Hälfte im Mai und im Juni.

▷ Die Bruttogewinnmarge beträgt konstant 40%.

▷ Die Wareneinkäufe erfolgen im Monat vor dem Verkauf und werden hälftig im Monat der Rechnungsstellung durch den Lieferanten bzw. im Folgemonat bezahlt. Beispiel: Einkauf mit Lieferantenrechnung im August, Verkauf im September, Zahlung hälftig im August und September.

▷ Im Dezember wird ein 13. Monatslohn ausbezahlt. Es gibt keine Personalschwankungen und Lohnänderungen unter dem Jahr.

▷ Kreditkauf von Sachanlagen für 70: Rechnungsdatum 26. Februar, Inbetriebnahme 1. März, Zahlung 28. März.

▷ Barverkauf von nicht mehr benötigten Sachanlagen per 18. Januar mit einem Anschaffungswert von 50 und kumulierten Abschreibungen von 30.

▷ An der Generalversammlung vom 25. Februar 20_1 wird beschlossen, eine Dividende von 8% auszuschütten und eine Reservenzuweisung von 3 vorzunehmen. Die Auszahlung der Dividende an die Aktionäre bzw. der Verrechnungssteuer an die eidg. Steuerverwaltung erfolgt im März.

Schlussbilanz per 31. 12. 20_0

Flüssige Mittel	9	Verbindlichkeiten L+L	18
Forderungen L+L	20	Finanzverbindlichkeiten	40
Warenvorrat	36	Aktienkapital	50
Sachanlagen	150	Kapitalreserven	6
./. Wertberichtigung Sachanlagen	– 80	Gewinnreserven	21
	135		135

Plan-Schlussbilanz per 31. 3. 20_1

Flüssige Mittel		Verbindlichkeiten L+L	
Forderungen L+L			
Warenvorrat	42	Finanzverbindlichkeiten	
Sachanlagen		Aktienkapital	
./. Wertberichtigung Sachanlagen		Kapitalreserven	
		Gewinnreserven	
		Gewinn	

(L+L = Lieferungen und Leistungen)

Erfolgsbudget 1. Quartal 20_1

	Januar	Februar	März	Total
Verkaufsertrag	60	50	80	190
./. Warenaufwand	– 36			
./. Personalaufwand	– 13	– 13	– 13	– 39
./. Abschreibungen	– 2	– 2	– 3	– 7
./. Übriger Aufwand (= Ausgabe)	– 9	– 8	– 10	– 27
= Gewinn				

Geplante Wareneinkäufe 1. Quartal 20_1

	Januar	Februar	März	Total
Wareneinkäufe				

Liquiditätsbudget 1. Quartal 20_1

	Januar	Februar	März	Total
Zahlungen von Kunden				
./. Zahlungen an Lieferanten				
./. Zahlungen für Personalaufwand				
./. Zahlungen für übrigen Aufwand	– 9	– 8	– 10	– 27
= Operativer Cashflow				
./. Kauf Sachanlagen				
+ Verkauf Sachanlagen	26			
= Free Cashflow				
+ Aktienkapitalerhöhung mit Agio 10%			55	55
./. Dividende				
= Veränderungen flüssige Mittel				

13.06

Die **Gadget AG** handelt mit technischen Spielereien, die als originelle Werbegeschenke und innovative Give-aways Verwendung finden. Die Planungsrechnungen für das erste Quartal 20_5 sind zu vervollständigen.

Schlussbilanz 31. 12. 20_4

Flüssige Mittel	30	Verbindlichkeiten L+L	2 270
Forderungen L+L	520	Passive Rechnungsabgrenzung	20
Warenvorrat	150	Darlehen	400
Sachanlagen	900	Aktienkapital	300
./. Wertberichtigung Sachanlagen	– 400	Kapitalreserven	30
		Gewinnreserven	180
	1 200		1 200

- ▷ Das Zahlungsverhalten und die Bruttomarge können für die Jahre 20_4 und 20_5 als konstant betrachtet werden. Vereinfachend sind alle Monate mit 30 Tagen zu rechnen. Alle Steuerfolgen sind zu vernachlässigen.
- ▷ Die Warenverkäufe erfolgen auf Kredit. 60% der Kunden zahlen in 30 Tagen, die restlichen in 60 Tagen. Der Verkaufsumsatz im Dezember 20_4 betrug 400.
- ▷ Die Waren werden einen Monat vor dem Verkauf auf Kredit eingekauft. Zur Hälfte erfolgt die Zahlung 30 Tage nach dem Einkauf und zur Hälfte 60 Tage nach dem Einkauf.
- ▷ Es wird im Dezember jeweils ein 13. Monatslohn ausbezahlt. Es gibt 20_5 voraussichtlich keine Personalschwankungen bzw. Lohnänderungen.
- ▷ Das seit 20_1 bestehende Darlehen war bisher per Ende Februar nachschüssig zu 6% p.a. verzinslich. Ende Februar 20_5 wird eine Rückzahlung von 100 geleistet und der Zinsfuss auf 4% p.a. gesenkt.
- ▷ Im März 20_5 ist eine Aktienkapitalerhöhung von nominal 100 und einem Agio von 60 mit Barliberierung geplant.
- ▷ Im Februar 20_5 wird von der Generalversammlung voraussichtlich eine Bardividende von 40 beschlossen. Die Auszahlung an die Aktionäre soll im Februar stattfinden, die Überweisung der Verrechnungssteuer im März.
- ▷ Im Januar 20_5 wird ein Fahrzeug mit einem Anschaffungswert von 130 gekauft. Die Inbetriebnahme ist auf Anfang Februar geplant. Die Zahlung erfolgt im März. Die voraussichtliche Nutzungsdauer beträgt vier Jahre, der geschätzte Restwert am Ende der Nutzungsdauer 34.
- ▷ Im Februar 20_5 werden Sachanlagen für 80 auf Kredit gekauft. Das Zahlungsziel beträgt 30 Tage. Die Inbetriebnahme erfolgt auf 1. April 20_5.
- ▷ Alle Sachanlagen werden linear abgeschrieben.

Plan-Erfolgsrechnung Q1/20_5

	Januar	Februar	März	Total
Warenertrag	250	150	400	800
./. Warenaufwand	– 150			
./. Personalaufwand	– 26	– 26	– 26	– 78
./. Abschreibungen	– 30			
./. Zinsaufwand				
./. Diverser Aufwand	– 35	– 33	– 40	– 108
= **Erfolg**				

Finanzplan Q1/20_5

	Januar	Februar	März	Total
Zahlungen von Kunden				
./. Zahlungen an Lieferanten				
./. Zahlungen für Personalaufwand				
./. Zahlungen für Zinsen				
./. Zahlungen für diversen Aufwand	– 35	– 33	– 40	– 108
= **Geldfluss aus Betriebstätigkeit**				

Plan-Bilanz per 31. 3. 20_5

Flüssige Mittel		Verbindlichkeiten L+L	
Forderungen L+L		Passive Rechnungsabgrenzung	
Warenvorrat	270	Darlehen	
Sachanlagen		Aktienkapital	
./. Wertberichtigung Sachanlagen		Kapitalreserven	
		Gewinnreserven	
		Gewinn	

13.07

Die auf den Einkauf und Verkauf von elektronischen Bauteilen spezialisierte **Microtrade** budgetiert das Jahr 20_2. Ausgangspunkt bildet die Schlussbilanz vom 31. 12. 20_1.

Schlussbilanz 31. 12. 20_1

Flüssige Mittel	70	Verbindlichkeiten L+L	210
Forderungen L+L	180	Aufgelaufene Zinsen	4
Warenvorräte	80	Hypothek	240
Sachanlagen	400	Aktienkapital	200
		Gewinnreserven	76
	730		730

Plan-Erfolgsrechnung 20_2

	1. Quartal	2. Quartal	3. Quartal	4. Quartal	Total
Verkaufserträge	400	300	600	500	1 800
./. Warenaufwand	– 240	– 180	– 360	– 300	– 1 080
= Deckungsbeitrag (Bruttogewinn)	**160**	**120**	**240**	**200**	**720**
./. Personalaufwand	– 65	– 65	– 65	– 65	– 260
./. Mietaufwand (bar)	– 30	– 30	– 30	– 30	– 120
./. Hypothekarzinsaufwand	– 3	– 3	– 3	– 3	– 12
./. Übriger Baraufwand	– 55	– 55	– 55	– 55	– 220
./. Abschreibungen	– 10	– 10	– 11	– 11	– 42
= Erfolg	**– 3**	**– 43**	**76**	**36**	**66**

Zusätzliche Angaben zur Planung

- ▷ Die Verkäufe erfolgen auf Kredit. Die eine Hälfte der Kunden zahlt noch im laufenden Quartal, die andere Hälfte im Folgequartal.
- ▷ Die gegen Rechnung getätigten Wareneinkäufe erfolgen zu einem Drittel im Vorquartal und zu zwei Dritteln im laufenden Quartal. Die Lieferantenrechnungen werden jeweils im Folgequartal bezahlt. Für die Ermittlung der Wareneinkäufe ist die Lösungshilfe zu verwenden.
- ▷ Im Dezember wird ein 13. Monatslohn ausbezahlt.
- ▷ Zinstermine für die Hypothek sind der 28. Februar sowie der 31. August.
- ▷ Im August ist der Barkauf einer Liegenschaft für 170 geplant.
- ▷ Im Juni soll eine Aktienkapitalerhöhung von nominell 50 mit einem Agio von 20 durchgeführt werden (Barliberierung).
- ▷ Es ist vorläufig keine Gewinnausschüttung vorgesehen.

Aufgabe

Erstellen Sie die Plan-Mittelflussrechnung für das Jahr 20_2 sowie die Plan-Bilanz per 31. 12. 20_2 auf dem Lösungshilfsblatt.

Ermittlung der Wareneinkäufe

	1. Quartal	2. Quartal	3. Quartal	4. Quartal	Total
Einkäufe für laufendes Quartal					XXX
Einkäufe für nächstes Quartal					XXX
Total Einkäufe					1 090

Plan-Geldflussrechnung 20_2

	1. Quartal	2. Quartal	3. Quartal	4. Quartal	Total
Zahlungen von Kunden					
./. Zahlungen an Lieferanten					
./. Zahlungen für Personalaufwand					
./. Mietzinszahlungen					
./. Hypothekarzinszahlungen					
./. Übriger Baraufwand					
= Cashflow (Cashdrain)					
./. Kauf Liegenschaft					
+ AK-Erhöhung (nominal)					
+ Agio					
= Veränderung flüssige Mittel					

Plan-Bilanz 31. 12. 20_2

Aktiven		Passiven	
Flüssige Mittel		Verbindlichkeiten L+L	
Forderungen L+L		Aufgelaufene Zinsen	
Warenvorräte		Hypothek	
Sachanlagen		Aktienkapital	
		Kapitalreserven	
		Gewinnreserven	

13.08

Für die Feinchemikalien-Händlerin **TresKilos SA** sind die Gesamtpläne für die Jahre 20_1 bis 20_3 zu erstellen.

Nebst den bereits in den Lösungshilfen eingetragenen Zahlen stehen folgende Informationen zur Verfügung:

▷ Die geplante Bruttogewinnmarge beträgt 40% (20_1 und 20_2) bzw. 30% (20_3).

▷ Die Abschreibungen erfolgen linear.

▷ Die passive Rechnungsabgrenzung ist für aufgelaufene Zinsen auf den Finanzschulden.

▷ Die seit langem bestehenden Finanzschulden werden per 30. 6. 20_2 (jährlicher Zinstermin) um 40 zurückbezahlt. Der Zinsfuss bleibt konstant.

▷ Auf Mai 20_2 ist eine Aktienkapitalerhöhung mit Barliberierung von nominal 20 mit einem Agio von 30% zu planen.

▷ Per Mitte 20_2 ist der Kauf (mit Inbetriebnahme) von Sachanlagen für 22 geplant. Die Nutzungsdauer beträgt fünf Jahre, der voraussichtliche Restwert am Ende der Nutzungsdauer 2.

▷ Per Ende 20_3 ist die Veräusserung einer Sachanlage zum Buchwert von 10 gegen bar geplant.

▷ Zu vernachlässigen sind die Zinserträge auf den flüssigen Mitteln sowie alle Steuerfolgen.

Aktiven per 31. 12.

	20_0	20_1	20_2	20_3
Flüssige Mittel	25			
+ Forderungen L+L	95	105	100	90
+ Warenvorräte	60	64	70	74
+ Sachanlagen	70	63		
= Bilanzsumme	250			

Passiven per 31. 12.

	20_0	20_1	20_2	20_3
Verbindlichkeiten L+L	37	42	46	45
+ Passive Rechnungsabgrenzung	2			
+ Finanzschulden	80			
+ Aktienkapital	100			
+ Kapitalreserven	7			
+ Gewinnreserven	24	34		
= Bilanzsumme	250			

Plan-Erfolgsrechnungen

	20_1	20_2	20_3
Warenertrag	700	800	860
./. Warenaufwand			
./. Zinsaufwand			
./. Abschreibungen			
./. Diverser Baraufwand	– 254	– 285	– 250
= **Gewinn**			

Plan-Geldflussrechnungen

	20_1	20_2	20_3
Zahlungen von Kunden			
./. Zahlungen an Lieferanten			
./. Zahlungen für Zinsen			
./. Zahlungen für diversen Aufwand	– 254	– 285	– 250
= **Cashflow**			
./. Investitionen			
+ Desinvestitionen			
= **Free Cashflow**			
+ Aussenfinanzierung			
./. Definanzierung			
./. Gewinnausschüttung		– 8	– 12
= **Veränderung flüssige Mittel**			

Cashflow indirekt (zur Kontrolle)

	20_1	20_2	20_3
= **Cashflow**			

13.09

Die **Domestica AG** handelt mit Haushaltgeräten. Erstellen Sie die Gesamtpläne für die Jahre 20_1 bis 20_3.

Es stehen folgende Informationen zur Verfügung:

- ▷ Für 20_2 ist eine Umsatzsteigerung von 20% (gegenüber dem Vorjahr 20_1) realistisch und für 20_3 eine solche von 10% (gegenüber dem Vorjahr 20_2).
- ▷ Die Handelsmarge (Bruttogewinnmarge) bleibt voraussichtlich 20_1 und 20_2 konstant und vermindert sich 20_3 auf 25%.
- ▷ Infolge der Umsatzsteigerung ist mit einer Zunahme der Forderungen aus Lieferungen und Leistungen gegenüber Kunden um jährlich je 4 zu rechnen.
- ▷ Die Warenvorräte können 20_1 aufgrund einer Lageranalyse voraussichtlich um 1 gesenkt werden. Infolge der Umsatzsteigerung in den Jahren 20_2 und 20_3 ist mit Zunahmen von je um 2 zu rechnen.
- ▷ Die Verbindlichkeiten aus Lieferungen und Leistungen gegenüber Warenlieferanten steigen 20_2 und 20_3 um 1 pro Jahr.
- ▷ Die Abschreibungen erfolgen linear; innerhalb eines Jahres sind sie pro rata temporis (zeitanteilig) vorzunehmen.
- ▷ Der jährliche Zinstermin für die seit Langem konstanten Finanzverbindlichkeiten ist der 30. April. Per 30. April 20_2 werden Finanzverbindlichkeiten von 50 zurückbezahlt. Der Zinsfuss bleibt voraussichtlich unverändert.
- ▷ Die passiven Rechnungsabgrenzungen (PRA) bestehen ausschliesslich aus aufgelaufenen Zinsen auf den Finanzschulden.
- ▷ Auf Mai 20_2 ist eine Aktienkapitalerhöhung mit Barliberierung ins Auge zu fassen: Nominalwert 20, Agio 10.
- ▷ Für 20_2 ist der Barkauf von Sachanlagen mit einem Anschaffungswert von 43 zu planen. Die Sachanlagen sollen Anfang April 20_2 in Betrieb genommen werden. Die geschätzte Nutzungsdauer beträgt fünf Jahre, der voraussichtliche Restwert am Ende der Nutzungsdauer 3. In den Jahren 20_1 und 20_3 sind keine Investitionen vorgesehen.
- ▷ Per Ende 20_3 ist die Veräusserung einer Sachanlage zum Buchwert von 8 gegen bar vorgesehen. Der Anschaffungswert der zu verkaufenden Sachanlage beträgt 20. In den Jahren 20_1 und 20_2 sind keine Desinvestitionen vorgesehen.
- ▷ Zu vernachlässigen sind die Zinserträge aus den flüssigen Mitteln sowie alle Steuerfolgen.

Schlussbilanzen

Aktiven

	20_0	20_1	20_2	20_3
Flüssige Mittel	10			
Forderungen L+L	50			
Warenvorräte	30	29		
Sachanlagen (SA)	200	200		
./. Wertberichtigung SA	– 70	– 90		
	220			

Passiven

	20_0	20_1	20_2	20_3
Verbindlichkeiten L+L	36	30		
PRA	4			
Finanzverbindlichkeiten	100	100		
Aktienkapital	60	60		
Gesetzliche Kapitalreserve	0	0		
Gesetzliche Gewinnreserve	14	16	18	20
Freiwillige Gewinnreserven	6	15		12
	220			

Plan-Erfolgsrechnungen

	20_1	20_2	20_3
Warenertrag	500		
./. Warenaufwand	– 350		
./. Zinsaufwand			
./. Abschreibungen			
./. Diverser Baraufwand	– 110	– 120	– 130
= **Gewinn**			

Plan-Geldflussrechnungen (Finanzpläne)

	20_1	20_2	20_3
Zahlungen von Kunden			
./. Zahlungen an Lieferanten			
./. Zahlungen für Zinsen			
./. Zahlungen für diversen Aufwand	– 110	– 120	– 130
= **Cashflow**			
./. Investitionen			
+ Desinvestitionen			
= **Free Cashflow**			
+ Aussenfinanzierung			
./. Definanzierung			
./. Gewinnausschüttung	– 3	– 11	
= **Veränderung flüssige Mittel**			

13.10

Ein **Bauer** beabsichtigt, auf Ende 20_1 einen **Stallumbau** für Fr. 400 000.– durchzuführen, um damit eine ökologische Betriebsführung zu erreichen. Zur Finanzierung dieses Vorhabens dienen

- ▷ ein Zuschuss von Fr. 200 000.– der öffentlichen Hand à fonds perdu (ohne Rückzahlungs- und Verzinsungspflicht)
- ▷ ein unverzinslicher Investitionskredit von Fr. 60 000.– der öffentlichen Hand, rückzahlbar in 10 Jahresraten (erstmals Ende 20_2)
- ▷ eine per Ende 20_1 gewährte und ab 20_2 zu 4% verzinsliche Hypothek von Fr. 100 000.– mit einer Tilgungspflicht von Fr. 5 000.– pro Jahr (erstmals Ende 20_2)

Der Bauer befürchtet in den nächsten Jahren finanzielle Engpässe, weil die für den Stallumbau fehlenden Mittel von Fr. 40 000.– sowie die Rückzahlungs- und Zinsverpflichtungen aus dem Umsatz finanziert werden müssen und jeweils Anfang 20_2 und 20_3 noch je Fr. 20 000.– für Ersatzinvestitionen (Bandheuer, Motormäher, Kunststoffsilo, Tränkeautomat und Güllenverteilanlage) getätigt werden sollten. Ausserdem erwartet der Bauer eine finanzielle Einbusse beim Verkauf von Landwirtschaftsprodukten: Ab 20_2 ist vor allem aus politischen Gründen (internationale Handelsabkommen) mit einem jährlichen Rückgang des Ertrags um 5% (bezogen auf die Basis 20_1) zu rechnen.

Eine Agro-Treuhänderin empfiehlt dem Bauern das Erstellen eines **Finanzplanes,** weil dieser die Bereiche Umsatz, Investierung und Finanzierung in einer Rechnung zusammenfasst und sich deshalb hervorragend zur Abstimmung der gesteckten Ziele, geplanten Massnahmen und vorhandenen finanziellen Mitteln eignet.

Für die Erstellung des Finanzplanes (Lösungshilfe nebenstehend) stehen folgende Zusatzinformationen zur Verfügung:

- ▷ Im Jahr 20_1 wird aus dem Verkauf von Mastschweinen, Mastkälbern, Rindern und Milchprodukten voraussichtlich ein Verkaufsertrag von Fr. 60 000.– erzielt. Der Einfachheit halber kann davon ausgegangen werden, dass der Ertrag und die Einnahmen in derselben Periode anfallen.
- ▷ An Bundesbeiträgen (Subventionen) kann 20_1 mit Fr. 40 000.– gerechnet werden, später mit Fr. 45 000.– pro Jahr.
- ▷ Es ist jährlich mit einem Aufwand von Fr. 25 000.– für Zukäufe an Jagern (kleine Schweine), Rindviechern, Kälbern, Saatgut und Futtermitteln zu rechnen. Der Personalaufwand von Fr. 14 000.– für das Jahr 20_1 besteht aus dem Lohn für die im Betrieb tätigen Eltern. Dieser Aufwand fällt künftig weg, da die Eltern ab 20_2 AHV-berechtigt sind und – wie das auf dem Land so üblich ist – gratis im Bauernbetrieb des Sohnes arbeiten werden. Weitere jährliche Aufwände: Pachtzinsen Fr. 2 000.–, Reparatur und Unterhalt Fr. 10 000.–, allgemeiner Betriebsaufwand Fr. 13 000.–. Für die bisherigen Schulden (ohne Stallumbau) ist ein jährlicher Zins von Fr. 5 000.– zu veranschlagen. Aufwand und Ausgaben fallen in derselben Periode an.
- ▷ Eine Besonderheit der bäuerlichen Buchhaltung stellt die Vermischung von Geschäfts- und Privatbereich in derselben Buchhaltung dar. An Privatausgaben fallen 20_1 Fr. 28 000.– an. Diese erhöhen sich ab 20_2 auf jährlich Fr. 31 000.–, weil die älteste Tochter auswärts das Gymnasium besuchen wird. Da die Bäuerin noch temporär im Dorfladen arbeitet und der Bauer in der Wintersaison bei der Bergbahn angestellt ist, kann mit einem Nebeneinkommen von jährlich Fr. 30 000.– gerechnet werden. Ausserdem erhält der Bauer Familienzulagen von Fr. 6 000.– pro Jahr.
- ▷ Der Stallneubau muss in 20 Jahren abgeschrieben werden, die Maschinen und Einrichtungen in 10 Jahren. Die bisherigen Abschreibungen (ohne die geplanten Neuinvestitionen) betragen Fr. 12 000.– im Jahr.

Finanzplan (in Fr. 1000.–)

	20_1	20_2	20_3
Betriebstätigkeit			
+ Verkaufserlöse			
+ Subventionen			
./. Zukäufe			
./.			
./.			
./.			
./.			
./.			
./.			
= Cashflow (Landwirtschaftsbetrieb)			
+			
+			
./.			
= Cashflow (Betrieb + Privat zusammen)			
Investitionstätigkeit			
./.			
./.			
= Finanzierungslücke (–) oder Finanzierungsüberschuss (+)			
Finanzierungstätigkeit			
+			
+			
+			
./.			
./.			
./.			
= Veränderung der flüssigen Mittel			
Bestand an flüssigen Mitteln (Ende Jahr)			

▷ Bezüglich der bisherigen Schulden besteht eine Tilgungsverpflichtung von Fr. 2 000.– pro Jahr. (Die sich aus dieser und anderen Amortisationen ergebende Zinsersparnis kann vernachlässigt werden.)
▷ Ende 20_0 verfügt der Bauer über flüssige Mittel von Fr. 5 000.–.

a) Erstellen Sie den Finanzplan für die Jahre 20_1 bis 20_3 in Fr. 1000.–.

b) Ist der Stallumbau finanziell möglich?

c) Wie hoch ist das Einkommen dieses Ehepaars im Jahr 20_2? (Mangels Angaben in dieser Aufgabenstellung sind bei der Einkommensberechnung Grössen wie Naturalbezüge aus dem Bauerngarten oder Eigenmietwert des Wohnhauses zu vernachlässigen.)

13.11

Vervollständigen Sie das nebenstehende Lösungsblatt zu den **Gesamtplänen** bzw. den **Teilplänen** mit folgenden Begriffen:

▷ **Plangeldflussrechnung**
▷ **Planerfolgsrechnung**
▷ **Planbilanz**
▷ **Absatzplan (Umsatzplan)**
▷ Erträge
▷ Aufwände
▷ Gewinn oder Verlust
▷ **Produktionsplan/Verwaltungsplan**
▷ **Investitionsplan**
▷ Geldwirksame Erträge (Einnahmen aus Betriebstätigkeit)
▷ Geldwirksame Aufwände (Ausgaben aus Betriebstätigkeit)
▷ Cashflow oder Cashdrain (brutto, vor Dividendenausschüttung)
▷ Dividendenausschüttung
▷ Cashflow (netto, nach Dividendenausschüttung)
▷ +/– Bestandesveränderung Debitoren
▷ +/– Bestandesveränderungen Kreditoren und Lager
▷ +/– Abschreibungen und Rückstellungsbildungen

} = Differenzen zwischen Gewinn und Cashflow

▷ Investitionen
▷ Desinvestitionen
▷ Free Cashflow
▷ **Finanzierungsplan**
▷ Aussenfinanzierung
▷ Definanzierung
▷ Zu- oder Abnahme flüssige Mittel

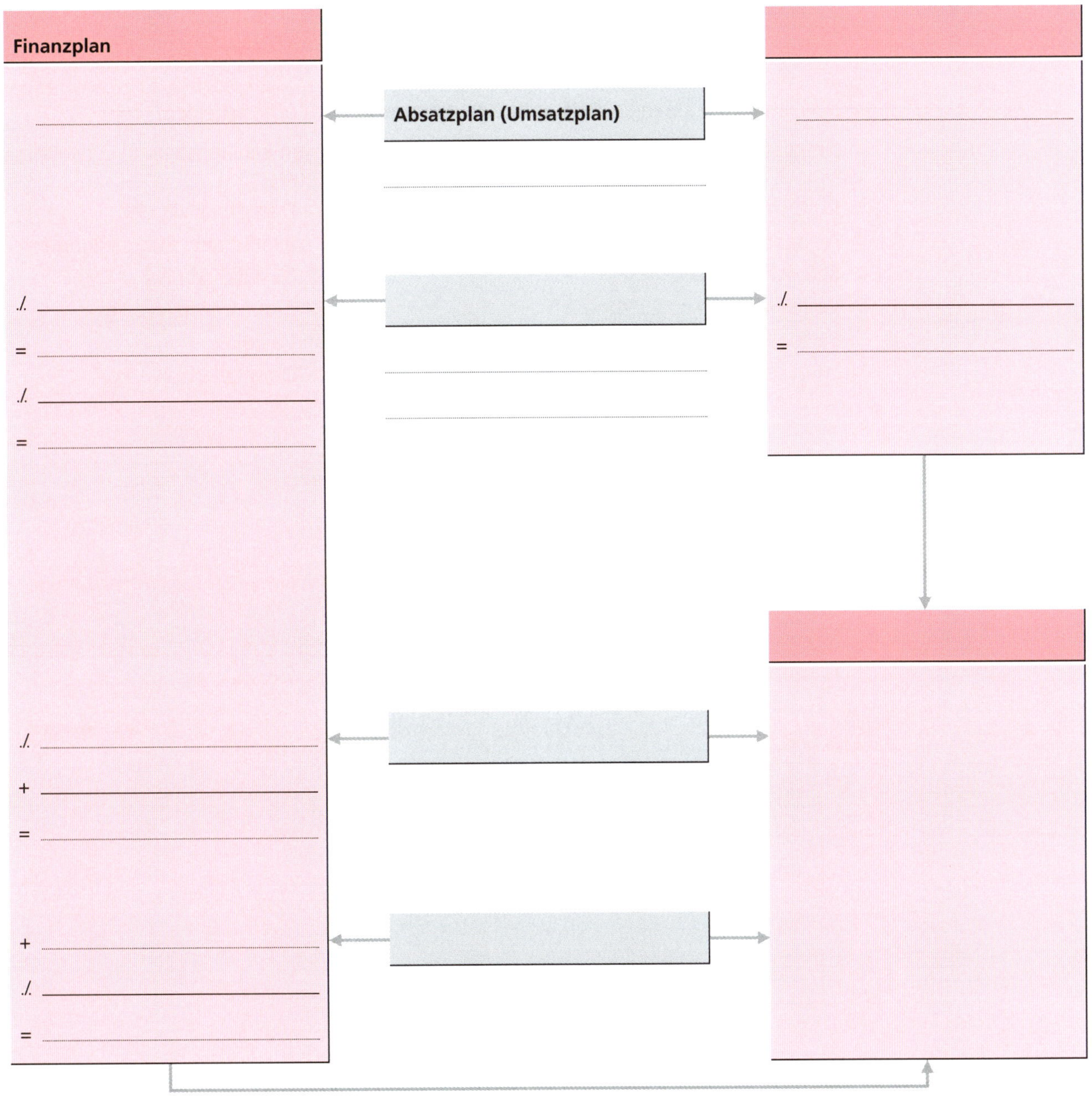

Gesamtpläne

Teilpläne

13.12

In Geschäftsberichten und Presseerzeugnissen werden vor allem im Zusammenhang mit dem Cashflow immer wieder falsche Begriffe verwendet. Insbesondere fällt es offenbar schwer, zwischen Innen-, Selbst- und Eigenfinanzierung zu unterscheiden.

In dieser Übung wird unter Finanzierung die Beschaffung von Zahlungsmitteln verstanden. Vervollständigen Sie das Struktogramm mit folgenden Begriffen:

- ▷ **Innenfinanzierung**
- ▷ Aussenfinanzierung
- ▷ **Selbstfinanzierung**
- ▷ Verflüssigungsfinanzierung
- ▷ Beteiligungsfinanzierung
- ▷ Zurückbehaltener Reingewinn
- ▷ Fremdfinanzierung
- ▷ Bildung von Rückstellungen
- ▷ Desinvestierung
- ▷ **Eigenfinanzierung**
- ▷ Cashflow
- ▷ Umsatzfinanzierung

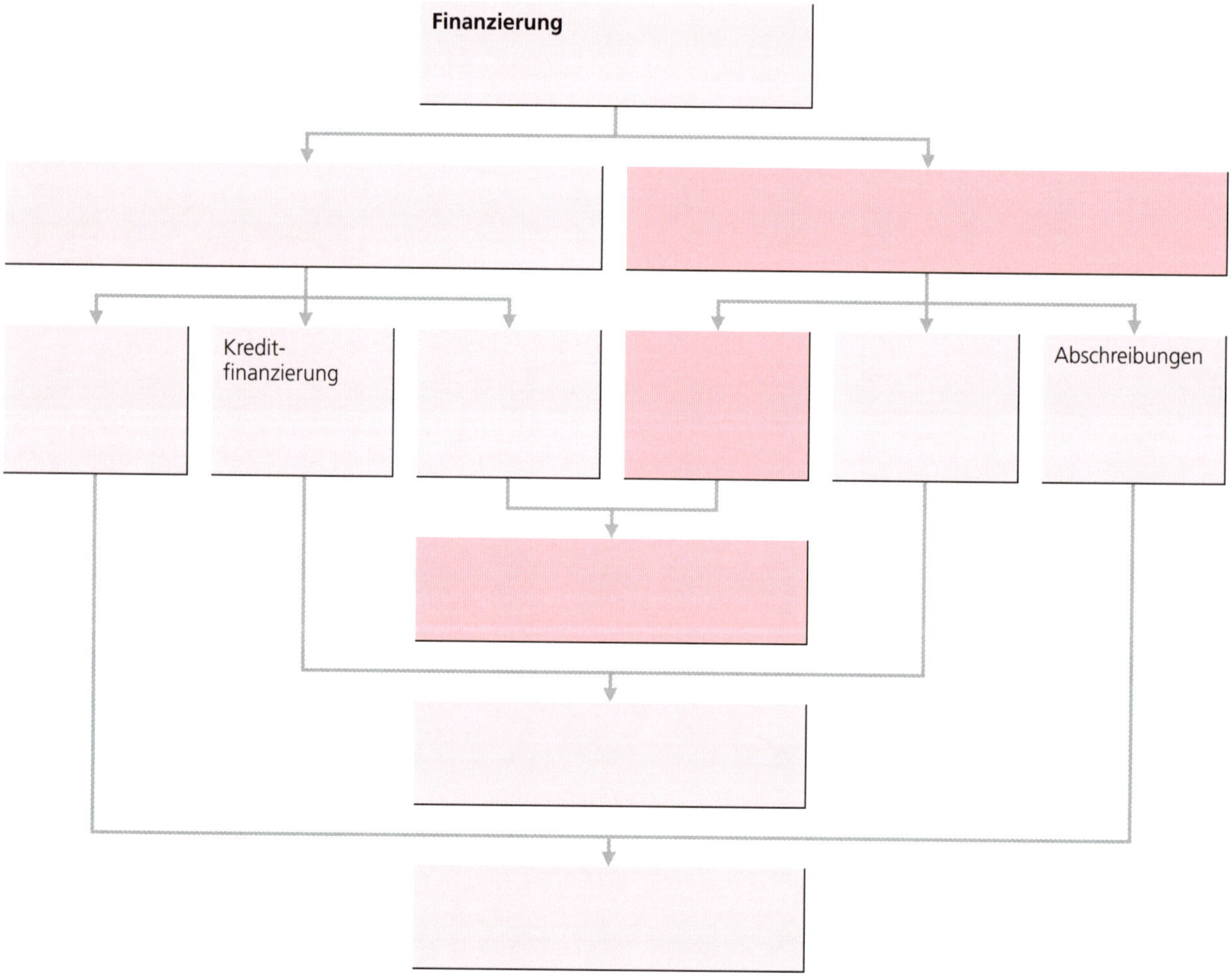

13.13

Die Finanzplanung für die nächsten Jahre zeigt steigende **Finanzierungslücken,** sodass die Geschäftsleitung eine Reihe von Massnahmen ins Auge fasst.

Welche Auswirkungen auf die Liquidität haben diese Massnahmen, und welche Probleme (Zielkonflikte) sind damit verbunden?

a) Absatzpreise erhöhen
b) Werbeaktion durchführen
c) Debitorenfrist senken
d) Löhne senken
e) Kreditorenfrist erhöhen
f) Lagerbestand senken
g) Abschreibungen erhöhen
h) Dividenden vermindern
i) Investitionen hinausschieben
k) Sachanlagen leasen statt kaufen
l) Desinvestitionen vornehmen
m) Aktienkapital erhöhen
n) Finanzschulden erhöhen

13.14

Zu welcher Finanzierungsform gehören die folgenden Finanzierungsvorgänge? Die zutreffenden Formen sind anzukreuzen; es sind meist mehrere Finanzierungsbegriffe passend.

		Aussen-finanzierung	Desinvestie-rung	Kredit-finanzierung	Beteiligungs-finanzierung	Innen-finanzierung	Selbst-finanzierung
a)	Aufnahme einer Hypothek						
b)	Aktienkapitalerhöhung						
c)	Erzielung von Geldflüssen aus Betriebstätigkeit (Cashflow)						
d)	Verkauf von nicht mehr benötigtem Anlagevermögen						
e)	Emission einer Obligationenanleihe						
f)	Gewinnthesaurierung (= Gewinne einbehalten, nicht ausschütten)						
g)	Aufnahme eines Aktionärsdarlehens mit Rangrücktrittserklärung des Aktionärs						
h)	Erwerb eines Fahrzeugs mittels Finanzierungsleasings						

2. Teil Bilanz- und Erfolgsanalyse

Aufbereitung des Zahlenmaterials[1]

a) Gliederung

22.01

Bevor mit der eigentlichen Bilanzanalyse begonnen werden kann, ist die Bilanz betriebswirtschaftlich zweckmässig zu gliedern.

Vervollständigen Sie das leere Bilanzschema für eine Aktiengesellschaft mit den üblichen Fachbegriffen.

Bilanz

Aktiven	Passiven
Sachanlagen (Materielles Anlagevermögen)	Kapitalreserven

[1] Zu Kapitel 21 bestehen keine Aufgaben.

22.02

Zu welchen Kontengruppen gehören bei der Analyse folgende Konten aus verschiedenen Unternehmungen (ankreuzen)?

Nr.	Sachverhalte	Aktiven						Passiven			
		Umlaufvermögen			Anlagevermögen			Fremdkapital		Eigenkapital	
		Flüssige Mittel	Forderungen	Vorräte	Finanzielles	Materielles	Immaterielles	Kurzfristiges	Langfristiges	Aktienkapital	Reserven
1	Aktienkapital										
2	Beteiligungen										
3	Delkredere										
4	Fahrzeuge										
5	Kurzfristige Festgeldanlage										
6	Wertberichtigung Immobilien										
7	Obligationenanleihe										
8	Rückstellungen										
9	Anzahlungen an Warenlieferanten										
10	Fabrikate in Arbeit (unfertige Erzeugnisse)										
11	Gewinnvortrag										
12	(Passiv-)Hypotheken										
13	Gewinnreserven										
14	Aktive Rechnungsabgrenzung										
15	Passive Rechnungsabgrenzung										
16	Anzahlungen von Kunden										
17	Post										
18	Liegenschaften										
19	Bankkontokorrent (Saldo zu unseren Lasten)										
20	Patente										

22.03

In welche Kontenklassen des Kontenrahmens KMU (siehe Anhang) gehören folgende Konten (ankreuzen)?.

Nr.	Konto	Klassen								
		1	2	3	4	5	6	7	8	9
1	Aktienkapital									
2	Sozialversicherungsaufwand									
3	Materialaufwand									
4	Direkte Steuern (Aufwand)									
5	Zinsaufwand (für betriebliches Kontokorrent)									
6	Warenertrag									
7	Erfolgsrechnung									
8	Wertschriftenertrag (Nebenbetrieb)									
9	Dividenden(schuld)									
10	Debitorenverluste									
11	Warenaufwand									
12	Ausserordentlicher Aufwand									
13	Kapitalreserven									
14	Bilanz									
15	Raumaufwand									
16	Obligationenanleihe									
17	Nicht fakturierte Dienstleistungen									
18	Abschreibungen									
19	Betriebsfremder Aufwand									
20	Bestandesänderungen unfertige und fertige Erzeugnisse									

22.04

Erstellen Sie für diesen Handelsbetrieb eine gut gegliederte Erfolgsrechnung, die den obligationenrechtlichen Vorschriften entspricht und die Vorgaben des Kontenrahmens KMU abdeckt.

Warenertrag	230
Wareneinkauf	160
Zunahme Warenvorrat	10
Personalaufwand	45
Direkte Steuern	5
Abschreibungen	11
Ausserordentlicher Ertrag	15
Betriebsfremder Aufwand	4
Übriger Betriebsaufwand	20
Finanzaufwand	5
Betriebsfremder Ertrag	9
Ertrag Nebenbetrieb	3
Aufwand Nebenbetrieb	2

Erfolgsrechnung

....	....
....	....
= Bruttogewinn	....
....	....
....	....
....	....
= Ergebnis vor Zinsen und Steuern (EBIT)	....
....	....
= Betriebsverlust	....
....	....
....	....
....	....
....	....
....	....
= Unternehmensgewinn vor Steuern	....
....	....
= Unternehmensgewinn (Jahresgewinn)	

22.05

Zur Bilanz einer Aktiengesellschaft liegen folgende Informationen vor:

Debitoren (Forderungen L+L)	48	Delkredere	2
Lohnvorschüsse an Mitarbeiter	1	Bank-Kontokorrentschuld	13
Aktienkapital	40	Noch nicht bezahlter Aufwand	1
Kassenbestand	1	Debitor Verrechnungssteuer	1
Postguthaben	2	Wertberichtigung mobile Sachanlagen	20
Gesetzliche Gewinnreserve	13	Agio aus Kapitalerhöhung	10
Langfristige Rückstellungen	7	Erhaltener Ertrag der Folgeperiode	1
Materialvorrat	14	Kreditoren (Verbindlichkeiten L+L)	28
Aktivdarlehen	8	Patente	6
Kapitalanteile an anderen Gesellschaften	11	Unfertige und fertige Erzeugnisse	11
Gewinnvortrag	15	Freiwillige Gewinnreserven	10
Bezahlter Aufwand der Folgeperiode	2	Mobile Sachanlagen	45
Liegenschaft	80	Wertberichtigung Liegenschaft	10
Erhaltenes Bankdarlehen	20	Von Bank gewährte Hypothek	43
Kreditor Verrechnungssteuer	1	Umsatzsteuer MWST	3
Börsenkotierte Wertschriften	1	Eigene Aktien	8
Dividendenschuld	3	Noch nicht erhaltener Ertrag	1

Vervollständigen Sie die Bilanzen auf der nächsten Seite:

▷ Die obere Bilanz erfüllt die Vorschriften zur Mindestgliederung gemäss **Obligationenrecht** (OR 959a).

▷ Die untere Bilanz entspricht der üblichen Gliederung für die **Analyse**.

Bilanz (Mindestgliederung gemäss Obligationenrecht)

Aktiven			Passiven		
Umlaufvermögen			**Kurzfristiges Fremdkapital**		
Flüssige Mittel und kurzfristige Aktiven mit Börsenkurs			Verbindlichkeiten aus Lieferungen und Leistungen		
Forderungen aus Lieferungen und Leistungen			Kurzfristige verzinsliche Verbindlichkeiten		
Übrige kurzfristige Forderungen			Übrige kurzfristige Verbindlichkeiten		
Vorräte			Passive Rechnungsabgrenzungen		
Aktive Rechnungsabgrenzung			**Langfristiges Fremdkapital**		
			Langfristige verzinsliche Verbindlichkeiten		
			Rückstellungen		
			Eigenkapital		
Anlagevermögen			Aktienkapital		
Finanzanlagen			Gesetzliche Kapitalreserve		
Beteiligungen			Gesetzliche Gewinnreserve		
Sachanlagen			Freiwillige Gewinnreserven		
Immaterielle Werte			Eigene Aktien		

Bilanz (Gliederung für die Analyse)

Aktiven			Passiven		
Umlaufvermögen			**Fremdkapital**		
Flüssige Mittel			Kurzfristiges Fremdkapital		
Forderungen			Langfristiges Fremdkapital		
Vorräte			**Eigenkapital**		
Anlagevermögen			Aktienkapital		
Finanzanlagen			Kapitalreserven		
Sachanlagen			Gewinnreserven		
Immaterielle Anlagen			Eigene Aktien		

b) Bewertung

22.20

Beim Abschluss der Buchhaltung stellt sich die Frage, zu welchem Wert die einzelnen Bilanzpositionen in die Bilanz einzusetzen sind. Diese Tätigkeit der Wertermittlung nennt man **bewerten;** das Ergebnis heisst **Bewertung.**

a) Bei welchen Bilanzpositionen steht der Bilanzwert eindeutig fest?

b) Weshalb steht der Bilanzwert der Maschinen nicht eindeutig fest?

c) Warum steht der Bilanzwert der Debitoren nicht eindeutig fest?

d) Bei welchen Positionen des Fremdkapitals steht der Wert nicht eindeutig fest?

e) Warum müssen nur die Aktiven und die Schulden, nicht aber das Eigenkapital bewertet werden?

22.21

Anhand dieser Aufgabe sollen die Auswirkungen unterschiedlicher Bewertung des Warenvorrats auf Vermögen und Erfolg einer Aktiengesellschaft aufgezeigt werden.

Ausgangslage bildet die folgende Bilanz, in der die Warenvorräte zu Einstandspreisen bewertet wurden, was als richtig zu betrachten ist. (Bevor die Vorräte verkauft sind, kann allerdings niemand genau sagen, wie viel sie wirklich wert sind!)

Schlussbilanz vor Gewinnverbuchung (richtige Bewertung)

Aktiven			Passiven		
Umlaufvermögen			**Fremdkapital**		
Flüssige Mittel	30		Verbindlichkeiten L+L	150	
Forderungen L+L	170		Hypotheken	150	
Warenvorrat	300	500	Übrige Schulden	50	350
Anlagevermögen			**Eigenkapital**		
Mobilien	50		Aktienkapital	400	
Maschinen	100		Gesetzliche Gewinnreserve	100	
Immobilien	250	400	**Gewinn**	**50**	550
		900			900

a) Wie lautet die Schlussbilanz vor Gewinnverteilung, wenn die Vorräte überbewertet werden, d. h. schon zum Verkaufspreis von 400 bilanziert werden, obwohl sie noch nicht verkauft worden sind?

Schlussbilanz vor Gewinnverbuchung (Überbewertung)

Aktiven			Passiven		
Umlaufvermögen			**Fremdkapital**		
Flüssige Mittel	30		Verbindlichkeiten L+L	150	
Forderungen L+L	170		Hypotheken	150	
Vorräte			Übrige Schulden	50	350
Anlagevermögen			**Eigenkapital**		
Mobilien	50		Aktienkapital	400	
Maschinen	100		Gesetzliche Gewinnreserve	100	
Immobilien	250	400	**Gewinn**		

b) Wie lautet die Schlussbilanz vor Gewinnverteilung, wenn die Vorräte unterbewertet werden, d.h. nur zu 90% des Einstandspreises bilanziert werden?

Schlussbilanz vor Gewinnverbuchung (Unterbewertung)

Aktiven			Passiven		
Umlaufvermögen			**Fremdkapital**		
Flüssige Mittel	30		Verbindlichkeiten L+L	150	
Forderungen L+L	170		Hypotheken	150	
Vorräte			Übrige Schulden	50	350
Anlagevermögen			**Eigenkapital**		
Mobilien	50		Aktienkapital	400	
Maschinen	100		Gesetzliche Gewinnreserve	100	
Immobilien	250	400	**Gewinn**		

c) Beurteilen Sie die verschiedenen Bewertungen aus der Sicht
- ▷ der Unternehmung
- ▷ der Gläubiger
- ▷ der Aktionäre
- ▷ der Steuerbehörden

d) Welche der drei Bewertungsmöglichkeiten würden Sie als Gesetzgeber verbieten?

22.22

Ein betrieblich genutztes Bürogebäude wurde vor 15 Jahren für Fr. 2 344 761.– (inkl. Abgaben) erworben. Der geschätzte Nettoveräusserungswert beträgt heute vor allem wegen gestiegener Landpreise etwa Fr. 4 000 000.–. Ein beobachtbarer Marktpreis besteht nicht.

Zu welchem Wert darf das Bürogebäude höchstens bilanziert werden?

22.23

Anfang 20_1 kaufte die **HomoFaber AG** eine neue Produktionsanlage:

- ▷ Bruttoankaufspreis für die Maschine 660 000.–, Rabatt 15%
- ▷ Bezugskosten (Fracht, Transportversicherung, Verzollung) Fr. 15 000.–
- ▷ Montagekosten Fr. 24 000.–
- ▷ Erwartete Nutzungsdauer 6 Jahre; lineare, indirekte Abschreibung
- ▷ Geschätzter Restwert am Ende der Nutzungsdauer Fr. 60 000.–

Ende 20_2 stellen sich folgende Fragen:

a) Zu welchem Wert darf die Maschine höchstens bewertet werden?

b) Wie wird der Wert der Maschine in der Bilanz dargestellt?

c) Wie lautet der Buchungssatz für die Abschreibung?

22.24

Die **Paradise Pool GmbH,** Handel mit Schwimmbadzubehör, kaufte im November 50 Pumpen zu Fr. 700.– je Stück ein und verkaufte davon bis Ende Jahr 40 Stück zu Fr. 850.– je Stück.

Zu welchem Wert dürfen die Pumpen Ende Jahr höchstens bilanziert werden, wenn

a) die Pumpenpreise wegen eines Baubooms inzwischen angestiegen sind, sodass der Einstandspreis im Bilanzzeitpunkt Fr. 760.–/Stück beträgt und der Verkaufspreis auf Fr. 920.– angesetzt werden kann?

b) die Pumpenpreise wegen Billigimporten aus Asien gesunken sind, sodass der Einstandspreis im Bilanzierungszeitpunkt nur noch Fr. 550.– beträgt und die Paradise Pool GmbH den Nettoveräusserungswert (voraussichtlicher Verkaufserlös abzüglich zusätzlicher Kosten) auf Fr. 630.– schätzt?

c) Wie lautet der Buchungssatz für die Wertkorrektur bei b), wenn die Pumpen zum Einstandspreis erfasst worden sind?

22.25

Die **Metallica GmbH** kaufte vor zweieinhalb Jahren börsenkotierte Obligationen der Schweizerischen Eidgenossenschaft mit einem Nominalwert von Fr. 100 000.– zum Kurs von 99% (des Nominalwerts).

Zu welchem Wert dürfen die Obligationen in der Bilanz der Metallica GmbH höchstens bilanziert werden, wenn folgende Schlusskurse gelten?

a) 103%

b) 97%

22.26

Die **Tiefbau AG** kaufte vor ein paar Jahren Aktien der nicht börsenkotierten Zement AG. Der Kaufkurs betrug Fr. 400.– je Aktie.

Zu welchem Kurs dürfen die Aktien in der Bilanz der Tiefbau AG höchstens bewertet werden, wenn am Bilanzstichtag für die Zement AG folgende Schlusskurse vorliegen:

a) Fr. 450.–

b) Fr. 370.–

22.27

Aus einem Spezialbehälter der **BioPharma AG** flossen über Jahre unbemerkt giftige Substanzen in die Umgebung. Als das Malheur im November 20_6 entdeckt wurde, setzte die BioPharma AG sofort unabhängige Experten ein, welche die Sanierungskosten zuverlässig mit Fr. 400000.– schätzten.

a) Wie ist dieser Sachverhalt im Jahresabschluss 20_6 der BioPharma AG zu berücksichtigen?

b) Dürfte der Betrag nach Obligationenrecht auch tiefer oder höher als Fr. 400000.– angesetzt werden?

22.28

Die erfolgreiche Privatschule **Pestalozzi AG** erwarb Anfang 20_1 neues Mobiliar für Fr. 90000.– mit einer geschätzten Nutzungsdauer von 15 Jahren. Eine lineare Abschreibung auf einen Restwert von 0 erscheint betriebswirtschaftlich gerechtfertigt.

Zu welchem Wert darf das Mobiliar Ende 20_4 höchstens bewertet werden, wenn der Nettoveräusserungswert zu jenem Zeitpunkt auf Fr. 30000.– geschätzt wird?

22.29

Bei der **Produktion AG** liegt für die Bewertung des Vorrats an fertigen Erzeugnissen folgende Kalkulation vor (Kurzzahlen):

Materialkosten	50
+ Fertigungskosten	70
= **Herstellungskosten**	**120**
+ Verwaltungs- und Vertriebskosten	30
= **Selbstkosten**	**150**
+ Voraussichtlicher Gewinn	20
= **Geschätzter Verkaufsertrag**	**170**

a) Zu welchem Wert darf der Vorrat an fertigen Erzeugnissen höchstens bilanziert werden?

b) Wie lautet der Buchungssatz für eine Bestandeszunahme an fertigen Erzeugnissen von 10?

22.30

Für den Abschluss der **Saludos SA** per Ende 20_5 liegen diese Informationen vor:

- ▷ Die Verbindlichkeiten aus Lieferungen und Leistungen (Kreditoren) bestehen aus CHF 60 und EUR 100.
- ▷ Die Forderungen aus Lieferungen und Leistungen (Debitoren) setzen sich aus CHF 90 und EUR 200 zusammen.
- ▷ Die freiwilligen Gewinnreserven betragen CHF 310.
- ▷ Der Einstandswert des Warenvorrats beträgt CHF 200, der erwartete Nettoveräusserungswert CHF 270.
- ▷ Das Aktienkapital beträgt CHF 400.
- ▷ Der Bargeldbestand besteht aus CHF 36 und EUR 50. Die Euros wurden Anfang Dezember von der Bank zum Kurs CHF 1.26/EUR gekauft.
- ▷ Die Sachanlagen wurden Anfang 20_1 in Betrieb genommen. Der Anschaffungswert betrug CHF 860. Die Abschreibung erfolgt indirekt linear über eine Nutzungsdauer von zehn Jahren auf einen geschätzten Restwert am Ende der Nutzungsdauer von CHF 60.
- ▷ Das Bank-Kontokorrent weist einen Saldo von CHF 120 zugunsten der Saludos SA auf.
- ▷ Die gesetzliche Gewinnreserve ist CHF 70, die gesetzliche Kapitalreserve CHF 40.
- ▷ Die Rückstellungen lassen sich einigermassen genau auf CHF 50 beziffern. Sofern nach Obligationenrecht möglich, sollen sie mit CHF 80 bilanziert werden.

Noten- und Devisenkurse für den EURO per 31. 12. 20_5

Noten		Devisen	
Kauf 1.16	Verkauf 1.22	Kauf 1.18	Verkauf 1.20

Wie lautet die Schlussbilanz vor Gewinnverbuchung unter Berücksichtigung der obligationenrechtlichen Bewertungsgrenzen?

Schlussbilanz vor Gewinnverbuchung per 31. 12. 20_5

Aktiven			Passiven		
Umlaufvermögen					

c) Stille Reserven

22.40

Von einer Aktiengesellschaft liegt die externe Schlussbilanz nach Gewinnverbuchung vor.

Der Geschäftsleitung ist bekannt, dass das Anlagevermögen infolge überhöhter Abschreibungen um 20 unterbewertet ist und das Fremdkapital zufolge überhöhter Rückstellungsbildung um 10 zu hoch ausgewiesen wird.

a) Erstellen Sie die interne (bereinigte) Schlussbilanz nach Gewinnverbuchung?

Externe Schlussbilanz

Aktiven		Passiven	
Umlaufvermögen	40	Fremdkapital	30
Anlagevermögen	50	Aktienkapital	50
		Offene Reserven[1]	10
	90		90

Interne Schlussbilanz

Aktiven		Passiven	
Umlaufvermögen		Fremdkapital	
Anlagevermögen		Aktienkapital	
		Offene Reserven[1]	

b) Vervollständigen Sie die grafischen Darstellungen mit den Zahlen von Aufgabe a).

Externe Schlussbilanz

Aktiven		Passiven	
Umlaufvermögen		Fremdkapital	
Anlagevermögen		Eigenkapital	

Interne Schlussbilanz

Aktiven		Passiven	
Umlaufvermögen		Fremdkapital	
Anlagevermögen		Eigenkapital	

c) Warum handelt es sich bei den stillen Reserven um Eigenkapital?

d) Weshalb werden die stillen Reserven so genannt?

e) Was ist gemeinsam bei offenen und stillen Reserven, und wodurch unterscheiden sie sich?

[1] Die offenen Reserven werden in der externen und der internen Bilanz offengelegt. Sie setzen sich zusammen aus der gesetzlichen Kapitalreserve, der gesetzlichen Gewinnreserve, den freiwilligen Gewinnreserven und dem Gewinnvortrag.

22.41

Von einem neu gegründeten Handelsbetrieb liegen am Jahresende folgende internen (effektiven) Zahlen vor:

Interne Schlussbilanz 31. 12. 20_1

Aktiven			Passiven		
Umlaufvermögen			**Fremdkapital**		
Flüssige Mittel	10		Kreditoren	45	
Debitoren	50		Hypotheken	30	75
Warenvorrat	60	120			
			Eigenkapital		
			Aktienkapital	150	
			Offene Reserven	0	
Anlagevermögen			Stille Reserven	0	
Anlagevermögen		170	Gewinn	65	215
		290			290

Aufgrund der internen Schlussbilanz vor Gewinnverbuchung beschliesst die Geschäftsleitung folgende Korrekturen:

- ▷ Auf dem Anlagevermögen ist eine zusätzliche Abschreibung von 10 vorzunehmen.
- ▷ Der Warenvorrat wird auf 40 herabgesetzt, was der steuerlich zugelassenen Unterbewertung um einen Drittel gegenüber dem Einstandswert entspricht.
- ▷ Es wird eine Garantierückstellung von 5 zulasten des Warenertrags gebildet.

a) Wie lauten die Buchungssätze für diese drei Nachträge?

Soll	Haben	Betrag

b) Welchen Zweck verfolgt die Geschäftsleitung mit diesen Korrekturen?

c) Erstellen Sie die externe Bilanz nach Verbuchung der drei Nachträge.

Externe Schlussbilanz 31. 12. 20_1

Aktiven			Passiven		
Umlaufvermögen			**Fremdkapital**		
Flüssige Mittel	10		Kreditoren	45	
Debitoren	50		Hypothek	30	
Warenvorrat			Rückstellungen		
			Eigenkapital		
			Aktienkapital	150	
Anlagevermögen			Offene Reserven	0	
Anlagevermögen			Gewinn		

22.42

Stille Reserven entstehen durch Unterbewertung von Aktiven oder Überbewertung von Fremdkapital in der externen Bilanz.

a) Erklären Sie allgemein, wie bei den aufgeführten Aktiven und Schulden stille Reserven gebildet werden können, und geben Sie jeweils den Buchungssatz für die Bildung von stillen Reserven an.

Aktiven (Vermögen)

Konto	Allgemeine Erklärung	Buchungssatz
Mobiliar, Maschinen, Fahrzeuge		
Warenvorräte		
Debitoren in Schweizer Franken		
Debitoren in fremder Währung		

Fremdkapital (Schulden)

Konto	Allgemeine Erklärung	Buchungssatz
Lieferantenkreditoren in fremder Währung		
Rückstellungen für Garantiearbeiten		

b) Welche Regeln für die Verbuchung von stillen Reserven lassen sich aus diesen Fällen ableiten?

c) Welchen Einfluss hat die Bildung von stillen Reserven auf den extern ausgewiesenen Gewinn?

22.43

Bereinigen Sie aufgrund der Angaben über die stillen Reserven die gegebenen externen Rechnungen auf dem nebenstehenden Lösungsblatt.

Angaben über die stillen Reserven

	Anfangsbestand an stillen Reserven	Endbestand an stillen Reserven	Veränderung an stillen Reserven
Warenvorrat	120	130	+ 10
Anlagevermögen	290	320	+ 30
Fremdkapital (Garantierückstellungen)①	50	70	+ 20
	460	520	+ 60

22.44

Eine CNC-Drehbank (CNC = Computerized Numerical Control) mit einem Anschaffungswert von Fr. 300 000.– kann bei der direkten Bundessteuer jährlich mit 40% vom Buchwert abgeschrieben werden. Aus betriebswirtschaftlicher Sicht ist eine lineare Abschreibung über die Nutzungsdauer von sechs Jahren richtig.

Vereinfachend ist davon auszugehen, dass auf den übrigen Bilanzpositionen keine Bewertungsdifferenzen zwischen den externen und internen Rechnungen bestehen.

a) Vervollständigen Sie die Tabelle.

	Externe Rechnungen			Interne Rechnungen			Stille Reserven	
Jahr	Abschreibung	Buchwert in Schlussbilanz	Erfolg	Abschreibung	Buchwert in Schlussbilanz	Erfolg	Veränderung	Bestand Ende Jahr
1						90 000		
2						60 000		
3						20 000		
4						–10 000		

b) Wie viel stille Reserven werden im ersten Jahr gebildet?

c) Wie hoch ist der steuerbare Gewinn im zweiten Jahr?

d) Wie hoch ist das effektive Eigenkapital am Ende des dritten Jahres, wenn im Geschäftsbericht ein solches von Fr. 70 000.– ausgewiesen wird?

e) Welches ist der Einfluss der unterschiedlichen Abschreibung der Drehbank auf das den Aktionären und den Steuerbehörden präsentierte Ergebnis im vierten Jahr?

① Die Bildung der Rückstellungen erfolgt über den Warenertrag.

Eröffnungsbilanz

Aktiven	extern (unbereinigt)	Bereinigung	intern (bereinigt)	Passiven	extern (unbereinigt)	Bereinigung	intern (bereinigt)
Flüssige Mittel	50			Fremdkapital	390		
Forderungen	120			Aktienkapital	300		
Warenvorrat	240			Offene Reserven	220		220
Anlagevermögen	500			Stille Reserven	–		
	910				910		

Erfolgsrechnung

Aufwand	extern (unbereinigt)	Bereinigung	intern (bereinigt)	Ertrag	extern (unbereinigt)	Bereinigung	intern (bereinigt)
Warenaufwand	2 000			Warenertrag	4 000		
Personalaufwand	1 000						
Abschreibungen	200						
Übriger Aufwand	700						
Gewinn	100						
	4 000				4 000		

Schlussbilanz nach Gewinnverbuchung

Aktiven	extern (unbereinigt)	Bereinigung	intern (bereinigt)	Passiven	extern (unbereinigt)	Bereinigung	intern (bereinigt)
Flüssige Mittel	40			Fremdkapital	400		
Forderungen	140			Aktienkapital	300		
Warenvorrat	260			Offene Reserven	270		270
Anlagevermögen	530			Stille Reserven	–		
	970				970		

22.45

Vervollständigen Sie die Tabelle über das Eigenkapital und den Gewinn einer Einzelunternehmung. Die Aufgaben a), b), c) usw. stellen aufeinander folgende Jahre dar.

	Eigenkapital gemäss Eröffnungsbilanz			Erfolg gemäss Erfolgsrechnung①			Eigenkapital gemäss Schlussbilanz		
	Externer Wert	Anfangsbestand an stillen Reserven	Interner Wert	Externer Gewinn	Veränderung an stillen Reserven	Interner Gewinn	Externer Wert	Schlussbestand an stillen Reserven	Interner Wert
a)	200	0		40	+ 10				
b)	240	10	250	40	0				
c)					+ 20	70			
d)				50		0			
e)				30				70	
f)					+ 5				500
g)									
h)	450		540	20	– 10				
i)				10				60	

① Der Erfolg wird Ende Jahr über das Eigenkapital verbucht. Andere Eigenkapitalveränderungen finden nicht statt.

22.46

Kreuzen Sie die Aussagen als richtig an, oder begründen Sie, weshalb diese falsch sind.

Nr.	Aussage	Richtig	Begründung bei falscher Aussage
1	Von stillen Reserven spricht man deshalb, weil sie in der internen Bilanz nicht sichtbar sind.		
2	In früheren Jahren gebildete und im Anfangsbestand enthaltene stille Reserven wirken sich nicht auf den Erfolg der laufenden Periode aus.		
3	Durch die Bildung von stillen Reserven wird der externe Gewinn der laufenden und der folgenden Perioden zu tief ausgewiesen.		
4	Durch die Auflösung von stillen Reserven wird der externe Gewinn der laufenden Periode zu hoch ausgewiesen.		
5	Die Bildung von stillen Reserven auf den Debitorenbeständen erfolgt mit der Buchung: Delkredere/Debitorenverluste.		
6	Durch die Bildung und Auflösung von stillen Reserven können die internen Gewinne manipuliert werden.		
7	Durch die Bewertungsvorschriften des OR wird die Bildung von stillen Reserven praktisch unterbunden.		
8	Die Bildung von stillen Reserven ist nur auf Aktivkonten möglich.		
9	Viele Unternehmungen bewerten die Warenvorräte in ihren externen Bilanzen immer nur zu zwei Dritteln des Einstandswertes. Dadurch werden bei Vorratszunahmen automatisch stille Reserven gebildet und bei Vorratsabnahmen stille Reserven aufgelöst.		
10	Da Aktiengesellschaften ihre Liegenschaften nur zum Anschaffungswert bilanzieren dürfen, entstehen bei steigenden Bodenpreisen automatisch stille Reserven.		
11	Stille Reserven sind verstecktes Eigenkapital und erhöhen die Kreditwürdigkeit einer Unternehmung.		
12	Im Anhang zur Jahresrechnung muss der Gesamtbetrag der aufgelösten stillen Reserven aufgeführt werden, sofern dadurch das wirtschaftliche Ergebnis wesentlich günstiger dargestellt wird.		

22.47

Bereinigen Sie aufgrund der Angaben zu den stillen Reserven die externen Eröffnungs- und Abschlussrechnungen (Beträge in Fr. 1000.–, Lösungsblatt nebenstehend):

Angaben über die stillen Reserven

	Anfangsbestand	Schlussbestand	Veränderung
Delkredere①	1	2	+ 1
Warenvorrat	20	25	+ 5
Mobilien	30	36	+ 6
Liegenschaft	40	40	0
Garantierückstellungen①	4	6	+ 2
	95	109	+ 14

22.48

Von einer Handelsgesellschaft sind folgende Zahlen bekannt:

	gemäss externer Bilanz	gemäss interner Bilanz
▷ Warenbestand		
am Jahresanfang	60 000.–	90 000.–
am Jahresende	40 000.–	60 000.–
▷ Einstandswert der eingekauften Waren	400 000.–	
▷ Verkaufswert der verkauften Waren	600 000.–	

a) Wie hoch ist der Warenaufwand gemäss externer Erfolgsrechnung?

b) Wie viele stille Reserven wurden gebildet bzw. aufgelöst?

c) Wie hoch ist der Warenaufwand gemäss interner Erfolgsrechnung?

d) Wie hoch ist der Bruttogewinn gemäss externer Erfolgsrechnung?

e) Wie hoch ist der Bruttogewinn gemäss interner Erfolgsrechnung?

22.49

Von einer Handels-AG sind folgende Zahlen bekannt:

▷ Effektiver (interner) Warenaufwand	600 000.–
▷ Warenvorrat am 1. 1. 20_2 gemäss interner Bilanz (Einstandswerte)	30 000.–
▷ Warenvorrat am 31. 12. 20_2 gemäss interner Bilanz (Einstandswerte)	45 000.–
▷ Die Vorräte werden extern generell um einen Drittel unter dem Einstandswert bewertet.	
▷ Gemeinkosten	300 000.–
▷ Verkaufserlös	1 000 000.–

a) Wie hoch ist der effektive (interne) Bruttogewinn?

b) Wie hoch ist der extern ausgewiesene Bruttogewinn?

c) Wie hoch ist der extern ausgewiesene Reingewinn?

d) Zu welchem Wert müsste der Warenvorrat am 31. 12. 20_2 in die externe Bilanz eingesetzt werden, damit ein Reingewinn von Fr. 110 000.– ausgewiesen werden könnte?

e) Ist die in der Antwort zu Frage d) vorgenommene Aufwertung des Warenlagers gemäss Obligationenrecht erlaubt? Begründung?

Eröffnungsbilanz vom 1. 1. 20_5

Aktiven / Passiven

Aktiven	extern (unbereinigt)	Bereinigung	intern (bereinigt)	Passiven	extern (unbereinigt)	Bereinigung	intern (bereinigt)
Flüssige Mittel	10			Kreditoren	35		
Debitoren (netto)	45			Rückstellungen	8		
Warenvorräte	60			Aktienkapital	120		
Mobilien	20			Reserven (offene u. stille)	72		
Liegenschaft	100						
	235				235		

Erfolgsrechnung 20_5

Aufwand / Ertrag

Aufwand	extern (unbereinigt)	Bereinigung	intern (bereinigt)	Ertrag	extern (unbereinigt)	Bereinigung	intern (bereinigt)
Warenaufwand	450			Warenertrag①	700		
Personalaufwand	150						
Abschreib. Mobilien	12						
Diverser Aufwand	68						
Gewinn	20						
	700				700		

Schlussbilanz vom 31. 12. 20_5

Aktiven / Passiven

Aktiven	extern (unbereinigt)	Bereinigung	intern (bereinigt)	Passiven	extern (unbereinigt)	Bereinigung	intern (bereinigt)
Flüssige Mittel	12			Kreditoren	59		
Debitoren (netto)	50			Rückstellungen	14		
Warenvorräte	75			Aktienkapital	120		
Mobilien	30			Reserven (offene u. stille)	74		
Liegenschaft	100						
	267				267		

① Die Bildung des Delkrederes und der Rückstellungen erfolgt über den Warenertrag.

22.50

Eine Unternehmung weist in der externen Erfolgsrechnung für das Jahr 20_1 einen Bruttogewinn von Fr. 100 000.– aus.

Berechnen Sie den tatsächlichen Bruttogewinn für die drei Varianten a) bis c).

a) Bei der Bewertung des Warenvorrates wurden Fr. 20 000.– an stillen Reserven aus der Vorperiode übernommen.

b) Bei der Bewertung des Warenvorrates wurden Fr. 20 000.– stille Reserven gebildet.

c) Bei der Bewertung des Warenvorrates wurden Fr. 20 000.– stille Reserven aufgelöst.

22.51

Bereinigen Sie die Eröffnungs- und Abschlussrechnungen anhand der folgenden Angaben zu den **stillen Reserven:**

Angaben über die stillen Reserven

	Anfangsbestand	Schlussbestand	Veränderung
Delkredere①	1	2	1
Warenvorräte	10	20	10
Anlagevermögen	70	80	10
Rückstellungen②	9	8	– 1
	90	110	20

Erfolgsrechnung 20_7

Aufwand

	extern (unbereinigt)	Bereinigung	intern (bereinigt)
Warenaufwand	1 200		
Personalaufwand	500		
Abschreibungen	100		
Übriger Aufwand	170		
Gewinn	30		
	2 000		

Ertrag

	extern (unbereinigt)	Bereinigung	intern (bereinigt)
Nettoerlös	2 000		
	2 000		

① Die Debitorenverluste werden als Erlösminderung verbucht.

② Die Veränderungen werden auf übrigen Aufwand gebucht.

Eröffnungsbilanz vom 1. 1. 20_7

Aktiven	extern (unbereinigt)	Bereinigung	intern (bereinigt)	Passiven	extern (unbereinigt)	Bereinigung	intern (bereinigt)
Flüssige Mittel	10			Diverses Fremdkapital	80		
Debitoren (netto)	100			Rückstellungen	50		
Warenvorräte	120			Aktienkapital	300		
Anlagevermögen	300			Reserven (offene u. stille)	100		
	530				530		

Schlussbilanz vor Gewinnverbuchung 31. 12. 20_7

Aktiven	extern (unbereinigt)	Bereinigung	intern (bereinigt)	Passiven	extern (unbereinigt)	Bereinigung	intern (bereinigt)
Flüssige Mittel	10			Diverses Fremdkapital	130		
Debitoren (netto)	110			Rückstellungen	70		
Warenvorräte	150			Aktienkapital	300		
Anlagevermögen	350			Reserven (offene u. stille)	90		
				Gewinn	30		
	620				620		

Schlussbilanz nach Gewinnverbuchung vom 31. 12. 20_7

Aktiven	extern (unbereinigt)	Bereinigung	intern (bereinigt)	Passiven	extern (unbereinigt)	Bereinigung	intern (bereinigt)
Flüssige Mittel	10			Diverses Fremdkapital	130		
Debitoren (netto)	110			Rückstellungen	70		
Warenvorräte	150			Aktienkapital	300		
Anlagevermögen	350			Reserven (offene u. stille)	120		
	620				620		

Bilanzbezogene Analyse

23.01

Die Bilanz als zeitpunktbezogene (statische) Rechnung kann mit vier Kennzahlengruppen analysiert werden.

Berechnen Sie aufgrund der abgebildeten Bilanz die angegebenen Kennzahlen.

Schlussbilanz

Aktiven			Passiven			
Umlaufvermögen			**Fremdkapital**			
			Kurzfristiges FK			
Flüssige Mittel	110		Verbindlichkeiten L+L	230		
Forderungen	190		Bank	120	350	
Vorräte	700	1 000				
			Langfristiges FK			
			Darlehen	250		
			Hypotheken	600	850	1 200
Anlagevermögen			**Eigenkapital**			
Mobilien	200		Aktienkapital		600	
			Kapitalreserven		80	
Immobilien	800	1 000	Gewinnreserven		120	800
		2 000				2 000

(Markierungen in der Bilanz: 1 = Passiven vertikal, 2 = Aktiven vertikal, 3 = Flüssige Mittel ↔ Kurzfristiges FK, 4 = Immobilien ↔ Gewinnreserven)

1 Kapitalstruktur (Passiven)

Fremdfinanzierungsgrad Fremdkapitalquote	$\frac{\text{Fremdkapital}}{\text{Gesamtkapital}}$	______	
Eigenfinanzierungsgrad Eigenkapitalquote	$\frac{\text{Eigenkapital}}{\text{Gesamtkapital}}$	______	
Finanzierungsverhältnis	$\frac{\text{Fremdkapital}}{\text{Eigenkapital}}$	______	
Selbstfinanzierungsgrad	$\frac{\text{Gewinnreserven}}{\text{Eigenkapital}}$	______	

2 Vermögensstruktur (Aktiven)

Intensität des Umlaufvermögens	$\frac{\text{Umlaufvermögen}}{\text{Gesamtvermögen}}$	______	
Intensität des Anlagevermögens Immobilisierungsgrad	$\frac{\text{Anlagevermögen}}{\text{Gesamtvermögen}}$	______	
Investitionsverhältnis	$\frac{\text{Umlaufvermögen}}{\text{Anlagevermögen}}$	______	

3 Liquidität (Zahlungsbereitschaft)

Liquiditätsgrad 1	$\frac{\text{Flüssige Mittel}}{\text{Kurzfristiges Fremdkapital}}$	______	
Liquiditätsgrad 2	$\frac{\text{Flüssige Mittel + Forderungen}}{\text{Kurzfristiges Fremdkapital}}$	______	
Liquiditätsgrad 3	$\frac{\text{Umlaufvermögen}}{\text{Kurzfristiges Fremdkapital}}$	______	

Liquiditätsstaffel	Flüssige Mittel	......
	./. Kurzfristiges Fremdkapital	______
	= Unterdeckung 1. Stufe	......
	+ Forderungen	______
	= Unterdeckung 2. Stufe	......
	+ Vorräte	______
	= Überdeckung 3. Stufe (Nettoumlaufvermögen)	......

4 Anlagedeckung (Goldene Bilanzregel)

Anlagedeckungsgrad 1	$\frac{\text{Eigenkapital}}{\text{Anlagevermögen}}$	______	
Anlagedeckungsgrad 2	$\frac{\text{Eigenkapital + langfristiges Fremdkapital}}{\text{Anlagevermögen}}$	______	

Anlagedeckungsstaffel	Eigenkapital	......
	./. Anlagevermögen	______
	= Unterdeckung 1. Stufe	......
	+ Langfristiges Fremdkapital	______
	= Überdeckung 2. Stufe (Nettoumlaufvermögen)	......

23.02

Gegeben sind die grafisch dargestellten Bilanzen der beiden Unternehmungen X und Y. Beantworten Sie die Fragen.①

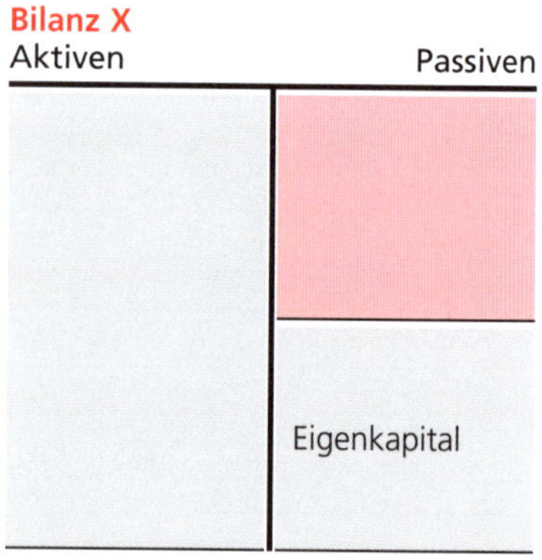

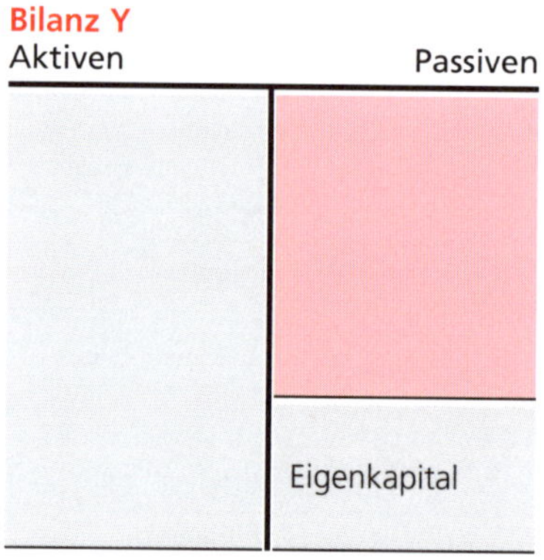

a) Welche Kennzahl kann mithilfe der rot hervorgehobenen Fläche berechnet werden (ankreuzen)?

- ☐ Selbstfinanzierungsgrad
- ☐ Liquiditätsgrad 3
- ☐ Fremdfinanzierungsgrad
- ☐ Anlagedeckungsgrad 2

b) Welche Nachteile weist die Finanzierungsstruktur von Unternehmung Y auf?

23.03

Gegeben sind die grafisch dargestellten Bilanzen der beiden Unternehmungen X und Y. Beantworten Sie die Fragen.①

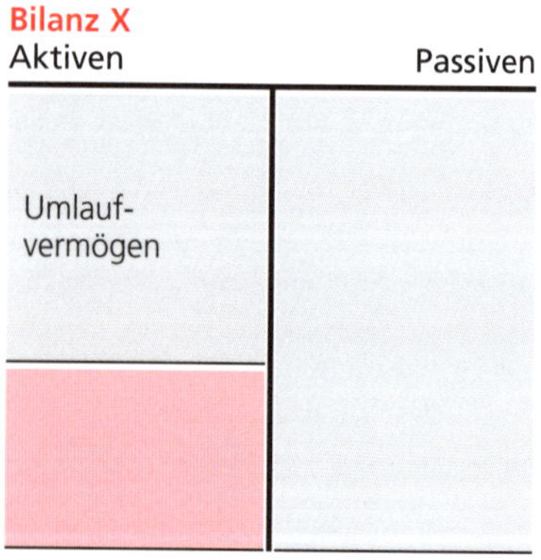

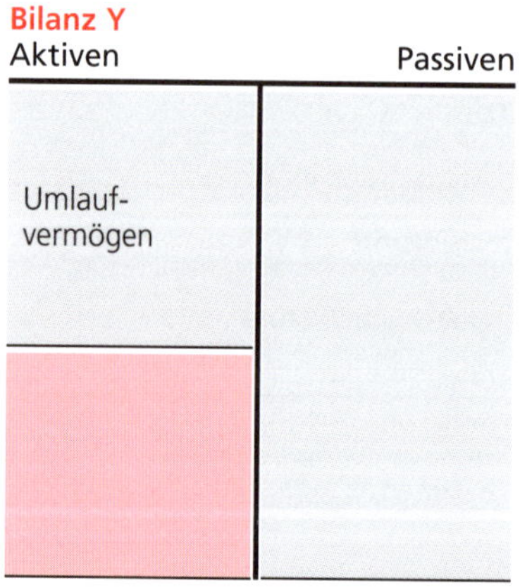

a) Welche Kennzahl kann mithilfe der rot hervorgehobenen Fläche berechnet werden?

b) Bei welchen Branchen ist der Anteil des Anlagevermögens am Gesamtvermögen sehr hoch (ankreuzen)?

- ☐ Energieerzeugung, Wasserversorgung
- ☐ Drogerie, Apotheke
- ☐ Uhren, Bijouterie (Handel)
- ☐ Hotel
- ☐ Transport (z. B. SBB, Taxi, Bergbahnen)
- ☐ Grosshandel
- ☐ Reisebüro

c) Welche Nachteile weist die Vermögensstruktur von Unternehmung Y auf?

d) Welches ist der Einfluss dieser Vermögensstrukturen auf die Kostenremanenz?

23.04

Gegeben sind die grafisch dargestellten Bilanzen der beiden Unternehmungen X und Y. Beantworten Sie die Fragen.①

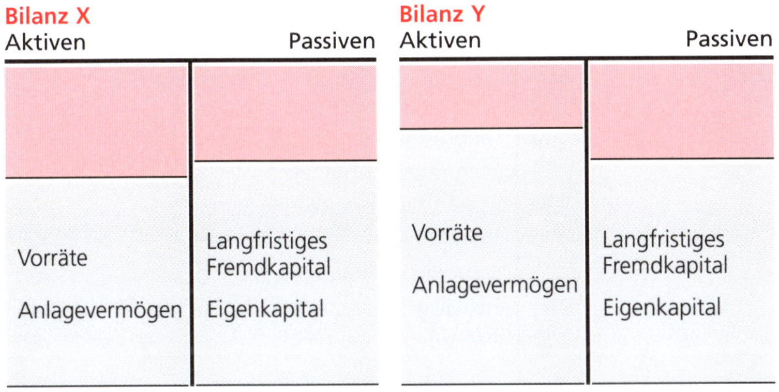

a) Welche Kennzahl kann mithilfe der rot hervorgehobenen Flächen berechnet werden?

b) Wie lautet die Faustregel bezüglich der Höhe dieser Kennzahl?

c) Welche Unternehmung weist den besseren Kennzahlenwert aus? Begründung?

d) Inwiefern ist die Aussagekraft dieser Kennzahl beschränkt?

23.05

Gegeben sind die grafisch dargestellten Bilanzen der beiden Unternehmungen X und Y. Beantworten Sie die Fragen.①

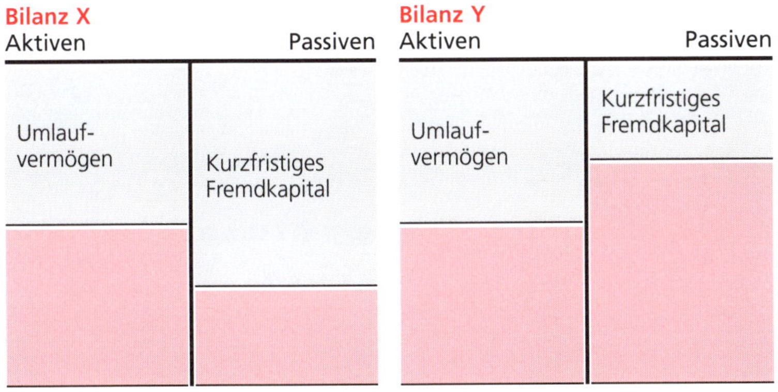

a) Welche Kennzahl kann mithilfe der rot hervorgehobenen Flächen berechnet werden?

b) Was verlangt die goldene Bilanzregel?

c) Von welcher Unternehmung wird die goldene Bilanzregel eingehalten?

d) Welcher Zusammenhang besteht zwischen dem Liquiditätsgrad 3 und der dargestellten Kennzahl?

① Gehen Sie bei vergleichenden Beurteilungen davon aus, dass sich jeweils beide Unternehmungen ausser der grafisch dargestellten Besonderheit nicht unterscheiden. Zum Beispiel sind beide Betriebe in der gleichen Branche tätig, erzielen gleich hohe Umsätze, weisen dasselbe Unternehmensalter auf, verfügen über gleichwertige Mitarbeiter. (Wissenschafter verwenden für diese Methode die lateinische Bezeichnung **«ceteris paribus»,** was auf Deutsch übersetzt «unter [sonst] gleichen Umständen» heisst).

23.06

Beantworten Sie die Fragen mithilfe der mangelhaft gegliederten Bilanz.

Bilanz per 31. 12. 20_1

Aktiven		Passiven	
Kasse	20	Verbindlichkeiten L+L	50
Post	30	Kontokorrent Bank Y	50
Kontokorrent Bank X	50	Langfristiges Darlehen	300
Festgeld (6 Monate)	80	Langfristige Hypotheken	200
Forderungen L+L	350	Langfristige Rückstellungen	100
Warenlager	400	Stammkapital	400
Nicht fakturierte Leistungen	20	Gesetzliche Gewinnreserve	60
Mobile Sachanlagen	200	Freiwillige Gewinnreserven	340
Immobile Sachanlagen	500	Delkredere	50
		WB mobile Sachanlagen	70
		WB immobile Sachanlagen	30
	1 650		1 650

WB = Wertberichtigungen

a) Um welche Rechtsform handelt es sich bei dieser Unternehmung?

b) In welcher Branche könnte diese Unternehmung tätig sein?

c) Bei welchen Positionen sind am ehesten stille Reserven enthalten?

d) Wie beurteilen Sie die finanzielle Situation dieser Unternehmung?

23.07

Ermitteln Sie aufgrund dieser Angaben den Anlagedeckungsgrad 2 sowie das Eigenkapital.

Liquiditätsgrad 2	120%
Liquiditätsgrad 3	200%
Anlageintensität	60%
Eigenfinanzierungsgrad	30%
Vorräte	400

23.08

Gegeben sind die Bilanzen (in Kurzzahlen) von drei grösseren schweizerischen Industriebetrieben.

Bilanz A

Aktiven		Passiven	
Flüssige Mittel	12	Kurzfristiges Fremdkapital	32
Forderungen	25	Langfristiges Fremdkapital	24
Vorräte	25	Eigenkapital	44
Anlagevermögen	38		
	100		100

Bilanz B

Aktiven		Passiven	
Flüssige Mittel	1	Kurzfristiges Fremdkapital	69
Forderungen	33	Langfristiges Fremdkapital	14
Vorräte	43	Eigenkapital	17
Anlagevermögen	23		
	100		100

Bilanz C

Aktiven		Passiven	
Flüssige Mittel	25	Kurzfristiges Fremdkapital	20
Forderungen	10	Langfristiges Fremdkapital	20
Vorräte	25	Eigenkapital	60
Anlagevermögen	40		
	100		100

a) Berechnen Sie für die drei Unternehmungen die verlangten Kennzahlen.

	Unternehmung A	Unternehmung B	Unternehmung C
Fremdfinanzierungsgrad (Fremdkapitalquote)			
Anlageintensität			
Liquiditätsgrad 2			
Anlagedeckungsgrad 2			

b) Beurteilen Sie die Finanzierungsstruktur sowie die Liquidität der drei Unternehmungen.

23.09

Die externe Bilanz der **Schokoladenfabrik Grogg AG** zeigt folgendes Bild:

Bilanz per 31. 12. 20_1

Aktiven | Passiven

Aktiven	Externe Werte	Stille Reserven	Interne Werte	Passiven	Externe Werte	Stille Reserven	Interne Werte
Flüssige Mittel	75			Kurzfristiges Fremdkapital	50		
Forderungen	56			Langfristiges Fremdkapital	106		
Vorräte	60			Aktienkapital	100		
Sachanlagen	165			Kapitalreserven	40		
				Gewinnreserven	60		
	356				356		

a) Wie lautet die interne Bilanz, wenn über die stillen Reserven diese Informationen vorliegen?

▷ Das Delkredere wurde um 4 zu hoch angesetzt.

▷ Die Vorräte sind um den Steuerdrittel zu tief bewertet.

▷ Der Wert der Sachanlagen beträgt nach True-and-Fair-View 225.

▷ Die Hälfte der extern ausgewiesenen langfristigen Rückstellungen von 12 kann als stille Reserven betrachtet werden.

b) Berechnen Sie diese Kennzahlen:

Kennzahlen	Werte der Grogg AG	Branchendurchschnitt
Eigenfinanzierungsgrad		33%
Intensität des Anlagevermögens		42%
Liquiditätsgrad 2		96%
Anlagedeckungsgrad 2		115%

c) Vergleichen Sie die errechneten Werte mit den Durchschnittswerten der Branche, und beurteilen Sie die Grogg AG.

23.10

Berechnen Sie aufgrund dieser Bilanz die drei statischen Liquiditätsgrade sowie den Fremdfinanzierungsgrad.

Bilanz vom 31. 12. 20_1

Aktiven		Passiven	
Flüssige Mittel	30	Kurzfristiges Fremdkapital③	110
Forderungen	80	Langfristiges Fremdkapital	160
Vorräte①	100	Eigenkapital	230
Anlagevermögen②	290		
	500		500

23.11

Wie verändern sich die aufgeführten Kennzahlen einer Aktiengesellschaft *unmittelbar* durch die genannten Buchungen?

+ bedeutet, die Kennzahl nimmt zu
– bedeutet, die Kennzahl nimmt ab
0 bedeutet, die Kennzahl bleibt unverändert
? bedeutet, es lässt sich nichts Genaues sagen

Aufgabe	Buchungssätze	Eigenfinanzierungsgrad	Fremdfinanzierungsgrad	Anlageintensität	Liquiditätsgrad 2	Liquiditätsgrad 3	Anlagedeckungsgrad 1	Anlagedeckungsgrad 2
a)	Maschinen/Flüssige Mittel							
b)	Immobilien/Eigenkapital							
c)	Flüssige Mittel/Hypotheken							
d)	Flüssige Mittel/Debitoren							
e)	Kreditoren/Flüssige Mittel							
f)	Flüssige Mittel/Fahrzeuge							
g)	Flüssige Mittel/Aktienkapital							

① Davon Vorauszahlungen an Warenlieferanten 20
② Davon Vorauszahlungen an Maschinenlieferanten 30
③ Davon Vorauszahlungen von Kunden 10

23.12

Kreuzen Sie die Aussagen als richtig an, oder begründen Sie, weshalb diese falsch sind.

Nr.	Aussage	Richtig	Begründung bei falscher Aussage
1	Eine hohe Intensität des Anlagevermögens verursacht grundsätzlich hohe Fixkosten.		
2	Im Sinne einer Faustregel gilt ein Liquiditätsgrad 2 von 100% als gut.		
3	Wenn der Liquiditätsgrad 3 über 100% liegt, ist auch der Anlagedeckungsgrad 1 über 100%.		
4	Eigen- und Fremdfinanzierungsgrad ergeben zusammen 100%.		
5	Die Banken verlangen im Rahmen von Kreditprüfungen einen Liquiditätsgrad 1 von mindestens 40%.		
6	Die goldene Bilanzregel verlangt, dass langfristig gebundenes Vermögen (Anlagevermögen) mit langfristigem Kapital (Eigenkapital und langfristiges Fremdkapital) zu finanzieren ist.		
7	Wenn in einer Liquiditätsstaffel auf der zweiten Stufe eine Unterdeckung ausgewiesen wird, so ist der Liquiditätsgrad 2 kleiner als 100%.		
8	Ein höherer Fremdfinanzierungsgrad ist aus dem Blickwinkel der Liquidität von Nachteil, weil damit tendenziell hohe Zins- und Rückzahlungsverpflichtungen verbunden sind.		
9	Ein höherer Eigenfinanzierungsgrad führt grundsätzlich zu einer besseren Bonität (Kreditrating), und die Unternehmung profitiert von höheren Zinsfüssen.		
10	Ein tiefer Selbstfinanzierungsgrad weist immer auf eine ungenügende Finanz- und Ertragslage hin.		

Erfolgsbezogene Analyse

24.01

Berechnen Sie anhand von Bilanz und Erfolgsrechnung dieses Handelsbetriebs die wichtigsten Rentabilitätskennzahlen.

Bilanz

Aktiven			Passiven		
Umlaufvermögen			**Fremdkapital**		
Flüssige Mittel	10		Kurzfristiges FK	40	
Forderungen	70		Langfristiges FK	200	240
Vorräte	40	120			
			Eigenkapital		
			Aktienkapital	100	
Anlagevermögen		280	Reserven (inkl. Gewinnvortrag)	60	160
		400			400

Erfolgsrechnung

	Warenertrag (= Umsatz)	1 000
./.	Warenaufwand	– 700
=	**Bruttogewinn**	**300**
./.	Personalaufwand	– 110
./.	Abschreibungen	– 22
./.	Übriger Betriebsaufwand	– 140
=	**Ergebnis vor Zinsen und Steuern (EBIT)**	**28**
./.	Zinsen	– 8
=	**Gewinn vor Steuern**	**20**
./.	Steuern	– 4
=	**Gewinn**	**16**

a) Kapitalrentabilität

Rentabilität des Eigenkapitals	$\frac{\text{Gewinn}}{\text{Eigenkapital}}$	______
Rentabilität des Gesamtkapitals	$\frac{\text{EBIT}}{\text{Gesamtkapital}}$	______

b) Umsatzrentabilität

Bruttogewinnmarge Handelsmarge	$\frac{\text{Bruttogewinn}}{\text{Umsatz}}$	______
EBIT-Marge	$\frac{\text{EBIT}}{\text{Umsatz}}$	______
(Rein-)**Gewinnmarge**	$\frac{\text{Gewinn}}{\text{Umsatz}}$	______

24.02

Von einem **Handelsbetrieb** sind die externen Abschlussrechnungen sowie die stillen Reserven gegeben.

Schlussbilanz 31. 12. 20_6

	extern	intern		extern	intern
Flüssige Mittel	7		Kurzfristiges Fremdkapital	20	
Forderungen (netto)	23		Langfristiges Fremdkapital	50	
Warenvorrat	18		Eigenkapital	30	
Anlagevermögen	52				
	100			100	

Erfolgsrechnung 20_6

	extern	intern
Warenertrag	200	
./. Warenaufwand	– 120	
./. Abschreibungen	– 7	
./. Bildung langfr. Rückstellungen	– 4	
./. Übriger operativer Aufwand	– 63	
= **EBIT**	**6**	
./. Zinsaufwand	– 2	
./. Steueraufwand	– 1	
= **Gewinn**	**3**	

Stille Reserven 20_6

	Anfangsbestand	Veränderung	Schlussbestand
Delkredere	1	0	1
Langfristige Rückstellungen	7	– 1	6
Vorräte	6	+ 3	9
Anlagevermögen	19	– 1	18
Total	33	+ 1	34

a) Ermitteln Sie die internen (bereinigten) Werte in Bilanz und Erfolgsrechnung.

b) Wie verändern sich die Bilanzstruktur- und Rentabilitäts-Kennzahlen durch die Bereinigung?

Kennzahl	Externe Werte	Interne Werte	Kurzkommentar
Liquiditätsgrad 2			
Anlageintensität			
Eigenfinanzierungsgrad			
Bruttogewinnmarge			
Gesamtkapitalrendite			
Eigenkapitalrendite			

24.03

Berechnen Sie aufgrund dieser Angaben das Eigenkapital, das kurzfristige Fremdkapital, die flüssigen Mittel, den Warenertrag (Umsatz), die Bruttogewinnmarge und die Eigenkapitalrendite:

Anlagevermögen	700
EBIT-Marge	3,25%
Fremdfinanzierungsgrad	55%
Gewinn	45
Intensität des Anlagevermögens	70%
Liquiditätsgrad 1	30%
Liquiditätsgrad 2	80%
Liquiditätsgrad 3	120%
Steuern	11
Warenaufwand	1 300
Zinsaufwand	9

24.04

Die **Tekkno AG** stellt Präzisionsinstrumente her. In der Ausgangslage sind die externen Abschlussrechnungen sowie die stillen Reserven gegeben.

Schlussbilanz 31. 12. 20_4

	extern	intern		extern	intern
Flüssige Mittel	15		Verbindlichkeiten L+L①	43	
Forderungen L+L①	75		Kurzfristige Garantierückstellungen②	7	
Materialvorrat	30		Langfristige Finanzschulden	40	
Fabrikatevorrat	20		Aktienkapital	80	
Sachanlagen	110		Offene Reserven	30	
./. Wertberichtigung Sachanlagen	– 50		Stille Reserven		
	200			200	

Erfolgsrechnung 20_4

	extern	intern
Verkaufsertrag	700	
+ Zunahme Fabrikatevorrat	6	
= **Produktionsertrag**	**706**	
./. Materialaufwand	– 200	
./. Abschreibungen	– 10	
./. Übriger operativer Aufwand	– 480	
= **EBIT**	**16**	
./. Zinsaufwand	– 2	
./. Steueraufwand	– 3	
= **Gewinn**	**11**	

Stille Reserven 20_4

	Anfangsbestand	Veränderung	Schlussbestand
Materialvorrat	16	– 1	15
Fabrikatevorrat	7	+ 3	10
Wertberichtigung Sachanlagen	18	+ 2	20
Rückstellungen	3	+ 1	4
Total	44	+ 5	49

① L+L = Lieferungen und Leistungen

② Die Rückstellungsänderungen wurden über das Konto Verkaufsertrag verbucht.

a) Ermitteln Sie die internen (bereinigten) Werte in Bilanz und Erfolgsrechnung.

b) Berechnen und kommentieren Sie die genannten Kennzahlen aufgrund der internen Zahlen. Als Beurteilungsmassstab sind auch die Kennzahlenwerte aus der Praxis gemäss Anhang 6 dieses Buchs heranzuziehen.

Kennzahl	Berechnung	Wert Tekkno AG	Wert Branche	Kurzkommentar
Liquiditätsgrad 2				
Eigenfinanzierungsgrad				
Anlageintensität				
Gesamtkapitalrendite				
Eigenkapitalrendite				

24.05

Wie verändern sich die aufgeführten Kennzahlen einer Aktiengesellschaft *unmittelbar* durch die genannten Buchungen? Es ist von einer positiven Eigenkapitalrendite auszugehen.

\+ bedeutet, die Kennzahl nimmt zu.
– bedeutet, die Kennzahl nimmt ab.
0 bedeutet, die Kennzahl verändert sich nicht.
? bedeutet, es lässt sich nichts Genaues sagen

	Kennzahl	Kreditoren/Flüssige Mittel	Immobilien/Aktienkapital
a)	Fremdfinanzierungsgrad		
b)	Anlageintensität		
c)	Liquiditätsgrad 2		
d)	Anlagedeckungsgrad 2		
e)	Eigenkapitalrendite		
f)	Gesamtkapitalrendite		
g)	EBIT-Marge		

24.06

Vom **Warenhaus Mondo AG** sind die am linken Rand aufgeführten Zahlen in alphabetischer Reihenfolge bekannt (die Beträge sind in Millionen Franken).

- ▷ Abschreibungen 14
- ▷ Anzahl Mitarbeiter 2 000
- ▷ Eigenkapital 200
- ▷ Finanzaufwand 11
- ▷ Fremdkapital 200
- ▷ Personalaufwand 130
- ▷ Steuersatz (vom Gewinn vor Steuern) 40%
- ▷ Übriger Betriebsaufwand 40
- ▷ Verkaufsfläche in m² 40 000
- ▷ Warenaufwand 280
- ▷ Warenertrag 500

a) Wie lautet die mehrstufige Erfolgsrechnung mit folgenden Ergebnissen: EBIT, Gewinn vor und nach Steuern sowie Bruttogewinn?

Erfolgsrechnung

b) Berechnen Sie im Rahmen der Erfolgsanalyse die verlangten Kennzahlen.

Kennzahl	Berechnung	Resultat
Rentabilität des Gesamtkapitals		
Rentabilität des Eigenkapitals		
Bruttogewinnmarge		
EBIT-Marge		
Gewinnmarge		
Umsatz je m² Verkaufsfläche		
Umsatz je Mitarbeiter		

24.07

Gegeben sind die Bilanzen und Erfolgsrechnungen der Unternehmungen E und F. Die Steuern werden der Einfachheit halber vernachlässigt.

Bilanz Unternehmung E

Aktiven		Passiven	
Umlaufvermögen	60	Fremdkapital	20
Anlagevermögen	40	Eigenkapital	80
	100		100

Erfolgsrechnung Unternehmung E

Aufwand		Ertrag	
Warenaufwand	300	Warenertrag	500
Personalaufwand	100		
Diverser Aufwand	87		
Fremdkapitalzinsen	1		
Gewinn	12		
	500		500

Bilanz Unternehmung F

Aktiven		Passiven	
Umlaufvermögen	60	Fremdkapital	80
Anlagevermögen	40	Eigenkapital	20
	100		100

Erfolgsrechnung Unternehmung F

Aufwand		Ertrag	
Warenaufwand	300	Warenertrag	500
Personalaufwand	100		
Diverser Aufwand	87		
Fremdkapitalzinsen	4		
Gewinn	9		
	500		500

a) Berechnen Sie von beiden Unternehmungen den Fremdfinanzierungsgrad, die Gesamtkapitalrendite sowie die Eigenkapitalrendite.

b) Welche Unternehmung weist die bessere Finanzstruktur auf (ceteris paribus)?

c) Wie würde sich eine rezessionsbedingte Senkung der durchschnittlichen Verkaufspreise um 2% auf die Rentabilität der beiden Unternehmungen auswirken?

24.08

Sie haben 3 Millionen Franken eigene Mittel zur Verfügung und könnten je nach Höhe der Fremdfinanzierung ein, zwei oder drei Mehrfamilienhäuser erstellen lassen. Es ist von folgenden Annahmen je Wohnblock auszugehen:

- ▷ Die Erstellungskosten samt Landerwerb betragen Fr. 3 000 000.–.
- ▷ Die voraussichtlich erzielbaren Mietzinserträge betragen Fr. 230 000.– im Jahr.
- ▷ Der Hypothekarzinssatz beträgt 4%.
- ▷ Es ist mit jährlichen Nebenkosten von Fr. 50 000.– zu rechnen, die nicht den Mietern verrechnet werden können.
- ▷ Die Steuern sind zu vernachlässigen.

a) Wie entscheiden Sie aufgrund der Eigenkapitalrenditen?

b) Welches sind die wichtigsten Überlegungen bei der Risikoanalyse?

24.09

Vervollständigen Sie die abgebildete Struktur der DuPont-Pyramide zuerst mit dem passenden Text und anschliessend mit den richtigen Zahlen.

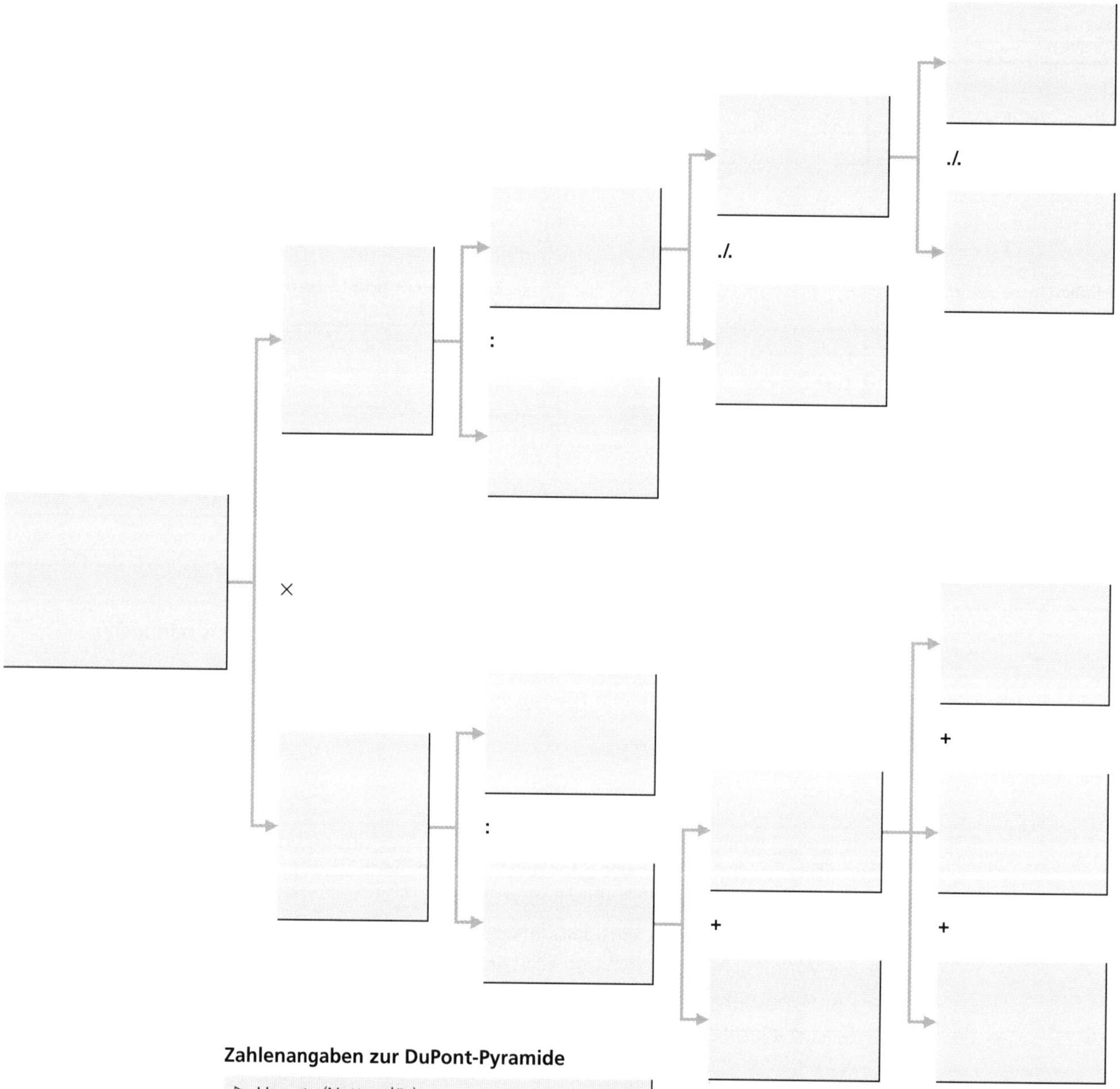

Zahlenangaben zur DuPont-Pyramide

▷ Umsatz (Nettoerlös)	1 000
▷ Deckungsbeitragsmarge	40%
▷ Gewinn vor Steuern	50
▷ Zinsen	30
▷ Umlaufvermögen	300
▷ Intensität des Anlagevermögens	40%
▷ Kurzfristiges Fremdkapital	100
▷ Liquiditätsgrad 1	40%
▷ Liquiditätsgrad 2	130%

24.10

Von der **NaturPur AG,** einem Detailhandelsunternehmen für Bio-Produkte, liegen diese nach Obligationenrecht gegliederten Abschlussrechnungen vor:

Bilanz per 31. 12. 20_5

Aktiven			Passiven		
Umlaufvermögen			**Kurzfristiges Fremdkapital**		
Flüssige Mittel	7		Verbindlichkeiten aus Lieferungen und Leistungen	25	
Forderungen aus Lieferungen und Leistungen	50		Kurzfristige verzinsliche Verbindlichkeiten	5	
Übrige kurzfristige Forderungen	2		Übrige kurzfristige Verbindlichkeiten	8	
Vorräte	30		Passive Rechnungsabgrenzungen	2	40
Aktive Rechnungsabgrenzung	1	90			
			Langfristiges Fremdkapital		
			Langfristige verzinsliche Verbindlichkeiten	74	
			Rückstellungen	6	80
Anlagevermögen			**Eigenkapital**		
Finanzanlagen	9		Aktienkapital	50	
Beteiligungen	6		Gesetzliche Kapitalreserve	8	
Sachanlagen	90		Gesetzliche Gewinnreserve	10	
Immaterielle Werte	5		Freiwillige Gewinnreserven	30	
Nicht einbezahltes Aktienkapital	10	120	./. Eigene Aktien	– 8	90
		210			210

Erfolgsrechnung 20_5

Warenertrag (Nettoerlöse aus Lieferungen und Leistungen)	400
./. Warenaufwand	– 300
./. Personalaufwand	– 50
./. Übriger betrieblicher Aufwand	– 20
./. Abschreibungen	– 10
+ Finanzertrag	2
./. Finanzaufwand	– 7
./. Direkte Steuern	– 3
= Jahresgewinn	**12**

Die Aufgabenstellungen sind auf den nächsten beiden Seiten.

a) Wie lauten die für Analysezwecke gegliederten Abschlussrechnungen?

Bilanz per 31. 12. 20_5

Aktiven			Passiven		
Umlaufvermögen			**Fremdkapital**		
Flüssige Mittel			Kurzfristiges Fremdkapital		
Forderungen			Langfristiges Fremdkapital		
Vorräte					
			Eigenkapital		
			Aktienkapital		
Anlagevermögen			Kapitalreserven		
			Gewinnreserven		
			./. Eigene Aktien		

Erfolgsrechnung 20_5

Warenertrag (Nettoerlöse aus Lieferungen und Leistungen)	400
./. Warenaufwand	– 300
+ Finanzertrag	2
./. Finanzaufwand	– 7
= Jahresgewinn	**12**

b) Berechnen Sie die auf der nächsten Seite genannten Kennzahlenwerte auf ganze Prozente genau, und vergleichen Sie diese mit den Branchendurchschnittswerten gemäss Anhang 5.

Kennzahlen

Kennzahl	Berechnung	Resultat
Intensität des Anlagevermögens		
Eigenfinanzierungsgrad		
Selbstfinanzierungsgrad		
Liquiditätsgrad 2		
Anlagedeckungsgrad 2		
Bruttogewinnmarge		
EBIT-Marge		
Gewinnmarge		
Rentabilität des Gesamtkapitals		
Rentabilität des Eigenkapitals		

24.11

Von der **Spenglerei M. Hardegger** sind die untenstehenden Zahlen bekannt. Im Sinne einer Vereinfachung sind die Steuern in dieser Aufgabe zu vernachlässigen.

Schlussbilanz 20_6

Kasse und Bank X	400	Kreditoren	0
Debitoren	20	Bank Y (kurzfristig)	100
Vorräte	60	Hypothek	100
Mobile Sachanlagen	60	Eigenkapital	540
Immobile Sachanlagen	200		
	740		740

Erfolgsrechnung 20_6

Verkaufsertrag	2 000
./. Materialaufwand	– 400
./. Personalaufwand	– 900
./. Sonstiger Betriebsaufwand	– 660
= **EBIT**	**40**
+ Zinsertrag	1
./. Zinsaufwand	– 12
= **Gewinn**	**29**

a) Berechnen Sie auf der Basis dieses Zahlenmaterials folgende Kennzahlen:
- ▷ Liquiditätsgrad 2
- ▷ Eigenfinanzierungsgrad
- ▷ Gesamtkapitalrendite
- ▷ Eigenkapitalrendite

b) Dieser Betrieb ist offensichtlich überliquid und überkapitalisiert.

Weisen Sie der Geschäftsleitung nach, welche positiven Effekte eine Anfang 20_6 umgesetzte optimale Liquiditäts- und Finanzierungspolitik auf die Eigenkapital- und die Gesamtkapitalrenditen gehabt hätte, falls dabei
- ▷ die Kreditorenfristen ausgenützt worden wären, sodass sich in der Bilanz ein Kreditorenbestand von 30 resultiert hätte.
- ▷ der Bestand an flüssigen Mitteln bis auf einen Liquiditätsgrad 2 von 100% vermindert worden wäre.
- ▷ das Fremdkapital ausser den Kreditoren getilgt und das Eigenkapital so weit wie möglich gesenkt und die dabei freigesetzten Mittel aus dem Geschäft abgezogen und privat auf dem Kapitalmarkt angelegt worden wären.

c) Wie hoch wären die Eigen- und Gesamtkapitalrenditen, wenn im Unterschied zu Teilaufgabe b) die zu 6% verzinslichen Bank- und Hypothekarschulden nicht zurückbezahlt und das Eigenkapital (bei gleich bleibendem Gesamtkapital) entsprechend vermindert worden wären?

Cashflow-Analyse

25.01

Es liegen die drei Jahresrechnungen eines Handelsbetriebs vor.

Schlussbilanz

Aktiven	
Flüssige Mittel	5
Forderungen	30
Vorräte	25
Anlagevermögen	90
	150
Passiven	
Operatives Fremdkapital	21
Finanzielles Fremdkapital	74
Eigenkapital	55
	150

Erfolgsrechnung

Warenertrag (Umsatz)	400
./. Warenaufwand	– 260
./. Personalaufwand	– 60
./. Übriger Aufwand	– 47
= EBITDA	**33**
./. Abschreibungen	– 18
= EBIT	**15**
./. Zinsaufwand	– 4
= Gewinn vor Steuern	**11**
./. Steuern	– 2
= Gewinn nach Steuern	**9**

Geldflussrechnung

Betriebstätigkeit		
Zahlungen von Kunden	396	
./. Zahlungen an Lieferanten	– 263	
./. Zahlungen ans Personal	– 60	
./. Zahlungen übriger Aufw.	– 47	
./. Zahlungen für Zinsen	– 4	
./. Zahlungen für Steuern	– 2	20
Investitionstätigkeit		
./. Käufe Anlagevermögen	– 17	
+ Verkäufe Anlagevermögen	3	– 14
= Free Cashflow		6
Finanzierungstätigkeit		
+ Erhöhung Aktienkapital	8	
./. Rückzahlung Hypothek	– 9	
./. Gewinnausschüttung	– 3	– 4
= Zunahme flüssige Mittel		**2**

Berechnen Sie diese Cashflow-Kennzahlen.

Cashflow/Investitions-Verhältnis	$\frac{\text{Cashflow}}{\text{Nettoinvestitionen}}$	______	
Verschuldungsfaktor	$\frac{\text{Effektivverschuldung}^{①}}{\text{Cashflow}}$	______	
Zinsdeckungsfaktor	$\frac{\text{Cashflow vor Zinsen}}{\text{Zinsen}}$	______	
Cashflow-Marge	$\frac{\text{Cashflow}}{\text{Umsatz}}$	______	

① Die Effektivverschuldung am Jahresende wird wie folgt ermittelt:

Fremdkapital	......
./. Flüssige Mittel	......
./. Forderungen	______
= Effektivverschuldung	

25.02

In einer Rezessionsphase haben sich wichtige Zahlen einer schweizerischen Maschinenfabrik wie folgt entwickelt:

Effektivverschuldung

	20_1	20_2	20_3
Fremdkapital (kurz- und langfristig)	500	590	650
Flüssige Mittel	40	20	10
Kurzfristige Forderungen	160	170	190

Cashflow

	20_1	20_2	20_3
Gewinn	40	18	– 4
Abschreibungen	50	52	60
Zunahmen Debitoren	0	0	20
Zunahmen Vorräte	2	6	8
Zunahmen Kreditoren	12	16	22

a) Berechnen Sie den Verschuldungsfaktor.

	20_1	20_2	20_3
Effektivverschuldung			
Cashflow			
Verschuldungsfaktor			

b) Erklären Sie anhand dieses Zahlenbeispiels das Wesen und die Bedeutung des Verschuldungsfaktors als Kennzahl.

25.03

Den Geschäftsberichten eines Fabrikationsbetriebs können folgende Zahlen entnommen werden:

	20_1	20_2	20_3
Fremdkapital	100	120	133
Flüssige Mittel und Forderungen	20	15	13
Zinsaufwand (= Ausgaben)	5	6	8
Gewinn	6	1	– 2
Abschreibungen	8	8	9
Zunahme Debitoren	1	2	2
Abnahme Vorräte	3	3	3
Zunahme Kreditoren	4	5	2

a) Berechnen Sie den Verschuldungsfaktor.

	20_1	20_2	20_3
Effektivverschuldung			
Cashflow			
Verschuldungsfaktor			

b) Erklären Sie den Mechanismus des Verschuldungsfaktors in Worten.

c) Berechnen Sie den Zinsdeckungsfaktor.

	20_1	20_2	20_3
Zinsdeckungsfaktor			

d) Wie beurteilen Sie die Höhe und die Entwicklung des Zinsdeckungsfaktors?

25.04

Wie beurteilen Sie die Qualität der von den Produktionsbetrieben A bis E erzielten Cashflows (ceteris paribus)?

	A	B	C	D	E
Gewinn	85	30	50	28	45
+ Abschreibungen	20	60	24	40	20
+/– Veränderung Debitoren	– 12	1	29	– 1	– 3
+/– Veränderung Vorräte	– 6	3	– 2	– 2	40
+/– Veränderung Kreditoren	13	6	– 1	35	– 2
= Cashflow	100	100	100	100	100
./. Investitionen	– 60	– 60	– 60	– 60	– 60
= Free Cashflow	40	40	40	40	40
./. Gewinnausschüttung	– 35	– 35	– 35	– 35	– 35
= Zunahme flüssige Mittel	5	5	5	5	5

25.05

Wie verändern sich folgende Cashflow-Kennzahlen *unmittelbar* durch die aufgeführten Buchungen?

+ bedeutet, die Kennzahl nimmt zu
– bedeutet, die Kennzahl nimmt ab
0 bedeutet, die Kennzahl verändert sich nicht
? bedeutet, es lässt sich nichts Genaues sagen

	Buchung	Cashflow/Investitions-Verhältnis	Verschuldungsfaktor	Zinsdeckungsfaktor	Cashflow-Marge
a)	Flüssige Mittel / Warenertrag				
b)	Maschinen / Flüssige Mittel				
c)	Raumaufwand / Flüssige Mittel				
d)	Hypotheken / Flüssige Mittel				
e)	Zinsaufwand / Flüssige Mittel				

25.06

Die **Juniperus AG** vereinbarte mit der Kredit gebenden Bank folgende minimalen Kennzahlenwerte (Financial covenants), deren Nichteinhaltung zum Default führt:

Eigenfinanzierungsgrad	40%
Liquiditätsgrad 2	100%
Verschuldungsfaktor	4
Zinsdeckungsfaktor	7

Dem neuesten Abschluss der Juniperus AG können folgende Zahlen entnommen werden:

Anlagedeckungsgrad 2	160%
Anlagevermögen	100
Cashflow-Marge	5%
Eigenkapital	90
Forderungen	35
Flüssige Mittel	15
Umsatz	400
Vorräte	50
Zinsaufwand (= Ausgaben)	4

a) Berechnen Sie die Kennzahlenwerte auf eine Dezimalstelle genau, und kreuzen Sie an, ob die Financial covenants eingehalten werden oder nicht.

Kennzahl	Berechnung	Resultat	Financial convenants	
Eigenfinanzierungsgrad			Eingehalten ☐	Nicht eingehalten ☐
Liquiditätsgrad 2			Eingehalten ☐	Nicht eingehalten ☐
Verschuldungsfaktor			Eingehalten ☐	Nicht eingehalten ☐
Zinsdeckungsfaktor			Eingehalten ☐	Nicht eingehalten ☐

b) Welches sind die Folgen eines Defaults?

25.07

Beurteilen Sie die finanzielle Situation der vier **Gesellschaften Alpha, Beta, Gamma und Delta,** soweit diese in den Grafiken zum Ausdruck kommt.

Die vier Unternehmungen sind gleich gross, gleich alt und gehören derselben Branche an (ceteris paribus). Der Cashflow wurde vereinfachend als Summe aus Gewinn und Abschreibungen ermittelt (unter Vernachlässigung der übrigen Differenzen wie Debitoren-, Kreditoren- und Vorratsveränderungen).

Die Zahlen der Grafik sind Durchschnittswerte einer Fünfjahresperiode. Weil zentrale Grössen der Geldflussrechnung von Jahr zu Jahr starken Schwankungen unterliegen können, ist es oft zweckmässig, die Cashflow-Analyse auf einen längeren Zeitraum abzustützen.

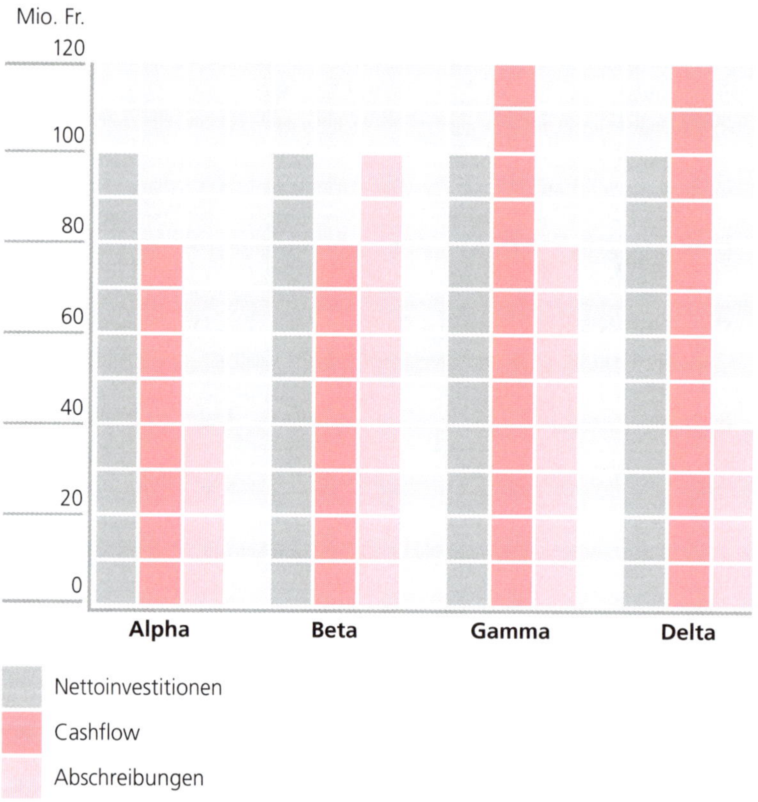

25.08

Die Geldflussrechnung der **My AG** weist einen Geldfluss aus Geschäftstätigkeit von 210 aus. Ausserdem liegen die Schlussbilanz sowie die Erfolgsrechnung vor.

Schlussbilanz

Liquide Mittel	80	Kurzfristiges Fremdkapital	140
Forderungen	130	Langfristiges Fremdkapital	280
Materialvorrat	90	Aktienkapital	400
Fabrikatevorrat	50	Gesetzliche Gewinnreserve	80
Anlagevermögen	650	Freiwillige Gewinnreserven	100
	1 000		1 000

Erfolgsrechnung

Verkaufsertrag	2 000
+ Zunahme Fabrikatevorrat	30
= Produktionsertrag	**2 030**
./. Materialaufwand	– 600
./. Personalaufwand	– 500
./. Abschreibungen	– 160
./. Sonstiger operativer Aufwand	– 700
= EBIT	**70**
./. Zinsaufwand	– 15
./. Steuern	– 13
= Gewinn	**42**

a) Vergleichen Sie die Kennzahlenwerte der My AG mit den Branchenwerten.

Kennzahl	Berechnung	Wert My AG	Wert Branche	Kurzkommentar
Eigenfinanzierungsgrad			32%	
Liquiditätsgrad 2			90%	
Verschuldungsfaktor			6	
Zinsdeckungsfaktor			8	
Rentabilität des Eigenkapitals			14%	
Rendite des Gesamtkapitals			10%	

b) Wie hätte sich eine zusätzliche Dividendenausschüttung von 40 zulasten der freiwilligen Gewinnreserven auf die Eigenkapitalrendite der My AG ausgewirkt (ankreuzen)?

☐ Die Eigenkapitalrendite wäre gestiegen.	☐ Die Eigenkapitalrendite wäre gefallen.	☐ Die Eigenkapitalrendite wäre unverändert geblieben.

Aktivitäts-Analyse

26.01

Von einem Handelsbetrieb liegen diese Informationen vor:

Schlussbilanzen

	20_1	20_2		20_1	20_2
Flüssige Mittel	12	10	Kreditoren (Verbindlichkeiten L+L)	86	98
Debitoren (Forderungen L+L)	96	104	Übrige Verbindlichkeiten	140	160
Warenvorrat	152	168	Eigenkapital	334	344
Anlagevermögen	300	320			
	560	602		560	602

Erfolgsrechnung 20_2

Warenertrag①	900
./. Warenaufwand①	– 720
./. Übriger Aufwand	– 140
= Gewinn	**40**

Berechnen Sie diese Aktivitäts-Kennzahlen.

Debitorenumschlag	(Kredit-)Warenertrag / ∅ Debitorenbestand	___	
Debitorenfrist Debitorendauer	360 Tage② / Debitorenumschlag	___	
Lagerumschlag	Warenaufwand / ∅ Warenvorrat	___	
Lagerdauer	360 Tage② / Lagerumschlag	___	
Kreditorenumschlag	(Kredit-)Wareneinkäufe / ∅ Kreditorenbestand	___	
Kreditorenfrist Kreditorendauer	360 Tage② / Kreditorenumschlag	___	

① Sämtliche Warenverkäufe und Wareneinkäufe erfolgen auf Kredit.

② In diesem schematischen Schulbeispiel wird das Jahr mit 360 Tagen gerechnet; in der Praxis sind 365 Tage üblich.

26.02

a) Bezeichnen Sie die drei im Schaubild mit Klammern bezeichneten Fristen mit den passenden Fachausdrücken.

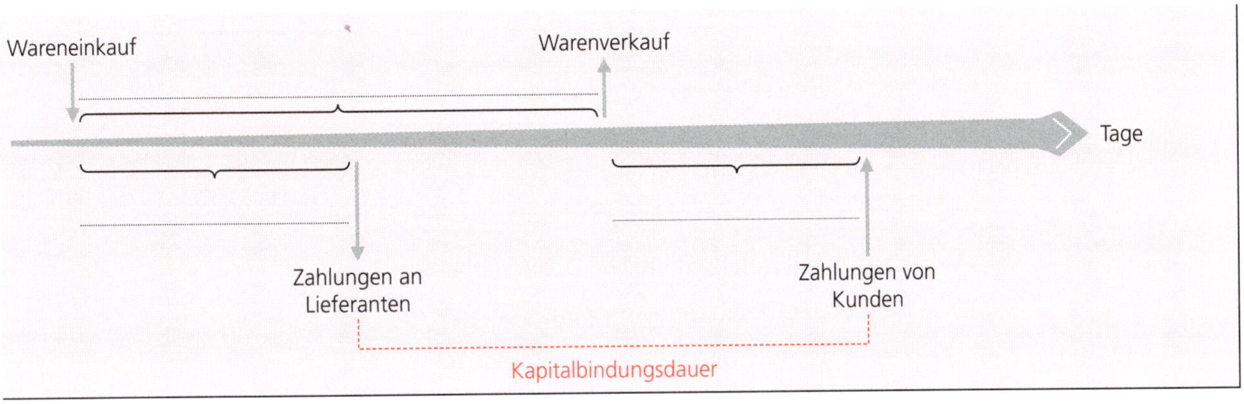

b) Tragen Sie die in Aufgabe 26.01 ermittelten Tage im Schema ein, und berechnen Sie die Kapitalbindungsdauer.

26.03

Der Buchhaltung eines Warenhandelsbetriebs können folgende Zahlen in TFr. entnommen werden:

	20_0	20_1	20_2
Warenvorrat Ende Jahr	90	90	150
Warenaufwand		900	960
Verkaufserlös		1 200	1 280

a) Berechnen Sie für die Jahre 20_1 und 20_2 folgende Kennziffern:

	20_1	20_2	Branchenvergleich b)
Durchschnittlicher Lagerbestand			
Durchschnittlicher Lagerumschlag			
Durchschnittliche Lagerdauer			

b) Wie viele Franken betrugen 20_2 die Mehrkosten für die Lagerung bei dieser Unternehmung im Vergleich zu Konkurrenzbetrieben, wenn der branchenübliche Lagerumschlag 12 beträgt und mit durchschnittlichen Lagerkosten von 15% p.a. gerechnet wird?

c) Nennen Sie die Vor- und Nachteile eines grossen Lagers.

26.04

Das Debitoren-Sammelkonto zeigt für das Jahr 20_1 folgendes Bild:

Text	Soll	Haben
Anfangsbestand	165 000	
Belastungen während des Jahres	720 000	
Gutschriften während des Jahres		690 000
Endbestand		195 000
	885 000	885 000

a) Wie hoch ist der durchschnittliche Debitorenbestand?

b) Wie gross ist die Debitoren-Umschlagshäufigkeit?

c) Welches ist die durchschnittliche Debitorenfrist?

d) Die von dieser Unternehmung gewährten Zahlungsbedingungen lauten: 20 Tage 2% Skonto oder 60 Tage netto.

Beurteilen Sie Ergebnis c) unter dieser Voraussetzung.

e) Welcher Jahreszinsfuss liegt den bei d) genannten Zahlungsbedingungen zugrunde?

f) Wie hoch sollte der durchschnittliche Debitorenbestand sein, wenn die Zahlungsbedingungen 30 Tage netto lauten?

g) Wie gross ist der Zinsverlust aufgrund der effektiven Zahlen gegenüber dem Soll-Zustand von f) bei einem Zinsfuss von 10%?

26.05

Von einer Unternehmung sind folgende Zahlen bekannt:

▷ Warenaufwand gemäss Erfolgsrechnung	980
▷ Anfangsbestand Warenvorrat	60
▷ Schlussbestand Warenvorrat	80
▷ Anfangsbestand Kreditoren	80
▷ Schlussbestand Kreditoren	120
▷ Die Wareneinkäufe erfolgen auf Kredit.	

a) Wie hoch ist der Kreditorenumschlag?

b) Wie hoch ist die durchschnittliche Kreditorenfrist?

Die Zahlungsbedingungen der einen Hälfte der Lieferanten dieser Unternehmung lauten 30 Tage netto, diejenigen der anderen Hälfte 30 Tage netto, 10 Tage 2% Skonto.

c) Wie hoch sollte die durchschnittliche Kreditorenfrist sein, wenn die Unternehmung von der Skonto-Abzugsmöglichkeit jeweils Gebrauch macht?

d) Wie hoch sollte der durchschnittliche Kreditorenbestand unter dieser Voraussetzung sein?

26.06

Von der **Inkognito AG** sind über das Geschäftsjahr 20_4 folgende Angaben bekannt:

▷ Kreditverkäufe zu Verkaufspreisen	2 700
▷ Bruttogewinnmarge	33⅓%
▷ Kreditwareneinkäufe	1 600
▷ Schlussbestand Warenvorrat	400
▷ Zahlungen an Lieferanten	1 500
▷ Anfangsbestand Kreditoren	150

Beantworten Sie die Fragen.

a)	Wie hoch ist der durchschnittliche Lagerumschlag (auf eine Dezimale genau)?	
b)	Wie hoch ist die durchschnittliche Kreditorenfrist (auf eine Dezimale genau)?	
c)	Wie hoch sollte der durchschnittliche Kreditorenbestand bei der Inkognito AG sein, wenn eine durchschnittliche Kreditorenfrist von 36 Tagen angestrebt wird (auf Kurzzahlen genau)?	
d)	Die Zahlungsbedingungen eines Lieferanten laufen: 20 Tage 3% Skonto oder 60 Tage netto. Welcher Jahreszinsfuss liegt dieser Zahlungsbedingung zugrunde (auf eine Dezimale genau)?	
e)	Warum wurde der Zinsfuss bei Aufgabe d) auf ein Jahr umgerechnet?	
f)	Aus welchen drei Gründen bietet ein Lieferant Skonto an?	

Gesamtaufgaben

26.10

Vom Detailhandelsbetrieb **Tutto AG** liegen folgende Abschlussrechnungen vor:

Schlussbilanzen

Aktiven	20_1	20_2	Passiven	20_1	20_2
Flüssige Mittel	11	6	Kreditoren	121	125
Debitoren	113	127	Bankdarlehen	96	113
Vorräte	35	45	Aktienkapital	50	50
Anlagevermögen	131	132	Gewinnreserven	23	22
	290	310		290	310

Erfolgsrechnung 20_2

Warenertrag	600
./. Warenaufwand	– 400
./. Personalaufwand	– 120
./. Abschreibungen	– 28
./. Zinsaufwand	– 5
./. Übriger Aufwand	– 44
= Gewinn	**3**

Geldflussrechnung 20_2

Betriebstätigkeit (Cashflow)		
Gewinn	3	
+ Abschreibungen	28	
./. Debitorenzunahme	– 14	
./. Vorratszunahme	– 10	
+ Kreditorenzunahme	4	11
Investitionstätigkeit		
./. Kauf von Anlagevermögen	– 31	
+ Verkauf von Anlagevermögen	2	– 29
Finanzierungstätigkeit		
+ Erhöhung Bankdarlehen	17	
./. Gewinnausschüttung	– 4	13
= Abnahme flüssige Mittel		**– 5**

Name
Eigenfinanzierungsgrad (Ende 20_2)
Liquiditätsgrad 2 (Ende 20_2)
Gewinnmarge
Rendite des Eigenkapitals (Eigenkapital Ende 20_2)
Cashflow-Marge
Verschuldungsfaktor
Debitorenfrist
Kreditorenfrist
Lagerdauer

Berechnen Sie die Kennzahlenwerte bei der Tutto AG auf eine Kommastelle genau, und vergleichen Sie diese mit den Durchschnittswerten der Branche.

Alle Ein- und Verkäufe erfolgen auf Kredit. Branchenübliche Zahlungsbedingungen sind 30 Tage netto; die durchschnittliche Lagerdauer beträgt 20 Tage. Die übrigen Branchenwerte finden Sie im Anhang dieses Buches.

echnung	Wert von Tutto AG	Wert der Branche	Kurzkommentar

26.11

Die nachfolgenden Zahlen sind den Geschäftsberichten 20_1 zweier **Grossverteiler** entnommen, die in dieser Aufgabe Copo und Migi genannt werden. Die Beträge sind in Mio. Fr.

Schlussbilanzen 20_1

Aktiven	Copo	Migi	Passiven	Copo	Migi
Flüssige Mittel	9	12	Kurzfr. Fremdkapital	123	121
Debitoren	20	22	Langfr. Fremdkapital	187	296
Vorräte	67	76	Genossenschaftskapital	2	3
Anlagevermögen	226	451	Gewinnreserven	10	141
	322	561		322	561

Erfolgsrechnung 20_1

	Copo	Migi
Warenertrag	650	2 000
./. Warenaufwand	– 485	– 1 435
./. Personalaufwand	– 87	– 364
./. Raumaufwand	– 39	– 37
./. Zinsaufwand	– 6	– 16
./. Abschreibungen	– 19	– 76
./. Übriger Aufwand	– 16	– 67
= **Erfolg**	**– 2**	**5**

Zusätzliche Angaben

	Copo	Migi
Netto-Investitionen	32	79
Verkaufsfläche in m²	62 460	112 760
Anfangsbestand Vorräte	69	74
Kreditoren-Durchschnittsbestand	46	121
Cashflow aus Betriebstätigkeit	17	81

Berechnen und kommentieren Sie die auf der rechten Seite genannten Kennzahlen. Die Rundungsregeln sind sinnvoll zu handhaben.

Kennzahlen
Anlageintensität
Fremdfinanzierungsgrad
Liquiditätsgrad 2
Anlagedeckungsgrad 2
Bruttogewinnmarge
Gewinnmarge
Umsatz pro m²
Raumaufwand pro m²
Gesamtkapitalrendite
Eigenkapitalrendite
Verschuldungsfaktor
Cashflow/Investitions-Verhältr
Durchschnittliche Lagerdauer
Durchschnittliche Kreditoren-dauer

rt für Copo	Wert für Migi	Kurzkommentar

26.12

Sie werden nach Abschluss der Ausbildung von der Geschäftsleitung der **Interhandel AG** als Berater/in engagiert.

An der ersten Arbeitssitzung wird Ihnen als Arbeitsgrundlage der Geschäftsbericht des Jahres 20_1 vorgelegt, aus dem unter anderem folgende Informationen hervorgehen (AB = Anfangsbestand, SB = Schlussbestand):

Bilanzen 20_1

Aktiven	AB	SB	Passiven	AB	SB
Umlaufvermögen			**Fremdkapital**		
Flüssige Mittel	19	1	Kreditoren	80	108
Debitoren	85	95			
Warenvorrat	32	48			
Anlagevermögen			**Eigenkapital**		
Mobiliar	80	95	Aktienkapital	100	108
Fahrzeuge	60	88	Kapitalreserven	20	22
			Gewinnreserven	76	89
	276	327		276	327

Erfolgsrechnung 20_1

	Warenertrag gegen Rechnung	450
+	Warenertrag gegen Barzahlung	150
./.	Warenaufwand (auf Kredit)	– 360
./.	Personalaufwand (Ausgaben)	– 100
./.	Abschreibung Mobiliar	– 8
./.	Abschreibung Fahrzeuge	– 12
./.	Übriger Aufwand (Ausgaben)	– 91
=	**Gewinn**	**29**

Zusätzliche Angaben

- ▷ Aus dem Anlagespiegel im Anhang zum Geschäftsbericht geht hervor, dass die Interhandel AG in der Berichtsperiode ein gebrauchtes Fahrzeug zum Buchwert von 8 gegen bar verkaufte und kein Mobiliar veräusserte.
- ▷ Die Zahlungsbedingungen für Ein- und Verkäufe lauten: 30 Tage netto.

Aufgaben

a) Erstellen Sie die Geldflussrechnung und in einer separaten Rechnung einen indirekten Cashflow-Nachweis.

b) Berechnen und kommentieren Sie folgende Kennzahlen:

- ▷ Eigenkapitalrendite (Eigenkapital gemäss Schlussbilanz)
- ▷ Liquiditätsgrad 2 am Anfang und Ende der Periode
- ▷ Cashflow/Investitions-Verhältnis
- ▷ Durchschnittliche Debitorenfrist
- ▷ Durchschnittliche Lagerdauer
- ▷ Durchschnittliche Kreditorenfrist

c) Unterbreiten Sie der Geschäftsleitung drei Vorschläge für mögliche Massnahmen zur Verbesserung der finanziellen Lage.

26.13

Gegeben sind die drei Jahresrechnungen der **Supermarkt AG.**

Bilanz 31. 12. 20_1

Aktiven	
Flüssige Mittel	5
Debitoren	31
Warenvorrat	24
Anlagevermögen	90
	150
Passiven	
Kreditoren	50
Hypotheken	70
Eigenkapital	30
	150

Erfolgsrechnung 20_1

Ertrag	
Warenertrag	300
Aufwand	
./. Warenaufwand	– 180
./. Personalaufwand	– 45
./. Zinsaufwand	– 3
./. Abschreibungen	– 13
./. Übriger Baraufwand	– 56
Gewinn	**3**

Geldflussrechnung 20_1

Betriebstätigkeit		
Gewinn	3	
+ Abschreibungen	13	
./. Debitorenzunahme	– 2	
./. Lagerzunahme	– 8	
+ Kreditorenzunahme	6	12
Investitionstätigkeit		
./. Käufe Anlagevermögen	– 17	
+ Verkäufe Anlagevermögen	2	– 15
Finanzierungstätigkeit		
./. Gewinnausschüttung		– 7
Abnahme flüssige Mittel		**– 10**

Führen Sie eine Analyse der Vermögens-, Ertrags- und Finanzsituation der Supermarkt AG durch, indem Sie die aufgeführten Kennzahlen berechnen und kommentieren.

Alle Einkäufe werden auf Kredit getätigt. Ein Viertel der Verkäufe erfolgt auf Kredit gegen Rechnung; der Rest sind Barverkäufe. Eine durchschnittliche Lagerdauer von 15 Tagen ist branchenüblich.

Kennzahl	Berechnung	Kommentar
Eigenfinanzierungsgrad		
Liquiditätsgrad 2		
Rentabilität des Eigenkapitals		
Free Cashflow		
Debitorenfrist		
Lagerdauer		
Kreditorenfrist		

26.14

J und P sind berühmte **Bergbahnen** in einem grossen schweizerischen Kurort. Aus den Geschäftsberichten für das Jahr 20_8 können unter anderem folgende Zahlen in Fr. 1000.– entnommen werden:

Bilanzen

Aktiven	Bergbahn J		Bergbahn P	
Flüssige Mittel	2 500		5 235	
Forderungen	660		2 394	
Vorräte	180	3 340	547	8 176
Sachanlagen	21 195		36 976	
Finanzanlagen	6 525	27 720	7 084	44 060
		31 060		52 236

Passiven	Bergbahn J		Bergbahn P	
Kurzfristiges Fremdkapital	1 087		3 874	
Langfristiges Fremdkapital	24 852	25 939	33 510	37 384
Aktienkapital	3 000		6 000	
Gewinnreserven	2 121	5 121	8 852	14 852
		31 060		52 236

Erfolgsrechnungen

Ertrag	Bergbahn J		Bergbahn P	
Verkehrsertrag Winter	8 724		13 834	
Verkehrsertrag Sommer	648		885	
Übriger Betriebsertrag	3 290	12 662	6 878	21 597

Aufwand	Bergbahn J		Bergbahn P	
Personalaufwand	3 373		8 258	
Diverser Sachaufwand	2 493		7 272	
Zinsaufwand	1 030		1 399	
Abschreibungen	4 929	11 965	3 616	20 720
Steuern	140		175	
Gewinn		**697**		**877**

Zusätzliche Angaben

Dividendenausschüttung		450		600
Investitionen		7 234		7 247

Aufgabe

Der Investor Joe Lemm überlegt sich, ob er Aktien der Bergbahn J oder der Bergbahn P kaufen soll. Berechnen Sie als Entscheidungsgrundlage die auf dem nebenstehenden Lösungsblatt verlangten Kennzahlen, und geben Sie einen Kurzkommentar ab.

Kennzahl	Wert für Bergbahn J	Wert für Bergbahn P	Kurzkommentar
Fremdfinanzierungs-grad			
Liquiditätsgrad 2			
Anlagedeckungsgrad 2			
Reingewinnmarge			
Cashflow-Marge①			
Cashflow/Investitions-Verhältnis①			
Personalintensität (Personalaufwand in Prozent des Ertrags)			
EBIT-Marge			
Kapitalumschlag (Umsatz geteilt durch Gesamtkapital)			
Gesamtkapitalrendite			
Eigenkapitalrendite			
Dividenden-ausschüttung in %			

① Der operative Cashflow kann hier vereinfachend als Summe aus Gewinn und Abschreibungen errechnet werden, weil die Veränderungen im Nettoumlaufvermögen unwesentlich sind.

3. Teil Kostenrechnung

Einleitung

31.01

Eine Marketingplanerin legte ihre Ersparnisse bisher in einem Wertschriftenfonds der Zürcher Kantonalbank an. Dieser Fonds erwirtschaftete in den letzten Jahren durchschnittlich eine Rendite von 6% pro Jahr, sodass die Ersparnisse der Marketingplanerin bis zuletzt auf Fr. 100 000.– anwuchsen.

Bei einer günstigen Gelegenheit kauft die Marketingplanerin für Fr. 280 000.– eine Eigentumswohnung. Den Kaufpreis finanziert sie

▷ mit Eigenkapital, d. h. durch den Verkauf der Fondsanteile im Wert von Fr. 100 000.–

▷ mit Fremdkapital, d. h. durch die Aufnahme einer zu 4% p. a. verzinslichen Hypothek von Fr. 180 000.–

a) Wie hoch ist die monatliche Hypothekarzinsbelastung für die Marketingplanerin?

b) Eine befreundete Buchhalterin behauptet, sie wohne in ihrer Mietwohnung bei einem monatlichen Mietzins von Fr. 1 000.– günstiger als die Marketingplanerin. Hat sie Recht?

31.02

Die in der Finanzbuchhaltung (FIBU) erfassten Aufwände werden von der Betriebsbuchhaltung (BEBU) grundsätzlich übernommen. Einige Aufwände müssen jeweils sachlich abgegrenzt werden.

Vervollständigen Sie die Tabelle aufgrund folgender Angaben:

▷ Die Materialkosten betragen 4 400 (in der Tabelle bereits als Muster eingetragen).

▷ Die Sozialkosten werden in der Bebu mit 20% der Lohnkosten kalkuliert.

▷ Der Abschreibungsaufwand wird in der Finanzbuchhaltung zwecks Schaffung stiller Reserven um 30 zu hoch veranschlagt.

▷ In der Fibu werden nur die Fremdzinsen erfasst. Für die Bebu ist zusätzlich ein Eigenzins von 60 zu berücksichtigen.

Text	Aufwand (FIBU)	Sachliche Abgrenzung	Kosten (BEBU)
Material	4 300	+ 100	4 400
Löhne	2 100	0	2 100
Sozialleistungen	400		
Miete	700		
Unterhalt, Reparatur, Ersatz	40		
Versicherung	50		
Energie	80		
Werbung	70		
Zinsen	120		
Abschreibungen	230		
Übriges	260		
Total	8 350		

31.03

Kreuzen Sie die Aussagen zu den sachlichen Abgrenzungen als richtig an, oder begründen Sie, weshalb diese falsch sind.

Nr.	Aussage	Richtig	Begründung bei falscher Aussage
1	Mittels Abgrenzungen werden die teilweise durch unternehmungspolitische Entscheide verfälschten Aufwände in Kosten umgewandelt.	☐	
2	Werden die Aufwände zwecks Bildung stiller Reserven zu hoch ausgewiesen, sind entsprechende Abgrenzungen für die Kostenermittlung zu addieren.	☐	
3	Eine Abgrenzung auf dem Energieaufwand ist eher unwahrscheinlich.	☐	
4	Durch die Auflösung stiller Reserven auf dem Anlagevermögen werden die Abschreibungen in der FIBU zu gross ausgewiesen und müssen abgegrenzt werden.	☐	
5	Bei Aktiengesellschaften werden in der FIBU häufig nur die Fremdzinsen berücksichtigt. Für das Eigenkapital sind kalkulatorische Zinsen einzubeziehen.	☐	
6	Wegen der steuerlich zugelassenen Bewertung des Warenvorrates unter dem Einstand sind bei Vorratsschwankungen oft sachliche Abgrenzungen nötig.	☐	
7	Die Bildung überhöhter Garantierückstellungen führt zu stillen Reserven und muss entsprechend abgegrenzt werden.	☐	
8	Werbeausgaben werden in der Regel schon in der FIBU zeitlich abgegrenzt und können ohne sachliche Abgrenzung in die BEBU übernommen werden.	☐	
9	Der Unternehmerlohn wird in der FIBU gar nicht oder zu klein ausgewiesen, weshalb die Lohnkosten geringer ausfallen als der Lohnaufwand.	☐	

Fixe und variable Kosten, Break-even-Analyse

32.01

Das Ehepaar S. und R. Müller führt eine kleine Quartierdrogerie. An umsatzschwachen Tagen im Januar überlegen sich die Eheleute manchmal, wie hoch wohl der Erfolg aus ihrer Geschäftstätigkeit im neuen Jahr sein wird.

Der Ehemann ist optimistisch und rechnet mit einer Umsatzsteigerung von 20% im neuen Jahr. Die Ehefrau gibt sich pessimistisch und glaubt an einen Umsatzrückgang von 10%.

a) Ermitteln Sie den voraussichtlichen Erfolg für die optimistische und die pessimistische Variante.

	Letztes Jahr	Optimistische Variante	Pessimistische Variante
Nettoerlös	300 000		
./. Variable Kosten	– 200 000		
Deckungsbeitrag (Bruttogewinn)	100 000		
./. Fixe Kosten	– 95 000		
Erfolg	+ 5 000		

b) Nennen Sie für den Handelsbetrieb (Drogerie) zwei typische Beispiele für fixe und ein typisches Beispiel für variable Kosten.

Beispiele für fixe Kosten	Beispiel für variable Kosten

32.02

Der **Güggeli-Express** verfügt über ein Fahrzeug mit eingebautem Grill. An täglich wechselnden Standorten im Zürcher Unterland werden von 10.00 bis 19.00 Uhr Hähnchen gegrillt und an die Passanten verkauft. Die wirtschaftlichen Eckdaten präsentieren sich wie folgt:

Verkaufspreis je Poulet	15.–
Variable Kosten je Poulet (Hähnchen und Verpackungsmaterial)	8.–
Fixkosten je Arbeitstag (Fahrzeug, Personal, Energie u. a.)	700.–

a) Das Unternehmen Güggeli-Express wurde von langer Hand geplant. Als Grundlage für die Wirtschaftlichkeitsberechnungen dieses mobilen Geschäftes dient folgende Tabelle (die Aufstellung ist von Ihnen zu vervollständigen):

Verkaufte Menge	Variable Kosten	Fixkosten	Selbstkosten	Nettoerlös	Deckungsbeitrag	Reingewinn
0						
20						
40						
60						
80						
100						
120						
140						

b) Bei welcher Anzahl verkaufter Poulets liegt die tägliche Nutzschwelle?

c) Welche der folgenden Aussagen zur Nutzschwelle sind richtig? (Richtige Antworten ankreuzen.)

- ☐ Bei der Nutzschwelle entsprechen die Totalkosten dem Nettoerlös.
- ☐ Bei der Nutzschwelle sind die Fixkosten gerade 0.
- ☐ Bei der Nutzschwelle wird weder ein Gewinn noch ein Verlust erzielt.
- ☐ Bei der Nutzschwelle entspricht der Deckungsbeitrag pro Stück den variablen Kosten pro Stück.
- ☐ Bei der Nutzschwelle entspricht der Deckungsbeitrag (Bruttogewinn) den Fixkosten.
- ☐ Bei der Nutzschwelle ist die verkaufte Menge immer grösser als 0.

d) Wie gross ist der Gewinn bei einem Tagesumsatz von 120 Poulets?

e) Wie viele Güggeli müssen verkauft werden, bis ein Tagesgewinn von Fr. 280.– entsteht?

f) Ermitteln Sie die Nutzschwelle (break-even) grafisch auf drei Arten.

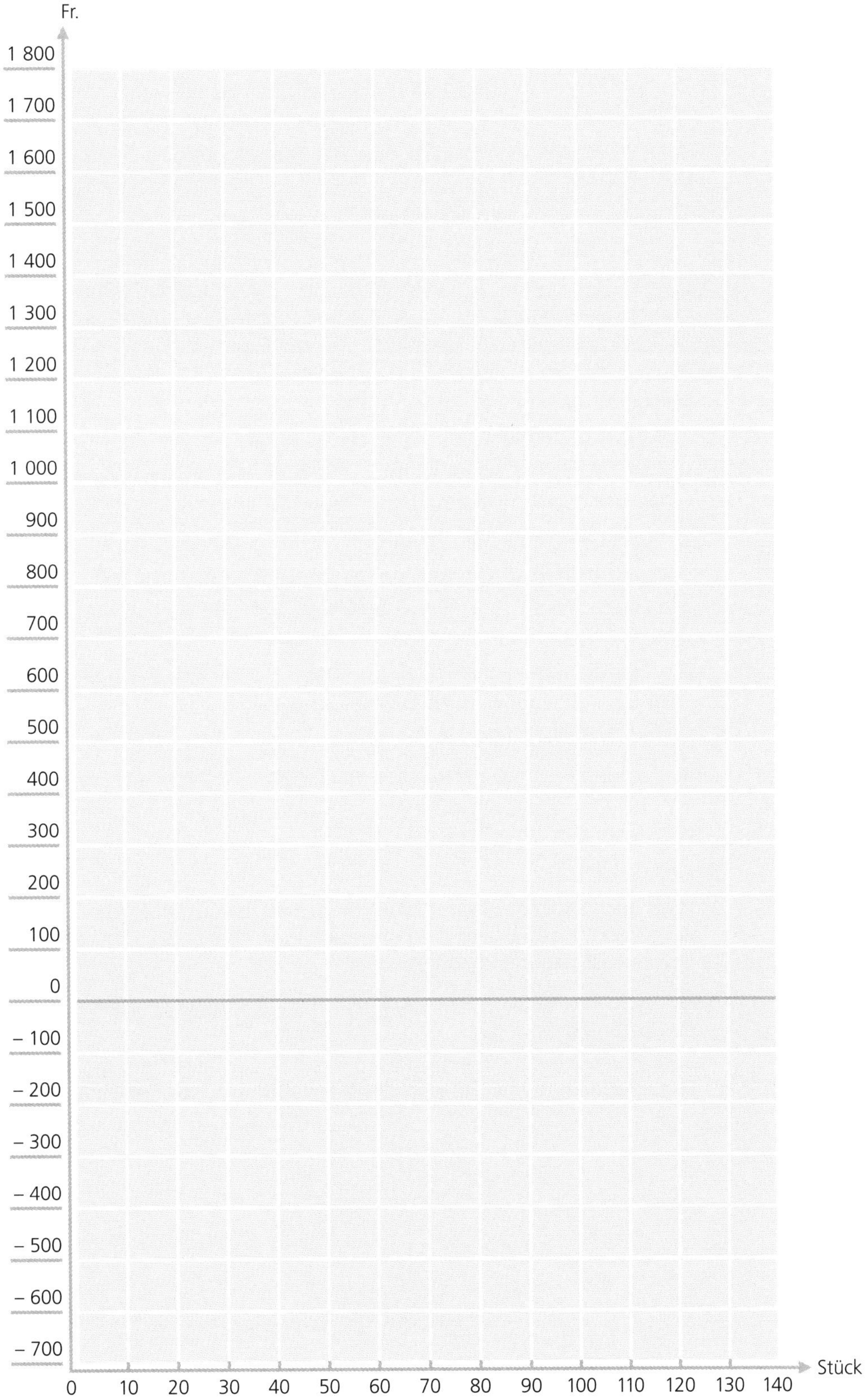

32.03

Bestimmen Sie die Nutzschwelle (break-even) mengen- und wertmässig.

a) Variable Kosten je Stück Fr. 7.50, Nettoerlös je Stück Fr. 9.–, Fixkosten Fr. 45 000.–.

b) Variable Kosten je Stück Fr. 6.–, Deckungsbeitrag 50% der variablen Kosten, Fixkosten Fr. 60 000.–.

c) Variable Kosten je Stück Fr. 12.–, Deckungsbeitrag je Stück Fr. 3.–, Fixkosten total Fr. 90 000.–.

32.04

Die folgenden Beispiele stammen aus verschiedenen Handelsbetrieben.

a) Variable Kosten je kg Fr. 5.–, Nettoerlös je kg Fr. 7.–, Fixkosten Fr. 40 000.–, verkaufte Menge 50 000 kg.
Wie hoch ist der Gewinn?

b) Variable Kosten je Stück Fr. 10.–, Deckungsbeitrag (Bruttogewinnzuschlag) 60% der variablen Kosten (Einstand), Fixkosten Fr. 48 000.–, Reingewinn Fr. 12 000.–.
Wie viele Stücke wurden verkauft?

c) Deckungsbeitrag (Bruttogewinnmarge) 30% vom Nettoerlös, Fixkosten Fr. 56 000.–, Reinverlust Fr. 5 000.–, variable Kosten je Stück Fr. 7.–.
Wie viele Stücke wurden verkauft?

d) Deckungsbeitrag (Bruttogewinn) 50% der variablen Kosten (Einstand), Fixkosten Fr. 45 000.–, Reingewinn Fr. 15 000.–.
Wie hoch ist der Nettoerlös?

e) Reingewinn Fr. 6 000.–, Fixkosten Fr. 42 000.–, Nettoerlös Fr. 96 000.–.
Wie hoch ist der Deckungsbeitrag (Bruttogewinn) in Prozenten der variablen Kosten (Warenaufwand)?

f) Zahlen wie e).
Wie hoch ist der Reingewinn bei einer Umsatzsteigerung von Fr. 96 000.– auf Fr. 100 000.–, wenn der Deckungsbeitrag in Prozenten der variablen Kosten (Bruttogewinnzuschlag) gleich bleibt?

g) Fixkosten Fr. 60 000.–, Reingewinn Fr. 10 000.–, variable Kosten (Warenaufwand) 65% des Nettoerlöses.
Wie hoch ist der Reingewinn bei einer Umsatzsteigerung von 10%, wenn der Deckungsbeitrag in Prozenten des Nettoerlöses (Bruttogewinnmarge) gleich bleibt?

32.05

Von einem Händler, der nur ein Produkt führt, sind folgende Zahlen bekannt:

▷ Nettoerlös je Stück	10.–
▷ Variable Kosten je Stück (Einstand)	6.–
▷ Fixkosten total	100 000.–

Vervollständigen Sie die Tabelle, und bestimmen Sie tabellarisch, rechnerisch und grafisch, bei welchem Umsatz (mengen- und wertmässig) folgender Erfolg erzielt wird:

a) Weder Gewinn noch Verlust (Nutzschwelle)

b) Gewinn = Fr. 20 000.–

c) Verlust = Fr. 40 000.–

	Umsatz in Stücken							
	0	5 000	10 000	15 000	20 000	25 000	30 000	35 000
Nettoerlös								
./. Variable Kosten								
=								
./. Fixe Kosten								
=								

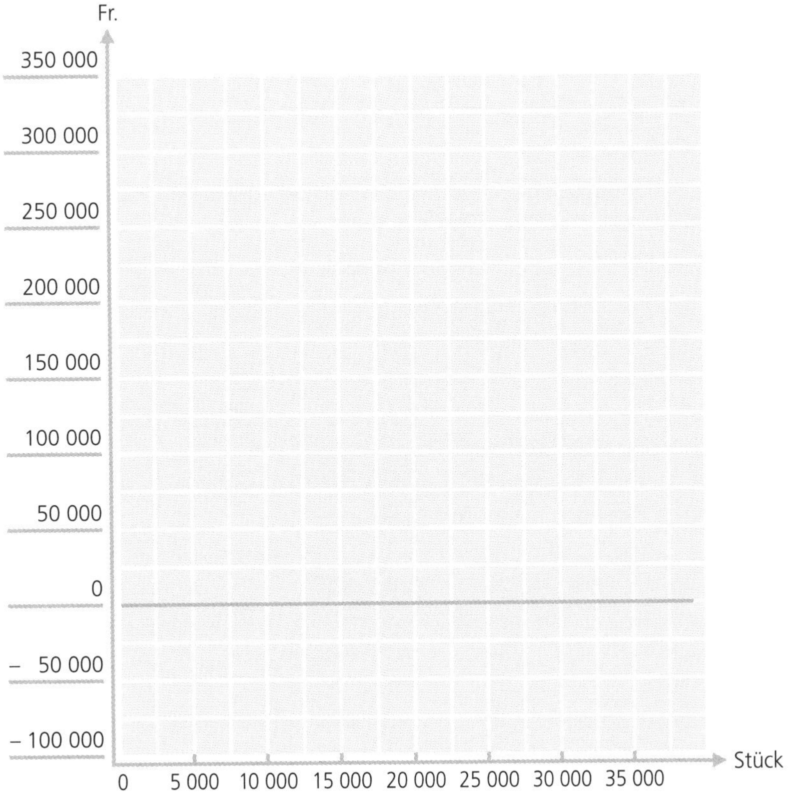

32.06

Die Zahlen aus dem Vorjahr betragen: Variable Kosten (Einstand) je Stück Fr. 40.–, Nettoerlös je Stück Fr. 50.–, Fixkosten Fr. 48 000.–, Umsatz 6 000 Stück.

Im neuen Jahr wird der Deckungsbeitrag (Bruttogewinnzuschlag) auf 20% des Einstandes gesenkt.

a) Bei welcher Stückzahl lag die Nutzschwelle im alten Jahr?

b) Welcher Gewinn wurde im alten Jahr erzielt?

c) Welchen Zweck verfolgt der Geschäftsinhaber mit der Senkung der Bruttogewinnmarge?

d) Bei welcher Stückzahl liegt die Nutzschwelle im neuen Jahr?

e) Wie viele Stücke müssen im neuen Jahr verkauft werden, damit der gleiche Verkaufsumsatz in Franken wie im alten Jahr erzielt wird?

f) Wie viele Stücke müssen im neuen Jahr verkauft werden, damit der gleiche Gewinn wie im alten Jahr erzielt wird?

32.07

Von einem Handelsbetrieb sind folgende Zahlen bekannt:

Der durchschnittliche Deckungsbeitrag beträgt 30% der variablen Kosten (Einstand). Die Fixkosten belaufen sich auf Fr. 75 000.–.

a) Bei welchem Verkaufsumsatz wird die Nutzschwelle erreicht?

b) Warum kann die Nutzschwelle bei dieser Unternehmung nicht mengenmässig ermittelt werden?

c) Bei welchem Umsatz wird ein Gewinn von Fr. 15 000.– erzielt?

32.08

Die variablen Kosten (Einstandspreis) eines Artikels betragen Fr. 4.–, der Verkaufspreis Fr. 6.–. Die Fixkosten machen Fr. 60 000.– aus.

Bei welcher Stückzahl bzw. bei welchem Nettoerlös wird

a) die Nutzschwelle erreicht?

b) ein Reingewinn von Fr. 20 000.– erzielt?

c) der Reingewinn auf Fr. 40 000.– verdoppelt?

d) die Nutzschwelle erreicht, wenn sich der Einstandspreis und der Verkaufspreis je um einen Franken erhöhen?

e) die Nutzschwelle erreicht, wenn der Einstandspreis um einen Franken ansteigt und der Verkaufspreis unverändert bleibt?

f) die Nutzschwelle erreicht, wenn der Einstandspreis unverändert bleibt und der Verkaufspreis um einen Franken erhöht wird?

g) die Nutzschwelle erreicht, wenn der Einstandspreis um einen Franken steigt und der Deckungsbeitrag (Bruttogewinnzuschlag) in Prozenten des Einstandes unverändert bleibt?

h) die Nutzschwelle erreicht, wenn sowohl Verkaufspreis als auch Einstandspreis um 20% zurückgehen?

32.09

Eine Unternehmerin könnte die Alleinvertretung für ein koreanisches Ginsengprodukt in der Schweiz übernehmen. Zur Beurteilung der Wirtschaftlichkeit stellt ihr der Buchhalter die wichtigsten Grössen grafisch dar.

a) Beschriften Sie alle Kurven.

b) Bezeichnen Sie die mit Klammern angegebenen Grössen.

c) Bei welchem Umsatz (mengen- und wertmässig) wird die Nutzschwelle erreicht?

d) Berechnen Sie, bei welchem Umsatz (mengen- und wertmässig) ein Gewinn von Fr. 60 000.– entsteht.

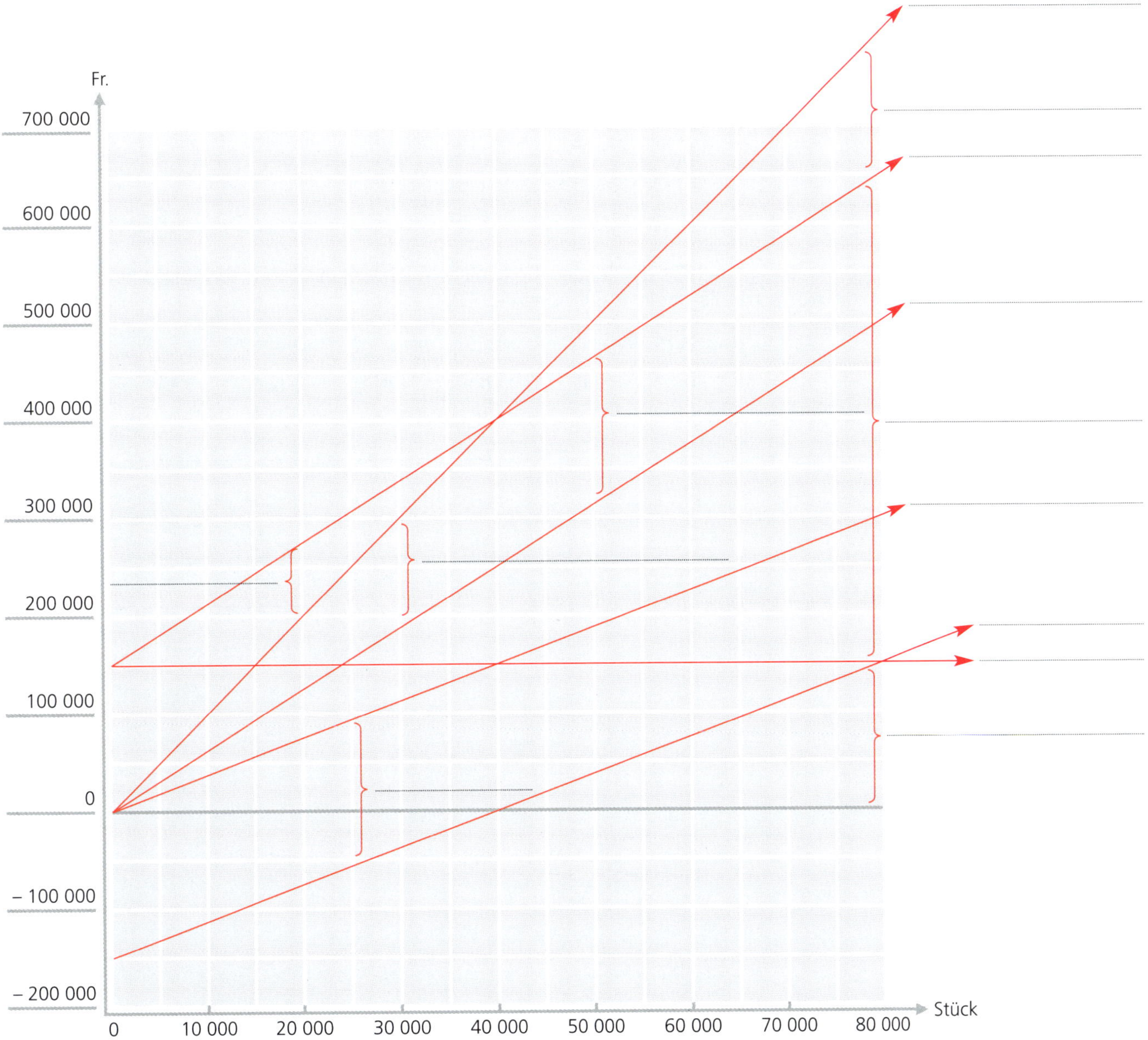

32.10

Die **Medicus-Apotheke** kauft Heilmittel von verschiedenen Lieferanten ein und verkauft diese mit einem Bruttogewinn-Zuschlag von durchschnittlich 25% an ihre Kunden weiter. Der Bruttogewinn entspricht dem Deckungsbeitrag. Die Apotheke rechnet mit jährlichen Fixkosten von Fr. 400 000.–.

a) Welches sind die beiden wichtigsten Fixkostenarten in einer Apotheke?

b) Wie hoch ist die Deckungsbeitragsmarge (Deckungsbeitrag in Prozenten des Verkaufserlöses)?

Einstandswert (= variable Kosten)	100%	Verkaufserlös	%
+ Bruttogewinnzuschlag (= DB)	25%	./. Deckungsbeitrag	%
= Verkaufserlös	125%	= Variable Kosten	%

c) Ermitteln Sie mithilfe der Tabelle, bei welchem jährlichen Verkaufsumsatz die Apotheke die Nutzschwelle erreicht. Beträge in Fr. 1000.–.

	Umsatz in Fr. 1000.–						
Verkaufserlös (Umsatz)	**0**	**500**	**1 000**	**1 500**	**2 000**	**2 500**	**3 000**
./. Variable Kosten							
=							
./.							
= Erfolg							

d) Ermitteln Sie die Nutzschwelle grafisch.

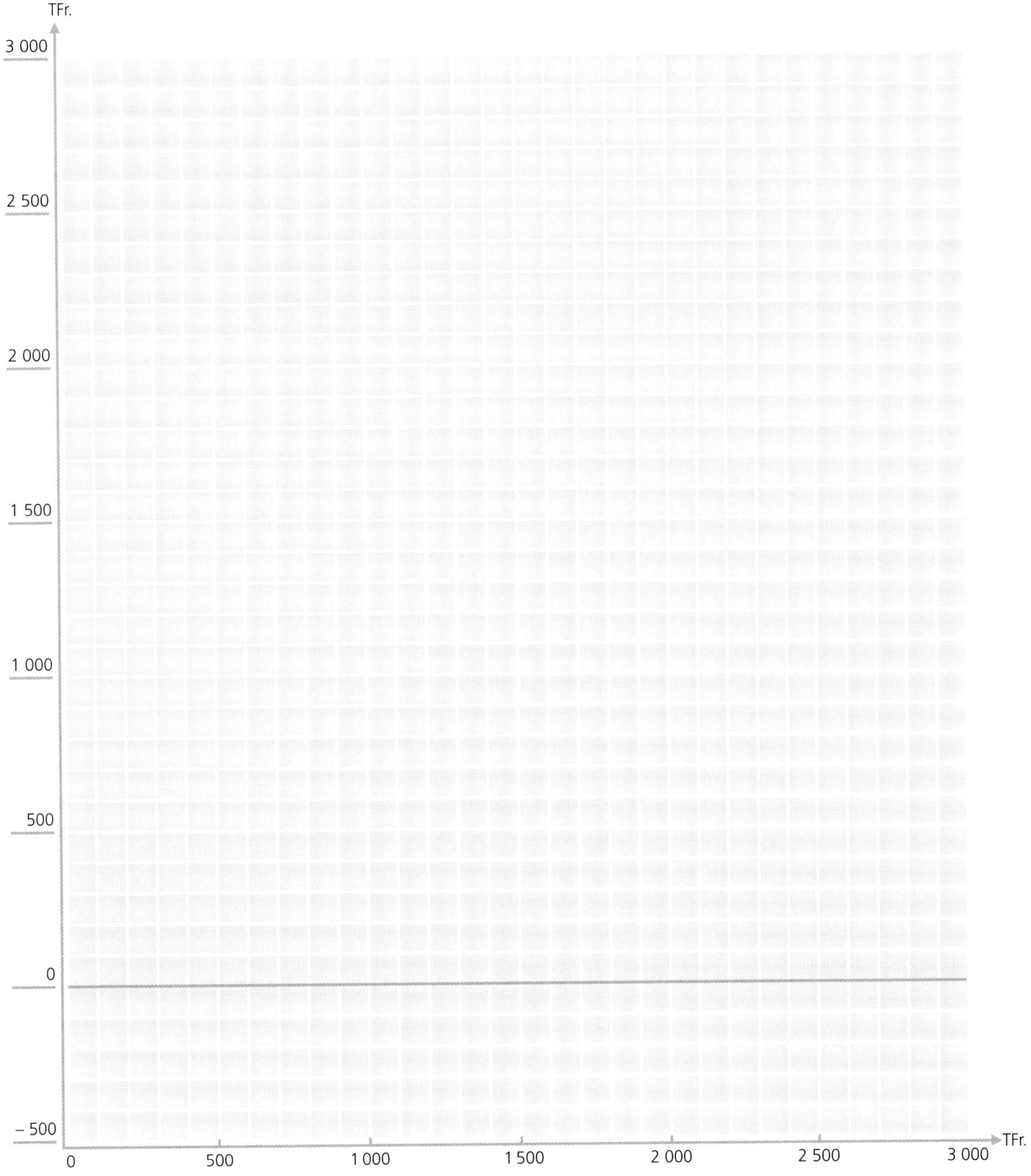

32.11

Die Konzertagentur **MusicaClassica** plant einen Soloabend mit dem Starviolinisten Gianfranco Paganini. Als Planungsgrundlage dienen folgende Daten:

Sitzplatzkapazität		
300 Sitzplätze Kategorie A	zum Preis von	Fr. 80.–
150 Sitzplätze Kategorie B	zum Preis von	Fr. 60.–
50 Sitzplätze Kategorie C	zum Preis von	Fr. 40.–
Kosten		
Saalmiete		Fr. 8 000.–
Personalkosten (Garderobe, Reinigung)		Fr. 2 500.–
Werbeauslagen		Fr. 5 200.–
Honorar Gianfranco Paganini		Fr. 10 700.–
Abgaben pro verkauftes Billett		15% vom Verkaufspreis

a) Mit welchem Erfolg kann die Konzertagentur rechnen, wenn davon ausgegangen wird, dass alle Billette verkauft werden können?

b) Bei welcher durchschnittlichen prozentualen Belegung würde gerade die Nutzschwelle erreicht (alle Preiskategorien werden im Verhältnis zur Sitzplatzkapazität gleich stark belegt)?

c) Welche Auswirkungen auf den Erfolg hätte eine generelle Erhöhung der Billettpreise von Fr. 5.– in jeder Kategorie, unter der Annahme, dass trotz dieser Preiserhöhung alle Billette verkauft würden?

32.12

Ein Artikel mit einem Einstandspreis von Fr. 8.– wird für Fr. 12.– weiterverkauft. Die anteilsmässigen fixen Gemeinkosten betragen Fr. 32 000.–.

a) Wie hoch ist die Bruttogewinnmarge (Deckungsbeitragsmarge) für diesen Artikel?

b) Bei welchem Verkaufsumsatz wird die Nutzschwelle erreicht? Das Ergebnis ist mengenmässig und wertmässig anzugeben.

Um eine Umsatzsteigerung zu erzielen, senkt der Händler den Verkaufspreis auf Fr. 10.50 je Stück. Der Einstandspreis bleibt unverändert, jedoch werden zusätzlich Fr. 3 000.– jährlich in die Werbung investiert.

c) Um wie viel Prozent muss der Verkaufsumsatz gesteigert werden, damit die Nutzschwelle erreicht wird?

d) Wie viel Stück müssen abgesetzt werden, bis mit jedem verkauften Stück im Durchschnitt ein Gewinn von Fr. 1.– erzielt wird?

32.13

Von einem Handelsbetrieb ist die nachstehende Grafik bekannt.

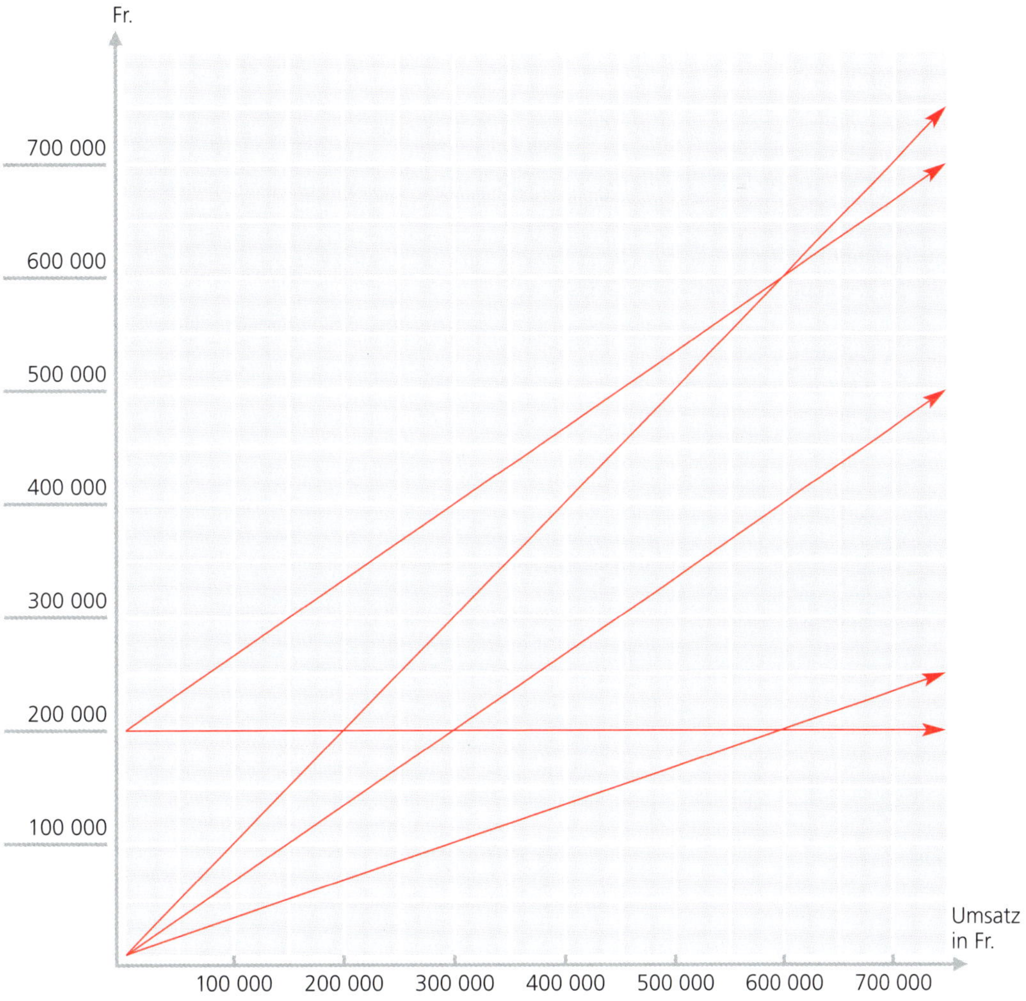

Ermitteln Sie aus der Grafik folgende Grössen:

a) Fixkosten

b) Totalkosten bei einem Verkaufsumsatz von Fr. 150 000.–

c) Erfolg bei einem Verkaufsumsatz von Fr. 300 000.–

d) Erfolg bei einem Verkaufsumsatz von Fr. 600 000.–

e) Deckungsbeitrag bei einem Verkaufsumsatz von Fr. 600 000.–

f) Variable Kosten in Prozenten des Verkaufsumsatzes

g) Deckungsbeitrag in Prozenten des Verkaufsumsatzes

h) Deckungsbeitrag in Prozenten der variablen Kosten

32.14

E. Furrer importiert das Heilmittel **EverSan** zu EUR 2.–/Stück und verkauft dieses zu CHF 5.–/ Stück an schweizerische Händler. Die Fixkosten betragen CHF 40000.–.

a) Bei welcher Stückzahl wird die Nutzschwelle bei einem Wechselkurs von CHF 1.50/EUR erreicht?

b) Wie viele Stück EverSan müssen verkauft werden, damit ein Gewinn von CHF 50000.– entsteht, wenn der Wechselkurs auf CHF 1.60/EUR steigt?

c) Bei welchem Wechselkurs entsteht ein Gewinn von CHF 70000.–, wenn 50000 Stück abgesetzt werden können?

d) Ermitteln Sie die Nutzschwelle grafisch auf zwei Arten unter Annahme eines Wechselkurses von CHF 1.50/EUR.

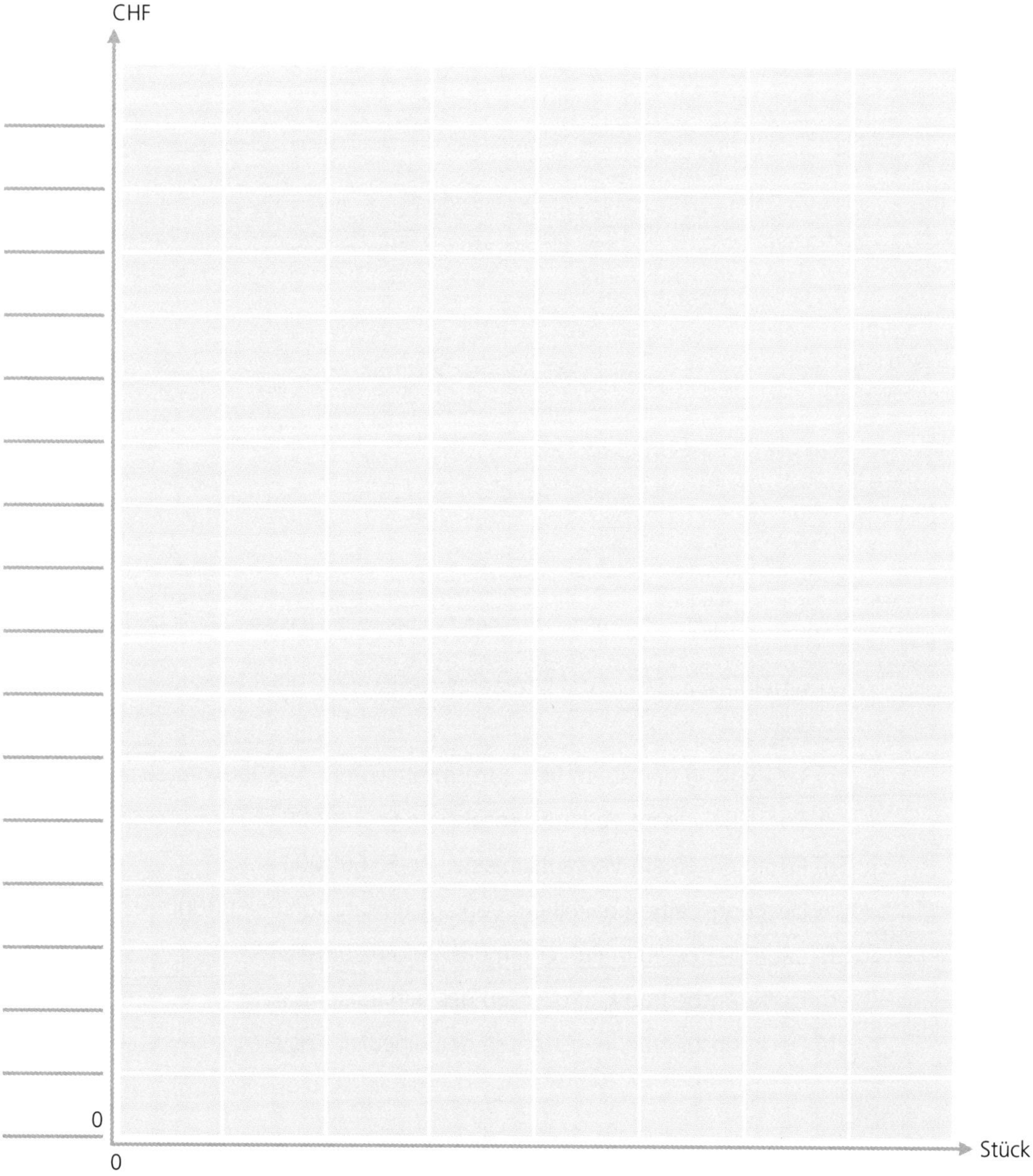

32.15

Die vier grafischen Darstellungen zeigen von verschiedenen Einprodukte-Unternehmungen die Nutzschwelle (NS).

a) Zeichnen Sie den Verlauf des Deckungsbeitrags ein.

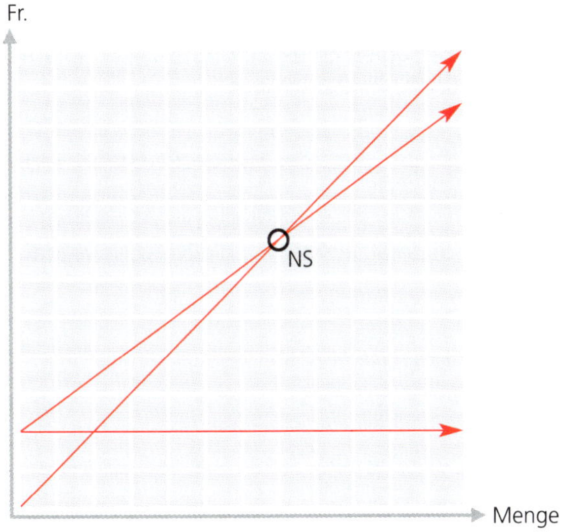

b) Weisen Sie grafisch nach, wie sich eine Senkung des Verkaufspreises auf die Nutzschwelle auswirkt.

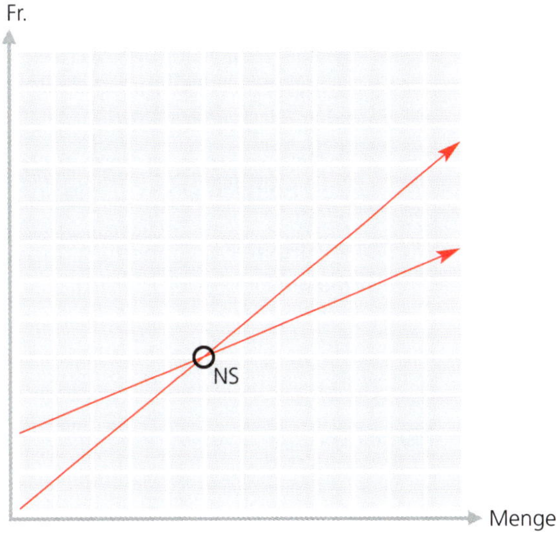

c) Weisen Sie grafisch nach, wie sich eine prozentuale Erhöhung der variablen Lohnkosten auf die Nutzschwelle auswirkt.

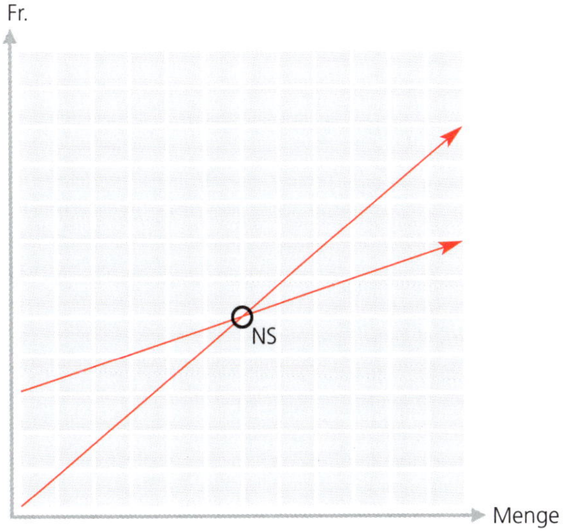

d) Wo liegt die Nutzschwelle, wenn sich die Fixkosten verdoppeln?

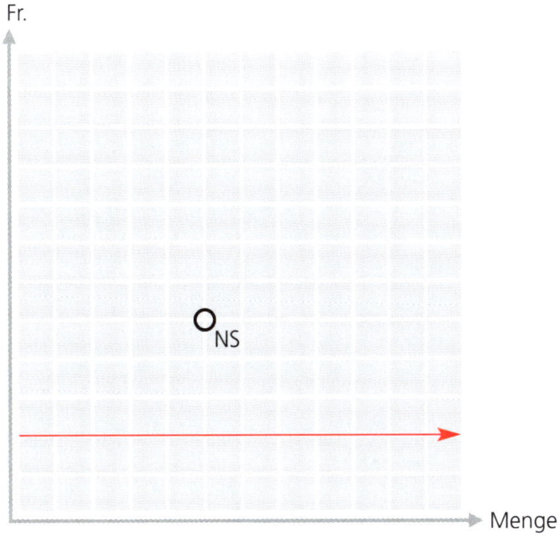

32.16

Von der **SchweizAir** sind über den Flug Zürich–Dublin–Zürich folgende Angaben bekannt:

▷ Für den Flug wird ein Jumbolino mit 100 Sitzplätzen eingesetzt.

▷ Die Fixkosten betragen Fr. 40 000.– je Flug (hin und zurück). Zu den Fixkosten zählen: Flugzeugabschreibung, Kapitalverzinsung, Unterhalt und Reparaturen, Treibstoffverbrauch, Landegebühren, Saläre sowie Unterkunft und Verpflegung der Besatzung, Kosten der Bodenorganisation, Verwaltungs- und Vertriebskosten.

▷ Die proportionalen Kosten betragen Fr. 50.– je Passagier. Zu den proportionalen Kosten zählen: Verpflegung an Bord, Passagierversicherung, Flughafentaxe.

▷ Die Fluggäste zahlen für ein Flugbillett Fr. 600.–.

▷ Mit jedem Flug wird auch Fracht und Post befördert, was der Fluggesellschaft durchschnittlich einen Ertrag von Fr. 5 000.– je Flug einbringt.

Ermitteln Sie rechnerisch und grafisch, bei welcher Sitzplatzauslastung die Nutzschwelle für diesen Flug erreicht wird.

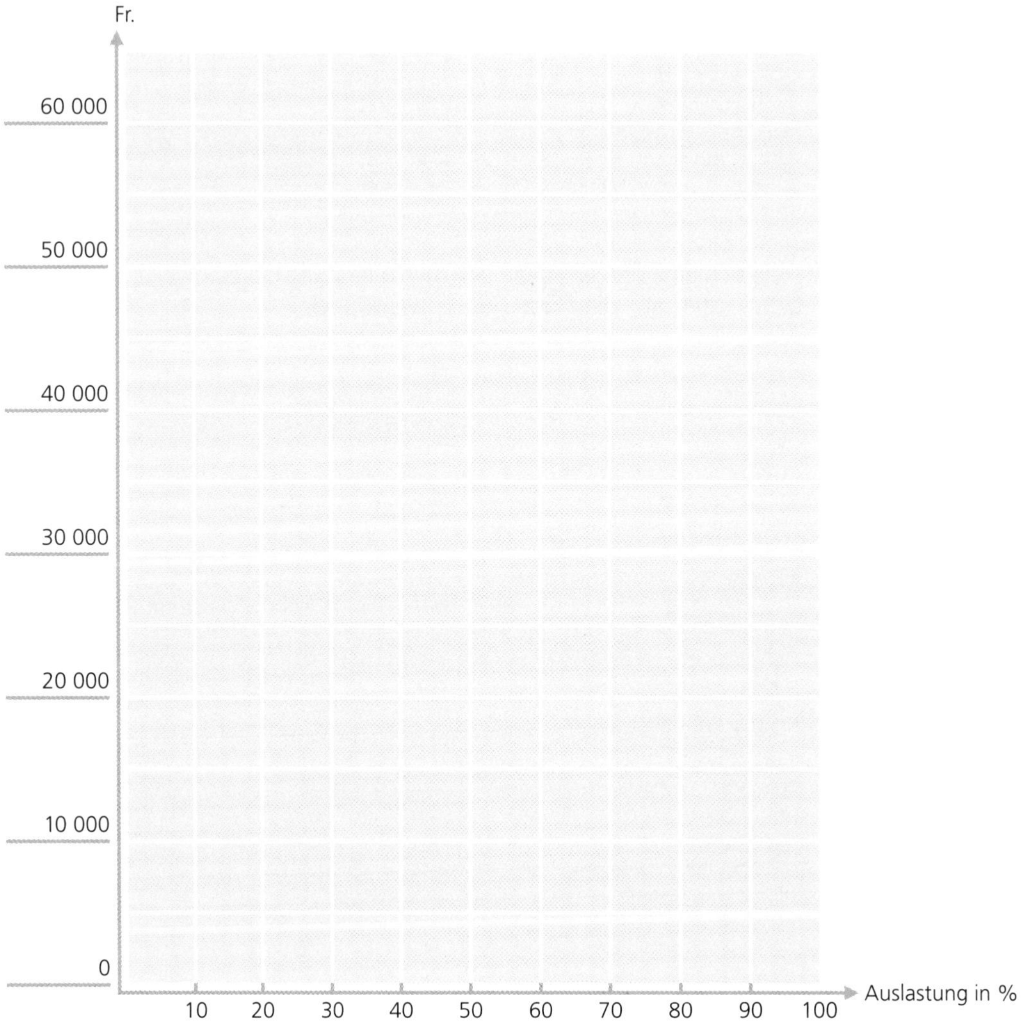

Divisionskalkulation

33.01

Sie kommen durch Erbschaft unverhofft in den Besitz einer kleinen **Rössliriiti** (Karussell), die an Jahrmärkten die Kinderherzen erfreut. Ihr Onkel hat eine saubere Buchhaltung geführt; Sie finden in seinen Unterlagen die folgenden Daten für das vergangene Jahr:

Rössliriiti

	Aufwand/ Ertrag	Sachliche Abgrenzungen	Kosten/ Leistung
Personal	30 000	4 000	34 000
Miete Platz	6 000		6 000
Abschreibungen	10 000	– 2 000	8 000
Zinsen	1 000	1 000	2 000
Unterhalt und Reparaturen	3 000		3 000
Übriges	4 200		4 200
Total	54 200	3 000	57 200
Billettverkauf	– 53 805		– 53 805
Erfolg (– = Gewinn/+ = Verlust)	395	3 000	3 395

Ausserdem ist vermerkt worden, dass die Reitschule während insgesamt 85 Tagen in Betrieb war und dass 17 935 Billette verkauft wurden.

Beantworten Sie folgende Fragen im Zusammenhang mit der Rössliriiti:

a) Welches sind die Gründe für die drei sachlichen Abgrenzungen?

b) Zu welchem Preis wurde ein Billett durchschnittlich verkauft?

c) Wie hoch sind die durchschnittlichen Kosten für eine einzelne Rösslifahrt?

d) Welcher Erfolg pro Fahrt wurde im Durchschnitt erzielt?

e) Wie würde sich der Gesamterfolg ändern, wenn es gelänge, mit einer zehnprozentigen Preissenkung 20% mehr Kinder auf die «Rössli» zu bringen?

f) Weshalb spricht man im vorliegenden Fall von Divisionskalkulation?

33.02

In einem Mehrfamilienhaus bestehen sechs 4½-Zimmer-Wohnungen. Die gesamten jährlichen Heizkosten betragen Fr. 9000.–. Die Liegenschaftsverwaltung verteilt die Heizkosten mittels **einfacher Divisionskalkulation** auf die einzelnen Wohnungsmieter.

Wie hoch sind die Heizkosten je Wohnung?

33.03

Bei einem Mehrfamilienhaus entstanden im letzten Jahr Heizkosten von insgesamt Fr. 10 500.–, die aufgrund einer **Divisionskalkulation mit Äquivalenzziffern** auf die einzelnen Mieter zu verteilen sind. Der Wohnblock besteht aus folgenden Wohneinheiten:

Wohnungstyp	Anzahl Wohnungen	Wohnfläche je Wohnung
1-Zimmer-Wohnung	2	30 m²
2-Zimmer-Wohnung	4	45 m²
4-Zimmer-Wohnung	2	120 m²
7-Zimmer-Wohnung	1	150 m²

a) Wie hoch sind die jährlichen anteiligen Heizkosten je Wohnungstyp, wenn die Gesamtkosten im Verhältnis zur Zimmerzahl verteilt werden?

Wohnungstyp	Anzahl Wohnungen	Wohnfläche je Wohnung	Äquivalenz-ziffer	Anzahl Rechen-einheiten	Heizkosten je Wohnung
1-Zimmer-Wohnung	2	30 m²	1		
2-Zimmer-Wohnung	4	45 m²			
4-Zimmer-Wohnung	2	120 m²			
7-Zimmer-Wohnung	1	150 m²			

b) Wie hoch sind die jährlichen anteiligen Heizkosten je Wohnungstyp, wenn die Gesamtkosten im Verhältnis zur Wohnfläche verteilt werden?

Wohnungstyp	Anzahl Wohnungen	Wohnfläche je Wohnung	Äquivalenz-ziffer	Anzahl Rechen-einheiten	Heizkosten je Wohnung
1-Zimmer-Wohnung	2	30 m²	1		
2-Zimmer-Wohnung	4	45 m²			
4-Zimmer-Wohnung	2	120 m²			
7-Zimmer-Wohnung	1	150 m²			

c) Welcher Verteilschlüssel (Zimmer oder Quadratmeter) ist verursachungsgerechter?

33.04

Eine Zürcher Seegemeinde hat einen neuen **Bootshafen** für Motorboote und Segelschiffe erstellt. Es werden Standplätze in verschiedenen Grössen angeboten. Insgesamt können 50 Plätze belegt werden.

Die jährlichen Gesamtkosten sind wie folgt veranschlagt worden:

Personalkosten für Reinigung und Unterhalt (WC-Anlage, Wartung der Stege usw.)	Fr.	15 000.–
Energie- und Wasserverbrauch	Fr.	8 400.–
Abschreibungen	Fr.	75 000.–
Baurechts- und Kapitalzinsen	Fr.	30 000.–
Übrige Betriebskosten	Fr.	6 600.–
Total	Fr.	135 000.–

Die Standplätze sind nach der Breite abgestuft, wobei eine bestimmte Maximallänge nicht überschritten werden darf.

Platzkategorie	Standplatzbreite	Anzahl Plätze	Äquivalenzziffer	Anzahl Recheneinheiten	Kosten pro Recheneinheit	Selbstkosten pro Standplatz	Rechnungsbetrag pro Standplatz
Kat. 1	bis 200 cm	5	2		–		
Kat. 2	bis 250 cm	10			–		
Kat. 3	bis 300 cm	20			–		
Kat. 4	bis 350 cm	10			–		
Kat. 5	bis 400 cm	5			–		

Lösen Sie folgende Aufgaben, und tragen Sie die Ergebnisse in die Tabelle ein:

a) Erarbeiten Sie einen Kostenverteilungsschlüssel für die einzelnen Platzkategorien, und begründen Sie Ihren Vorschlag.

b) Wie hoch werden die Selbstkosten pro Standplatzkategorie gemäss Ihrem Vorschlag?

c) Den Platzmietern werden auf die Selbstkosten noch 20% zugeschlagen für Beiträge in einen Betriebs- und Erneuerungsfonds sowie zur Finanzierung eines jährlichen Hafenfestes.

Mit welchem Rechnungsbetrag haben die Mieter der verschiedenen Platzkategorien zu rechnen?

33.05

Die Kraftwerke Mattmark AG betreibt in den Walliser Alpen ein so genanntes Speicherkraftwerk, d.h. ein Wasserkraftwerk mit Staudamm. Sie produzierte im abgelaufenen Jahr eine Strommenge von 674 Mio. kWh (Kilowattstunden).

Kraftwerke Mattmark AG

Erfolgsrechnung (in Mio. Fr.)

Aufwand		Ertrag	
Materialaufwand	1	Stromverkauf an Elektrizitätsgesellschaften①	40
Personalaufwand	3		
Abschreibungen②	3		
Erneuerungsrückstellungen③	2		
Wasserzinsen④	5		
Übriger Betriebsaufwand	4		
Finanzaufwand	15		
Direkte Steuern	3		
Gewinn	4		
	40	Gewinn	40

Die Elektrizitäts-Gesellschaft Laufenburg AG (EGL) hält Beteiligungen an verschiedenen Kraftwerken (unter anderem einen Kapitalanteil von 35% an den Kraftwerken Mattmark AG). Die EGL kauft von verschiedenen Wasser- und Atomkraftwerken im In- und Ausland Strom ein und verkauft diesen an Endverbraucher (Haushaltungen und Unternehmungen) oder an Wiederverkäufer (andere Elektrizitätswerke).

Elektrizitäts-Gesellschaft Laufenburg AG

Erfolgsrechnung (in Mio. Fr.)

Aufwand		Ertrag	
Strombeschaffung	345	Erträge aus Stromverkauf⑤	700
Materialaufwand	40	Übriger Betriebsertrag	30
Personalaufwand	50	Finanzertrag	35
Übriger Betriebsaufwand	65		
Abschreibungen	115		
Finanzaufwand	70		
Direkte Steuern	20		
Gewinn	60		
	765		765

① Der Strom wird an verschiedene Elektrizitätsgesellschaften verkauft, die an diesem Kraftwerk beteiligt sind.

② Das Kraftwerk muss während der vom Kanton erteilten Konzessionsdauer von 80 Jahren linear auf null abgeschrieben werden, weil es nach Ablauf der Konzession entschädigungslos ins Eigentum der öffentlichen Hand fällt (so genannter Heimfall). Die wirtschaftliche Nutzungsdauer dieses Kraftwerks ist mit 160 Jahren allerdings doppelt so lang.

③ Diese Rückstellungen werden für noch nicht durchgeführte Revisions-, Unterhalts- und Erneuerungsarbeiten an den Kraftwerkanlagen vorgenommen.

④ Diese Wasserzinsen sind Steuern an den Kanton Wallis und die anliegenden Gemeinden. Die Höhe dieser Steuer ist abhängig von der Wassermenge, die das Kraftwerk nutzt.

⑤ Der gesamte Energieabsatz betrug 14,5 Mrd. kWh.

Aufgaben

a) Wie hoch waren bei den Kraftwerken Mattmark AG die durchschnittlichen Selbstkosten (inkl. Steuern) je kWh?

b) Wie hoch war bei der Elektrizitäts-Gesellschaft Laufenburg der durchschnittliche Verkaufserlös je kWh?

c) Infolge Liberalisierung der Strommärkte könnte die EGL zurzeit Strom für 2,5 bis 4,2 Rappen je kWh importieren. Deshalb ist die Stromproduktion im Wallis nicht mehr wirtschaftlich. Die Geschäftsleitung der EGL vertritt die Auffassung, dass die Stromproduktion in der Schweiz gegenüber dem Ausland vor allem deshalb nicht mehr konkurrenzfähig sei, weil die öffentliche Hand zu viel an den Kraftwerken «verdiene».

Wie hoch wären bei der Kraftwerke Mattmark AG die Selbstkosten je kWh ohne jegliche Belastungen durch die öffentliche Hand gewesen?

d) Welches sind die wichtigsten Vorteile von Wasserkraftwerken im Vergleich zu Kohle- oder Atomkraftwerken?

33.06

Eine Ablaugerei, eine Gärtnerei und ein Schlachthof betreiben zur Reinigung ihrer Abwässer eine gemeinsame private **Kläranlage,** welche in der vergangenen Rechnungsperiode gesamthaft Kosten von Fr. 846 000.– verursachte.

Die Verteilung der Abwasserreinigungskosten erfolgt gemäss Vertrag einerseits proportional zu den Abwassermengen und anderseits proportional zum Verschmutzungsgrad der Abwässer:

▷ Die gemessenen Abwassermengen dieser Rechnungsperiode sind bereits in der Tabelle eingetragen.

▷ Der unterschiedliche Verschmutzungsgrad der Abwässer wurde aufgrund von Untersuchungen für jede Unternehmung, bezogen auf einen Basiswert von 1 für normal verschmutztes Wasser, festgelegt.

Er ist ebenfalls in der Tabelle eingetragen.

a) Welche Kosten muss jeder Betrieb übernehmen?

Betrieb	Wassermenge	Verschmutzungsgrad	Recheneinheiten	Totalkosten
Ablaugerei	50 000 m^3	2,2		
Gärtnerei	10 000 m^3	1,2		
Schlachthof	80 000 m^3	2,0		
Summen	140 000 m^3	–		846 000.–

b) Ist diese private Kläranlage im Vergleich zu den öffentlichen ARA des Kantons effizient, wenn diese mit durchschnittlichen Kosten von Fr. 4.06/m^3 normalverschmutztem Wasser rechnen?

33.07

Die **Arctica** stellt mit gekauftem Gemüse folgende vier Tiefgefrierprodukte her.

Bohnen (kleine Beutel)

Gemüsegewicht
250 g/Beutel

Produktionsdauer
5 Min./100 Beutel

Produktionsmenge
80 000 Beutel

Bohnen (grosse Beutel)

Gemüsegewicht
500 g/Beutel

Produktionsdauer
7 Min./100 Beutel

Produktionsmenge
60 000 Beutel

Erbsen (kleine Beutel)

Gemüsegewicht
250 g/Beutel

Produktionsdauer
4 Min./100 Beutel

Produktionsmenge
150 000 Beutel

Erbsen (grosse Beutel)

Gemüsegewicht
500 g/Beutel

Produktionsdauer
6 Min./100 Beutel

Produktionsmenge
100 000 Beutel

In der Arctica wird keine richtige Betriebsbuchhaltung geführt. Nebst den folgenden Totalkosten ist bekannt, dass Erbsen im Einkauf grundsätzlich 40% teurer sind als Bohnen:

▷ Materialkosten	Fr. 207 000.–
▷ Fertigungskosten	Fr. 202 000.–
▷ Verwaltungs- und Vertriebskosten	Fr. 81 800.–

Ermitteln Sie auf der Basis einer Divisionskalkulation mit Äquivalenzziffern die Herstellkosten für jedes der vier Produkte. Für die Ermittlung der Selbstkosten sind die Verwaltungs- und Vertriebs-GK prozentual zu den Herstellkosten zu verteilen.

Materialkosten

Artikel	Menge	Äquivalenz-ziffer	Rechen-einheiten	Total Material-kosten	Kosten/Beutel
Bohnen klein	80 000 Beutel	1,0		–	
Bohnen gross	60 000 Beutel			–	
Erbsen klein	150 000 Beutel			–	
Erbsen gross	100 000 Beutel			–	
Summen	–	–			–

Fertigungskosten

Artikel	Menge	Äquivalenz-ziffer	Rechen-einheiten	Total Ferti-gungskosten	Kosten/Beutel
Bohnen klein	80 000 Beutel	1,0		–	
Bohnen gross	60 000 Beutel			–	
Erbsen klein	150 000 Beutel			–	
Erbsen gross	100 000 Beutel			–	
Summen	–	–			–

Selbstkosten/Beutel

Artikel	Materialkosten	Fertigungs-kosten	Herstellkosten	VVGK	Selbstkosten
Bohnen klein					
Bohnen gross					
Erbsen klein					
Erbsen gross					

33.08

Die Jahreskosten eines Rechenzentrums belaufen sich auf Fr. 1 387 650.–. Aufgrund einer Analyse werden drei verschiedene Benutzergruppen unterschieden, die sich durch unterschiedliche tägliche Zugriffszeiten unterscheiden:

Benutzergruppe	Anzahl Benutzer	Stunden①/ Tag und Benutzer	Benutzer-stunden/ Jahr②	Anteil an den Gesamt-kosten	Kosten/ Benutzer
Gruppe A	100	5,00			
Gruppe B	400	2,00			
Gruppe C	200	0,75			
Summen	–	–		1 387 650.–	–

Berechnen Sie im Sinne einer Divisionskalkulation mit Äquivalenzziffern den Anteil an den Gesamtkosten für jede Benutzergruppe, und ermitteln Sie die durchschnittlichen Kosten je Benutzer.

① Dezimalstunden für die Zugriffszeiten (0,75 Stunden = 45 Minuten)

② Ein Arbeitsjahr = 220 Arbeitstage

Zuschlagskalkulation

34.01

Die **Del Solar SA** ist ein kleiner Industriebetrieb, der sich auf die Herstellung von leistungsstarken Sonnenkollektoren spezialisiert hat:

▷ **Standkollektoren** sind grosse Sonnenkollektoren zur Deckung des täglichen Energiebedarfs als Alternative zum Strom aus der Steckdose.

▷ **Mobilkollektoren** sind leichte, transportable Kollektoren vorwiegend für den Freizeitbedarf (Stromversorgung für Segelyachten, Gartenhäuser, Teichpumpen und -beleuchtung, Camping).

Auf die Frage der Geschäftsleitung, wie hoch der erzielte Gewinn bei den Standkollektoren bzw. den Mobilkollektoren sei, erhält sie von der Buchhaltungsabteilung folgende Erfolgsrechnung (in Fr. 1000.–):

Erfolgsrechnung

Aufwand		Ertrag	
Einzelmaterialaufwand	500	Ertrag Standkollektoren	680
Einzellöhne	600	Ertrag Mobilkollektoren	1 230
Hilfsmaterial und Betriebsstoffe	105		
Hilfslöhne und Gehälter	270		
Mietaufwand	100		
Zinsen	60		
Abschreibungen	80		
Übriger Betriebsaufwand	145		
Gewinn	**50**		
	1 910		1 910

a) Offensichtlich ist die Finanzbuchhaltung nicht in der Lage, diese Frage der Geschäftsleitung zu beantworten. Deshalb werden Sie beauftragt, mithilfe der folgenden Angaben eine Betriebsbuchhaltung in Form eines **Betriebsabrechnungsbogens (BAB)** aufzubauen.

1. Übernahme der Aufwände und Erträge

Die Aufwände und Erträge aus der Finanzbuchhaltung können ohne sachliche Abgrenzungen als Kosten bzw. Erlöse in die Betriebsbuchhaltung übernommen werden.

2. Einzelkosten

▷ Das Einzelmaterial wird mithilfe von Materialbezugsscheinen direkt den Kostenträgern belastet: Standkollektoren 200, Mobilkollektoren 300

▷ Die Einzellöhne werden aufgrund von Zeitaufschreibungen direkt auf die Kostenträger zugerechnet: Standkollektoren 210, Mobilkollektoren 390

3. Gemeinkosten

▷ Gemäss Materialbezugsscheinen lassen sich die Hilfs- und Betriebsstoffe wie folgt auf die Kostenstellen verteilen: 10 auf Einkauf und Lager, 50 auf Fertigung und Montage, Rest auf Verwaltung und Vertrieb.

▷ Aufgrund der Lohnbuchhaltung ergibt sich für die Hilfslöhne und Gehälter folgende Kostenstellenzurechnung: Einkauf und Lager 60, Fertigung 60, Verwaltung und Vertrieb 150.

▷ Die Mietkosten werden im Verhältnis zu den von den Kostenstellen beanspruchten Gebäudeflächen verteilt:

Gebäudeflächen

Einkauf und Lager	300 m²
Fertigung und Montage	600 m²
Verwaltung und Vertrieb	100 m²
Total Fläche	1000 m²

▷ Die kalkulatorischen Zinsen betragen 10% des in den Kostenstellen investierten Kapitals gemäss Anlagebuchhaltung (das ist ein besonderer Teil des Rechnungswesens, der alles Wissenswerte über die Maschinen und das Mobiliar enthält).

Investiertes Kapital

Einkauf und Lager	140
Fertigung und Montage	400
Verwaltung und Vertrieb	60
Total Kapital	600

▷ Die Abschreibungen werden aufgrund der Anlagebuchhaltung auf die Kostenstellen verteilt: Einkauf und Lager 12, Fertigung 60, Verwaltung und Vertrieb ?

▷ Die übrigen Kosten sind im Verhältnis 24 : 30 : 91 auf die Kostenstellen zu verteilen.

4. Umlage der Stellenkosten auf die Kostenträger

Die Umlage der Stellenkosten (Gemeinkosten) auf die Kostenträger erfolgt mithilfe von **verursachungsgerechten Kostenschlüsseln** (umlegen bedeutet im Fachjargon so viel wie weiterverrechnen):

▷ Die Material-Gemeinkosten sind prozentual zum Einzelmaterialverbrauch umzulegen.

▷ Die Fertigungs- und Montage-Gemeinkosten sind im Verhältnis der aufgewendeten Einzellohnstunden auf die Kostenträger umzulegen. Für die Standkollektoren wurden 7000 Stunden, für die Mobilkollektoren 13000 Stunden aufgewendet.

▷ Die Verwaltungs- und Vertriebs-Gemeinkosten sind prozentual zu den Herstellkosten umzulegen.

BAB zu Aufgabe 34.01 (in Fr. 1000.–)

Einzelmaterial	Einzelkoster
Einzellöhne	
Hilfsmaterial	Gemeinkost
Hilfslöhne	
Miete	
Zinsen	
Abschreibungen	
Sonstiges	
Total	
Umlage Material-Gemeinkosten	
Umlage Fertigungs-Gemeinkosten	
Herstellkosten	
Umlage Verwaltungs- und Vertriebs-Gemeinkosten	
Selbstkosten	
Erlös	
Erfolg (+ = Verlust / – = Gewinn)	

tenarten- nnung	Kostenstellenrechnung			Kostenträgerrechnung	
	Einkauf/ Lager	Fertigung/ Montage	Verwaltung und Vertrieb	Stand- kollektoren	Mobil- kollektoren

b) Eine ausländische Kundin möchte ihre Yacht mit einem nach Mass angefertigten Sonnenkollektor ausrüsten. Der Fabrikationsleiter liefert folgende Daten für die **Einzelkalkulation:**

Einzelmaterialverbrauch	Fr. 150.–
Fertigungszeit	3 Stunden

Ermitteln Sie die Selbstkosten und den Verkaufspreis für diesen Sonnenkollektor unter folgenden Voraussetzungen:

Es werden die Gemeinkostensätze aus dem BAB angewandt, und der kalkulierte Reingewinn soll 25% der Selbstkosten betragen.

34.02

Die **Cremeria AG** stellt Fuss- und Handcremen her, die in Tuben abgefüllt an Drogerien, Apotheken und einzelne Grosskunden verkauft werden.

Am Anfang des Fertigungsprozesses steht der Einkauf von Rohmaterialien, zum Beispiel hochwertige Fettsäuren und natürliche Heilkräuter sowie synthetische Zusätze wie Stabilisatoren, Emulgatoren und Konservierungsstoffe.

Anschliessend werden die Cremen nach alten Rezepten fabriziert und in modernen Abfüllanlagen bzw. Verpackungsautomaten für den Verkauf fertig gestellt.

Teilaufgabe 1: Gesamtkalkulation

a) Vervollständigen Sie aufgrund der folgenden Informationen über die vergangene Abrechnungsperiode den BAB in Fr. 1000.–.

b) Nennen Sie drei mögliche Massnahmen zur Verbesserung des Ergebnisses bei den Handcremen.

1. Finanzbuchhaltung

Die Aufwände und Erträge gemäss Fibu sind schon im BAB eingetragen. Die Fusscreme wurde für Fr. 5.–/Tube und die Handcreme für Fr. 4.75/Tube verkauft.

2. Sachliche Abgrenzungen

▷ Der kalkulatorische Zins auf dem Eigenkapital beträgt Fr. 140 000.–

▷ In der Fibu wurden bei den Abschreibungen stille Reserven von Fr. 50 000.– gebildet.

3. Einzelmaterialverbrauch

Die im Lager bezogenen Rohstoffe und leeren Tuben werden als Einzelmaterial erfasst:

Fusscreme	Handcreme
1 000 000	1 500 000

4. Gemeinkostenmaterial

Die übrigen Materialbezüge sind als Gemeinkosten zu erfassen:

Einkauf/Lager	Fertigung 1 (Herstellung der Cremen)	Fertigung 2 (Abfüllen/ Verpacken)	Verwaltung/ Vertrieb
30 000	140 000	70 000	?

BAB zu Aufgabe 34.02 (in Fr. 1000.–)

Einzelmaterial
Gemeinkostenmaterial
Einzellöhne
Gemeinkostenlöhne
Abschreibungen
Zinsen
Übriges
Total
Herstellkosten
Selbstkosten
Erlös
Erfolg (– = Gewinn / + = Verlust)

…tenartenrechnung								
Ertrag	Sachliche Abgrenzung	Kosten/ Leistung						
2 500	0	2 500						
300	0	300						
320	0	320						
710								
420								
80								
380	0	380	50	90	60	180		
4 710	90	4 800						
– 4 850		– 4 850					– 2 000	– 2 850
	90		0	0	0	0		

5. Einzellöhne

An der Fertigungsstelle 1 werden die Löhne für die Herstellung der Fuss- und Handcremen einzeln erfasst. Der Einzellohn-Stundensatz beträgt inkl. Sozialleistungen Fr. 40.–/ Fertigungsstunde.

Fusscreme	Handcreme
3 000 Std.	5 000 Std.

6. Gemeinkostenlöhne

Die übrigen Personalkosten sind aufgrund der Lohnbuchhaltung wie folgt den Kostenstellen zu belasten:

Einkauf/Lager	Fertigung 1	Fertigung 2	Verwaltung/ Vertrieb
80 000	70 000	140 000	420 000

7. Übrige Gemeinkosten

Die kalkulatorischen Abschreibungen und Zinsen werden aufgrund der Anlagenbuchhaltung auf die Kostenstellen verteilt. Der kalkulatorische Zinsfuss beträgt 4% des investierten Kapitals. Die Abschreibungssätze in Prozenten des investierten Kapitals variieren je nach Kostenstelle.

	Einkauf/Lager	Fertigung 1	Fertigung 2	Verwaltung/ Vertrieb
Investiertes Kapital	1 000 000	1 500 000	2 000 000	1 000 000
Abschreibungssatz	5%	8%	5%	10%

Die übrigen Kosten sind im BAB bereits auf die Kostenstellen verteilt worden.

8. Umlagen der Gemeinkosten

Für die Umlagen der Stellenkosten gelten folgende Schlüssel als verursachungsgerecht:

	Material-Gemeinkosten	Fertigungs-Gemeinkosten 1	Fertigungs-Gemeinkosten 2	Verwaltungs- und Vertriebs-Gemeinkosten
Schlüsselgrösse	in % des Einzelmaterialverbrauchs	in % der Einzellohnkosten	Maschinenstunden (Mh)	in % der Herstellkosten

Die Abfüll- und Verpackungsmaschinen der Fertigungsstelle 2 wurden wie folgt eingesetzt:

▷ 400 Maschinenstunden für Fusscremen

▷ 500 Maschinenstunden für Handcremen

Teilaufgabe 2: Einzelkalkulation

Als neues Produkt soll eine Lippencreme hergestellt werden. Die verantwortliche Ingenieurin legt für die Produktion von 10 000 Tuben folgende Zahlen vor:

Einzelmaterialverbrauch	Fr. 40 000.–
Einzellohnstunden	90 Std.
Fertigung 2	1 000 Stück/Std.
Gewinnzuschlag in % der Selbstkosten	10%

Berechnen Sie auf der Grundlage dieser Vorgaben und unter Anwendung der Kalkulationssätze gemäss Gesamtkalkulation den Verkaufspreis für eine Tube Lippencreme auf Rappen genau.

Lösungsblatt zu Teilaufgabe 2

Einzelmaterial	....	
+ Material-Gemeinkosten	________	
= **Materialkosten**		....
Einzellöhne	....	
+ Fertigungs-Gemeinkosten 1	....	
+ Fertigungs-Gemeinkosten 2	________	
= **Fertigungskosten**		________
= **Herstellkosten**		....
+ Verwaltungs- und Vertriebs-Gemeinkosten		________
= **Selbstkosten**		....
+ Gewinnzuschlag		________
= **Verkaufspreis** (Erlös)		....

34.03

Die **Giardino SA** verkauft Motorsensen und Rasenmäher, die sie aus zugekauften Teilen in der firmeneigenen Montagehalle zusammenbaut.

a) Erstellen Sie aufgrund der folgenden Angaben den Betriebsabrechnungsbogen für das 1. Quartal 20_1. Alle Beträge sind in Fr. 1000.–.

Finanzbuchhaltung

Erfolgsrechnung Januar bis März 20_1

Aufwand		Ertrag	
Materialaufwand	600	Ertrag Motorsensen	320
Personalaufwand	190	Ertrag Rasenmäher	810
Abschreibungen	165		
Zinsaufwand	60		
Übriger Aufwand	55		
Gewinn	**60**		
	1 130		1 130

Kostenartenrechnung

▷ **Einzelmaterial**

Vom Einzelmaterialverbrauch entfallen 150 auf Motorsensen.

▷ **Personalkosten**

Die Personalkosten verteilen sich wie folgt auf die Stellen:

Gebäude	Einkauf	Fertigung	Verwaltung/ Vertrieb
35	15	80	?

▷ **Abschreibungen und Zinsen**

Die Anlagen werden in der Bebu linear auf 0 abgeschrieben. Die Anschaffungswerte sind kalkulatorisch mit 5% p.a. zu verzinsen. Beachten Sie, dass die Betriebsabrechnung nur ein Quartal umfasst.

	Gebäude	Einkauf/ Lager	Fertigung	Verwaltung/ Vertrieb
Anschaffungswerte	4 000	400	2 000	1 600
Nutzungsdauer	40 Jahre	5 Jahre	10 Jahre	10 Jahre
Kalkulatorische Abschreibungen				
Kalkulatorische Zinsen				

Umlagen der Kostenstellen

▷ **Gebäude**

Die Kosten der vorgelagerten Kostenstelle Gebäude werden aufgrund der von den Kostenstellen beanspruchten Flächen verteilt:

Einkauf/Lager	Fertigung	Verwaltung/ Vertrieb	Total
50 m²	300 m²	250 m²	600 m²

BAB zu Aufgabe 34.03 a) (in Fr. 1000.–)

Einzelmaterial	
Personal	
Abschreibungen	
Total vor Umlage Vorkostenstelle	
Umlage Gebäude	
Total nach Umlage Vorkostenstelle	
Herstellkosten	
Selbstkosten	
Nettoerlöse	
Gewinn	

▷ **Einkauf/Lager**

Die Gemeinkosten des Einkaufs werden im Verhältnis zum Wert des Einzelmaterialverbrauchs auf die Produkte umgelegt.

▷ **Fertigung (Montage)**

Die Umlage der Fertigungs-Gemeinkosten erfolgt aufgrund der erfassten Montagestunden:

Motorsensen	Rasenmäher
340 h	620 h

▷ **Verwaltung/Vertrieb**

Die Verwaltungs- und Vertriebs-Gemeinkosten werden im Verhältnis zu den Herstellkosten weiterverrechnet.

stenartenrechnung								
		BEBU						
600		600						
190		190						
165								
60								
55		55	10	10	25	10		
1 070								
1 070								
– 1 130		– 1 130						

b) Ermitteln Sie folgende **Kostensätze:**

▷ Material-Gemeinkosten (Einkauf und Lager)

▷ Fertigungs-Gemeinkosten

▷ Verwaltungs- und Vertriebs-Gemeinkosten

c) Für die nächste Saison soll als neues Produkt eine **Kettensäge** angeboten werden, für die folgende Annahmen gelten:

Einzelmaterialverbrauch	Fr. 120.–
Montagezeit	24 Minuten
Gewinn in % des Verkaufspreises	10%

Kalkulieren Sie den Verkaufspreis inkl. MWST. Die Zwischenergebnisse sind auf Rappen genau zu rechnen, der Verkaufspreis auf ganze Franken aufzurunden.

34.04

Ein Betrieb kalkuliert mit folgenden Gemeinkostenzuschlagssätzen:

Material-GK	10% des Einzelmaterials
Fertigungs-GK	Fr. 8.– je Einzellohnstunde
Verwaltungs- und Vertriebs-GK	20% der Herstellkosten

Bei der Ausführung eines Auftrages wurden Fr. 100.– Einzelmaterial verbraucht und 10 Einzellohnstunden zu Fr. 21.– aufgewendet.

a) Welcher Preis wird dem Kunden fakturiert, wenn mit einem Gewinn von 10% der Selbstkosten gerechnet wird?

b) Welcher Preis müsste vom Kunden verlangt werden, wenn der Einzellohnsatz auf Fr. 23.– je Stunde anstiege und die Zuschlagssätze unverändert blieben?

34.05

Die Herstellkosten eines Produkts betragen Fr. 144.–. Darin sind zwei Einzellohnstunden zu Fr. 20.– enthalten.

Der Betrieb kalkuliert mit folgenden Kostensätzen:

Material-GK	10% des Einzelmaterials
Fertigungs-GK	Fr. 30.– je Einzellohnstunde
Verwaltungs- und Vertriebs-GK	25% der Herstellkosten

Wie hoch sind für dieses Erzeugnis der Einzelmaterialverbrauch sowie die Selbstkosten?

34.06

Die **Cheminée GmbH** ist ein kleines Schweizer Familienunternehmen, das exklusive Cheminée-Öfen für den Innen- und Aussengebrauch herstellt.

a) Erstellen Sie aufgrund der nachfolgenden Daten die Betriebsabrechnung (alle Beträge in Fr. 1000.–), und ermitteln Sie die Kostensätze für die Umlage der Gemeinkosten.

1. Abgrenzungen

Die Aufwände und Erträge gemäss Finanzbuchhaltung sind bereits im BAB eingetragen. Hingegen sind noch folgende sachlichen Abgrenzungen vorzunehmen:

- ▷ In der Fibu sind nur die Fremdzinsen erfasst. Die Verzinsung des Eigenkapitals ist noch mit 6 zu berücksichtigen
- ▷ Aus steuerlichen Gründen sind die Abschreibungen in der Fibu um 4 zu hoch ausgewiesen.

2. Kostenarten

- ▷ Das Einzelmaterial kann aufgrund der Materialbezugsscheine direkt den Kostenträgern zugerechnet werden: Aussencheminées 20, Innencheminées 30.
- ▷ Die Einzellöhne werden mittels Zeiterfassung direkt den Kostenträgern belastet: Aussencheminées 1200 Stunden, Innencheminées 1800 Stunden.
- ▷ Das Gemeinkostenmaterial kann zu gleichen Teilen auf die Kostenstellen Fertigung und Montage verteilt werden.
- ▷ Die übrigen Löhne sind wie folgt auf die Stellen zu verteilen: Auslieferung 3, Material 3, Fertigung 6, Montage 9, Verwaltung und Vertrieb 12.
- ▷ Die Miete ist proportional zur beanspruchten Fläche den Kostenstellen zu belasten. Die Abschreibungen und das an den Kostenstellen investierte Kapital sind aus der Anlagenbuchhaltung ersichtlich.

Kostenstellen	Fläche in m²	Abschreibungen	Investiertes Kapital
Auslieferung	50	5	50
Materiallager	100	3	60
Fertigung	200	4	30
Montage	250	7	40
Verwaltung und Vertrieb	150	1	20
Total	750	20	200

- ▷ Die sonstigen Gemeinkosten werden wie folgt auf die Kostenstellen verteilt: Auslieferung 5, Material 9, Fertigung 51, Montage 20, Verwaltung und Vertrieb ?

3. Umlagen

Für die Umlagen der Vorkostenstelle auf die Hauptkostenstellen bzw. der Kostenstellen auf die Kostenträger gelten die folgenden Umlageschlüssel.

Kostenstellen	Umlageschlüssel
Auslieferung	Je 50% auf Materiallager sowie Verwaltung und Vertrieb
Materiallager	Proportional (prozentual) zum Einzelmaterialverbrauch
Fertigung	Proportional (prozentual) zu den Einzellöhnen
Montage	Montagestunden: ▷ Aussencheminées 180 Std. ▷ Innencheminées 520 Std.
Verwaltung und Vertrieb	Proportional (prozentual) zu Herstellkosten

b), c) und den BAB zu Aufgabe 34.06 finden Sie auf der nächsten Seite. →

b) Kunde M. Arnold wünscht eine Offerte für ein Innencheminée. Die Cheminée GmbH kalkuliert diesen Auftrag mithilfe des folgenden Kalkulationsblattes (auf 5 Rappen genau):

Kalkulationsblatt für Kundenaufträge

	Anzahl	Zuschlagssatz/ Stundensatz	Betrag in Fr.
Einzelmaterial			400.–
Material-Gemeinkosten			
Einzellohnstunden	34		
Fertigungs-Gemeinkosten			
Montage-Stunden	5		
Herstellkosten			
Verwaltungs- und Vertriebs-Gemeinkosten			
Selbstkosten			
Reingewinn-Zuschlag		15%	
Nettopreis (Nettoerlös)			
Rabatt		5%	
Bruttoverkaufspreis ohne MWST			
MWST		8%	
Bruttoverkaufspreis mit MWST			

c) Die Cheminée GmbH rechnet die Mehrwertsteuer mit der Eidg. Steuerverwaltung nach der Saldomethode ab. Der Saldosteuersatz beträgt für Ofenbauer 2,9%.

Wie gross ist der abzuliefernde MWST-Betrag auf diesem Auftrag, wenn dem Kunden der Rabatt gewährt wird (auf 5 Rappen genau)?

BAB zu Aufgabe 34.06 (in Fr. 1000.–)

Einzelmaterial	Einzelkosten	
Einzellöhne		
Übriges Material	Gemeinkosten	
Übriger Lohn		
Miete		
Zinsen		
Abschreibungen		
Sonstiges		
Total		
Total nach Umlage Vorkostenstelle		
Herstellkosten		
Selbstkosten		
Erlös		
Erfolg (+ = Verlust / – = Gewinn)		
Kostensätze für die Umlage der Gemeinkosten		

50									
150									
20									
33									
60									
14									
24									
95									
446									
– 480	–	– 480						– 180	– 300

34.07

Beantworten Sie folgende Fragen zum nebenstehenden Betriebsabrechnungsbogen einer Unternehmung, die einerseits selbst Produkte herstellt und andererseits mit Waren handelt.

a) Wie begründen Sie die Abgrenzung bei den Zinsen?

b) Die Zinsen wurden mithilfe eines Schlüssels auf die Kostenstellen verteilt. Welcher Schlüssel wird in der Praxis in der Regel verwendet?

c) Wurden bei den Abschreibungen in der Fibu stille Reserven gebildet oder aufgelöst? Begründen Sie Ihre Antwort.

d) Wie hoch sind die Einzellöhne?

e) Welches ist der abrechnungstechnische Unterschied zwischen der Vorkostenstelle und den Hauptkostenstellen?

f) Wie lautet die unter Fachleuten gebräuchliche Bezeichnung für den im BAB rechts unten aufgeführten Betrag von Fr. 545 560.–?

g) Wie hoch ist der Warenaufwand?

h) Wie hoch ist der Kostensatz für die Umlage der Verwaltungs- und Vertriebs-Gemeinkosten in Prozenten der Herstellkosten?

i) Wurde bei den Fabrikaten ein Gewinn oder ein Verlust erzielt?

j) Weisen Sie den Unterschied zwischen dem Betriebserfolg gemäss Betriebsbuchhaltung und dem Unternehmungserfolg detailliert nach. Zusätzliche Angaben: neutraler Aufwand Fr. 15 400.–, neutraler Ertrag Fr. 34 200.–.

BAB zu Aufgabe 34.07

Material
Handelswaren
Personal
Abschreibungen
Zinsen
Verschiedenes
Total 1
Total 2
Verkaufserlös

tenartenrechnung			Kostenstellenrechnung				Kostenträger-rechnung	
Ertrag	Abgrenzung	Kosten/ Leistung	Liegen-schaft	Lager	Fertigung	Verwaltung/ Vertrieb	Fabrikate	Handels-waren
46 345		146 345	530	280	3 230	2 725	139 580	
96 500		596 500				2 000		594 500
20 480		320 480	15 220	23 410	97 770	110 660	73 420	
60 000	– 10 000	50 000	4 000	6 000	35 000	5 000		
20 800	+ 8 200	29 000	11 000	6 000	8 000	4 000		
50 010		150 010	59 620	4 280	58 360	27 750		
94 135	– 1 800	1 292 335	90 370	39 970	202 360	152 135	213 000	594 500
			– 90 370	20 230	44 840	25 300		
				60 200	247 200	177 435	213 000	594 500
				– 60 200			14 200	46 000
					– 247 200		247 200	
							474 400	
						– 177 435	71 160	106 275
							545 560	746 775
							– 541 060	– 752 775
							4 500	– 6 000

34.08

Von einem Betrieb sind für den Monat April folgende Zahlen bekannt:

40 000 kg Einzelmaterial	Fr. 400 000.–
4 000 Einzellohnstunden	Fr. 100 000.–
Material-Gemeinkosten	Fr. 80 000.–
Fertigungs-Gemeinkosten	Fr. 120 000.–
Verwaltungs- und Vertriebs-Gemeinkosten	Fr. 140 000.–

a) Berechnen Sie die GK-Zuschlagssätze.

Es gelten folgende Zuschlagsbasen: Einzelmaterial (für Material-GK), Einzellohnstunden (für Fertigungs-GK), Herstellkosten (für Verwaltungs- und Vertriebs-GK).

b) Wie hoch ist der Bruttoverkaufspreis eines Produktes, wenn für dessen Herstellung 15 kg Einzelmaterial und 4 Einzellohnstunden aufgewendet werden und bei Gewährung eines Verkaufsrabattes von 10% noch ein Gewinn von 12½% der Selbstkosten erzielt werden soll?

34.09

Vervollständigen Sie das folgende Kalkulationsschema

Einzelmaterial	Einzellöhne
+ Material-Gemeinkosten	+ ______
= ______	= ______

= **Herstellkosten**

\+ Verwaltungs- und Vertriebs-Gemeinkosten

= ______

\+ Gewinn

= ______

34.10

Eine **Wirtschaftsfachschule** besitzt im Zentrum einer bedeutenden Stadt ein eigenes Schulhaus. Sie bereitet Lehrlinge auf die kaufmännischen Lehrabschlussprüfungen vor (Grundausbildung, GA) und bietet Abend- sowie Samstagskurse für Berufstätige an (Weiterbildung, WB).

Erstellen Sie die Betriebsabrechnung anhand folgender Angaben
(alle Beträge in Fr. 1000.–):

1. Einzel- und Gemeinkosten

- ▷ Als Einzelmaterial werden die im Schulgeld der GA und im Kursgeld der WB inbegriffenen Lehrbücher abgerechnet. Die Bücherbezugsscheine zeigen, dass in der GA für 600 und in der WB für 400 Bücher verbraucht wurden.
- ▷ Als Einzellöhne werden die Löhne von Lehrern in der GA sowie der Dozenten in der WB verrechnet. Aufgrund der Stundenpläne werden der Grundausbildung 18 000 und der Weiterbildung 10 000 belastet.
- ▷ Unter Gemeinkostenmaterial wurde hier der Materialverbrauch für Unterricht, Verwaltung und Gebäude zusammengefasst. Beispiele: Papier und Toner für die Fotokopierer und Drucker; Filzstifte, Folien und EDV-Disketten für den Unterricht; diverses Büromaterial für die Verwaltung; Materialverbrauch für den Betrieb des Gebäudes. Aufgrund der Materialbezugsscheine kann folgende Verteilung auf die Kostenstellen vorgenommen werden: Gebäude 500, Lehrmittel 100, GA-Sekretariat 10, WB-Sekretariat 10, Schulzimmer 20, zentrale Dienste ?
- ▷ In den Gemeinkostenlöhnen sind die Saläre für die Angestellten des Betriebsdienstes (Betriebsleiter, Hauswarte, Putzmannschaft, Reparaturdienste), des Lehrmittelverkaufs, der Hausdruckerei, der Sekretariate, der Buchhaltung sowie die Löhne der Schulleitungsmitglieder enthalten. Aus der Lohnbuchhaltung ergibt sich folgende Verteilung: Gebäude 1800, Lehrmittel 300, GA-Sekretariat 400, WB-Sekretariat 500, zentrale Dienste 600.

→

▷ Von den Kosten für Unterhalt, Reparatur und Ersatz (URE) sind 60 den Schulzimmern zu belasten. Die übrigen Kosten für URE sowie die Energiekosten sind der Gebäudestelle zu belasten.

▷ Die kalkulatorischen Zinsen sind proportional zum an den Kostenstellen eingesetzten Kapital zu verteilen: Gebäude 3500, Lehrmittel 70, GA-Sekretariat 30, WB-Sekretariat 40, Schulzimmer 40, zentrale Dienste 60.

▷ Die Abschreibungen ergeben sich aus der Anlagenbuchhaltung: Gebäude 2000, Lehrmittel 200, GA-Sekretariat 50, WB-Sekretariat 50, Schulzimmer 80, zentrale Dienste 200.

▷ Die übrigen Kosten sind im BAB schon auf die Kostenstellen verteilt.

2. Umlagen

▷ Die Gebäudestelle ist eine so genannte vorgelagerte Kostenstelle. Ihre Kosten werden aufgrund der beanspruchten Flächen auf die übrigen Kostenstellen verteilt: Lehrmittel 200 m^2, GA-Sekretariat 300 m^2, WB-Sekretariat 300 m^2, Schulzimmer 8600 m^2, zentrale Dienste 400 m^2.

▷ Die Kostenstelle Lehrmittel besteht aus dem Bücherverkauf sowie der Hausdruckerei, welche beide je 50% der Stellenkosten verursachen. Die Gemeinkosten für den Bücherverkauf sind im Verhältnis zu den Bücherbezügen (Einzelmaterial) auf die Kostenträger zu verteilen. Die Gemeinkosten für die Hausdruckerei sind auf Basis der erteilten Schülerlektionen (= Schüler × Lektionen) auf die Kostenträger zu verteilen, wobei die Lektionen der Weiterbildung doppelt gewichtet werden sollen (Äquivalenzziffer 2), weil in Weiterbildungskursen deutlich mehr Vervielfältigungen und Skripten verteilt werden als bei den Lehrlingen. In der GA wurden 2000000 Schülerlektionen erteilt, in der WB 1000000 Schülerlektionen.

▷ Die Belastung der Schulzimmerkosten auf die Schulbereiche GA und WB erfolgt im Verhältnis der zur Verfügung stehenden zeitlichen Kapazität: Die Schulzimmer stehen von Montag bis Freitag 07.00 bis 17.00 der GA zur Verfügung, von 17.00 bis 21.00 und samstags von 07.00 bis 17.00 der WB. Am Samstagabend und am Sonntag ist das Schulhaus geschlossen.

▷ Die zentralen Dienste bestehen aus Rektorat, Verwaltungschef, Zentralsekretariat, Informatik, Buchhaltung und Telefonzentrale/Empfang. Die Stellenkosten sind im Verhältnis zu den erteilten Schülerlektionen auf die Kostenträger umzulegen.

3. Erlöse

▷ Im Bereich GA bestehen folgende Erlöse: Schulgelder der Lehrlinge 5000, Beiträge (Subventionen) der öffentlichen Hand 21495.

▷ Die Kursgelderlöse im Bereich WB betragen 16000. Dieser Bereich ist nicht subventioniert.

BAB zu Aufgabe 34.10 (in Fr. 1000.–)

Einzelmaterial	
Einzellöhne	
GK-Material	
GK-Löhne	
URE	
Energie	
Zinsen	
Abschreibung	
Übrige Kosten	
Total Kosten	
Umlage Gebäude	
Total nach Umlage Gebäude	
Umlage Lehrmittel	
Umlage GA-Sekretariat	
Umlage WB-Sekretariat	
Umlage Schulzimmer	
Umlage zentrale Dienste	
Selbstkosten	
Erlös Schulgelder GA	
Erlös Kursgelder WB	
Subventionen GA	
Gewinn	

ten- en- nnung	Kostenstellenrechnung						Kostenträgerrechnung	
	Gebäude	Lehrmittel	Grund-ausbildungs-Sekretariat	Weiter-bildungs-Sekretariat	Schul-zimmer	Zentrale Dienste	Grund-ausbildung	Weiter-bildung
1 000								
28 000								
720								
3 600								
760								
400								
3 740								
2 580								
1 300	900	30	110	100	0	160		
42 100								
42 100								
5 000								
16 000								
21 495								
395								

34.11

Die **Velofabrik Röösli AG** ist ein alteingesessenes Unternehmen in Rapperswil, das in den letzten Jahren immer tiefer in die Verlustzone geraten ist. Sie sind als kaufmännischer Angestellter neu in diese Fabrik eingestellt worden und haben folgende Aufträge erhalten:

a) Ermitteln Sie den Gesamterfolg mithilfe einer Erfolgsrechnung.

b) Ermitteln Sie den Erfolg je Produkt mithilfe des nebenstehenden Betriebsabrechnungsbogens (in Fr. 1000.–, Beträge wenn nötig runden).

c) Schlagen Sie Massnahmen zur Gesundung der Unternehmung vor.

d) Über die Herstellung des Damenfahrrades Typ FEMINA sind folgende Zahlen bekannt: Einzelmaterialverbrauch Fr. 150.–, Rahmenfertigungszeit 2¼ Stunden, Montagezeit 4 Stunden.
Wie hoch sind die Selbstkosten?

e) Für die Herstellung des Rennvelos Typ SPEEDY wird Einzelmaterial für Fr. 500.– benötigt, die Montage dauert 3 Stunden.
Wie hoch muss der Bruttoverkaufspreis angesetzt werden, wenn nach Gewährung eines Verkaufsrabattes von 10% noch ein Gewinn von 10% der Selbstkosten verbleiben soll?

Für die Lösung dieser Aufgabe stehen folgende Zahlen zur Verfügung.

1. Produkte

Die Firma stellt drei verschiedene Sorten Velos her und erzielte damit in der letzten Rechnungsperiode folgende Nettoerlöse:

Produkt	Stückzahl	Nettoerlös
Kindervelos	600	Fr. 150 000.–
Standardmodelle	1 000	Fr. 550 000.–
Rennvelos	200	Fr. 200 000.–

2. Abteilungen

In dieser Unternehmung bestehen fünf Abteilungen mit folgenden Aufgaben:

- ▷ Die Abteilung MATERIAL ist für den Einkauf, die Lagerung sowie die Bereitstellung des Materials für die Produktion verantwortlich.
- ▷ In der Abteilung RAHMENHERSTELLUNG werden die Rahmen für die Kindervelos sowie die Standardmodelle hergestellt. (Die extraleichten Rahmen für die Rennvelos werden nicht selbst produziert, sondern von einer anderen Fabrik zugekauft.)
- ▷ In der Abteilung MONTAGE werden die Rahmen der Kindervelos sowie der Standardmodelle mit den übrigen Teilen, die von anderen Fabriken gekauft werden (z. B. Räder, Pneus, Bremsen, Sättel, Lenker), zusammengebaut.

BAB zu Aufgabe 34.11 (in Fr. 1000.–)

Einzelmaterial (Einzelkosten)	
Löhne	Gemeinkost
Mietzinsen	
Kapitalzinsen	
Abschreibungen	
Übrige Kosten	
Total	
Selbstkosten	
Erlös	
Erfolg	

ten-
en-
nnung

▷ In der Abteilung RENNVELOPRODUKTION werden die Rennvelos aus zusammengekauften Teilen montiert.

▷ Die Abteilung VERWALTUNG UND VERTRIEB ist für die Administration, die Buchhaltung sowie den Verkauf der Velos zuständig.

3. Aufwand

Aus der Buchhaltung sind folgende Zahlen bekannt: Einzelmaterial Fr. 300 000.–, Löhne Fr. 420 000.–, Mietzinsen Fr. 50 000.–, Kapitalzinsen Fr. 50 000.–, Abschreibungen Fr. 30 000.–, übriger Aufwand Fr. 70 000.–.

4. Einzelkosten

Im Lager wurden die Einzelmaterialbezüge für jede Sorte Velo einzeln aufgeschrieben: Kindervelos Fr. 50 000.–, Standardmodelle Fr. 160 000.–, Rennvelos Fr. 90 000.–.

→

5. Gemeinkosten

- ▷ Die Lohnkosten sind wie folgt auf die Abteilungen zu verteilen: Material Fr. 10 000.–, Rahmenherstellung Fr. 80 000.–, Montage Fr. 230 000.–, Rennveloproduktion Fr. 30 000.–, Verwaltung und Vertrieb Fr. 70 000.–.
- ▷ Die Mietzinsen sind im Verhältnis zur von den einzelnen Abteilungen beanspruchten Fläche zu verteilen: Material 300 m^2, Rahmenherstellung 500 m^2, Montage 800 m^2, Rennveloproduktion 500 m^2, Verwaltung und Vertrieb 400 m^2, Gesamtfläche 2 500 m^2.
- ▷ Die Kapitalzinsen sind im Verhältnis zum in den verschiedenen Abteilungen investierten Kapital zu verteilen. Investiertes Kapital: Material Fr. 100 000.–, Rahmenherstellung Fr. 80 000.–, Montage Fr. 90 000.–, Rennveloproduktion Fr. 40 000.–, Verwaltung und Vertrieb Fr. 190 000.–, Gesamtkapital Fr. 500 000.–.
- ▷ Die Abschreibungen sind wie folgt auf die Kostenstellen zu verteilen: Material Fr. 2 000.–, Rahmenherstellung Fr. 8 000.–, Montage Fr. 6 000.–, Rennveloproduktion Fr. 4 000.–, Verwaltung und Vertrieb Fr. 10 000.–.
- ▷ Von den übrigen Kosten entfallen Fr. 2 000.– auf die Materialstelle, Fr. 22 000.– auf die Kostenstelle Rahmenherstellung, Fr. 29 000.– auf die Montagestelle, Fr. 4 000.– auf die Kostenstelle Rennveloproduktion und der Rest auf die Kostenstelle Verwaltung und Vertrieb.

6. Umlagen

Die Umlage der Stellenkosten auf die Kostenträger erfolgt nach dem Verursacherprinzip, d. h., die Kosten sind jenen Produkten anzulasten, die die Kosten verursacht haben:

- ▷ Die Materialgemeinkosten werden proportional zum Einzelmaterialverbrauch umgelegt.
- ▷ Für die Herstellung eines Rahmens benötigt man sowohl bei den Kindervelos als auch bei den Standardmodellen durchschnittlich 2 Stunden.
- ▷ Für die Montage gelten folgende durchschnittlichen Fertigungszeiten: Kindervelos 3 Stunden, Standardmodelle und Rennvelos je 4 Stunden.
- ▷ Die Verwaltungs- und Vertriebs-Gemeinkosten sind im Verhältnis zu den Herstellkosten auf die Kostenträger zu verteilen.

34.12

Die Betriebsabrechnung ist nicht nur für Produktionsbetriebe geeignet; diese Form der Gesamtkalkulation wird zum Beispiel auch von grossen **Warenhäusern** verwendet.

	Kosten/ Leistung	Vorkosten-stelle	Hauptkostenstellen			
		Einkauf und Verwaltung	Lebensmittel	Textilien	Dienst-leistungen	Übrige Abteilungen
Personal	1 500	408	125	352	140	475
GK-Material	100	42	15	18	5	20
Raumkosten	500	150	30	150	10	160
Sonstiges	900	700	30	80	10	80
GK vor Umlage	3 000	1 300	200	600	165	735
Umlage Vorkostenstelle (in % des Umsatzes)		→				
GK nach Umlage	3 000					
Einstandswert	6 500		1 200	2 100	850	2 350
Selbstkosten	9 500					
Nettoerlös (Umsatz)	– 10 000		– 1 500	– 3 600	– 1 000	– 3 900
Erfolg	– 500					

a) Welche Besonderheit stellen Sie bei der Betriebsabrechnung dieses Warenhauses in Bezug auf die Kostenträgerrechnung fest?

b) Vervollständigen Sie den Betriebsabrechnungsbogen.

c) Wie gross sind die Gemeinkostenzuschläge der drei Abteilungen Lebensmittel, Textilien und Dienstleistungen?

d) Wie hoch sind die Selbstkosten eines Kleides mit einem Einstandspreis von Fr. 100.–?

e) Das Dienstleistungssortiment soll um eine Tunesien-Reise erweitert werden. Wie hoch darf der Einstandspreis dieser Reise höchstens sein, wenn der Verkaufspreis aus Konkurrenzgründen höchstens Fr. 1380.– betragen darf und ein Gewinn von 15% der Selbstkosten erwirtschaftet werden soll?

f) Wie gross wäre der Gemeinkostenzuschlagssatz in diesem Warenhaus, wenn keine Kostenstellen gebildet worden wären?

g) Welches wären die Folgen für die Abteilungen Lebensmittel und Textilien, wenn bei der Festsetzung der Verkaufspreise mit dem bei f) ermittelten einheitlichen Gemeinkostenzuschlagssatz kalkuliert würde?

34.13[1]

Im Jahr 1994 ist die **Media-Markt-Gruppe** mit der Eröffnung des ersten Fachmarktes in den Schweizer Elektronikmarkt eingestiegen. Heute ist der Media-Markt gesamtschweizerisch ein Begriff, nicht zuletzt wegen der grossen ganzseitigen Werbeinserate in allen wichtigen Tageszeitungen. Hier einige Hauptmerkmale des Erfolgsrezepts von Media-Markt:

- ▷ Wichtigste Erfolgsgrösse ist der Umsatz.
- ▷ Es werden keine Kreditverkäufe getätigt.
- ▷ Die Verkaufsflächen sind zugleich Lagerflächen; es bestehen praktisch keine zusätzlichen Lagerräume.
- ▷ Media-Markt besitzt keine eigenen Liegenschaften.
- ▷ Jede Media-Markt-Filiale ist autonom und definiert sich über ihren Umsatz.
- ▷ Das Kostenbewusstsein wird nachhaltig gewährleistet durch eine angemessene Gewinnbeteiligung des Filialleiters.
- ▷ Abgerechnet werden alle Media-Markt-Filialen über ein zentrales Rechen- und Verwaltungszentrum.

Die Betriebsabrechnung erfolgt im Media-Markt nur auf Kostenstellenebene, d.h., die Kostenstellen entsprechen zugleich den Kostenträgern. Der fiktive BAB ist bereits teilweise ausgefüllt.

Aufgaben

a) Vervollständigen Sie den BAB mithilfe der Umlageschlüssel und der Stammdaten. Die Umlageschlüssel sind auf 3 Kommastellen genau zu rechnen, die Eintragungen im BAB auf ganze Fr. 1000.–.

b) Ermitteln Sie den Erfolg je Produktegruppe
- ▷ absolut
- ▷ in Prozenten des Umsatzes (auf 2 Dezimalen)
- ▷ pro m² Verkaufsfläche (auf 2 Dezimalen)

c) Weshalb legt der Media-Markt grossen Wert auf den Verkauf von Tonträgern, obwohl die Gewinnmarge mit 3% im Vergleich zu den anderen Produktegruppen schlecht ist?

d) Als Umlageschlüssel für die Zinserträge dient der Umsatz. Inwiefern besteht ein ursächlicher Zusammenhang zwischen den Zinserträgen und dem Umsatz?

e) Wie ist die Aussage zu interpretieren, dass gesamtschweizerisch annähernd 75% der Artikel eine Altersstruktur von weniger als drei Monaten aufweisen?

f) Welche Vorteile bringt die Tatsache, dass neben den Verkaufsflächen keine eigentlichen Lagerflächen bestehen?

[1] Wir danken herzlich für die grosszügige Unterstützung beim Verfassen dieser Aufgabe durch Zeljko Turina, lic. oec., Chief Financial Officer der Media Markt Management und Service AG.

BAB zu Aufgabe 34.13 (in Fr. 1000.–)

Kostenarten
Warenkosten
Personalkosten Verkauf
Übrige Personalkosten
Zinskosten
Garantieverpflichtungen
Werbung
Raumkosten
Übrige Kosten
Abschreibungen
Verwaltung/Rechenzentrum
Selbstkosten
Umsatz
Zinserlös
Erfolg (– = Gewinn, + = Verlust)
Erfolg in % des Umsatzes
Erfolg pro m² Verkaufsfläche

Stammdaten für die Umlageschlüssel

Verkaufsfläche in m²
Lagerbestand in Fr. 1000.–
Umsatz in Fr. 1000.–

lage lüssel	Kosten/ Erlöse	Kostenstellenrechnung						
		TV/Video/ Foto	Hi-Fi-Geräte	Elektro- geräte	Telecom/ Autoradio	Computer	Tonträger	Zubehör/ Service
kt	54 330	7 365	3 781	4 355	5 298	23 307	8 999	1 225
kt	2 882	366	361	392	426	652	355	330
satz	870							
erbestand	211							
satz	13	2	1	1	2	7	0	0
satz	2 543							
:he	1 528							
satz	557	75	41	48	56	231	88	18
:he	400							
satz	829	112	61	72	83	344	131	26
	64 163							
ekt								
isatz	– 662							

	Total	TV/Video/ Foto	Hi-Fi-Geräte	Elektro- geräte	Telecom/ Autoradio	Computer	Tonträger	Zubehör/ Service
	2 221	298	222	424	260	356	396	265
	6 618	1 076	566	677	696	2 474	912	217
	67 580	9 114	4 987	5 894	6 746	28 017	10 686	2 136

34.14[1]

Victorinox ist mit rund 1000 Angestellten der grösste Arbeitgeber im Kanton Schwyz. Die Produktepalette umfasst über 1000 verschiedene Fabrikate. Am bekanntesten sind die Taschenmesser, die zu 90% ins Ausland verkauft werden.

In der Betriebsbuchhaltung erfasst VICTORINOX die Kosten der Leistungserstellung sowie die Erlöse aus der Leistungsveräusserung detailliert. Als Instrument der Bebu dient in dieser Aufgabe der Betriebsabrechnungsbogen (Beträge in Fr. 1000.–).

Kostenträgerrechnung

Um das Prinzip von Gesamt- und Einzelkalkulation ohne übermässigen Rechenaufwand schulmässig darzustellen, wird in dieser Aufgabe nur ein einziger Kostenträger im Detail geführt: das **Schweizer Offiziersmesser.**

Das Offiziersmesser enthält unter anderem eine grosse und eine kleine Klinge, einen Korkenzieher, einen Dosenöffner, eine Ahle, eine Pinzette sowie einen Zahnstocher. In der Berichtsperiode wurden 400 000 Stück produziert und verkauft.

Alle anderen Produkte werden in einem einzigen Kostenträger («Übrige Produkte») zusammengefasst.

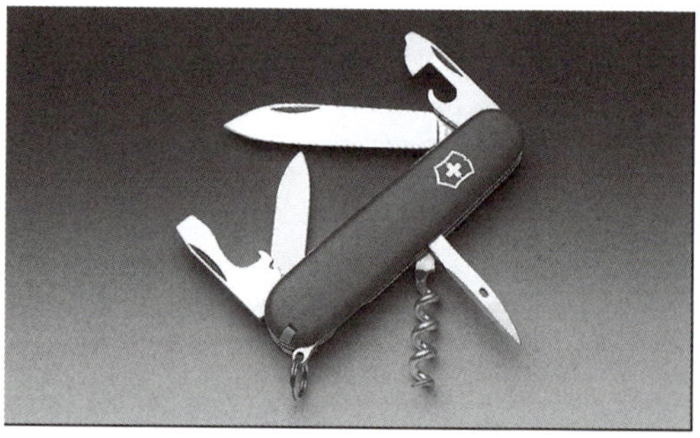

Kostenstellenrechnung

Gebäude

Alle Raumkosten werden in der Vorkostenstelle Gebäude gesammelt.

Spritzen

Die roten Kunststoffschalen werden aus einem Granulat mittels Kunststoffspritzguss hergestellt.

Für Offiziersmesser beträgt die Fertigungszeit 11 Stunden/1 000 Stück.

[1] Wir danken herzlich für die grosszügige Unterstützung beim Verfassen dieser Aufgabe durch Bernhard Huber, Fachmann im Finanz- und Rechnungswesen mit eidg. Fachausweis, Mitarbeiter der Victorinox AG.

Stanzen

Die Klingen werden mit einem Druck von bis zu 80 Tonnen aus dem Rohmaterial (Chromstahl) herausgestanzt.

Für Offiziersmesser beträgt die Fertigungszeit 16 Stunden/1000 Stück.

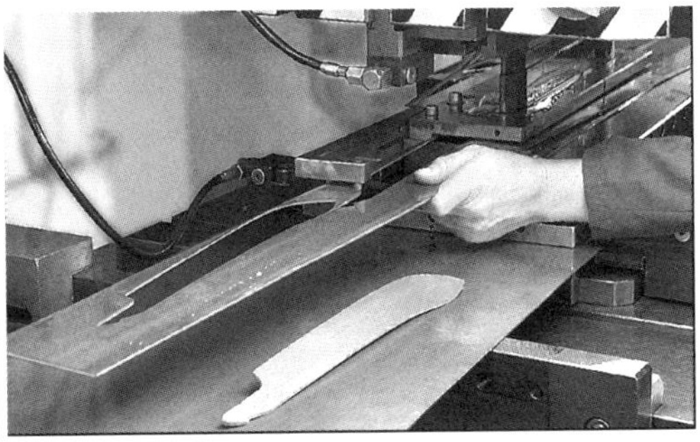

Härten

Durch die Wärmebehandlung bei über 1000 °C wird eine optimale Schnitthaltigkeit und Flexibilität erzielt.

Für Offiziersmesser beträgt die Fertigungszeit 6 Stunden/1000 Stück.

Schärfen

Die gehärteten Teile werden geschliffen, um die notwendigen Masstoleranzen im Bereich von +/– 0,02 mm zu erreichen. Anschliessend müssen die richtigen Schnittwinkel geschliffen werden, um eine optimale Schärfe zu gewährleisten. Das nachfolgende Polieren verbessert die Rostbeständigkeit.

Für Offiziersmesser beträgt die Fertigungszeit 24 Stunden/1000 Stück.

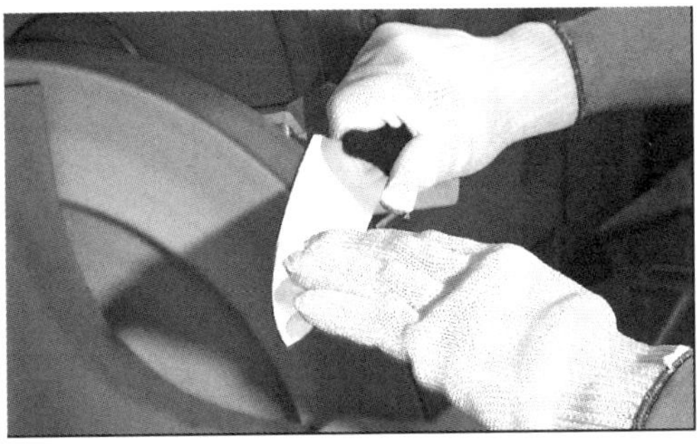

Montage

Die Teile (Kunststoffschalen, Klingen) werden von Hand zum Endprodukt zusammengefügt und anschliessend auf Funktionalität und Aussehen kontrolliert.

Für Offiziersmesser beträgt die Fertigungszeit 50 Stunden/1000 Stück.

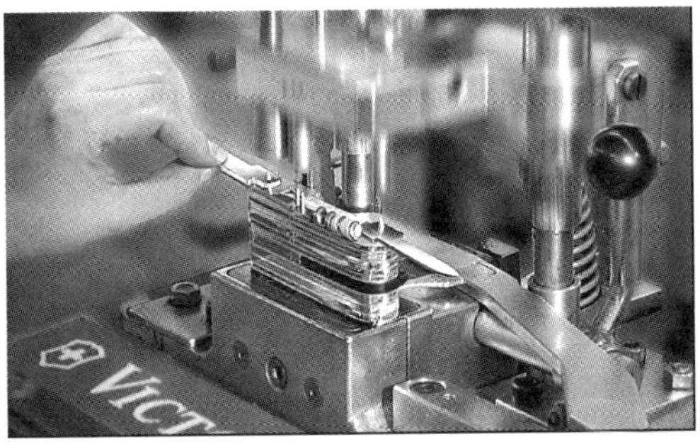

Verwaltung und Vertrieb

Die übrigen unternehmerischen Funktionen wie Einkauf, Spedition, Personalwesen, Buchhaltung und Verkauf werden hier als Kostenstelle zusammengefasst.

Kostenartenrechnung

Die Aufwände und Erträge gemäss Finanzbuchhaltung sind bereits im BAB eingetragen. Folgende **sachlichen Abgrenzungen** sind noch vorzunehmen:

▷ In der Fibu wurden nur die bezahlten Fremdzinsen erfasst. Die kalkulatorische Verzinsung des Eigenkapitals beträg 255.

▷ Aus steuerlichen Überlegungen wurde in der Fibu um 1800 mehr als betriebswirtschaftlich nötig abgeschrieben.

Die Erfassung des **Materialverbrauchs** erfolgt im Lager mittels Materialbezugsscheine. Der Einzelmaterialverbrauch wird direkt den Kostenträgern belastet, der Verbrauch an Gemeinkostenmaterial den Kostenstellen angerechnet:

Gebäude	Spritzen	Stanzen	Härten	Schärfen	Montage	Verwalt./ Vertrieb	Offiziersmesser	Übrige Produkte
1 050	9 900	18 000	750	2 800	150	2 350	636	58 029

Die **Personalkosten** werden aufgrund der Lohnbuchhaltung den Kostenstellen zugerechnet (es werden in diesem Betrieb keine Einzellöhne erfasst):

Gebäude	Spritzen	Stanzen	Härten	Schärfen	Montage	Verwalt./ Vertrieb
1 000	4 000	3 300	5 000	6 550	9 580	15 500

Die **kalkulatorischen Abschreibungen und Zinsen** werden aufgrund der Anlagenbuchhaltung auf die Kostenstellen verteilt. Der kalkulatorische Zinsfuss beträgt 10% des investierten Kapitals (das investierte Kapital entspricht dem kalkulatorischen Rest-

	Gebäude	Spritzen	Stanzen	Härten	Schärfen	Montage	Verwalt./ Vertrieb
Kalkulatorische Restwerte der Anlagen	20 400	800	1 000	100	500	2 000	750
Abschreibung vom kalkulatorischen Restwert	10%	30%	20%	20%	20%	20%	40%

Umlagen der Gemeinkosten

Für die Umlagen der Vorkostenstelle auf die Kostenstellen bzw. der Kostenstellen auf die Kostenträger werden die in der Tabelle angegebenen Schlüssel als verursachungsgerecht betrachtet. Die Kostensätze sind zu berechnen und unterhalb des BAB einzutragen (auf 1 Dezimalstelle):

	Gebäude	Spritzen	Stanzen	Härten	Schärfen	Montage	Verwalt./ Vertrieb
Schlüsselgrösse	m²	Mh	Mh	Mh	Mh	Ph	% der HK
Fläche in m²	7 950	1 000	1 250	400	2 000	1 300	2 000 m²
Total Leistung in Mh	–	411 046	446 272	209 886	732 889	–	–
Total Leistung in Ph	–	–	–	–	–	256 208	–

Mh = Maschinenstunden, Ph = Personenstunden, HK = Herstellkosten

Aufgaben

a) Erstellen Sie die **Gesamtkalkulation,** indem Sie den BAB gemäss Lösungsblatt vervollständigen und die Gemeinkostensätze ermitteln. Die Beträge im BAB sind in Fr. 1000.–.

b) Berechnen Sie als **Einzelkalkulation** die Selbstkosten für das Offiziersmesser auf Rappen genau (Lösungshilfe unten).

c) Victorinox plant die Herstellung eines neuen Produkts: ein Schlüsselanhänger in Form eines kleinen Taschenmessers. Der zuständige Entwicklungsingenieur liefert zur Fabrikation dieses Produkts folgende Angaben:
- ▷ Einzelmaterialkosten Fr. 1.04/Stück
- ▷ Fertigungszeiten je 1000 Stück: Spritzen 8 Mh, Stanzen 13 Mh, Härten 4 Mh, Schärfen 18 Mh, Montage 31 Ph.

Kalkulieren Sie die voraussichtlichen Selbstkosten für diesen Schlüsselanhänger auf Rappen genau (Lösungshilfe unten).

	Offiziersmesser		Schlüsselanhänger	
	Ausrechnung	Fr.	Ausrechnung	Fr.
Einzelmaterial				
+ Spritz-Gemeinkosten				
+ Stanz-Gemeinkosten				
+ Härt-Gemeinkosten				
+ Schärf-Gemeinkosten				
+ Montage-Gemeinkosten				
= Herstellkosten				
+ VVGK				
= Selbstkosten				

→

BAB zu Aufgabe 34.14 a) (in Fr. 1000.–)

Material
Personal
Abschreibungen
Zinsen
Werbung
Übriges
Total vor Umlage Gebäude
Umlage Gebäude
Total nach Umlage Gebäude
Umlage Spritzen
Umlage Stanzen
Umlage Härten
Umlage Schärfen
Umlage Montage
Herstellkosten
Umlage Verwaltung/Vertrieb
Selbstkosten
Erlös
Gewinn

Flächen in m^2
Maschinen-/Personenstunden
Kostensätze je m^2; Mh; Ph; in % HK
Fertigungszeiten in Std. je 1000 Stück

…tenartenrechnung			Kostenstellenrechnung							Kostenträgerrechnung	
	Sachliche Abgrenzung	Bebu	Gebäude	Spritzen	Stanzen	Härten	Schärfen	Montage	Verwaltung und Vertrieb	Offiziersmesser	Übrige Produkte
3 665		93 665									
4 930		44 930									
5 100											
2 300											
2 800		12 800									
6 590		16 590	1 154	2 539	1 800	1 200	1 860	777	7 260		
5 385											
3 400		−223 400								– 3 600	−219 800

	Gebäude	Spritzen	Stanzen	Härten	Schärfen	Montage	Verwaltung und Vertrieb
	7 950	1 000	1 250	400	2 000	1 300	2 000
	–	411 046	446 272	209 886	732 889	256 208	–
	–	11	16	6	24	50	–

34.15

Die **Mount Everest AG** produziert und verkauft Rucksäcke und Wanderschuhe.

▷ Die Rucksäcke werden in der Kostenstelle Schneiderei hergestellt und gleichentags an einen Grossverteiler geliefert.

▷ Die Herstellung der Wanderschuhe ist komplexer: In der Kostenstelle Schneiderei müssen die notwendigen Teile in vielen Einzelschritten gestanzt, genäht und geklebt werden. Anschliessend werden diese in der Kostenstelle Finish zu fertigen Schuhen verarbeitet, die anschliessend ans Fertiglager gelegt, bis sie aufgrund von Kundenbestellungen verkauft werden.

Die Erfolgsrechnung gemäss Fibu zeigt folgendes Bild:

Erfolgsrechnung 20_1 (in Fr. 1000.–)

Nettoerlös Rucksäcke	2 500
+ Nettoerlös Wanderschuhe	2 960
+ Bestandeszunahme Wanderschuhe	30
= Gesamtertrag	**5 490**
./. Materialaufwand	– 2 300
./. Personalaufwand	– 1 820
./. Abschreibungen	– 400
./. Zinsen	– 160
./. Übriger Gemeinaufwand	– 397
= Gewinn	**413**

Aufgaben

a) Erstellen Sie mithilfe der Informationen auf der nächsten Doppelseite den Betriebsabrechnungsbogen für das Jahr 20_1.

b) Ermitteln Sie die Kalkulationssätze für das Jahr 20_1.

c) Wie lauten die Produktions- und Absatz-Erfolgsrechnungen (Lösungshilfe auf Seite 353)?

d) Das Unternehmen plant, im nächsten Jahr als zusätzliches Produkt Schlafsäcke herzustellen und auf demselben Vertriebskanal wie die Rucksäcke zu verkaufen.

Der Produktverantwortliche hat aufgrund eines Prototyps folgendes Mengengerüst erarbeitet:

▷ Einzelmaterialverbrauch	Fr. 150.–
▷ Fertigungszeit in der Schneiderei	0,75 h

Berechnen Sie den Bruttoverkaufspreis inkl. MWST für einen Schlafsack, sodass ein Gewinn von 15% des Nettoverkaufspreises erzielt wird. Erfahrungsgemäss muss mit 4% Erlösminderungen vom Bruttoverkaufspreis gerechnet werden. Die Zwischenergebnisse sind auf Rappen genau zu rechnen, das Schlussresultat auf ganze Franken aufzurunden.

BAB zu Aufgabe 34.15 (in Fr. 100

Einzelmaterial
Personalkosten
Abschreibungen
Zinsen
Übriges
Total vor Umlage Gebäude
Total nach Umlage Gebäude
Herstellkosten produzierte Fabrikate
Zunahme fertige Wanderschuhe
Herstellkosten verkaufte Fabrikate
Selbstkosten
Nettoerlöse
Gewinn

Ertrag	Sachliche Abgrenzung	Kosten/ Leistung							
2 300		2 300							
1 820									
400									
160									
397		397	98	50	139	70	40		
5 077									
5 077									
– 5 460		– 5 460						– 2 500	– 2 960
			0	0	0	0	0		

Kostenartenrechnung (alle Beträge in Fr. 1000.–)

▷ **Einzelmaterial**

Der Verbrauch für Wanderschuhe betrug 1000.

▷ **Personalkosten**

Der Firmengründer verzichtet aufgrund des mässigen Geschäftsganges seit mehreren Jahren auf sein Salär. Zur Darstellung der Kostenwahrheit muss eine sachliche Abgrenzung von 120 vorgenommen werden.

Gebäude	Einkauf	Schneiderei	Finish	Verwaltung/ Vertrieb
52	130	936	285	?

▷ **Abschreibungen und Zinsen**

Die Berechnung der kalkulatorischen Abschreibungen erfolgt linear über die Nutzungsdauer. Der kalkulatorische Zins beträgt 5% des Anschaffungswerts. Aus der Anlagenbuchhaltung sind folgende Werte ersichtlich:

	Gebäude	Einkauf	Schneiderei	Finish	Verwaltung/ Vertrieb
Anschaffungswerte	6 000	100	1 000	300	400
Nutzungsdauer	40 Jahre	5 Jahre	8 Jahre	10 Jahre	10 Jahre
Abschreibungen					
Zinsen					

Umlagen der Kostenstellen

▷ **Gebäude**

Die Kosten der vorgelagerten Kostenstelle Gebäude werden im Verhältnis zu den durch die Kostenstellen beanspruchten Flächen unter Berücksichtigung der Gewichtungsfaktoren auf die Kostenstellen umgelegt:

	Einkauf	Schneiderei	Finish	Verwaltung/ Vertrieb
Effektive Fläche in m^2	50	1 000	250	100
Gewichtungsfaktor (Äquivalenzziffer)	1,0	0,8	0,8	1,5
Gewichtete Flächen in m^2				

▷ **Einkauf**

Die Gemeinkosten des Einkaufs werden im Verhältnis zum Wert des Einzelmaterialverbrauchs auf die Kostenträger hinzugerechnet.

▷ **Schneiderei**

In der Berichtsperiode wurden folgende Arbeitsleistungen erbracht: Rucksäcke 12 500 h, Wanderschuhe 15 000 h.

▷ **Finish**

Für die Fertigstellung der Wanderschuhe wurden durch die Mitarbeiter 10 000 h geleistet.

▷ **Verwaltung und Vertrieb**

Die Weiterverrechnung der Verwaltungs- und Vertriebs-Gemeinkosten erfolgt mit einem Zuschlag auf den Herstellkosten der verkauften Fabrikate. Aufgrund der unterschiedlichen Vertriebskanäle ist der Zuschlagssatz für die Wanderschuhe doppelt so hoch wie der Zuschlagssatz für die Rucksäcke.

c)

Produktions-Erfolgsrechnung (Gesamtkostenverfahren)

	Rucksäcke	Wanderschuhe	Total
Verkaufserlös			
+/– Bestandesänderungen Fertigfabrikate			
= **Produktionsertrag**			
./. Herstellkosten der Produktion			
./. Verwaltungs- und Vertriebs-Gemeinkosten			
= **Gewinn gemäss Bebu**			
+/– Sachliche Abgrenzungen			
= **Gewinn gemäss Fibu**			

Absatz-Erfolgsrechnung (Umsatzkostenverfahren)

	Rucksäcke	Wanderschuhe	Total
Verkaufserlös (Umsatz)			
./. Herstellkosten des Absatzes			
./. Verwaltungs- und Vertriebs-Gemeinkosten			
= **Gewinn gemäss BEBU**			
+/– Sachliche Abgrenzungen			
= **Gewinn gemäss FIBU**			

34.16

Eine **Schneiderei** stellt Herren-, Damen- und Kinderkonfektion her.

a) Erstellen Sie aufgrund der folgenden Angaben den BAB auf der nächsten Doppelseite, und weisen Sie den Erfolg für die einzelnen Produktegruppen nach.

1. Erfolgsrechnung gemäss Fibu (in Fr. 1000.–)

▷ Aufwand: Stoffverbrauch 250, Einzellöhne 300, Gehälter 64, Hilfsmaterial 18, Miete 84, Zinsen 3, Abschreibungen 69, sonstiger Betriebsaufwand 51

▷ Ertrag: Verkauf Herrenkleider 450, Verkauf Damenkleider 260, Verkauf Kinderkleider 240, Zunahme Halbfabrikate 2, Abnahme Fertigfabrikate 12.

2. Sachliche Abgrenzungen

▷ Gehalt Geschäftsführer Fr. 48000.–

▷ Verzinsung Eigenkapital Fr. 30000.–

▷ Die Abschreibungen gemäss Fibu sind um Fr. 3000.– zu hoch.

3. Einzelkosten

	Stoffverbrauch	Einzellöhne Näherei 1	Einzellöhne Näherei 2
Herrenkleider	Fr. 116 000.–	2 000 Stunden	4 000 Stunden
Damenkleider	Fr. 90 000.–	3 000 Stunden	2 000 Stunden
Kinderkleider	Fr. 44 000.–	2 500 Stunden	1 500 Stunden
	Fr. 250 000.–	7 500 Stunden	7 500 Stunden

Die Einzellohn-Stundensätze sind in der Näherei 1 und Näherei 2 gleich.

4. Gemeinkosten

▷ Von den Gehältern sind Fr. 7000.– der Kostenstelle Lager und Zuschnitt, Fr. 9000.– der Kostenstelle Näherei 1, Fr. 6000.– der Kostenstelle Näherei 2 und der Rest der Kostenstelle Verwaltung und Vertrieb zuzurechnen.

▷ Das Hilfsmaterial kann je zur Hälfte den beiden Nähereien zugerechnet werden.

▷ Die Mietkosten sind im Verhältnis folgender Raumflächen auf die Kostenstellen zu verrechnen:

Lager und Zuschneiderei	80 m²
Näherei 1	96 m²
Näherei 2	108 m²
Verwaltung und Vertrieb	52 m²
Total Fläche	336 m²

Fortsetzung Seite 356 →

BAB zu Aufgabe 34.16 (in Fr. 1000.–)

Stoffverbrauch	Einzelkosten	
Einzellöhne		
Gehälter	Gemeinkosten	
Hilfsmaterial		
Miete		
Zinsen		
Abschreibungen		
Sonstiges		
Total		
Total nach Umlage Vorkostenstelle		
Herstellkosten der Produktion		
Herstellkosten fertige Erzeugnisse		
Herstellkosten verkaufte Erzeugnisse		
Selbstkosten		
Erfolg		

– 2		– 2							
12		12							
– 950		– 950							
– 101	75	– 26							

▷ Die Zinsen sowie die Abschreibungen sind den Kostenstellen im Verhältnis zu den folgenden Inventarwerten zuzurechnen:

Lager und Zuschneiderei	Fr. 170 000.–
Näherei 1	Fr. 50 000.–
Näherei 2	Fr. 80 000.–
Verwaltung und Vertrieb	Fr. 30 000.–
Total Inventarwert	Fr. 330 000.–

▷ Die übrigen Betriebskosten sind wie folgt auf die Kostenstellen zu verteilen: Lager und Zuschnitt Fr. 2000.–, Näherei 1 Fr. 3000.–, Näherei 2 Fr. 4000.–, Verwaltung und Vertrieb: Rest.

5. Umlagen

▷ Die Vorkostenstelle Lager und Zuschneiderei ist im Verhältnis 3 : 5 auf die Hauptkostenstellen Näherei 1 und 2 umzulegen.

▷ Die Kosten der Näherei 1 und 2 sind im Verhältnis zu den Einzellohnstunden① umzulegen.

▷ Die Verwaltungs- und Vertriebs-GK sind prozentual zu den Herstellkosten umzulegen.

6. Bestandesänderungen (gemäss Bebu)

	Unfertige Erzeugnisse	Fertige Erzeugnisse
Herrenkleider	– 3	– 17
Damenkleider	+ 9	+ 11
Kinderkleider	– 4	– 6

b) Ermitteln Sie als Grundlage für eine Offerte die Selbstkosten eines Damenkleids, für dessen Herstellung Stoff im Einstandswert von Fr. 70.– verbraucht wird und 1 Einzellohnstunde in der Näherei 1 sowie ¾ Einzellohnstunden in der Näherei 2 benötigt werden. Zu dieser Aufgabe besteht keine Lösungshilfe.

c) Wie lauten die Produktions- und Absatz-Erfolgsrechnungen? Eine Lösungshilfe finden Sie auf der rechten Seite.

Produktions-Erfolgsrechnung (Gesamtkostenverfahren)

	Herren	Damen	Kinder	Total
Verkaufserlös				
+/– Bestandesänderungen unfertige Erzeugnisse				
+/– Bestandesänderungen fertige Erzeugnisse				
= **Produktionsertrag**				
./. Herstellkosten der Produktion				
./. Verwaltungs- und Vertriebs-Gemeinkosten				
= **Gewinn gemäss Bebu**				
= **Gewinn gemäss Fibu**				

Absatz-Erfolgsrechnung (Umsatzkostenverfahren)

	Herren	Damen	Kinder	Total
Verkaufserlös (Umsatz)				
./. Herstellkosten des Absatzes				
./. Verwaltungs- und Vetriebs-Gemeinkosten				
= **Gewinn gemäss BEBU**				
= **Gewinn gemäss FIBU**				

34.17

Die **Monti AG** ist eine Montagewerkstatt für elektrische Rasierapparate und Zahnbürsten.

a) Vervollständigen Sie aufgrund der folgenden Informationen den Betriebsabrechnungsbogen (BAB). Alle Beträge sind in Fr. 1000.– angegeben.

▷ **Einzelmaterial**

Auf dem Materialvorrat wurden in der FIBU stille Reserven von 200 gebildet. Aus der Lagerbuchhaltung ergibt sich ein Materialverbrauch für die Rasierapparate von 2000.

▷ **Abschreibungen und Zinsen**

Aus der Anlagenbuchhaltung ergeben sich Abschreibungen gemäss FIBU von 630 und Abschreibungen gemäss BEBU von 530.

In der FIBU wurden die bezahlten Fremdzinsen von 126 erfasst.

Die Berechnung der Abschreibungskosten und Zinskosten gemäss BEBU sowie ihre Zurechnung auf die Kostenstellen erfolgt nach dieser Tabelle:

	Gebäude	Material	Fertigung	Verwaltung/ Vertrieb
Anschaffungswerte	3 000	400	2 000	1 000
Geschätzte Nutzungsdauer	20 Jahre	5 Jahre	10 Jahre	10 Jahre
Abschreibungskosten BEBU: lineare Abschreibung auf einen Restwert von 0				
Zinskosten BEBU: 4% vom Anschaffungswert				

▷ **Vorkostenstelle Gebäude**

Die Umlage der Gebäudekosten erfolgt aufgrund der mit Äquivalenzziffern gewichteten Flächen auf die Herstellkosten:

	Material	Fertigung	Verwaltung/ Vertrieb
Fläche in m^2	500 m^2	1 500 m^2	1 000 m^2
Gewichtungsfaktoren (Äquivalenzziffern)	1	2	4
Gewichtete Fläche in m^2			
Belastungen der Hauptkostenstellen			

▷ **Hauptkostenstelle Material**

Die Umlage der Material-Gemeinkosten auf die Kostenträger erfolgt proportional zum Einzelmaterialverbrauch.

▷ **Hauptkostenstelle Fertigung**

Die Umlage der Fertigungs-Gemeinkosten auf die Kostenträger erfolgt im Verhältnis zur erbrachten Leistung in Montagestunden (Mh):

Rasierapparate	Zahnbürsten
6 000 Mh	6 600 Mh

▷ **Hauptkostenstelle Verwaltung/Vertrieb**

Die Verwaltungs- und Vertriebs-Gemeinkosten werden im Verhältnis zu den Verkaufserlö-sen auf die Produkte umgelegt, wobei die Rasierapparate mit dem Gewichtungsfaktor (Äquivalenzziffer) 1,2 zu gewichten sind, weil sie mehr Vertriebskosten verursachen.

▷ **Bestandesänderungen (BÄ) Fertigfabrikate**

Die wertmässige Bestandeszunahme an fertigen Erzeugnissen betrug: Rasierapparate 70, Zahnbürsten 65.

Die Bewertung der Bestandesänderungen erfolgt in der FIBU zu zwei Dritteln der effektiven Herstellkosten (HK).

BAB in Fr. 1000.–

	Kostenartenrechnung								
	FIBU	Abgrenzung	BEBU						
Einzelmaterialkosten			4 600						
Personal	1 200	0	1 200	100	200	500	400		
Abschreibungen									
Zinsen	126								
Übrige	1 214	0	1 214	380	114	180	540		
Total									
Kostenstellentotal				**0**					
HK Produktion									
	10	5	15					– 30	45
HK Fertigfabrikate									
HK Verkauf								**2 700**	**3 500**
Selbstkosten									
	– 8 280	0	– 8 280					– 3 000	– 5 280
Salden				**0**	**0**	**0**	**0**		

b) Erstellen Sie aufgrund des BABs eine Absatz-Erfolgsrechnung in Fr. 1000.–. Die Anzahl Zeilen in der Lösungshilfe entspricht nicht der Musterlösung.

Folgende zusätzliche Informationen aus der Buchhaltung der Monti AG liegen vor:

- ▷ Betriebsfremder Aufwand 400
- ▷ Betriebsfremder Ertrag 500
- ▷ Ausserordentlicher Ertrag 200

Absatz-Erfolgsrechnung in Fr. 1000.–

	Rasierapparate	Zahnbürsten	Total
= Betriebserfolg gemäss BEBU			
= Betriebsgewinn gemäss FIBU			
= Unternehmungsgewinn			

c) Wie würde sich das wirtschaftliche Gesamtergebnis der Monti AG verändern, wenn die Produktion der Rasierapparate – unter sonst gleichen Umständen – aufgegeben würde? Das Zutreffende ist anzukreuzen.

Das Ergebnis würde besser.	☐
Das Ergebnis würde schlechter.	☐
Das Ergebnis bliebe gleich.	☐

34.18

Von der **Cool AG** liegt die Erfolgsrechnung vor (Beträge in Kurzzahlen).

Erfolgsrechnung

	Eisschränke	Kühltruhen	Total
Verkaufserlöse	580	900	1 480
+/– Bestandesänderungen unfertige Erzeugnisse	25	– 5	20
+/– Bestandesänderungen fertige Erzeugnisse	– 35	25	– 10
= Produktionsertrag	**570**	**920**	**1 490**
./. Einzelmaterialkosten	– 300	– 400	– 700
./. Material-Gemeinkosten	– 30	– 40	– 70
./. Fertigungs-Gemeinkosten	– 160	– 280	– 440
= Bruttogewinn	**80**	**200**	**280**
./. Verwaltungs- und Vertriebs-Gemeinkosten	– 100	– 140	– 240
= Gewinn BEBU	**– 20**	**60**	**40**
./. Sachliche Abgrenzung Abschreibungen			– 10
= Betriebsgewinn FIBU			**30**

Vervollständigen Sie die Betriebsabrechnung.

Betriebsabrechnungsbogen

	Kostenartenrechnung							
Einzelmaterialkosten								
Gemeinkosten								
Total								
HK Produktion								
HK Fertigfabrikate								
HK Verkauf								
Selbstkosten								
Verkaufserlös								
Salden								

34.19[1]

MEDICAL ist ein mittleres kantonales Regionalspital in der Umgebung von Zürich. Das Spital versorgt Patientinnen und Patienten einer Spitalregion mit etwa 250 000 Einwohnern. Es verfügt über einen Bettenbestand von 300 Betten und beschäftigt rund 1 200 Personen. Neben der üblichen regionalen Spitalversorgung (Medizin, Chirurgie und Frauenklinik) betreibt das Spital einen vollausgebauten Notfalldienst und eine hoch spezialisierte Kinderklinik.

Aufbau des Rechnungswesens

Das Spital verfügt über eine voll integrierte Kosten- und Leistungsrechnung, welche jährlich einmal erstellt wird. Es handelt sich um eine so genannte Ist-Vollkostenrechnung.

Die nachfolgenden Werte geben die effektiven Kosten und Leistungen des Jahres 20_1 wieder.

Die Kosten gemäss Betriebsbuchhaltung sind bereits sachlich abgegrenzt. Bei den Erlösen handelt es sich um die effektiven Zahlungen von Krankenkassen, Versicherungsgesellschaften sowie Patientinnen und Patienten.

Aufgaben

a) Erstellen Sie die Gesamtkalkulation in Fr. 1000.–, indem Sie den BAB mithilfe des Lösungsblattes für die Kostenverrechnung und die Umlagen vervollständigen. (Die gesuchten Grössen sind rot unterlegt.)

b) Erstellen Sie die Einzelnachkalkulationen für die zwei Patientinnen und den Patienten. (Die gesuchten Grössen sind rot unterlegt.)

c) Wie beurteilen Sie die Ergebnisse der einzelnen Kostenträger unter Berücksichtigung von Art. 49 des Krankenversicherungsgesetzes vom 1. 1. 1996?

> Für die Vergütung der stationären Behandlung in einem Spital vereinbaren die Vertragsparteien (Spital und Krankenkassen) Pauschalen. Diese decken für Kantonseinwohner/innen bei öffentlichen Spitälern höchstens 50 Prozent der Spitalkosten…

d) Angenommen, Sie wären Chefin bzw. Chef Rechnungswesen des MEDICAL-Spitals und müssten der Spitalleitung Empfehlungen abgeben aufgrund der Ergebnisse aus dem BAB. Welche Kostenträger würden Sie in Zukunft fördern und weshalb?

[1] Wir danken herzlich für die grosszügige Unterstützung beim Verfassen dieser Fallstudie durch Robert A. Niederöst, eidg. dipl. Experte in Rechnungslegung und Controlling, Gesundheitsdirektion des Kantons Zürich.

Im Folgenden werden einige Angaben zum BAB genauer erläutert:

Kosten- und Erlösarten	Erläuterungen
▷ Besoldungen übriges Personal	Übriges medizinisches Personal (z. B. Laboranten, Röntgenassistenten) Verwaltungspersonal usw.
▷ Medizinischer Bedarf	Medikamente, Verbrauchsmaterial, Blutprodukte usw.
▷ Fremdleistungen	Krankentransporte, Spezialärzte
▷ Unterhalt und Reparaturen	Unterhalt am Gebäude und an den Geräten
▷ Energie und Entsorgung	Wasser, Strom, Entsorgung (z. B. nukleare Abfälle)
▷ Erlöse von Krankenkassen, Versicherungen	Vergütungen der Krankenkassen, der IV und der SUVA (Pflichtleistungen)
▷ Erträge von Patienten/von Dritten	Nichtpflichtige Leistungen der Sozialversicherungen

Kostenstellen	
Hilfskostenstellen	
▷ Gebäude und Umgebung	Spitalgebäude (Pflege- und Behandlungstrakte)
▷ Technischer Dienst	Handwerker (Unterhalt Gebäude und Geräte)
▷ Ökonomie	Verpflegung, Reinigung, Entsorgung
▷ Wäscherei	Ver- und Entsorgung von Patientenwäsche und Berufswäsche
▷ Verwaltung	Allgemeine Administration, EDV
Hauptkostenstellen	
▷ Ärztlicher Dienst	Gemeinkosten des ärztlichen Dienstes, Führungsaufgaben, Aus- und Weiterbildung der Ärzte Sekretariatsaufgaben, Wartezeiten Notfall
▷ Pflegedienst	Gemeinkosten des Pflegedienstes, Führungs- und Überwachungsaufgaben, GK-Material, administrative Aufgaben des Pflegedienstes
▷ Operations- und Gebärsäle (OP/GEBS)	Gemeinkosten der Operations- und Gebärsäle, GK-Löhne (Hebamme, OP-Schwestern), Raumkosten, GK-Material, Sterilisation, Überwachung und Vorbereitung der OP-Räume, Sterilisation und Intensivpflege
▷ Medizinische Diagnostik/Therapie	Röntgen, Labors, physikalische Therapie usw. GK-Löhne (Laborpersonal, Röntgenassistentinnen usw.) Röntgenfilme, Kontrastmittel, Laboranalysemittel
▷ Hotellerie	Patientenzimmer, Verpflegung, Wäschebesorgung usw.

Kostenträger	
▷ Chirurgie	Chirurgische Eingriffe (an den Weichteilen und am Bewegungsapparat), operative Eingriffe an Weichteilen und am Bewegungsapparat (Extremitäten)
▷ Frauenklinik	Geburtsabteilung und Gynäkologie, Gebärabteilung (inkl. Säuglingspflege) und operative Eingriffe bei Frauen.
▷ Kinderklinik	Spezialklinik für Säuglinge und Kleinkinder Diagnose, Pflege und Eingriffe an untergewichtigen Säuglingen, Frühgeburten (< 1500 g Geburtsgewicht)
▷ Übrige Medizinische Kliniken	Augenklinik, Urologie, Operationen von Herz- und Gefässerkrankungen am Thorax, medizinische und diagnostische Klinik ohne operative Eingriffe

Leistungen	
▷ Leistungserbringer	Kostenstelle, welche die Leistung erbracht hat (abgebende Kostenstelle)
▷ Leistungsempfänger oder Auftraggeber	Kostenstelle, welche die Leistung angeordnet hat (empfangende Kostenstelle)
▷ Leistungseinheit (LE)	Art der Leistung, welche eine Kostenstelle (abgebende) erbringt.
▷ Leistung	Anzahl Leistungen pro Jahr (massgebend für die Bestimmung des Kostensatzes).
▷ Aufenthaltstage	Anzahl Tage, welche sich der Patient im Spital aufhält. Es werden die effektiven Tage gezählt (keine deutsche Usanz wie bei Zinsrechnung). Beispiel: Eintritt 28. Mai 20_1, Austritt 6. Juni 20_1, Aufenthaltstage 10

Kostenverrechnungen und Umlagen

Hilfskostenstellen

Leistungserbringer (abgebende Kostenstelle)	Gebäude
Kostenanrechnungsgrösse	m² gewichtet
Gesamtleistung effektiv	15 650
Gesamtleistung gewichtet	29 000
Kosten pro m² in Fr. 1000.–	

Die Gebäudeeinrichtungen weisen einen sehr unterschiedlichen Ausbaustandard auf. Die technischen Einrichtungen im Operationssaal sind rund sechsmal höher als diejenigen in der Wäscherei.

Leistungsempfänger	Techn. Dienst	Ökonomie	Wäscherei	Verwaltung	Ärztl. Dienst	Pflegedienst	OP/ GEBS	Med. Diagn.	Hotellerie	Total
m² effektiv	100	200	200	200	200	450	1 800	2 500	10 000	15 650
Äquivalenzziffer	0,5	0,5	0,5	1,0	1,0	1,0	3,0	3,0	1,5	–
m² gewichtet										29 000
Kostenzurechnung										

Leistungserbringer (abgebende Kostenstelle)	Technischer Dienst
Kostenanrechnungsgrösse	Geleistete Stunden
Gesamtleistung	50 000
Kosten pro geleistete Stunde in Fr. 1000.–	0.141

Die Leistungen werden nach den Stundenrapporten der Handwerker errechnet.

Leistungsempfänger		Ökonomie	Wäscherei	Verwaltung	Ärztl. Dienst	Pflegedienst	OP/ GEBS	Med. Diagn.	Hotellerie	Total
Stunden		1 000	2 000	1 000	1 200	1 000	15 000	8 000	20 800	50 000
Kostenzurechnung										

Leistungserbringer (abgebende Kostenstelle)	Ökonomie
Kostenanrechnungsgrösse	Leistungseinheiten
Gesamtleistung	182 410
Kosten pro Leistungseinheit in Fr. 1000.–	

Die Leistungseinheiten beinhalten Reinigungsstunden und abgegebene Mahlzeiten.

Leistungsempfänger			Wäscherei	Verwaltung	Ärztl. Dienst	Pflegedienst	OP/ GEBS	Med. Diagn.	Hotellerie	Total
Wischfläche/Vpfl. Tage			2 000	6 000	20 000	10 000	30 000	20 000	94 410	182 410
Kostenzurechnung										

Leistungserbringer	Wäscherei
Kostenanrechnungsgrösse	Tonnen Schmutzwäsche
Gesamtleistung	200
Kosten pro Tonne in Fr. 1000.–	12.91

Gewogen wird die trockene Schmutzwäsche von Patienten und Personal.

Leistungsempfänger					Ärztl. Dienst	Pflegedienst	OP/ GEBS	Med. Diagn.	Hotellerie	Total
Tonne Schmutzwäsche					10	30	40	20	100	200
Kostenzurechnung										

Leistungserbringer (abgebende Kostenstelle)	Verwaltung
Kostenanrechnungsgrösse	Prozent
Gesamtleistung	100
Kosten je Prozent in Fr. 1000.–	

Die Leistungen und der Schlüssel werden aufgrund von Aufschreibungen erhoben und kontrolliert.

Leistungsempfänger					Ärztl. Dienst	Pflegedienst	OP/ GEBS	Med. Diagn.	Hotellerie	Total
Prozente					10	20	5	5	60	100
Kostenzurechnung										

Hauptkostenstellen

Leistungserbringer (abgebende Kostenstelle)	Ärztlicher Dienst	
Kostenanrechnungsgrösse	Arztminuten	Leistungsdefinition: GK für ärztliche Betreuung von Patienten in Minuten der direkten Kosten.
Gesamtleistung	1 386 500	
Kosten pro Arztminute in Fr. 1000.–		

Leistungsempfänger	Chirurgie	Frauen-klinik	Kinder-klinik	Übrige KTR	Total	
Arztminuten	500 000	150 000	350 000	386 500	1 386 500	
Kostenzurechnung						

Leistungserbringer (abgebende Kostenstelle)	Pflegedienst	
Kostenanrechnungsgrösse	Pflegestunden	Leistungsdefinition: GK für pflegerische Betreuung von Patienten in Stunden der direkten Kosten.
Gesamtleistung		
Kosten pro Pflegestunde in Fr. 1000.–		

Leistungsempfänger	Chirurgie	Frauen-klinik	Kinder-klinik	Übrige KTR	Total	
Stunden	25 000	15 000	40 000	25 835	105 835	
Kostenzurechnung						

Leistungserbringer (abgebende Kostenstelle)	Operations- und Gebärsäle	
Kostenanrechnungsgrösse	OP-Minuten	Leistungsdefinition: GK für Benutzung der OP-Säle in Minuten der effektiven Operationszeit (Gebärsäle). Gemessen wird die Zeit von OP-Schnitt zu OP-Naht.
Gesamtleistung		
Kosten pro OP-Minute in Fr. 1000.–		

Leistungsempfänger	Chirurgie	Frauen-klinik	Kinder-klinik	Übrige KTR	Total	
OP-Minuten	1 600 000	200 000	400 000	566 400	2 766 400	
Kostenzurechnung						

Leistungserbringer (abgebende Kostenstelle)	Medizinische Diagnostik/Therapie	
Kostenanrechnungsgrösse	Taxpunkte	Leistungsdefinition: GK für Benutzung der übrigen medizinischen Einrichtungen.
Gesamtleistung		
Kosten pro Taxpunkt in Fr. 1000.–		

Leistungsempfänger	Chirurgie	Frauen-klinik	Kinder-klinik	Übrige KTR	Total	
Taxpunkte	2 000 000	200 000	1 800 000	2 036 600	6 036 600	
Kostenzurechnung						

Leistungserbringer (abgebende Kostenstelle)	Hotellerie	
Kostenanrechnungsgrösse	Aufenthaltstage	Leistungsdefinition: Benutzung von Zimmer und Verpflegung nach Aufenthaltsdauer in Tagen.
Gesamtleistung		
Kosten pro Aufenthaltstag in Fr. 1000.–		

Leistungsempfänger	Chirurgie	Frauen-klinik	Kinder-klinik	Übrige KTR	Total	
Aufenthaltsdauer (effektiv)	65 000	25 000	25 000	32 430	147 430	
Kostenzurechnung						

Betriebsabrechnung zu MEDICAL

Kostenart/Erlösart	Kosten	Zurechnungsschlüssel	Hilfskostenstellen Gebäude	Techn. Dienst	Ökonomie	Wäscherei	Verwalt
Besoldungen Ärzte	15 000	gemäss Erhebung Minuten					
Besoldungen Pflegepersonal	60 000	gemäss Erhebung Stunden					
Besoldungen übriges Personal	60 000	Stellenplan	3 000	6 000	8 000	2 000	15
Medizinischer Bedarf	30 000	Materialbewirtschaftung					
Fremdleistungen	2 000	Fremdrechnung					
Lebensmittel u. Wäschebesorg.	10 000	Fremdrechnung			10 000		
Unterhalt und Reparaturen	12 000	Fremdrechnung	5 000	1 000			
Kalk. Abschreibungen/Zinsen	30 000	gemäss Anlagekartei	20 000				
Energie und Entsorgung	2 000	Fremdrechnung	1 000				
Allg. Büro- und Verwaltungsk.	12 000						10
Umlagen Hilfskostenstellen		**Umlageschlüssel**					
Gebäude		m² gewichtet	– 29 000				
Technischer Dienst		Stunden		– 7 050			
Ökonomie		Leistungseinheiten			– 18 241		
Wäscherei		Tonnen Schmutzwäsche				– 2 582	
Verwaltung		Prozent					– 25
Total Uml. der Hilfskostenst.							
Umlagen Hauptkostenstellen							
Ärztlicher Dienst		Arztminuten					
Pflegedienst		Pflegestunden					
Operations- und Gebärsäle		Operationszeiten (Min.)					
Med. Diagnostik/Therapie		Taxpunkte					
Hotellerie		Aufenthaltstage					
Selbstkosten	233 000						
Erlöse	– 140 000						
Erfolg (– = Gewinn/+ = Verlust)			0	0	0	0	

Kostensätze in Fr. je LE							
Statistik							
Aufenthaltstage							
Selbstkosten je Aufenthaltstag							
Anzahl Patient/innen	17 400						
Selbstkosten je Patient in Fr.							
Kostendeckungsgrad (Erlös in % der Selbstkosten)							

tkostenstellen					Kostenträger			
. Dienst	Pflegedienst	OP/GEBS	Med. Diagn.	Hotellerie	Chirurgie	Frauenklinik	Kinderklinik	Übr. Medizin
4 000					3 000	1 000	3 000	4 000
	8 000				12 000	12 000	18 000	10 000
		14 000	12 000					
1 000	5 000	15 000	3 000		4 000			2 000
							2 000	
		4 000	2 000					
		10 000						
			1 000					
1 000	1 000							
					19 000	13 000	23 000	16 000
					– 67 000	– 13 000	– 20 000	– 40 000
0	0	0	0	0				
					9 000	4 000	400	4 000
					%	%	%	%

Einzelnachkalkulationen

Patient/Patientin		**Egger Daniela, 1969**
Status	Eintritt	21. 09. 20_1
	Austritt:	27. 09. 20_1
Klinik/Hauptkostenstelle		Frauenklinik
Diagnose		**Spontangeburt ohne Komplikationen** Jasmin; Geburtsgewicht > 2 500 Gramm
Einweisung		Hausarzt
Bemerkungen		gesund entlassen

Nachkalkulation				
Direkte Kosten	**Leistungseinheit**	**Anzahl LE**	**Kostensatz je LE**	**Kosten/ Erlöse in Fr.**
Direkte Arztkosten				
Diagnostik	Az-Minuten	60		400
Operation	Az-Minuten			
Direkte Pflegekosten	Pflegestunden	10		1 000
Medikamente				
Medikamente	Fr.	30		30
Blut, Implantate	Fr.	0		
Fremdleistungen	Fr.			0
Total direkte Kosten				1 430
Gemeinkosten				
Ärztlicher Dienst	Az-Minuten			
Pflegedienst	Pflegestunden			
Operations- und Geburtssäle				
Operation				
Gebärsaal		50		
Intensivstation				
Med. Diagnostik/ Therapie	Taxpunkte	120		
Hotellerie	Aufenthaltstage			
Selbstkosten				
Erlöse Krankenkassen				– 3 500
Verlust				
Deckungsgrad (Erlös in % der Selbstkosten)				

Patient/Patientin		**Schäublin Thomas, 1971**
Status	Eintritt	30. 08. 20_1
	Austritt:	10. 09. 20_1
Klinik/Hauptkostenstelle		Chirurgie
Diagnose		**Unterschenkelbruch nach Sportunfall ohne Komplikationen**
Einweisung		Notfall 144
Bemerkungen		gesund entlassen

Nachkalkulation				
Direkte Kosten	**Leistungs-einheit**	**Anzahl LE**	**Kostensatz je LE**	**Kosten/ Erlöse in Fr.**
Direkte Arztkosten				
Diagnostik	Az-Minuten	30		200
Operation	Az-Minuten	40		1 000
Direkte Pflegekosten	Pflegestunden	14		1 500
Medikamente				
Medikamente	Fr.	100		100
Schrauben	Fr.	450		450
Fremdleistungen	Fr.			250
Total direkte Kosten				3 500
Gemeinkosten				
Ärztlicher Dienst	Az-Minuten			
Pflegedienst	Pflegestunden			
Operations- und Geburtssäle				
Operation		50		
Gebärsaal				
Intensivstation				
Med. Diagnostik/ Therapie	Taxpunkte	120		
Hotellerie	Aufenthaltstage			
Selbstkosten				
Erlöse SUVA				– 9 650
Verlust				
Deckungsgrad (Erlös in % der Selbstkosten)				%

Patient/Patientin		**Würsch Stefan, 20_1**
Status	Eintritt	02. 07. 20_1
	Austritt:	03. 10. 20_1
Klinik/Hauptkostenstelle		Kinderklinik
Diagnose		**Geburtsgewicht < 1000 Gramm mit Komplikationen**
Einweisung		Rega Notfall, Überweisung Regio-Spital
Bemerkungen		normalgewichtig entlassen

Nachkalkulation				
Direkte Kosten	**Leistungseinheit**	**Anzahl LE**	**Kostensatz je LE**	**Kosten/ Erlöse in Fr.**
Direkte Arztkosten				
Diagnostik	Az-Minuten	300		2 000
Operation	Az-Minuten	480		7 000
Direkte Pflegekosten	Pflegestunden	150		18 000
Medikamente				
Medikamente	Fr.	4 500		4 500
Blut, Implantate	Fr.	0		
Fremdleistungen Rega	Fr.			3 600
Total direkte Kosten				35 100
Gemeinkosten				
Ärztlicher Dienst	Az-Minuten			
Pflegedienst	Pflegestunden			
Operations- und Geburtssäle				
Operation		480		
Gebärsaal		0		
Intensivstation		3 000		
Med. Diagnostik/ Therapie	Taxpunkte	2 000		
Hotellerie	Aufenthaltstage			
Selbstkosten				
Erlöse IV-Versicherung				– 75 000
Verlust				
Deckungsgrad (Erlös in % der Selbstkosten)				%

34.20

Die Ausgangslage bildet ein unvollständiger BAB der **Casablanca SA.**

a) Vervollständigen Sie den Betriebsabrechnungsbogen.

Betriebsabrechnungsbogen in Fr. 1000.–

	Kostenarten			Kostenstellen			Kostenträger	
	FIBU	Abgrenzung	BEBU	Materialstellen	Fertigung	Verw./ Vertrieb	Fabrikat A	Fabrikat B
Einzelmaterial		20					900	700
Personal	900	0	900	90				
Abschreibungen	310				190	80		
Übriges	470	0		60	280			
Total				**160**	**1 070**			
							90	
								410
HK Produktion								
Bestandesänderungen			– 30					20
HK Verkauf								
						– 420		
Selbstkosten								
Verkaufserlös	– 3 300						– 1 800	
Salden	**– 60**			**0**	**0**	**0**	**40**	**– 120**

b) Kreuzen Sie die Aussagen als richtig an, oder begründen Sie, weshalb sie falsch sind.

Nr.	Aussage	Richtig	Begründung bei falscher Aussage
1	Der Gewinn beim Fabrikat A beträgt 40.		
2	Der Zuschlagssatz für die Material-Gemeinkosten beträgt 10% des Einzelmaterials.		
3	Sofern an der Fertigungsstelle in dieser Periode 13 375 Fertigungsstunden (h) geleistet wurden, beträgt der Kostensatz Fr. 80/h.		
4	Es wurden in dieser Periode stille Reserven auf den Sachanlagen aufgelöst.		
5	Der Bestand an angefangenen und fertigen Fabrikaten B nahm in der Periode um 20 zu.		
6	Der Einzelmaterialeinkauf beträgt 1540, sofern der Einzelmaterialvorrat konstant um einen Drittel unter den Einstandspreisen bewertet wird.		

Deckungsbeitrags-rechnung

35.01

Eine **Wirtschaftsfachschule** bereitet einerseits Lehrlinge auf die kaufmännischen Lehrabschlussprüfungen vor (Grundausbildung, GA) und bietet anderseits Abend- sowie Samstagskurse für Berufstätige an (Weiterbildung, WB).

Erstellen Sie die Betriebsabrechnung als Deckungsbeitragsrechnung.

1. Kostenartenrechnung

Das Zahlenmaterial in dieser Aufgabe ist identisch mit Aufgabe 34.10, weshalb die primäre Verteilung der Kosten und Erlöse auf die Kostenstellen und Kostenträger in der Lösungshilfe bereits eingetragen ist.

2. Umlagen der Kostenstellen

Im Unterschied zur Vollkostenrechnung werden in der Deckungsbeitragsrechnung die vollen Kosten in variable und fixe Kosten aufgelöst. Den einzelnen Kostenträgern werden nur die variablen Kosten zugerechnet, was zum Ausweis der Deckungsbeiträge je Kostenträger führt. Auf eine Schlüsselung der fixen Kosten wird verzichtet, sodass der Betriebsgewinn nur gesamthaft und nicht je Kostenträger ermittelt werden kann.

Variabel sind in dieser Schule die Einzelkosten sowie ein Teil der Gemeinkosten:

- ▷ Die Gebäudekosten sind zu 100% fix (Variator 0).①
- ▷ Die Kosten der Kostenstelle Lehrmittel (Bücherverkauf und Hausdruckerei) sind zu 60% variabel (Variator 6).
- ▷ Die Kosten der Sekretariate sind zu 30% variabel (Variator 3).
- ▷ Die Kosten für die Schulzimmer sind zu 100% fix (Variator 0).
- ▷ Die Kosten der zentralen Dienste (Rektorat, Informatik, Buchhaltung, Empfang) sind zu 100% fix (Variator 0).

Für die Umlage der variablen Stellenkosten auf die Kostenträger gelten grundsätzlich dieselben Schlüssel wie bei der Vollkostenrechnung (Aufgabe 34.10).

① In der Praxis wird die Kostenauflösung manchmal mit dem **Variator** dargestellt. Der Variator zeigt den Anteil der variablen Kosten an den Gesamtkosten in einer Zehnerskala. Ein Variator von 6 bedeutet zum Beispiel, dass 60% der Kosten variabel sind. Oder bei einem Variator von 0 sind alle Kosten fix.

BAB zu Aufgabe 35.01

Einzelmaterial
Einzellöhne
GK-Material
GK-Löhne
URE
Energie
Zinsen
Abschreibung
Übrige Kosten
Total Kosten
Umlage variable Kosten Lehrmittel
Umlage variable Kosten GA-Sekretariat
Umlage variable Kosten WB-Sekretariat
Total variable Kosten
Erlös Schulgelder GA
Erlös Kursgelder WB
Subventionen GA
Deckungsbeitrag
Fixkosten Gebäude
Fixkosten Lehrmittel
Fixkosten GA-Sekretariat
Fixkosten WB-Sekretariat
Fixkosten Schulzimmer
Fixkosten zentrale Dienste
Erfolg (– = Gewinn/+ = Verlust)

ten- en- nnung	Kostenstellenrechnung						Kostenträgerrechnung		
	Gebäude	Lehrmittel	GA-Sekretariat	WB-Sekretariat	Schulzimmer	Zentrale Dienste	Grund-ausbildung	Weiter-bildung	Total
1 000							600	400	1 000
28 000							18 000	10 000	28 000
720	500	100	10	10	20	80			
3 600	1 800	300	400	500		600			
760	700				60				
400	400								
3 740	3 500	70	30	40	40	60			
2 580	2 000	200	50	50	80	200			
1 300	900	30	110	100		160			
42 100	9 800	700	600	700	200	1 100	18 600	10 400	29 000
5 000									
16 000									
21 495									
395									

35.02

Von einem Industriebetrieb, der die beiden Artikel X und Y herstellt, ist die Betriebsabrechnung in Form einer Deckungsbeitragsrechnung zu erstellen. Die Zahlen im BAB sind Kurzzahlen.

1. Kosten- und Erlösarten

Da die Primärverteilung der Kosten nicht Thema dieser Aufgabe ist, sind im BAB die Einzelkosten bereits auf die Kostenträger verteilt und die Gemeinkosten als Summen je Kostenstelle angegeben.

Die Erlöse betragen 1160 für X und 800 für Y.

2. Umlagen der Kostenstellen

Kostenstelle	Variator	Umlageschlüssel
Material	3	in % des Einzelmaterialverbrauchs
Fertigung 1 (Handfertigung)	8	nach Personenstunden (X = 10000 Stunden, Y = 8000 Stunden)
Fertigung 2 (Maschinenfertigung)	4	nach Maschinenstunden (X = 1800 Stunden, Y = 1000 Stunden)
Verwaltung und Vertrieb	0	–

BAB zu Aufgabe 35.02

Einzelmaterial
Einzellöhne
GK-Material
GK-Löhne
URE
Energie
Zinsen
Abschreibungen
Übrige Kosten
Total Kosten
Umlage variable Material-Gemeinkosten
Umlage variable Fertigungs-Gemeinkosten 1
Umlage variable Fertigungs-Gemeinkosten 2
Variable Herstellkosten
Erlös
Deckungsbeitrag (– = positiver DB)
Fixe Material-Gemeinkosten
Fixe Fertigungs-Gemeinkosten 1
Fixe Fertigungs-Gemeinkosten 2
Fixe Verwaltungs- und Vertriebs-Gemeinkosten
Erfolg (– = Gewinn)

…ten- …en- …nnung	Kostenstellenrechnung				Kostenträgerrechnung		
	Material	Fertigung 1	Fertigung 2	Verwaltung und Vertrieb	Artikel X	Artikel Y	Total
500					300	200	500
325					190	135	325
150							
380							
80							
40							
50							
90							
185							
1 800	100	225	350	300	490	335	825
– 1 960							
– 160							

35.03

Eine Unternehmung besteht aus zwei Sparten und handelt mit fünf Produkten.

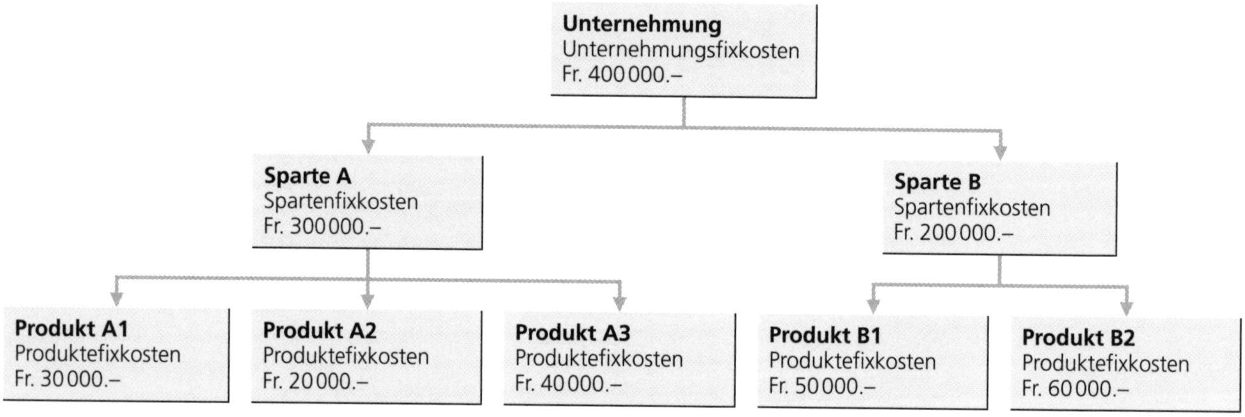

Vervollständigen Sie die **mehrstufige Deckungsbeitragsrechnung** (in Fr. 1000.–):

	Sparte A				Sparte B			Total
	Produkt A1	Produkt A2	Produkt A3	Total A	Produkt B1	Produkt B2	Total B	
Bruttoerlös	420	290	100	810	740	550	1 290	2 100
./. Erlösminderungen	– 20	– 10	0	– 30	– 40	– 50	– 90	– 120
= Nettoerlös	400	280	100	780	700	500	1 200	1 980
./. Variable Kosten	– 220	– 90	– 70	– 380	– 420	– 60	– 480	– 860
	180	190	30	400	280	440	720	1 120
Gewinn								

35.04

In einer **Handelsschule** werden Erwachsene auf höhere Prüfungen mit eidgenössischem Abschluss vorbereitet. Die Schule besteht organisatorisch aus zwei Bereichen mit drei bzw. vier Lehrgängen (Produkten). Die Direktorin bildet zusammen mit den beiden fest angestellten Bereichsleitern die Direktion. Die einzelnen Lehrgänge werden von erfahrenen Praktikern nebenberuflich geführt. Diese Produkteleiter erhalten dafür eine feste Entschädigung. Die zentralen Dienste (Sekretariat, Kursadministration, Buchhaltung, Informatik, Empfang) erbringen Leistungen zugunsten der ganzen Schule.

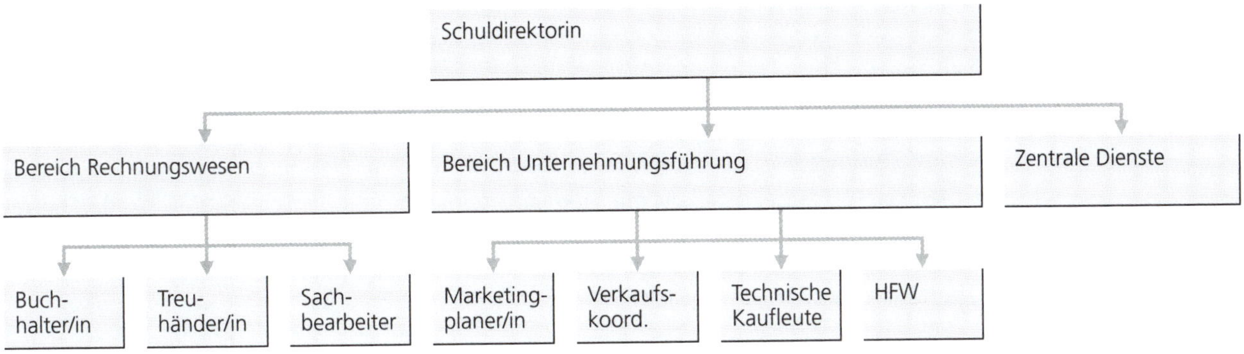

Der Unterricht erfolgt in Klassen mit durchschnittlich gut 20 Teilnehmern. Aufgrund von pädagogischen Überlegungen und auch zufolge der Schulzimmergrössen ist die Kursteilnehmerzahl auf 25 je Klasse beschränkt. Die folgenden Angaben über den Leistungsumfang sowie die Kostenstruktur beziehen sich auf ein Schuljahr.

Leistungsumfang der Handelsschule (= durchgeführte Kurse)

Unternehmungs-bereich	Produkt	Anzahl Klassen	Anzahl Kursteilnehmer	Erlös je Kursteilnehmer
Rechnungswesen	Buchhalter/in mit eidg. Fachausweis①	4	100	5 000
	Treuhänder/in mit eidg. Fachausweis	2	40	6 000
	Sachbearbeiter/in Rechnungswesen	1	20	8 000
Unternehmungs-führung	Marketingplaner/in mit eidg. Fachausweis	3	60	7 000
	Verkaufskoordinator/in mit eidg. Fachausweis	1	20	7 000
	Technische/r Kauffrau/mann mit eidg. Fachausweis	2	35	4 000
	Betriebswirtschafter/in HF②	5	100	6 000

① Ab 2003 lautet die offizielle Bezeichnung: Fachfrau/Fachmann im Finanz- und Rechnungswesen mit eidg. Fachausweis.

② Höhere Fachschule für Wirtschaft.

Kostenstruktur der Handelsschule

Unternehmungsbereich	Produkt	Fixe Entschädigung für den Produkteleiter	Fixe Lehrerlöhne je Klasse	Variable Kosten je Kursteilnehmer (Bücher)
Rechnungswesen	Buchhalter/in	30 000	40 000	300
	Treuhänder/in	20 000	44 000	400
	Sachbearbeiter/in	15 000	56 000	600
Unternehmungsführung	Marketingplaner/in	20 000	48 000	500
	Verkaufskoordinator/in	10 000	40 000	300
	Technische/r Kauffrau/mann	20 000	36 000	200
	Betriebswirtschafter/in HF	40 000	40 000	400

- ▷ Die fixen Jahreslöhne für die Direktion betragen: Schuldirektorin Fr. 220 000.–, Bereichsleiter Rechnungswesen Fr. 135 000.–, Bereichsleiter Unternehmungsführung Fr. 130 000.–.
- ▷ Die fixen Gebäudekosten (Miete, Heizung, Reinigung) für die Schulräumlichkeiten betragen jährlich Fr. 270 000.–.
- ▷ Die fixen Gemeinkosten für die zentralen Dienste (Sekretariat, Buchhaltung, Informatik) betragen Fr. 375 000.– im Jahr.

Lösung 1: Vollkostenrechnung

Gesamtkalkulation (in Fr. 1 000.–)

Erlöse①
./. Kosten für Bücher②
./. Lehrerlöhne②
./. Entschädigungen Leiter②
./. Umlage Gebäudekosten③
./. Umlage zentrale Dienste④
./. Umlage Lohn Schuldirektorin⑤
./. Umlage Lohn Bereichsdirektoren⑤
= Erfolg

Stückkalkulation (in Fr.)

Erlös je Kursteilnehmer
./. Kosten je Kursteilnehmer
= Erfolg je Kursteilnehmer

① Der besseren Übersicht wegen wird bei tabellarischen Darstellungen im Gegensatz zum BAB mit den Erlösen begonnen.

② Die Bücherkosten, die Lehrerlöhne sowie die Entschädigungen für die Produkteleiter sind Einzelkosten.

③ Die Umlage der Gebäudekosten für die Schulräumlichkeiten erfolgt proportional zur Anzahl Klassen.

④ Die zentralen Dienste werden im Verhältnis zu den Kursteilnehmerzahlen umgelegt.

⑤ Die Löhne der Direktion werden im Verhältnis zum Kursgeldertrag umgelegt.

Aufgaben

a) Erstellen Sie mithilfe der Lösungsblätter auf dieser und der nächsten Seite folgende Rechnungen, die alle auf demselben Datenmaterial basieren:

1. eine Vollkostenrechnung
2. eine einstufige Deckungsbeitragsrechnung
3. eine mehrstufige Deckungsbeitragsrechnung

b) Wie verändert sich das Unternehmungsergebnis, wenn noch eine zusätzliche Schülerin für die Ausbildung zur Sachbearbeiterin aufgenommen wird?

c) Die Vollkostenrechnung zeigt beim Technischen Kaufmann einen Verlust von 52. Beurteilen Sie, ob diese Ausbildungsrichtung von der Schule künftig nicht mehr angeboten werden soll.

d) Ein Neffe der Schulleiterin möchte die Marketingplanerausbildung absolvieren. Die Direktorin ist bereit, einen grosszügigen Rabatt zu gewähren, dabei soll aber das Gesamtergebnis der Schule nicht verschlechtert werden. Welches ist die Preisuntergrenze für das Kursgeld des Neffen?

e) Eine Grossunternehmung möchte 15 Mitarbeiter in die Buchhalterausbildung an diese Schule schicken. Da die Konkurrenz auf dem Bildungsmarkt gross ist und diese Handelsschule ins Geschäft mit Firmenkunden einsteigen möchte, soll dieser Grossunternehmung eine Offerte eingereicht werden, die möglichst günstig ist, aber das Unternehmungsergebnis nicht verschlechtert.

stenträgerrechnung

reich Rechnungswesen				Bereich Unternehmungsführung					Total
ch- lter	Treu- händer	Sachbe- arbeiter	Total	Planer	Koordi- nator	TK	HFW	Total	

Lösung 2:

Einstufige Deckungsbeitragsrechnung

Gesamtkalkulation (in Fr. 1 000.–)

Erlöse	
./. Variable Kosten①	
= Deckungsbeitrag	
./. Fixkosten Lehrerlöhne②	
./. Fixkosten Leiterentschädigungen	
./. Fixkosten Gebäude	
./. Fixkosten zentrale Dienste	
./. Fixkosten Lohn Schuldirektorin	
./. Fixkosten Löhne Bereichsdirektoren	
= Erfolg	

① Die Kosten für die im Schulgeld inbegriffenen Bücher sind variable Kosten.

② Die Lehrerlöhne sind bezüglich der Anzahl Schüler sprungfix. Beim Eintritt eines zusätzlichen Schülers bleiben die Lehrerlöhne konstant, aber sobald eine zusätzliche Klasse geführt wird, steigen die Lehrerkosten sprunghaft an.

Stückkalkulation (in Fr.)

Erlös je Kursteilnehmer	
./. Variable Kosten je Kursteilnehmer	
= Deckungsbeitrag je Kursteilnehmer	

Lösung 3:

Mehrstufige Deckungsbeitragsrechnung

Gesamtkalkulation (in Fr. 1 000.–)

Erlöse	
./. Variable Kosten	
= Deckungsbeitrag 1	
./. Fixkosten Lehrerlöhne①	
./. Fixkosten Leiterentschädigungen①	
= Deckungsbeitrag 2	
./. Fixkosten Bereichsleiter②	
= Deckungsbeitrag 3	
./. Fixkosten Gebäude③	
./. Fixkosten zentrale Dienste③	
./. Fixkosten Lohn Schuldirektorin③	
= Erfolg	

① Bei den Lehrerlöhnen und den Leiterentschädigungen handelt es sich um so genannte **Artikelfixkosten.** Diese Kosten sind zwar fix, d.h. unabhängig von der Anzahl Schüler, aber es sind Einzelkosten, d.h. den einzelnen Produkten (Artikeln) zurechenbar.

② Bei den Kosten der Bereichsleitung handelt es sich um Fixkosten, d.h., sie sind unabhängig von der Menge. Diese **Bereichsfixkosten** können zwar nicht direkt den einzelnen Produkten zugerechnet werden, hingegen ist es möglich, diese Kosten einer Gruppe von Produkten anzulasten. Es handelt sich deshalb um relative Einzelkosten.

③ Diese so genannten **Unternehmungsfixkosten** sind unabhängig von der Menge und können weder einem einzelnen Produkt noch einer Gruppe von Produkten direkt zugerechnet werden.

stenträgerrechnung

eich Rechnungswesen				Bereich Unternehmungsführung					Total
ch- ter	Treu- händer	Sachbe- arbeiter	Total	Planer	Koordi- nator	TK	HFW	Total	
500	240	160	900	420	140	140	600	1 300	2 200

5 000	6 000	8 000		7 000	7 000	4 000	6 000		

500	240	160	900	420	140	140	600	1 300	2 200

35.05

Im **Teddyland** – einem Laden für Kinderspielzeuge – werden zwei Sorten von Teddybären angeboten, das Standardmodell TED sowie das Luxusmodell URSUS. Der Luxusbär zeichnet sich gegenüber dem Standardbären durch einen feineren Pelz aus. Ausserdem brummt er genüsslich, wenn man ihn aus dem Stand auf den Rücken legt, und er verdreht die Augen, wenn er am Hals gekrault wird. Beim Standardmodell dauert das Verkaufsgespräch durchschnittlich 10 Minuten; für den Verkauf eines Luxusbären müssen 20 Minuten aufgewendet werden.

	TED (Standard)	URSUS (Luxus)
Dauer eines Verkaufsgesprächs je Stück	10 Minuten	20 Minuten
Verkaufspreis je Stück	36.–	60.–
Variable Kosten (Einstandspreis) je Stück	24.–	40.–
Deckungsbeitrag je Stück		
Deckungsbeitrag je Stunde		
Deckungsbeitragsmarge①		

Vervollständigen Sie die Tabelle, und beantworten Sie diese Fragen:

a) Welches Modell soll der Verkäufer unter der Woche favorisieren, solange die Verkaufskapazität nicht ausgeschöpft ist?

b) Welches Modell soll der Verkäufer am Samstag bei knapper Kapazität favorisieren?

c) Welches Modell soll einer Kindergärtnerin verkauft werden, die für Fr. 720.– Bären einkaufen will? (Die Dauer des Verkaufsgesprächs ist unabhängig von den gekauften Produkten.)

d) Eine befreundete Spielzeughändlerin in einer anderen Stadt, der im Moment die Bären ausgegangen sind, fragt im Teddyland nach, ob nächste Woche je 10 TED und URSUS zu einem möglichst günstigen Preis geliefert werden könnten. Da der Bärenhersteller zurzeit nicht liefern kann und das Teddyland über genügend Bären verfügt, soll dieser Anfrage entsprochen werden.

   Welches ist die Preisuntergrenze für diese Lieferung, sodass für das Teddyland weder ein Gewinn noch ein Verlust resultieren?

① Deckungsbeitrag in % des Verkaufserlöses

35.06

Am zweitägigen Grümpelturnier von Seldwyla betreibt der örtliche **Fussballclub** einen Grillstand mit Cervelats und Pouletbrüstchen. Auf dem Grill können gleichzeitig entweder 30 Cervelats oder 20 Poulets gebraten werden. Am Sonntagnachmittag reicht die Grillkapazität nicht aus, um die Nachfrage der Festteilnehmer zu befriedigen, und es entstehen Warteschlangen. Während der übrigen Zeit wird die Kapazität nicht ausgeschöpft.

	Cervelat	Poulet
Verkaufspreis je Stück	5.–	9.–
Variable Kosten (Einstandspreis) pro Stück	2.–	3.–
Grillzeit pro Stück	6 Minuten	12 Minuten
Kapazität der Grillfläche	30 Stück	20 Stück
Deckungsbeitrag pro Stück		
Kapazität pro Stunde		
Deckungsbeitrag pro Stunde		

Vervollständigen Sie die Tabelle, und beantworten Sie die Fragen:

a) Welches Produkt soll bei genügender Kapazität produziert und verkauft werden?

b) Welches Produkt soll am Sonntagnachmittag bei knapper Kapazität produziert und verkauft werden?

c) Eine auswärtige Fussballmannschaft möchte während der Spitzenzeit unbedingt 20 Pouletbrüstchen kaufen.
Welchen Preis je Poulet muss der Grillstandbetreiber verlangen, damit er keine Deckungsbeiträge verliert?

35.07

Das **Schnellimbiss-Restaurant JUNK FOOD** offeriert vier verschiedene Verpflegungsmöglichkeiten (ein Glas Mineralwasser, Süssgetränk oder Bier nach Wahl des Gastes inbegriffen):

	Pizza	Sandwich	Hotdog	Brezel
Verkaufspreis pro Mahlzeit	18.–	14.–	12.–	10.–
Variable Kosten pro Mahlzeit	6.–	4.–	3.–	2.–
Durchschnittliche Aufenthaltsdauer je Gast	20 Minuten	12 Minuten	10 Minuten	6 Minuten
Deckungsbeitrag pro Mahlzeit				
Deckungsbeitrag je Stunde				

Über Mittag und nach Feierabend sind oft sämtliche Sitzplätze belegt, und viele Gäste müssen abgewiesen werden. In der übrigen Zeit ist reichlich Kapazität vorhanden. Eine Studie über das Essverhalten der Gäste zeigt, dass die durchschnittliche Aufenthaltsdauer der Gäste mit dem gewählten Menü übereinstimmt. So bleibt zum Beispiel der durchschnittliche Hotdog-Esser nur gerade 10 Minuten im Lokal, während ein Pizza-Konsument doppelt so lange isst und trinkt.

a) Welche Mahlzeiten fördern Sie in Spitzen- und Randzeiten (Rangfolge angeben)?

	Pizza	Sandwich	Hotdog	Brezel
Rangfolge bei Unterbeschäftigung				
Rangfolge bei Überbeschäftigung				

b) Zu welchem Preis müssten die Sandwiches in Spitzenzeiten verkauft werden, wenn für das Fastfood-Restaurant ein maximaler Deckungsbeitrag erzielt werden soll?

35.08

Über die **hauseigene Druckerei** einer grossen Wirtschaftsschule sind folgende Grössen bekannt:

▷ Jährliche Raumkosten für die Druckerei	Fr. 20 000.–
▷ Jährliche Lohnkosten für den Druckereiangestellten	Fr. 70 000.–
▷ Übrige jährliche Fixkosten	Fr. 10 000.–
▷ Variable Kosten (Papierverbrauch sowie Lizenzgebühr für Fotokopierer)	3 Rappen/Fotokopie
▷ Geplante jährliche Produktionsmenge	10 Millionen Fotokopien

a) Wie hoch sind die geplanten Durchschnittskosten (Vollkosten) je Fotokopie?

b) Eine Druckerei offeriert die Ausführung eines bestimmten Druckauftrags zu 3,5 Rappen je Kopie.

Soll *dieser Auftrag* auswärts vergeben werden, obwohl in der eigenen Hausdruckerei genügend Kapazität vorhanden wäre?

c) Eine Druckerei offeriert, *alle künftigen Druckaufträge* der Schule zu 3,5 Rappen je Kopie herzustellen.

Soll die Hausdruckerei aufgegeben werden?

35.09

Über die Produkte X und Y der **Artemis AG** liegen diese Informationen vor.

	Produkt X	Produkt Y
Verkaufspreis in Fr. je Stück	60	40
Variable Kosten (Grenzkosten) in Fr. je Stück	40	17
Produktionszeit in Minuten je Stück	48	60

Beide Produkte zusammen verursachen jährliche Fixkosten von Fr. 650 000.–.

a) Wie viele X müssen pro Jahr zur Erreichung der Nutzschwelle (break-even) verkauft werden, wenn gleichzeitig 20 000 Y verkauft werden können?

b) Es wird nur noch das Produkt X hergestellt und verkauft, wodurch die jährlichen Fixkosten um Fr. 200 000.– gesenkt werden können.

Wie hoch müsste der Umsatz sein, um einen Gewinn von Fr. 50 000.– zu erzielen?

c) Ab welchem Stückpreis würde es sich bei Überkapazität lohnen, das Produkt Y zu verkaufen?

d) Ab welchem Stückpreis würde es sich bei knapper Kapazität lohnen, das Produkt Y an Stelle des Produktes X zu verkaufen?

35.10

M. Wiezel ist **Marktfahrerin** und verkauft Musik-CDs auf Wochenmärkten.

Verkaufspreis für eine CD	Fr. 20.–
Einstandspreis für eine CD	Fr. 12.–
Standmiete und Gewerbegebühr pro Tag	Fr. 100.–
Lohnkosten pro Tag	Fr. 220.–
Durchschnittliche Fahrzeugkosten pro Tag	Fr. 40.–

a) Wie hoch ist der Tageserfolg, wenn Frau Wiezel 50 CDs verkauft ?

b) Bei wie vielen verkauften CDs liegt die tägliche Nutzschwelle (rechnerische Lösung)?

c) Ermitteln Sie die Nutzschwelle grafisch.

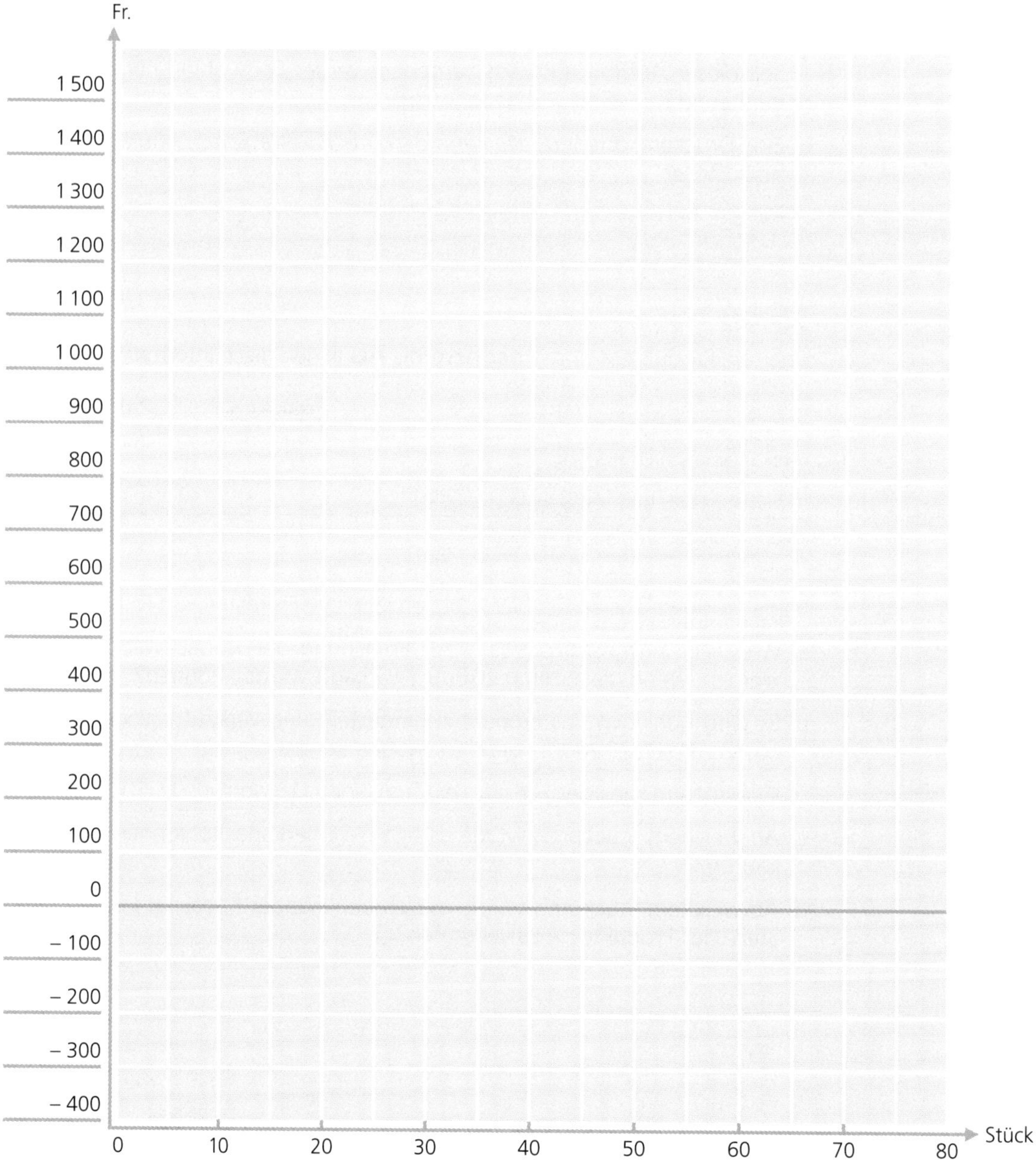

d) Wie viele CDs muss Frau Wiezel verkaufen, wenn sie einen Tagesgewinn von Fr. 200.– erzielen will?

e) Wie bei den meisten Gütern besteht auch bei den CDs ein Zusammenhang zwischen verkaufter Menge und Verkaufspreis: Je höher der Preis, desto kleiner die Menge, und je tiefer der Preis, desto höher die Menge.

Die Marktfahrerin überlegt sich anhand der folgenden Tabelle, wie viele CDs sie für einen bestimmten Preis verkaufen muss, sodass sie jeweils gerade den für die Erreichung der Nutzschwelle geforderten Deckungsbeitrag von Fr. 360.– erzielt. (Die erste Zeile ist als Lösungshinweis bereits ausgefüllt.)

Verkaufspreis je CD	Deckungsbeitrag je CD	Für Nutzschwelle erforderliche Menge
Fr. 30.–	30 – 12 = 18	360 : 18 = 20
Fr. 27.–		
Fr. 24.–		
Fr. 21.–		
Fr. 18.–		
Fr. 15.–		

f) Die in der obigen Tabelle ermittelten Preis-Mengen-Kombinationen können mit der so genannten **Iso-Deckungsbeitragskurve**[1] grafisch dargestellt werden.

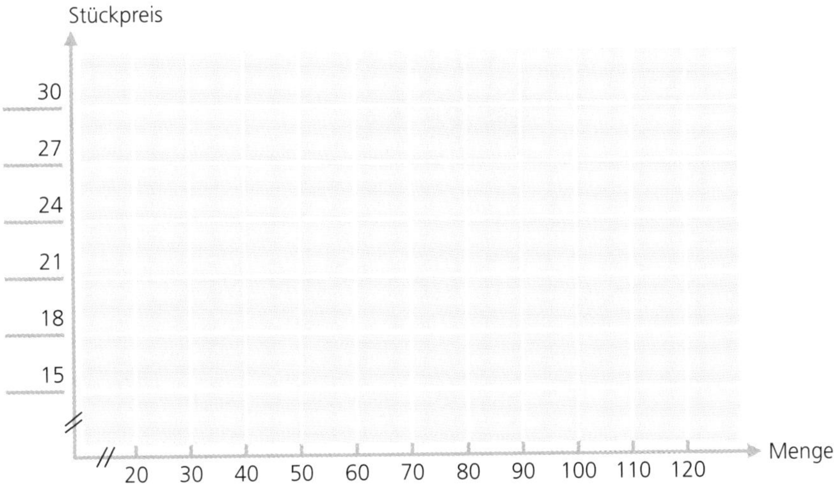

[1] Das Wort *iso* stammt aus dem Griechischen und bedeutet *gleich*. Mit der Iso-Deckungsbeitragskurve werden alle Preis-Mengen-Kombinationen dargestellt, die den *gleichen* Deckungsbeitrag ergeben.

35.11

Ein **Grossauftrag** kann entweder manuell oder automatisch mithilfe einer nur für diesen Auftrag gekauften Maschine gefertigt werden. Nach Auftragsabwicklung kann die Maschine nicht mehr weiter verwendet werden.

	Manuelle Fertigung	Maschinenfertigung
Fixkosten total	100 000	500 000
Variable Kosten je Stück	100	20

a) Berechnen Sie, ab welchem Auftragsvolumen sich die Maschinenfertigung lohnt.

b) Weisen Sie die Berechnungen von Teilaufgabe a) grafisch nach.

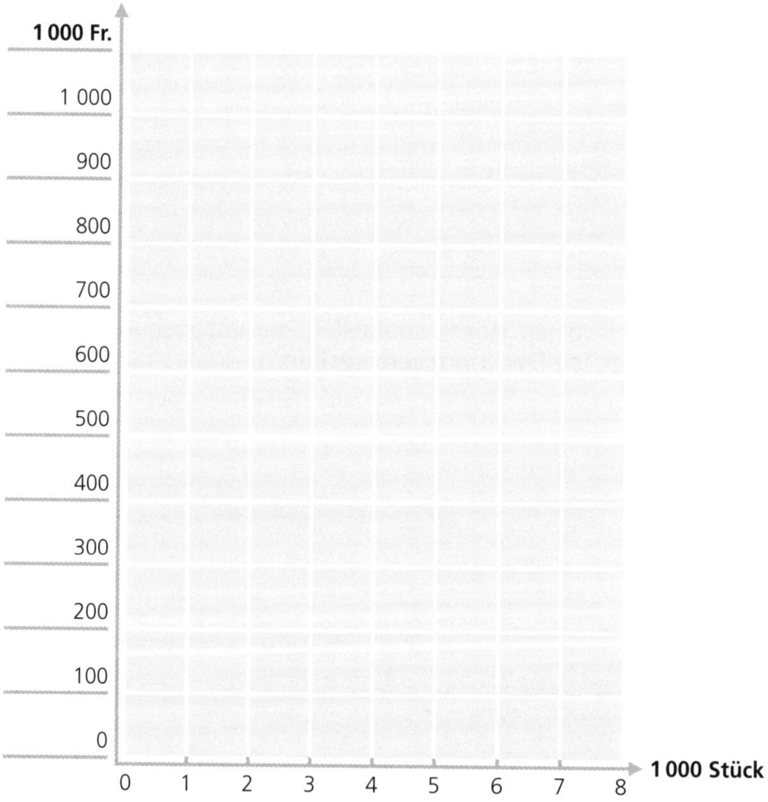

35.12

H. Haller kauft ein **Auto** für Fr. 20000.–. Er rechnet mit folgenden Kosten:

▷ Jährliche Abschreibungen	20% vom Anschaffungswert
▷ Übrige Fixkosten (wie Verkehrssteuer und Haftpflichtversicherung)	Fr. 1000.–
▷ Treibstoffverbrauch	10 Liter/100 km (1 Liter Benzin kostet Fr. 1.20.)
▷ Ölverbrauch	1 Deziliter/100 km (1 Liter Öl kostet Fr. 10.–.)
▷ Reifenverbrauch	Fr. 2.–/100 km
▷ Unterhalt und Reparaturen	Fr. 8.–/100 km

a) Wie hoch sind die fixen Kosten im Jahr?

b) Wie hoch sind die variablen Kosten je 100 km?

c) Wie hoch sind die durchschnittlichen Gesamtkosten je Kilometer, wenn H. Haller jährlich 20000 km fährt?

d) Die Distanz Zürich–Bern–Zürich beträgt 250 km. Ein Erstklassbillett der SBB kostet Fr. 119.– (hin und zurück).

Soll H. Haller aus Zürich für die Teilnahme an einer Tagung in Bern das Auto oder die SBB benützen? (Belegen Sie Ihren Entscheid zahlenmässig, und fügen Sie anschliessend weitere Überlegungen an, die H. Hallers Entscheid beeinflussen könnten.)

e) Bei welcher jährlichen Anzahl Kilometer betragen die gesamten durchschnittlichen Kosten je km genau Fr. –.50?

35.13

Bei einem kleinen **Skilift** betragen die fixen Kosten (Abschreibungen, Zinsen, Unterhalt und Reparaturen, ein Teil der Löhne, Werbung, Verwaltung) jährlich Fr. 200000.–, die proportionalen Kosten Fr. 400.– je Betriebstag. Der Skilift ist normalerweise während 100 Tagen im Jahr in Betrieb. Der Preis für eine Tageskarte beträgt Fr. 24.–; Einzelfahrten sind nicht möglich.

a) In der letzten Saison benützten täglich durchschnittlich 95 Personen den Skilift.

Wie hoch war der Betriebserfolg?

b) Welche durchschnittliche tägliche Benützerzahl ist für die Erzielung eines Reingewinnes von Fr. 60000.– notwendig?

c) Wie wirkt sich ein zusätzlicher Betriebstag mit einer Benützerzahl von 50 Personen auf das Betriebsergebnis aus?

d) Mit einer Ermässigung des Preises für eine Tageskarte auf Fr. 20.– könnte die Benützerzahl erheblich gesteigert werden.

Bei welcher durchschnittlichen täglichen Benützerzahl würde die Nutzschwelle erreicht?

35.14

M. Schuster plant in Grindelwald den Verkauf von **Wanderschuhen.** Die monatlichen Fixkosten werden auf Fr. 6000.– geschätzt.

Stückkalkulation

Einstandspreis	Fr. 120	100%
+ Bruttogewinn-Zuschlag	Fr. 40	33⅓%
= **Verkaufspreis**	**Fr. 160**	**133⅓%**

a) Berechnen Sie die Deckungsbeitrags-Marge.

b) Wie viele Wanderschuhe müssen monatlich verkauft werden, bis die Nutzschwelle erreicht wird?

c) Bei welchem monatlichen Verkaufsumsatz liegt die Nutzschwelle?

d) Welche Stückzahl bzw. welcher Umsatz muss erzielt werden, um einen Monats-Gewinn von Fr. 1000.– zu erreichen?

e) Wie viele Wanderschuhe müssen verkauft werden, um eine Gewinnmarge (Gewinn in % des Umsatzes) von 10% zu erreichen?

35.15

Über das Hotel **Bellavista** liegen diese Informationen vor:

Zahlen aus dem Jahr 20_1

Anzahl Betten		100 Betten
Betriebsdauer (1 Monat = 30 Tage)		8 Monate
Durchschnittliche Auslastung		75%
Verkaufspreis für Übernachtung und Frühstück pro Person	Fr.	120.–
Variable Kosten für Übernachtung/Frühstück pro Person	Fr.	30.–
Fixkosten pro Jahr	Fr.	1 800 000.–

a) Wie viele Übernachtungen mit Frühstück konnten 20_1 verkauft werden?

b) Berechnen Sie den Erfolg des Jahres 20_1.

c) Wie viele Übernachtungen wären im Jahr 20_1 nötig gewesen, um die Nutzschwelle zu erreichen?

d) Bei welchem Verkaufspreis pro Nacht wäre im Jahr 20_1 die Nutzschwelle erreicht worden?

Für das Jahr 20_2 wird eine Senkung der Fixkosten um Fr. 132000.– budgetiert (Einsparung beim Personal sowie günstigere Refinanzierung mit Hypotheken). Der Übernachtungspreis sowie die variablen Kosten bleiben voraussichtlich konstant, und die Betriebsdauer beträgt weiterhin acht Monate.

e) Welche durchschnittliche Auslastung ist im Jahr 20_2 nötig, um einen Gewinn von Fr. 60000.– zu erzielen?

35.16

Die **Automobil AG** stellt Zubehörteile für Autos her, die sie an Autohersteller verkauft. Die Gesamtunternehmung gliedert sich in zwei Sparten mit je zwei Produkten. Die Beträge sind Kurzzahlen.

▷ In der Sparte *Lärmdämmung* entstehen Spartenfixkosten von 120.

	Nettoerlös	Variable Materialkosten	Variable Lohnkosten	DB-Marge	Produkt-fixkosten
Lärmdämmung für Motorhauben	100	40	20	40%	20
Lärmdämmung für Türen	?	60	0	70%	60

▷ In der Sparte *Airbags* entstehen Spartenfixkosten von 100.

	Nettoerlös	Variable Materialkosten	Variable Lohnkosten	DB-Marge	Produkt-fixkosten
Frontairbags	800	200	?	25%	80
Seitenairbags	?	400	200	40%	120

▷ Die Unternehmensfixkosten betragen 200.

Erstellen Sie eine mehrstufige Deckungsbeitragsrechnung ohne Schlüsselung der Fixkosten.

Mehrstufige DB-Rechnung

35.17

Ein Artikel mit einem Einstandspreis von Fr. 6.– wird zu Fr. 10.– verkauft. Die anteilsmässigen fixen Gemeinkosten betragen Fr. 48 000.–.

a) Wie hoch ist die Deckungsbeitragsmarge in Prozenten des Verkaufserlöses?

b) Bei welchem Verkaufsumsatz in Franken wird die Nutzschwelle erreicht?

Um den Umsatz zu steigern, senkt der Händler den Verkaufspreis auf Fr. 9.– je Stück. Der Einstandspreis bleibt unverändert. Zusätzlich erhöht er den Werbeaufwand um Fr. 2 000.– jährlich.

c) Um wie viel Prozent muss der Verkaufsumsatz gesteigert werden, damit die Nutzschwelle erreicht wird?

d) Wie viel Stück müssen abgesetzt werden, damit durchschnittlich ein Gewinn von Fr. 1.– je Stück erzielt wird?

Bisher war dieser Händler nur im Inland tätig. Ein ausländischer Käufer zeigt Interesse an der Abnahme von 4 000 Stück, wenn ein genügender Rabatt gewährt wird.

e) Welches ist die Preisuntergrenze für diesen Zusatzauftrag, sofern die Fixkosten unverändert bleiben?

35.18

Aus der Jahresrechnung eines Handelsbetriebes können folgende Zahlen entnommen werden:

▷ Variable Kosten	Fr. 1 600 000.–
▷ Fixkosten	Fr. 500 000.–
▷ Verlust	Fr. 100 000.–

a) Um wie viel Prozent müssten die Verkaufspreise erhöht werden, damit bei gleich bleibendem mengenmässigem Umsatz die Nutzschwelle erreicht wird?

b) Um wie viel Prozent müsste der mengenmässige Umsatz gesteigert werden, damit bei gleich bleibenden Verkaufspreisen die Nutzschwelle erreicht wird?

35.19

Im vergangenen Rechnungsjahr hat eine Fabrik 20 000 Apparate hergestellt und zu Fr. 80.– je Stück verkauft.

Die Material-, Fertigungs-, Verwaltungs- und Vertriebs-Gemeinkosten betrugen Fr. 880 000.–; sie können als fix betrachtet werden.

Der Einzelmaterialverbrauch betrug Fr. 10.– je Apparat. Die Einzellöhne beliefen sich auf Fr. 30.– je Stück.

a) Wie hoch war der Erfolg?

b) Bei welchem Umsatz (mengen- und wertmässig) wäre die Nutzschwelle erreicht gewesen?

Durch Rationalisierung können die Fixkosten im nächsten Jahr voraussichtlich um Fr. 19000.– vermindert werden. Ferner kann durch geschickteren Einkauf der Einzelmaterialverbrauch wahrscheinlich auf Fr. 9.– je Stück herabgesetzt werden.

c) Bei welchem Umsatz (mengen- und wertmässig) liegt die Nutzschwelle, wenn die geplanten Kosteneinsparungen verwirklicht werden können?

35.20

Eine Fabrik hat bisher bestimmte Teile zu Fr. 2.– je Stück in Heimarbeit fertigen lassen. Da die Unternehmung über unausgenützte Produktionskapazitäten verfügt, überlegt sich die Unternehmungsleitung, ob diese Teile in Zukunft in der Fabrik hergestellt werden sollen. Die fabrikmässige Herstellung würde voraussichtlich zusätzliche Fixkosten von Fr. 9000.– sowie proportionale Kosten von Fr. 20.– je Stunde verursachen. In der Stunde könnten 40 Teile hergestellt werden.

a) Ab welcher Stückzahl lohnt sich die fabrikmässige Herstellung?

b) Welche anderen Gesichtspunkte muss die Unternehmungsleitung berücksichtigen?

35.21

Die proportionalen Kosten einer Boutique betragen 50% des Nettoerlöses. Wenn der Umsatz um 20% steigt, erhöhen sich die Gesamtkosten von Fr. 800000.– auf Fr. 900000.–.

a) Wie hoch sind die Fixkosten?

b) Wie hoch ist der Nettoerlös nach der Umsatzerhöhung?

35.22

Ein Geschäftsauto verursacht folgende Kosten:

Kostenart	Kosten
Variable Kosten wie Benzin-, Öl- und Reifenverbrauch	Fr. 25.–/100 km
Fixkosten wie Steuern, Versicherungen und Abschreibungen	Fr. 10000.–/Jahr

a) Wie hoch sind die durchschnittlichen jährlichen Kosten je Kilometer, wenn im Jahr 20000 km zurückgelegt werden?

b) Soll für eine einzelne Geschäftsfahrt nach Basel, das 80 km vom Firmensitz entfernt liegt, das Auto oder der Zug genommen werden, wenn das Retourbillett bei den SBB Fr. 70.– kostet? Der Entscheid ist rechnerisch zu begründen.

c) Der Entscheid bei Teilaufgabe b) erfolgte nach rein ökonomischen Überlegungen. Welche anderen Gesichtspunkte spielen eine Rolle?

35.23

Bei einem Volksfest werden an einem Getränkestand Wasser, Cola und alkoholfreies Bier im Offenausschank verkauft. Die täglichen Fixkosten betragen Fr. 840.– (Lohnkosten, Standmiete u. a.).

a) Vervollständigen Sie die Tabelle:

	Wasser	Cola	Bier
Zeitbedarf pro Ausschank inkl. Einkassieren①	30 Sekunden	60 Sekunden	90 Sekunden
Verkaufspreis je Becher	3.–	4.–	5.–
Einstandspreis je Becher	–.30	–.50	1.–
Deckungsbeitrag je Becher			
Deckungsbeitrag je Stunde			

b) Bei welchen Mengen wird die tägliche Nutzschwelle erreicht, wenn Wasser, Cola und Bier im Verhältnis 5 : 3 : 1 verkauft werden?

c) Welche Produkte sind bei Unterbeschäftigung bzw. bei Überbeschäftigung zu favorisieren? Erstellen Sie je eine Präferenzliste.

	Wasser	Cola	Bier
Rangfolge bei Unterbeschäftigung			
Rangfolge bei Überbeschäftigung			

d) Zu welchem Preis müssten Cola und Bier theoretisch verkauft werden, um gegenüber dem Wasser keine Deckungsbeiträge zu verlieren, wenn die Durstigen vor dem Getränkestand Schlange stehen?

① Die längeren Bearbeitungszeiten sind vor allem auf folgende Umstände zurückzuführen:
- ▷ Bei einer Cola wird noch Eis beigegeben.
- ▷ Beim Bier muss gewartet werden, bis sich der Schaum gelegt hat.

35.24

M. Jutzeler erwirbt von einem US-amerikanischen Hersteller das Alleinvertriebsrecht in der Schweiz für den Wunderklebstoff **WonderGlue.**

M. Jutzeler kann den Klebstoff aus den USA frei Haus für USD 10.–/Tube einkaufen und in der Schweiz für CHF 15.–/Tube verkaufen. Der Aufbau und Betrieb einer Verkaufsorganisation in der Schweiz verursacht jährliche Fixkosten von CHF 100 000.–. Es ist bei den Aufgaben a) bis c) mit einem Wechselkurs von CHF 1.–/USD zu rechnen.

a) Berechnen Sie, bei welcher Stückzahl und bei welchem Umsatz die Nutzschwelle erreicht wird.

b) Bei welcher Stückzahl und bei welchem Umsatz wird ein Gewinn von CHF 75 000.– erreicht?

c) Ermitteln Sie die jährliche Nutzschwelle grafisch auf zwei Arten (d.h. mit zwei verschiedenen Schnittpunkten).

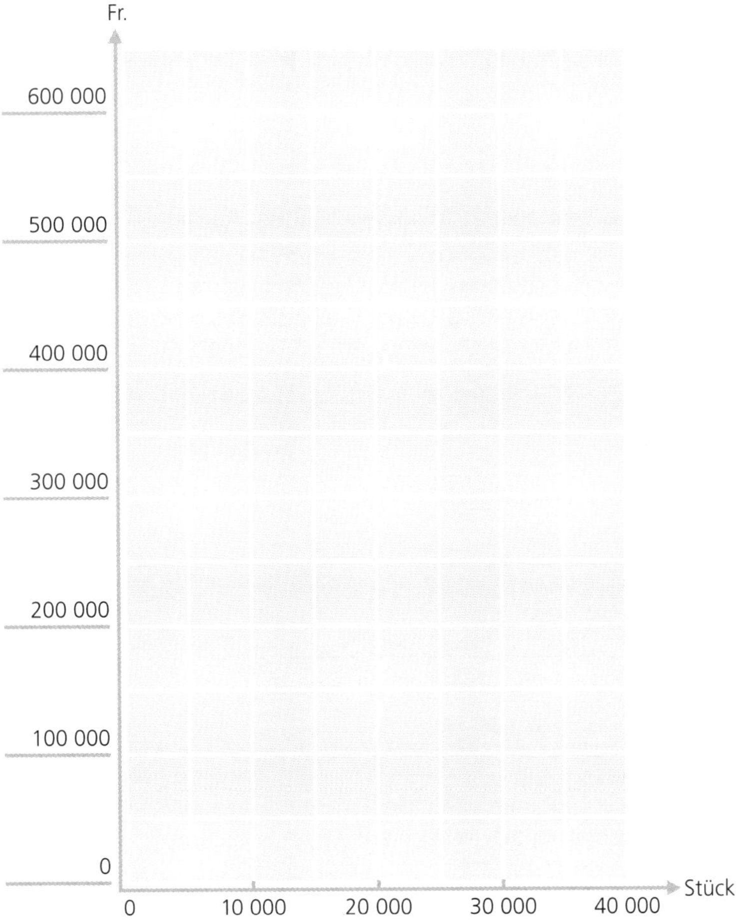

d) Ermitteln Sie rechnerisch (auf drei Dezimalstellen genau), bei welchem Wechselkurs für den USD die Nutzschwelle bei einer Absatzmenge von 25 000 Stück erreicht würde.

35.25

Vom Kosmetikprodukt **SoftSkin** liegen folgende Informationen in Franken vor:

	Nettoerlös (Umsatz)	150 000
./.	Variable Kosten	– 90 000
=	**Deckungsbeitrag**	**60 000**
./.	Fixkosten	– 80 000
=	**Verlust**	**– 20 000**

a) Bei welchem Umsatz in Franken wird die Gewinnschwelle (Nutzschwelle, Break-even) erreicht?

b) Bei welchem Umsatz in Franken wird ein Gewinn von Fr. 30 000.– erzielt?

c) Zur Verbesserung der Situation werden verschiedene Verkaufsförderungsmassnahmen geplant, die voraussichtlich zusätzliche Fixkosten von Fr. 10 000.– verursachen. Der Verkaufspreis wird um 5% gesenkt. Dadurch erhofft sich die Geschäftsleitung eine Steigerung der Verkaufsmenge um 20%.

Weisen Sie rechnerisch nach, ob sich diese Massnahmen lohnen.

35.26

Die **Dörr AG** verarbeitet frische Zwetschgen, Aprikosen und Äpfel zu Dörrfrüchten.

Zum Trocknen steht ein Dörrofen mit einer Füllmenge von 100 kg Frischobst zur Verfügung. Die Früchtesorten müssen separat gedörrt werden. Die Kapazität des Dörrofens ist auf 1 000 Stunden begrenzt, d. h., die Kapazität des Dörrofens ist zu klein, um die theoretisch möglichen Absatzmengen produzieren zu können (sogenannter Produktionsengpass).

a) Vervollständigen Sie die Tabelle mit den fehlenden Grössen.

	Zwetschgen	Aprikosen	Äpfel
Erwartete Absatzmenge (Verkaufspotenzial)	6 000 kg	8 000 kg	12 000 kg
Verkaufserlös je 100 kg Frischobst in Fr.	400	500	200
Variable Kosten je 100 kg Frischobst in Fr.	230	350	80
Dörrzeit in Stunden für 100 kg Frischobst	10 h	5 h	3 h
Deckungsbeitrag je 100 kg Frischobst in Fr.			
Deckungsbeitrag je Stunde in Fr.			

b) Wie viele Kilogramm von jeder Frucht sollen zu Dörrobst verarbeitet werden, damit der Deckungsbeitrag möglichst hoch ist?

Reihenfolge der Früchte	Produktionsmenge in Kilogramm	Benötigte Kapazität in Stunden	Deckungsbeitrag
Total	–		

35.27

Die **Merkur AG** fabriziert und verkauft die Produkte P und Q. Die beiden Fabrikate werden an derselben Maschine hergestellt.

	Produkt P	Produkt Q
Verkaufspreis je Stück	50.–	40.–
Variable Kosten je Stück	30.–	35.–
Fertigungszeit in Minuten je Stück	10 Min.	1 Min.

Beide Produkte zusammen verursachen jährliche Fixkosten von Fr. 800 000.–.

a) Wie viele Stück P müssen pro Jahr zur Erreichung der Gewinnschwelle (Nutzschwelle, Break-even) verkauft werden, wenn gleichzeitig 100 000 Stück Q verkauft werden?

b) Wie gross muss der Jahresumsatz in Fr. für das Produkt Q sein, um einen Jahresgewinn von Fr. 50 000.– zu erzielen, wenn 30 000.– Stück P verkauft werden?

c) Welchem Produkt ist bei der Fabrikation der Vorzug zu geben, wenn die Produktionskapazität beschränkt ist und der Deckungsbeitrag möglichst hoch ausfallen soll? Die Antwort ist zu begründen.

35.28

Über den Artikel **Sanusol** liegen diese Informationen vor: variable Kosten je Stück (Einstandspreis) Fr. 20.–, Verkaufspreis je Stück Fr. 30.–, anteilsmässige Fixkosten Fr. 120 000.–.

a) Bei welchem Verkaufsumsatz in Franken wird die Gewinnschwelle (Nutzschwelle, Break-even) erreicht?

b) Wie viel Stück müssen abgesetzt werden, damit durchschnittlich ein Gewinn von Fr. 2.– je Stück erzielt wird?

Mithilfe der folgenden Massnahmen will die Händlerin den Umsatz und den Gewinn gegenüber der Ausgangslage steigern: Der Verkaufspreis wird auf Fr. 28.– je Stück gesenkt, die variablen Kosten können durch Berücksichtigung eines neuen Lieferanten um Fr. 1.– je Stück vermindert werden, eine Werbekampagne führt zu einer Erhöhung der Fixkosten um Fr. 24 000.–.

c) Um wie viel Prozent muss der mengenmässige Verkaufsumsatz gegenüber Teilaufgabe a) gesteigert werden, um die Gewinnschwelle zu erreichen?

Einem Familienmitglied der Geschäftsleiterin sollen zehn Stück dieses Artikels möglichst günstig verkauft werden, ohne dass sich dabei das Geschäftsergebnis verschlechtert.

d) Welches ist die Preisuntergrenze in Franken je Stück (bezogen auf die Ausgangslage)?

35.29

Die Planmare betreibt das gemietete 3-Stern-**Kreuzfahrtschiff Paloma,** welches im Sommerhalbjahr in der Nordsee und im Winterhalbjahr rund um Südamerika jeweils seine 7-tägigen Kreuzfahrten anbietet. Das Schiff bietet Platz für 250 Passagiere. Der Ticketpreis beinhaltet einen Teil für die Verpflegung (immer Vollpension) und einen Teil für die Kabinenbenützung. Während der Kreuzfahrt werden bei jedem Hafenaufenthalt Landausflüge angeboten, welche aber separat bezahlt werden müssen.

Die **Mannschaft** auf dem Schiff ist in verschiedenen Bereichen tätig.

Schiff	Diese Gruppe umfasst den Kapitän, seine Offiziere und die übrige Schiffsbesatzung. Zusammen haben sie die Aufgabe, das Schiff zu steuern und instand zu halten. Total sind 40 Mitarbeiter in der Kostenstelle Schiff beschäftigt. Der Kostenstelle Schiff werden sämtliche Kosten belastet, welche im Zusammenhang mit dem Schiff als Infrastruktur anfallen (kann mit der Kostenstelle Gebäude eines Fabrikationsbetriebs verglichen werden).
Reiseleitung	Die 20 Personen der Kostenstelle Reiseleitung sind für die Unterhaltung auf dem Schiff und die regelmässigen Landausflüge verantwortlich.
Hotelbetrieb	Diese Angestellten sind ausschliesslich für das Wohl der Passagiere und die Verpflegung der gesamten Mannschaft verantwortlich. Von den 130 Mitarbeitern und Mitarbeiterinnen arbeiten 100 in der Kostenstelle Küche und der Rest in der Kostenstelle Zimmer/Zimmerdienste.
Administration	Die 10 Personen in der Kostenstelle Administration erledigen alle administrativen Aufgaben, die der Betrieb eines Passagierschiffs mit sich bringt.

Teilaufgabe 1: Betriebsabrechnung

In der Finanzbuchhaltung wurde das **1. Quartal 20_2** bereits verbucht und abgeschlossen. Im ersten Quartal fielen 20000 Passagiertage an (diese Angabe dient als Basis für die Weiterverrechnung der Kostenstellenkosten).

Sie haben den Auftrag, die bereits verbuchten und im BAB eingetragenen Finanzbuchhaltungszahlen des 1. Quartals zu überprüfen und – wo notwendig – zu korrigieren (sachliche Abgrenzungen). Der Betriebserfolg ist gesamthaft und pro Kostenträger auszuweisen.

Kostenartenrechnung

Da in der Finanzbuchhaltung der Abschluss bereits erstellt wurde, konnten in der Finanzbuchhaltung Abgrenzungs- oder Nachtragsbuchungen nicht mehr erfolgen; sie müssen ausschliesslich als sachliche Abgrenzungen in der Betriebsbuchhaltung vorgenommen werden.

▷ **Personalkosten**
Die Finanzbuchhaltung grenzt keinerlei Personalkosten ab, sondern verbucht die laufenden Belege. Eine objektive Betrachtung zeigt aber, dass für die Rückführung der Mitarbeiter für dieses Quartal ein Betrag von Fr. 120000.– zurückgestellt werden muss. Die Personalkosten werden aufgrund der Anzahl Mitarbeiter auf die verschiedenen Kostenstellen aufgeteilt.

▷ **Treibstoffkosten**
Die Treibstoffkosten sind betrieblich objektiv.

[1] Wir danken herzlich für die grosszügige Unterstützung beim Verfassen dieser Aufgabe durch Andi Winiger, Ausbildungsleiter für Fachleute im Finanz- und Rechnungswesen mit eidg. Fachausweis an der KV Zürich Business School.

▷ **Hafengebühren**
Die Hafengebühren sind betrieblich objektiv und werden zu 75% für das Anlegen des Schiffes (Kostenstelle Schiff) und zu 25% für den Personentransfer (Kostenstelle Reiseleitung) erhoben.

▷ **Trockendock**
Das sind die Kosten für jährliche Instandstellungsarbeiten zur Werterhaltung des Schiffes. Das betrieblich objektive *Jahresbudget* für das Trockendock beträgt Fr. 600 000.–.

▷ **Verpflegungskosten**
Die Kosten für die Verpflegung der Passagiere sind betrieblich objektiv und werden als *Einzelkosten* behandelt. Die Verpflegung der Mitarbeiter ist bereits in den Personalkosten berücksichtigt.

▷ **Schiffsmiete**
Die Kosten für die Miete des Schiffes sind betrieblich objektiv.

▷ **Schiffsreparaturen und Unterhalt**
Aufgrund einer Meldung vom Schiff ist einer der Hilfsmotoren defekt und muss bei nächster Gelegenheit repariert werden. Diesem Quartal müssen aus diesem Grunde noch zusätzlich geschätzte Kosten von Fr. 50 000.– belastet werden.

▷ **Verwaltungskosten**
Da die Kostenstellentotale bereits im BAB eingetragen sind, müssen die Verwaltungskosten als Ausgleichspositionen eingesetzt werden. Berechnen Sie die notwendigen Differenzbeträge sowie die sachliche Abgrenzung, und tragen Sie diese ein.

Kostenstellenrechnung

▷ **Schiff**
Die Umlage der Kosten erfolgt nach den beanspruchten und in Abhängigkeit der Ausbauqualität gewichteten m³ des Rauminhaltes:

Reiseleitung	500 m³
Küche	3 500 m³
Zimmer/Zimmerdienste (Kabinen)	12 500 m³
Administration	1 000 m³

Die Ausbauqualität der Passagierkabinen ist doppelt so hoch wie die der übrigen Räume.

▷ **Reiseleitung**
Die Reiseleitung ist für die Routenwahl, die Unterhaltung der Gäste sowie für die Landausflüge mit den Gästen verantwortlich. Die Kosten sind dem Kostenträger Ausflüge zu belasten.

▷ **Küche**
Pro Passagiertag können Fr. 27.– auf den Kostenträger Restaurant verrechnet werden. Der Rest ist dem Kostenträger Kabinen zu verrechnen.

▷ **Zimmer/Zimmerdienste**
Pro Passagiertag können Fr. 90.– auf den Kostenträger Kabinen verrechnet werden. Der Rest ist dem Kostenträger Restaurant zu belasten.

▷ **Administration**
10% der jeweiligen Erlöse pro Kostenträger können als Administrationskosten auf die entsprechenden Kostenträger weiter verrechnet werden. →

Teilaufgabe 1: **Betriebsabrechnung**

BAB zu Aufgabe 35.23 (in Fr. 1000.–)

Personal
Treibstoff
Hafengebühren
Trockendock
Verpflegung
Schiffsmiete
Schiffsreparaturen
Verwaltung
Total
Umlage Vorkostenstelle Schiff
Total nach Umlage Vorkostenstelle Schiff
Umlage Reiseleitung
Umlage Küche
Umlage Zimmer/Zimmerdienste
Umlage Verwaltungs- und Vertriebs-GK
Selbstkosten
Erlös
Erfolg (+ = Verlust / – = Gewinn)

stenartenrechnung			Kostenstellenrechnung					Kostenträgerrechnung		
Ertrag	Abgrenzungen	Kosten/ Leistung	Schiff	Reiseleitung	Küche	Zimmer/ Dienste	Administration	Kabine	Restaurant	Ausflüge
480										
620										
520										
–										
580										
530										
240										
310										
3 280			2 100	190	300	90	250			
- 3 200		– 3 200						– 1 930	– 980	– 290

Teilaufgabe 2: Fixe und variable Kosten

Ein Kreuzfahrtschiff verursacht jeden Tag Kosten, unabhängig davon, ob es sich auf einer Kreuzfahrt befindet oder ob es irgendwo ohne Passagiere vor Anker liegt. So fallen beispielsweise sämtliche Personalkosten an, auch wenn eine Kreuzfahrt mangels Passagieren gestrichen wird.

Treibstoff

Aufgrund der Informationen des Kapitäns wissen Sie, dass das Schiff auch bei Stillstand Treibstoff verbraucht (für Wasser- und Stromaufbereitung sowie für gelegentliches Manövrieren). Während einer Standard-Kreuzfahrt gibt es zwei volle Fahrtentage (das Schiff ist jeweils volle 24 Stunden auf Fahrt) und 5 Hafentage (das Schiff fährt nur nachts). Eine Tonne Treibstoff kostet Fr. 250.–. Zum Verbrauch liegen folgende Informationen vor:

Verbrauch pro Fahrtentag	36,0 Tonnen
Verbrauch pro Hafentag (Fahrt während der Nacht eingeschlossen)	13,6 Tonnen
Verbrauch pro Tag Stillstand	8,0 Tonnen

Hafengebühren

Hafenanlagen für den Passagierverkehr «Passagierhafen» sind sehr teuer und dementsprechend auch deren Gebühren. Während einer Woche Kreuzfahrt müssen fünf solche Hafentage berechnet werden. Wenn das Schiff stillsteht, kann es zu günstigeren Bedingungen ausserhalb der teuren Hafenanlagen («ausserhalb») vor Anker liegen.

Kosten eines Hafentages «Passagierhafen»	Fr. 7 000.–
Kosten eines Hafentages «ausserhalb»	Fr. 1 000.–

Vervollständigen Sie die unten stehende Tabelle mithilfe der zusätzlichen Informationen über den Treibstoff und die Hafengebühren. (Diese Aufgabe basiert auf den Informationen aus der ersten Teilaufgabe, jedoch mit unabhängigen Zahlen).

	Variabler Kostenanteil (Variator)①	Kosten in Fr. pro Woche Fahrt mit 200 Passagieren	Kosten in Fr. pro Woche Stillstand
Personalkosten	0	40 000	
Treibstoffkosten	–		
Hafengebühren	–		
Trockendock	0	15 000	
Verpflegungskosten	10	21 000	
Schiffsmiete	0	50 000	
Schiffsreparaturen	0	10 000	
Verwaltungskosten	0	12 000	
Total Kosten	–		

① Bei einem Variator von 0 sind alle Kosten fix, bei 10 alle variabel.

Teilaufgabe 3:

Deckungsbeitragsrechnung

Grundsätzlich basiert diese Aufgabe auf den Angaben der Teilaufgaben 1 und 2. Zusätzlich gelten folgende Zahlen:

Durchschnittlicher Verkaufspreis für eine Woche pro Passagier	Fr.	1 400.–
Fixkosten für 1 Woche Stillstand	Fr.	160 000.–
Fixkosten für 1 Woche Fahrt	Fr.	230 000.–
Variable Verpflegungskosten pro Passagier und pro Tag	Fr.	20.–

a) Bei wie viel voll zahlenden Passagieren wird die Nutzschwelle bei Durchführung der Kreuzfahrt erreicht?

b) Bei wie viel voll zahlenden Passagieren wird ein Gewinn von Fr. 20 000.– erzielt?

c) Ab wie viel voll zahlenden Passagieren lohnt es sich wirtschaftlich, die Kreuzfahrt durchzuführen (anstatt Stillstand)? Dazu muss berücksichtigt werden, dass jedem Passagier Fr. 100.– Entschädigung bezahlt werden müssen, falls die Kreuzfahrt nicht durchgeführt wird.

d) Drei Wochen vor Beginn der Kreuzfahrt stellen Sie fest, dass Sie noch über 100 freie Plätze verfügen, die nicht mehr auf dem normalen Vertriebsweg verkauft werden können. Zwei Reisebüros unterbreiten Ihnen folgende Angebote:

Angebot Lastminute AG

Die Firma Lastminute AG offeriert Ihnen, die Plätze zu verkaufen, sofern Sie ihr diese zu einem Preis von Fr. 800.– pro Woche abtreten. Der Verkaufspreis an den Endkunden ist für Sie nicht von Bedeutung; Sie müssen jedoch der Firma für deren Werbeanstrengungen einen fixen Betrag von Fr. 7 000.– bezahlen.

Angebot Provisions AG

Die Firma Provisions AG offeriert Ihnen, die Plätze zum Preis von Fr. 900.– über deren eigene Vertriebskanäle zu verkaufen, verlangt aber für jeden Verkauf 20% Provision. Der Verkaufspreis an den Endkunden ist für Sie nicht von Bedeutung.

Welches Angebot nehmen Sie an, wenn Sie mit folgenden zusätzlichen Passagierzahlen rechnen? Ihre Aussage ist zahlenmässig zu belegen.

Anzahl zusätzliche Passagiere	Lastminute AG	Provisions AG	Priorität für
50			
75			
100			

Normalkostenrechnung

36.01

Von einem **Fabrikationsbetrieb** mit den beiden Produkten A und B sind folgende Aufgaben zu lösen:

a) Erstellen Sie die Betriebsabrechnung als Normalkostenrechnung.

b) Nennen Sie drei mögliche Ursachen für die Deckungsdifferenz bei der Materialstelle.

Die Verkaufserlöse sowie die Primärverteilung der Kostenarten (auf die Kostenträger und die Kostenstellen) sind in dieser Aufgabe bereits im Betriebsabrechnungsbogen eingetragen, da diesbezüglich keine Unterschiede zwischen Normal- und Ist-Kostenrechnung bestehen.

Charakteristisch für die Normalkostenrechnung ist die Umlage der Stellenkosten mithilfe von normierten (vorbestimmten, kalkulierten, festen) Kostensätzen.

Umlage der Gemeinkosten

Die Stellenkosten sind auf der Basis folgender Normalkostensätze auf die Hauptkostenstellen und die Kostenträger umzulegen:

- ▷ Der Normalkostensatz für die Umlage der Vorkostenstelle Gebäude beträgt Fr. 200.– je m^2. Die Materialstelle beansprucht 200 m^2, die Fertigungsstelle 1000 m^2 und Verwaltung und Vertrieb 400 m^2.
- ▷ Die Umlage der Materialgemeinkosten erfolgt zu einem Normalkostensatz von 20% des Einzelmaterialverbrauchs.
- ▷ Die Fabrikationsstelle wird auf der Basis der erbrachten Maschinenstunden umgelegt. Der Normalkostensatz beträgt Fr. 100.– je Maschinenstunde. Für Produkt A wurden 5200 Stunden geleistet, für Produkt B 3000 Stunden.
- ▷ Der Normalkostensatz für die Umlage der Verwaltungs- und Vertriebsgemeinkosten beträgt 30% der kalkulierten Herstellkosten der verkauften Fabrikate.

Bestandesänderungen

- ▷ Es bestehen in diesem Betrieb keine angefangenen Fabrikate.
- ▷ Der Fertigfabrikatebestand A hat sich nicht verändert. Von Artikel B wurden 100 Stück hergestellt, aber nur 90 verkauft.

BAB zu Aufgabe 36.01 (in Fr. 1000.–)

Einzelmaterial
Einzellöhne
Übriges Material
Übrige Löhne
Zinsen
Abschreibungen
Sonstiges
Total Kosten
Umlage Vorkostenstelle Gebäude
Total Kosten nach Umlage Vorkostenstelle
Umlage Material-GK
Umlage Fertigungs-GK
Kalkulierte Herstellkosten der Produktion
Bestandesänderungen Fertigfabrikate B
Kalkulierte Herstellkosten verkaufte Fabrikate
Umlage Verwaltungs- und Vertriebs-GK
Kalkulierte Selbstkosten
Erlöse
Erfolg bzw. Deckungsdifferenzen[1]

36.02

Weisen Sie den kalkulierten sowie den effektiven Betriebserfolg gemäss Betriebsabrechnung von Aufgabe 36.01 mithilfe einer Absatz- und einer Produktions-Erfolgsrechnung (Typ Kostenträger) nach.

…sten-…en-…hnung	Kostenstellenrechnung				Kostenträgerrechnung		
	Gebäude	Material	Fertigung	Verwaltung/ Vertrieb	Produkt A	Produkt B	Total
850					550	300	850
680					480	200	680
140	30	10	60	40			
615	90	70	110	345			
260	100	20	80	60			
410	70	30	220	90			
360	40	20	180	120			
3 315	330	150	650	655	1 030	500	1 530
3 315							
– 86							
– 3 450					– 2 100	– 1 350	– 3 450
– 221							

① Minus bedeutet Gewinn bzw. Überdeckung, Plus Verlust bzw. Unterdeckung.

36.03

In dieser Aufgabe wird die **Kostenstelle Schulzimmer** einer grösseren Schule für Erwachsenenbildung für das Jahr 20_7 untersucht.

a) Im November 20_6 budgetierte der Verwaltungschef für die Kostenstelle Schulzimmer folgende Zahlen:

Budget 20_7 für die Kostenstelle Schulzimmer

Verbrauchsmaterial	30 000
Lohnkosten	120 000
Unterhalt, Reparatur und Ersatz	50 000
Energiekosten	300 000
Kalkulatorische Zinsen	2 000 000
Kalkulatorische Abschreibungen	1 500 000
	4 000 000

Berechnen Sie den für 20_7 gültigen Normalkostensatz je Schulstunde für die Umlage der Schulzimmerkosten auf die Kostenträger (Erwachsenenkurse) bei einer geplanten Beschäftigung von 1 Million Schulstunden.

b) Ende 20_7 zeigt sich, dass die Ist-Kosten an der Kostenstelle Schulzimmer Fr. 4 037 000.– betragen und effektiv nur 800 000 Schulstunden erteilt wurden (rückläufige Beschäftigung).

Wie hoch ist die Unter- oder Überdeckung an der Kostenstelle Schulzimmer?

c) Welche Gründe könnten zu diesem Beschäftigungsrückgang geführt haben?

d) Die Kostenstellenrechnung zeigt Ende 20_7 im Detail folgendes Bild:

Kostenstelle Schulzimmer 20_7

Text	Budget	Ist	Abweichung absolut	Abweichung in %
Verbrauchsmaterial	30 000	27 000	– 3 000	– 10%
Lohnkosten	120 000	114 000	– 6 000	– 5%
Unterhalt, Reparatur, Ersatz	50 000	51 000	+ 1 000	+ 2%
Energiekosten	300 000	345 000	+ 45 000	+ 15%
Kalkulatorische Zinsen	2 000 000	2 000 000	0	0%
Kalkulatorische Abschreibungen	1 500 000	1 500 000	0	0%
Total	4 000 000	4 037 000	+ 37 000	+ 9%
./. Umlage auf Kostenträger		– 3 200 000		
= Deckungsdifferenz		837 000		

Welches könnten die Gründe für die Abweichung bei den Energiekosten sein?

e) Die Schulleitung macht den Verwaltungschef für die massive Unterdeckung an der Kostenstelle Schulzimmer verantwortlich.

Wie würden Sie als Verwaltungschef argumentieren?

36.04

Der unvollendete Betriebsabrechnungsbogen für die **Müller AG,** Herstellung von und Handel mit Artikeln für den Tierfreund, zeigt folgendes Bild:

Betriebsabrechnungsbogen

	Kostenartenrechnung	Kostenstellenrechnung				Kostenträgerrechnung	
		Gebäude	Material	Fertigung	Verwaltung/ Vertrieb	Produkte	Handelswaren
Material	200	2	1	6	1	190	
Handelswaren	600						600
Personal	300	20	10	100	60	110	
Energie	40	20	2	10	8		
Zinsen	50	15	10	15	10		
Abschreibungen	60	5	10	33	12		
Übriges	150	20	10	40	80		
	1 400	82	43	204	171	300	600
		– 82	20	32	30		
	1 400	0	63	236	201	300	600
			– 60			20	40
				– 250		250	
						570	
	– 30					– 30	
						540	
					– 200	90	110
						630	750
	– 1 418					– 618	– 800
	– 48	0	3	– 14	1	12	– 50

Kreuzen Sie die richtigen Aussagen zu diesem BAB an:

a) ☐ Der Gesamtaufwand beträgt 1400.

b) ☐ Die Kostenstelle Gebäude ist eine Vorkostenstelle.

c) ☐ Der Verbrauch an Roh-, Hilfs- und Betriebsstoffen beträgt 200.

d) ☐ Die Einzellöhne betragen 300.

e) ☐ Der effektive Verbrauch an Gemeinkostenmaterial beträgt 63.

f) ☐ Der Einkauf an Handelswaren beträgt zu Wertansätzen der Bebu 600.

g) ☐ Die Deckungsdifferenz bei der Materialstelle ist eine Unterdeckung.

h) ☐ Die kalkulierten Herstellkosten der verkauften Produkte betragen 630.

i) ☐ Der Fabrikatebestand hat um 30 abgenommen.

k) ☐ Die gesamten Fertigungskosten betragen 236.

l) ☐ Die Deckungsdifferenz an der Fertigungsstelle ist auf eine Unterbeschäftigung zurückzuführen.

m) ☐ Die effektiven Herstellkosten der Produktion betragen 570.

n) ☐ Die kalkulatorischen Abschreibungen betragen 60. Sie gehören zu den Gemeinkosten und werden deshalb nicht direkt auf die Kostenträger gebucht.

o) ☐ Der effektive Betriebsgewinn beträgt 48.

p) ☐ Bei Zugrundelegung eines kalkulatorischen Zinssatzes von 5% müsste der Wert des Gebäudes 300 betragen.

q) ☐ Bei den Produkten wurde ein Gewinn von 12 erzielt.

r) ☐ Bei den Handelswaren beträgt die durchschnittliche Bruttogewinnmarge 25%.

36.05

Die **Wolfisberg AG** stellt Segelyachten und Motorboote her. Wie die unten stehende provisorische① Erfolgsrechnung der Finanzbuchhaltung zeigt, konnte auch im letzten Jahr insgesamt ein gutes Geschäftsergebnis erzielt werden. Die Beträge verstehen sich (ausser bei Kostensätzen) in Fr. 1000.–.

Provisorische Erfolgsrechnung

Aufwand		Ertrag	
Rohmaterial	1 800	Erlös Segelyachten	4 000
Löhne	2 800	Erlös Motorboote	4 000
Sozialaufwand	550	Wertschriftengewinn	200
Abschreibungen	1 200		
Übriger Betriebsaufwand	1 000		
Unternehmungsgewinn	850		
	8 200		8 200

Aufgaben

a) Erzielt die Wolfisberg AG den Gewinn mit den Segelyachten oder mit den Motorbooten?

b) Erstellen Sie auf dem Lösungsblatt die Betriebsabrechnung als Normalkostenrechnung.

c) Wie lauten die Absatz- und Produktions-Erfolgsrechnungen?

d) Welche Massnahmen zur Verbesserung des Geschäftsergebnisses schlagen Sie vor?

① Die Erfolgsrechnung ist provisorisch, weil die Veränderungen der Fabrikate in Arbeit (Boote in Arbeit) noch nicht erfasst sind.

Angaben zur Betriebsabrechnung

1. Plandaten

Vorkostenstelle Gebäude (Umlage nach Flächenanteilen)	Rohmateriallager	200 m²
	Fertigung 1	800 m²
	Fertigung 2	400 m²
	Verwaltung und Vertrieb	250 m²
	Total	1 650 m²
Kostenstelle Lager	Kostensatz = 10% des Einzelmaterialverbrauchs	
Kostenstelle Fertigung 1 (Rohbau)	Kostensatz = Fr. 1000.–/Stunde	
Kostenstelle Fertigung 2 (Finishing)	Kostensatz = Fr. 60 000.–/Boot (Segel- und Motorboote benötigen gleich viel Zeit.)	
Kostenstelle Verwaltung und Vertrieb	Kostensatz = 5% der Herstellkosten	

2. Ist-Daten

Rohmaterialbezüge	Segelyachten	600
	Motorboote	1 500
Lohnkosten	Kostenstelle Gebäude	100
	Kostenstelle Rohmateriallager	120
	Kostenstelle Fertigung 1	1 240
	Kostenstelle Fertigung 2	940
	Kostenstelle Verwaltung und Vertrieb	400
Sozialkosten	20% der Lohnkosten	

Abschreibungen gemäss Tabelle

Kostenstelle	Anlagewerte	Nutzungsdauer	Jährliche Abschreibung
Gebäude	9 000	45 Jahre	
Rohmateriallager	200	5 Jahre	
Fertigung 1	4 500	10 Jahre	
Fertigung 2	3 600	12 Jahre	
Verwaltung	100	4 Jahre	
Total	17 400	–	

Übrige Betriebskosten	Gebäude	10
	Rohmateriallager	20
	Fertigung 1	730
	Fertigung 2	180
	Verwaltung und Vertrieb	60

3. Produktions- und Verkaufsdaten

Fertigung 1

- ▷ Segelyachten 500 Stunden
- ▷ Motorboote 2 500 Stunden

Fertigung 2

- ▷ Segelyachten 10 Stück
- ▷ Motorboote 20 Stück

Herstellkosten der verkauften Boote

- ▷ Segelyachten 2 000
- ▷ Motorboote 5 000

Bestandesänderungen

Die Bestandesänderungen an angefangenen (unfertigen) Booten werden in der Fibu zu 50% der kalkulierten Herstellkosten bewertet.

Es gibt keine Bestandesänderungen an Fertigfabrikaten, da die Boote auf Bestellung gefertigt und nach der Produktion sofort an die Käufer geliefert werden.

BAB zu Aufgabe 36.05

Rohmaterial
Löhne
Sozialleistungen
Abschreibungen
Übriges
Total
Umlage Vorkostenstelle Gebäude
Total nach Umlage Vorkostenstelle
Herstellkosten der produzierten Boote
Bestandesänderung angefangene Boote
Herstellkosten der verkauften Boote
Erfolg bzw. Deckungsdifferenzen

stenartenrechnung			Kostenstellenrechnung					Kostenträgerrechnung	
Ertrag	Sachliche Abgrenzung	Kosten/ Leistung	Gebäude	Lager	Fertigung 1	Fertigung 2	Verwaltung/ Vertrieb	Segelyachten	Motorboote
– 55	– 55	– 110							
– 8 000		– 8 000							

36.06

Die **Matterhorn AG** produziert und verkauft Rucksäcke und Trekking-Zelte. Für das Jahr 20_1 sind die Betriebsabrechnung und die Erfolgsrechnungen gemäss Lösungsblättern zu erstellen. Alle Ergebnisse auf TFr. runden.

Beide Produkte durchlaufen grundsätzlich denselben Produktionsprozess:

▷ In der Kostenstelle Schneiderei werden die benötigten Teile zugeschnitten und ohne Zwischenlagerung an die Kostenstelle Finish weitergegeben. Die Kostenstellenleistung der Schneiderei wird aufgrund der gemeldeten Stunden zum Normalkostensatz pro Stunde verrechnet.

▷ Die Kostenstelle Finish vernäht die Teile und stellt die Fabrikate fertig, imprägniert und verpackt diese. Die Verrechnung der Kostenstelle erfolgt aufgrund eines Normalkostensatzes pro eingelagertes Fabrikat zum Zeitpunkt der Einlagerung.

Ende 20_0 wurden die Kalkulationssätze ermittelt und als Normalkostensätze für die Kostenrechnung des Jahres 20_1 im EDV-System hinterlegt.

Ebenfalls wurden die kalkulierten Herstellkosten und die Bruttoverkaufspreise im Artikelstamm aktualisiert:

Normalkostensätze 20_1

	Bezugsgrössen	Rucksäcke	Zelte
Einkauf	In % des Einzelmaterialverbrauchs	10%	10%
Schneiderei	Kostensatz pro Stunde produktiver Leistung	Fr. 54.–	Fr. 54.–
Finish	Kostensatz pro fertiges Fabrikat	Fr. 30.–	Fr. 85.–
Verwaltung	Prozentsatz der Herstellkosten	20%	15%
Erlösminderungen	In % des Bruttoerlöses	4%	4%

Artikelstammdaten 20_1

Artikel-Nummer	Artikelbezeichnung	Kalkulierte Herstellkosten	Brutto Verkaufspreis
R-2800	Rucksack Trekking grau	Fr. 150.–	Fr. 200.–
Z-3200	Zelt Trekking 2	Fr. 320.–	Fr. 400.–

BAB zu Aufgabe 36.06 (in Fr. 1000.–)

Einzelmaterial
Personalkosten
Abschreibungen
Zinsen
Übriges
Total
Herstellkosten Produktion
Bestandesänderung unfertige Erzeugnisse
Herstellkosten fertige Erzeugnisse
Bestandesänderung fertige Erzeugnisse
Salden
Bezeichnung der Salden

Fortsetzung Seite 412 →

tenartenrechnung									
Ertrag		Kosten/ Leistung							
2 020			70	100		605	525		
400									
160									
325									
			600	140	920	760	670		
8									
27									
								2 700	1 280
– 5 000									

Kostenartenrechnung

▷ Die Zahlen der Finanzbuchhaltung sind mit Ausnahme des Einzelmaterialaufwandes bereits im BAB eingetragen. Die Finanzbuchhaltung bewertet sämtliche Vorräte zu 80% der tatsächlichen Werte.

▷ Der Wert des eingekauften Einzelmaterials betrug in der Berichtsperiode TFr. 1 660.

▷ Die Finanzbuchhaltung grenzt Überzeitguthaben nicht ab. Diese haben im Berichtsjahr um TFr. 10 abgenommen. Die Differenz ist auf der Kostenstelle Schneiderei einzusetzen.

▷ Die Berechnung der kalkulatorischen Abschreibungen erfolgt linear aufgrund der Nutzungsdauer. Die kalkulatorischen Zinsen werden ausschliesslich auf dem im Anlagevermögen investierten Kapital (Anschaffungswert) mit 5% errechnet:

Kostenstelle	Anschaffungswert (in TFr.)	Durchschnittliche Nutzungsdauer	Kalkulatorische Abschreibungen	Kalkulatorische Zinsen
Gebäude	6 000	40 Jahre		
Einkauf	100	5 Jahre		
Schneiderei	1 000	8 Jahre		
Finish	300	10 Jahre		
Verwaltung	400	10 Jahre		
Total	7 800	–		

▷ Die übrigen Gemeinkosten sind als Differenz zu den vorgegebenen Kostenstellentotalen einzutragen.

Umlage der Gebäudestelle

Die Umlage dieser Vorkostenstelle erfolgt im Verhältnis zu den gewichteten beanspruchten Flächen:

	Einkauf	Schneiderei	Finish	Verwaltung
Fläche effektiv in m^2	50	1 000	250	100
Äquivalenzziffer	1,0	0,8	0,8	1,5

Ist-Produktionsdaten 20_1

	Rucksäcke	Zelte
Einzelmaterialverbrauch (in TFr.)	1 070	540
Schneidereistunden gemäss Arbeitsrapporten (in Stunden)	18 500 h	5 500 h
Lagerzugänge im Fertiglager aus der Produktion (in Stück)	18 200 St.	3 800 St.
Verkaufte Fabrikate (in Stück)	18 000 St.	4 000 St.

Produktions-Erfolgsrechnung

	Rucksäcke	Zelte	Total
Kalkulierter Nettoerlös			
+/– Bestandesänderungen angefangene Fabrikate			
+/– Bestandesänderungen Fertigfabrikate			
= **Kalkulierter Produktionsertrag**			
./.			
= **Kalkulierter Bruttogewinn**			
./.			
= **Kalkulierter Gewinn gemäss Bebu**			
+/–			
= **Ist-Gewinn gemäss Bebu**			
+/–			
= **Betriebsgewinn gemäss Fibu**			

Absatz-Erfolgsrechnung (Ausschnitt)

	Rucksäcke	Zelte	Total
= **Kalkulierter Bruttogewinn**			
= **Kalkulierter Gewinn gemäss Bebu**			

36.07

Die **Apparatus AG** produziert Bügeleisen und Kaffeemaschinen.

Aufgrund der Budgetierung wurden folgende Zuschlags- und Kostensätze ermittelt:

Normal-Kalkulationssätze

Materialstellen	Zuschlagssatz 10% der Einzelmaterialkosten
Fertigungsstelle	Kostensatz Fr. 100.– je Fertigungsstunde
Verwaltung und Vertrieb	Zuschlagssatz 25% der Herstellkosten
Erlösminderungen	2% der fakturierten Erlöse

a) Vervollständigen Sie den Betriebsabrechnungsbogen auf der nächsten Seite. Die Beträge sind in Fr. 1 000.–.

Zusätzliche Angaben zur Betriebsabrechnung

	Bügeleisen	Kaffeemaschinen
Fertigungsstunden (h) gemäss Arbeitsrapporten	800 h	1 300 h
Bestandesänderungen angefangene Fabrikate (wertmässig)	Zunahme 15	Abnahme 6
Bestandesänderungen fertige Fabrikate (wertmässig)	Abnahme 10	Abnahme 4
Sachliche Abgrenzung Abschreibungen	Auflösung stille Reserven von 3	

b) Erstellen Sie aufgrund des BABs die Absatz-Erfolgsrechnung in Fr. 1000.–.

Die Deckungsdifferenzen sind gesamthaft auf einer Zeile auszuweisen.

Absatz-Erfolgsrechnung in Fr. 1000.–

	Bügeleisen	Kaffee-maschinen	Total
Verkaufserlös			
= **Normal-Nettoerlös**			
= **Normal-Bruttogewinn**			
= **Normal-Erfolg (kalkulierter Erfolg)**			
= **Ist-Gewinn BEBU**			
= **Betriebsgewinn FIBU**			

Betriebsabrechnungsbogen in Fr. 1000.–

	Kostenartenrechnung			Kostenstellenrechnung			Kostenträger-rechnung	
	FIBU	Abgren-zung	BEBU	Material-stellen	Ferti-gung	Verw./Vertrieb	Bügel-eisen	Kaffee-maschinen
Einzelmaterial		0					150	200
Personal		0		20	100	72		
Abschreibungen	77				50	20		
Übriges		0			70	50		
Total					**220**			
Umlage Materialstellen								
Umlage Fertigungsstelle								
HK der Produktion								
	– 9	0	– 9					
HK fertige Fabrikate								
		0						
HK Verkauf								
Selbstkosten								
Fakturierter Erlös	– 800	0	– 800				– 300	– 500
Erlösminderungen	14							
Salden				**5**				

c) Ermitteln Sie für eine Offerte die Selbstkosten einer neuen Kaffeemaschine auf Franken genau.

In Zusammenarbeit mit der Konstruktionsabteilung sowie der Arbeitsvorbereitung (AVOR) wurden folgende Werte je Kaffeemaschine berechnet; im Übrigen gelten die budgetierten Normalkostensätze.

Einzelmaterialverbrauch	Fr. 200.–
Fertigungszeit	48 Minuten

36.08

Die **Küchengeräte AG** produziert Fritteusen und Toaster.

Aufgrund der Budgetierung wurden für die Leistungsverrechnung (Umlagen) der Kostenstellen auf die Kostenträger diese Kalkulationssätze ermittelt:

Normal-Kalkulationssätze

Kostenstelle	Normal-Kalkulationssatz
Materialstellen	Zuschlagssatz 20% der Einzelmaterialkosten
Fertigung	Kostensatz Fr. 80.– je geleistete Arbeitsstunde
Verwaltung und Vertrieb	Zuschlagssatz 25% der Herstellkosten

Aus verschiedenen Prozessen stehen folgende Informationen zur Verfügung:

▷ Für die Fertigung wurde aus dem Lager Einzelmaterial bezogen: Fritteusen 200, Toaster 300.

▷ Die Personalkosten sind aufgrund der Lohnbuchhaltung den Kostenstellen zu belasten: Gebäude 15, Materialstellen 35, Fertigung 250, Verwaltung/Vertrieb 140.

▷ Die Sachanlagen werden gemäss Anlagenbuchhaltung linear auf einen Restwert von 0 abgeschrieben.

Anlagenbuchhaltung

	Gebäude	Materialstellen	Fertigungsstelle	Verwaltung/ Vertrieb
Anschaffungswerte	800	100	560	210
Nutzungsdauer	40 Jahre	10 Jahre	8 Jahre	6 Jahre

▷ Die übrigen Gemeinkosten sind fast vollständig im BAB eingetragen.

▷ Die Umlage der Gebäudekosten erfolgt zu Ist-Kosten. Als Umlageschlüssel werden die von den Kostenstellen beanspruchten, mit Äquivalenzziffern gewichteten Gebäudeflächen als verursachungsgerecht erachtet:

	Gebäude	Materialstellen	Fertigungsstelle	Verwaltung/ Vertrieb
Effektive Fläche	495 m^2	125 m^2	250 m^2	120 m^2
Äquivalenzziffer	–	0,8	1,0	1,25

▷ Die Umlagen (Leistungsverrechnungen) der Kostenstellen erfolgen mithilfe von Normal-Kostensätzen (siehe oben).

▷ An der Fertigungsstelle wurden folgende Arbeitsstunden (h) erfasst: Fritteusen 2 250 h, Toaster 2 750 h.

▷ Mithilfe der Inventur liessen sich folgende wertmässigen Bestandesänderungen (BÄ) an

	Fritteusen	Toaster
Unfertige Erzeugnisse	Abnahme 20	Zunahme 10
Fertige Erzeugnisse	Zunahme 40	Abnahme 30

▷ Die aufgrund der Fakturierung erzielten Erlöse betragen: Fritteusen 600, Toaster 700.

a) Erstellen Sie die Betriebsabrechnung als Normal-Vollkostenrechnung in Fr. 1000.–.

Betriebsabrechnungsbogen in Fr. 1000.–

	Kostenartenrechnung			Kostenstellenrechnung				Kostenträgerrechnung	
	FIBU	Abgrenzung	BEBU	Gebäude	Materialstellen	Fertigung	Verwaltung Vertrieb	Fritteusen	Toaster
Einzelmaterial	500								
Personalkosten	430								
Abschreibungen	150								
Übrige Gemeinkosten	180			15	50		70		
Total	**1 260**								
Total Hauptkostenstellen									
HK der Produktion									
		0							
HK der fertigen Fabrikate									
		0							
HK der verkauften Fabrikate									
Selbstkosten									
		0							
Salden				**0**		**10**			

b) Beantworten Sie die Fragen zur obigen Betriebsabrechnung je mit einem möglichst präzisen Fachbegriff.

Nr.	Frage	Antwort
1	Was bedeutet die Zahl – 40 in der Kolonne FIBU?	
2	Handelt es sich bei den Abschreibungen um eine Bildung oder eine Auflösung stiller Reserven?	
3	Was bedeutet der Saldo in der Kolonne Materialstellen?	
4	Was bedeutet die Zahl in der Ecke rechts unten im BAB?	

4. Teil Investitionsrechnung

Statische Rechenverfahren[1]

43.01

Welche der folgenden Anlagen ist für die Unternehmung vorteilhafter?

a) Entscheiden Sie aufgrund eines **Kostenvergleichs.**

	Anlage A	Anlage B
Jährliche Betriebskosten (Material-, Personal-, Energie-, Raum-, Reparatur- und Unterhaltskosten)	500	400
Kapitaleinsatz	1 000	1 800
Nutzungsdauer	4 Jahre	6 Jahre
Liquidationserlös	0	0
Kalkulatorischer Zinsfuss	8%	8%

[1] Zu den Kapiteln 41 und 42 gibt es keine Aufgaben.

Anlage A

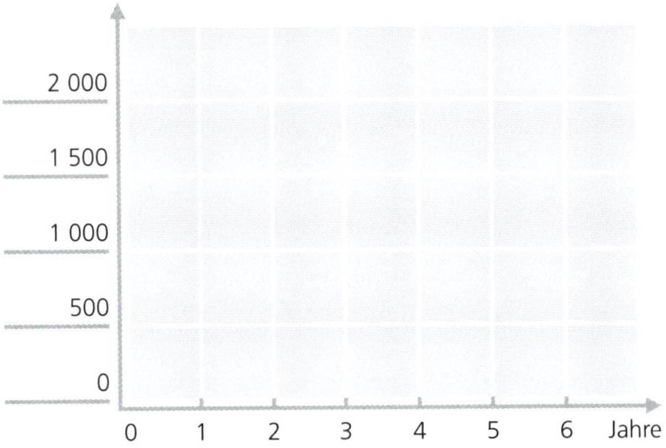

Anlage B

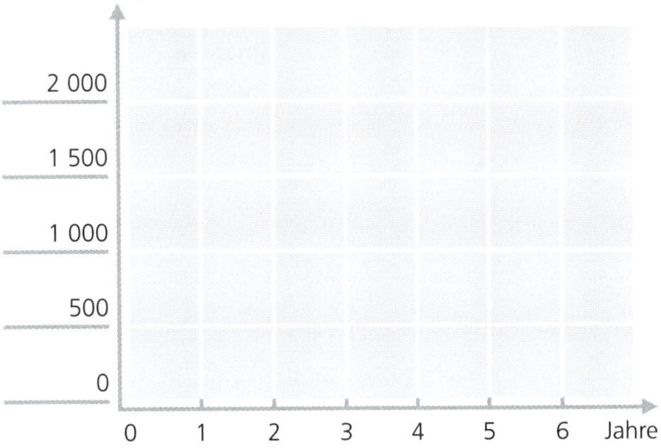

Abschreibung	___	
Ø Kapital	___	

Abschreibung	___	
Ø Kapital	___	

	Anlage A	Anlage B
Jährliche Betriebskosten		
Jährliche Abschreibung		
Jahreszins auf Durchschnittskapital		
Jährliche Gesamtkosten		
Rangfolge		

b) Wie verändert sich der Kostenvergleich, wenn bei A mit einem **Liquidationserlös** von 200 gerechnet werden kann?

Anlage A

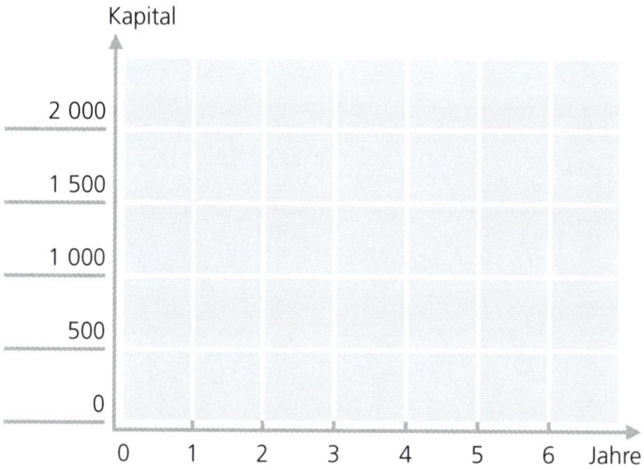

Abschreibung	______	
Ø Kapital	______	

	Anlage A
Jährliche Betriebskosten	
Jährliche Abschreibung	
Jahreszins auf Durchschnittskapital	
Jährliche Gesamtkosten	
Rangfolge	

43.02

Die Angaben für die Anlagen A und B aus Aufgabe 43.01 werden durch die jährlichen Erlöse ergänzt.

a) Beurteilen Sie nun die beiden Anlagen A und B aufgrund eines **Gewinnvergleichs.**

	Anlage A	Anlage B
Jährlicher Erlös	850	900
Jährliche Betriebskosten	500	400
Kapitaleinsatz	1 000	1 800
Nutzungsdauer	4 Jahre	6 Jahre
Liquidationserlös	0	0
Kalkulatorischer Zinsfuss	8%	8%

	Anlage A	Anlage B
Jährlicher Erlös		
./. Jährliche Betriebskosten	– 500	– 400
./. Jährliche Abschreibungen	– 250	– 300
./. Jahreszins auf Durchschnittskapital	– 40	– 72
Jahresgewinn		
Rangfolge		

b) Beurteilen Sie die beiden Investitionen A und B aufgrund ihrer **Rentabilität.**

	Anlage A	Anlage B
Rentabilität		
Rangfolge		

c) Beurteilen Sie die beiden Anlagen A und B aufgrund ihrer **Wiedergewinnungszeiten,** d. h. aufgrund der Zeitspanne, die erforderlich ist, bis sich eine Investition mit den erzielten Cashflows zurückzahlt.

Cashflow

Direkte Berechnung

	A	B
./. liquiditätswirksame Betriebskosten		
= Cashflow		

Erfolgsrechnung

Liquiditätswirksame Betriebskosten	Einnahmen (Nutzen)
Kalkulatorische Zinsen	
Abschreibungen	
Reingewinn	

Indirekte Berechnung

	A	B
+ liquiditäts*un*wirksame Betriebskosten		
= Cashflow		

Erfolgsrechnung

Liquiditätswirksame Betriebskosten	Einnahmen (Nutzen)
Kalkulatorische Zinsen	
Abschreibungen	
Reingewinn	

Wiedergewinnungszeit (grafisch)

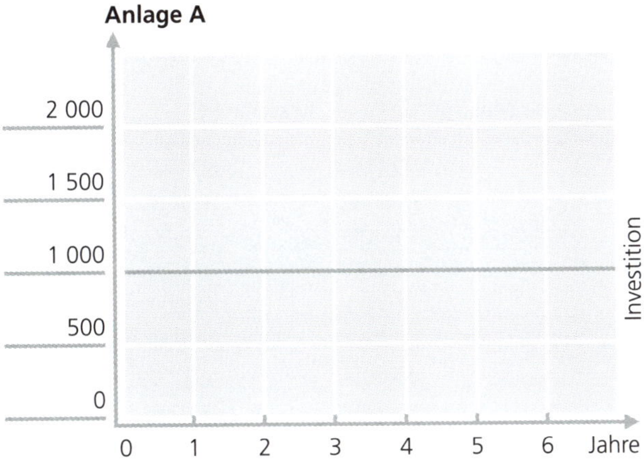

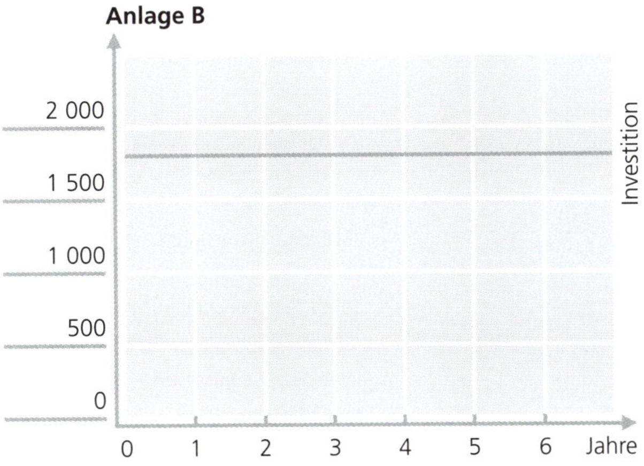

Wiedergewinnungszeit (rechnerisch)

	Anlage A	Anlage B
Wiedergewinnungszeit		
Rangfolge		

d) Da für die beiden Anlagen die Nutzungszeiten nicht gleich lang sind, muss auch die **Anzahl Rückflüsse** für jede Investition berechnet werden. Wie sieht die Beurteilung aufgrund der Rückflusszahlen aus?

	Anlage A	Anlage B
Rückflusszahl		
Rangfolge		

43.03

Eine Maschinenfabrik steht vor der Anschaffung einer neuen Spezialmaschine. Dabei soll aufgrund folgender Daten ein Entscheid zugunsten von Maschine A oder B gefällt werden.

	Maschine A	Maschine B
Anschaffungskosten	100 000	80 000
Nutzungsdauer	8 Jahre	8 Jahre
Jährliche Unterhaltskosten	1 000	600
Jährliche Löhne	4 800	12 000
Jährlicher Materialverbrauch	1 200	1 200
Jährlicher Energieverbrauch	770	1 800
Geschätzter Jahreserlös	40 000	45 000
Kapitalverzinsung	6%	6%
Liquidationserlös	–	–

a) Entscheiden Sie aufgrund eines Kostenvergleichs.

b) Entscheiden Sie aufgrund eines Gewinnvergleichs.

c) Entscheiden Sie aufgrund der Rentabilitätsrechnung.

d) Entscheiden Sie aufgrund der Amortisationsrechnung.

e) Wie verändert sich der Reingewinn bei der Maschine A, wenn am Ende der Nutzungsdauer ein Liquidationserlös von 10000 anfällt und am Ende des fünften Jahres eine Grossrevision von 4000 notwendig wird?

43.04

Ihre Unternehmung hat für eine Maschine folgende Offerte erhalten:

Anschaffungspreis	4 500 000
Fixe jährliche Betriebskosten	190 000
Variable Stückkosten	40
Verkaufspreis pro Stück	90
Liquidationserlös	500 000
Nutzungsdauer	8 Jahre
Maximalkapazität	30 000 Stück
Geplante jährliche Absatzmenge	25 000 Stück
Kalkulatorischer Zinsfuss	10%

Die Geschäftsleitung verlangt von Ihnen als Entscheidungsgrundlage folgende Berechnungen:

a) Wie gross ist der durchschnittliche Jahresgewinn?

b) Wie hoch ist die Rendite?

c) Wie gross ist der investitionsbedingte jährliche Cashflow? (Direkte und indirekte Berechnung sind verlangt.)

d) Wie lang ist die Wiedergewinnungszeit?

43.05

Für eine Investition liegen folgende Daten vor:

Kapitaleinsatz	80 000
Jährlicher Cashflow (ohne Grossrevision)	19 000
Grossrevision am Ende des dritten Jahres	9 000
Liquidationserlös am Ende der Nutzungsdauer	5 000
Nutzungsdauer	6 Jahre
Kalkulatorischer Zinsfuss	10%

Wie sieht der Investitionsentscheid aus? Beurteilen Sie die Investition aufgrund folgender Grössen:

a) Durchschnittlicher Reingewinn

b) Rentabilität

c) Amortisationszeit

43.06

Eine Unternehmung erhöht ihre Produktionskapazität durch die Erstellung einer weiteren Produktionsstrasse. Die Planungsabteilung hat folgende Zahlen zusammengestellt:

Anschaffungskosten für die Produktionsstrasse	270 000
Zusätzliche jährliche Betriebskosten	84 000
Zusätzlicher jährlicher Verkaufserlös	160 000
Erhöhte Bestände an Debitoren, Rohmaterial und Fertigfabrikaten	40 000
Liquidationserlös	30 000
Nutzungsdauer	5 Jahre
Kalkulatorische Verzinsung	8%

Als Vorbereitung des Investitionsentscheides werden von Ihnen folgende Berechnungen erwartet:

a) Durchschnittlicher jährlicher Reingewinn

b) Return on Investment

c) Payback-period

43.07

Ein Versandhaus überlegt sich, ob die bisherige, stark arbeitsintensive Verpackungsabteilung durch die Anschaffung eines leistungsfähigen Verpackungs- und Falzautomaten erweitert werden soll. Aufgrund folgender Zahlen ist zu prüfen, ob sich die Neuanschaffung lohnt:

Anschaffungskosten der Anlage	48 000
Installationsanpassungen	3 000
Ersparnis Personalkosten pro Jahr	18 000
Zusätzliche Raum-, Energie- und Unterhaltskosten pro Jahr	6 000
Liquidationserlös	9 000
Nutzungsdauer	8 Jahre
Kapitalverzinsung	10%

a) Wie gross sind die jährlichen Kostenersparnisse?

b) Wie gross ist die Rendite?

c) Wie lang ist die Wiedergewinnungszeit?

43.08

Das Marktvolumen für einen Sportartikel beträgt landesweit 60 000 Stück. Der Marktpreis für diesen Artikel liegt bei 240.–. Aufgrund genauer Abklärungen kann mit 12% Marktanteil gerechnet werden.

Das für die Herstellung dieses Artikels durchschnittlich investierte Kapital beträgt 2 000 000.–, die jährlichen Fixkosten (inklusive Abschreibungen, ohne Zinsen) betragen 240 000.–. Die proportionalen Stückkosten belaufen sich für das Rohmaterial auf 110.– und für die übrigen Betriebskosten auf 68.–.

a) Wie gross ist die Rendite auf dem investierten Kapital?

b) Welche Rendite würde noch erzielt, wenn der eigene Marktanteil 10% kleiner wäre als angenommen?

43.09

Ein Arbeiter mit einem Stundenlohn von 40.– (inkl. Sozialleistungen) erbringt eine bestimmte Leistung, die von einer Maschine in gleicher Weise (d. h. in derselben Arbeitszeit und mit demselben Qualitätsstandard) ausgeführt werden könnte.

Für diese Maschine gelten folgende Zahlen:

▷ Anschaffungspreis	500 000.–
▷ Nutzungsdauer	10 Jahre
▷ Liquidationswert nach 10 Jahren	0.–
▷ Kalkulatorischer Zinsfuss	8%
▷ Produktionskapazität im Jahr	2 000 Stunden
▷ Betriebskosten wie Lohn, Energieverbrauch, Reparatur und Unterhalt je Stunde	6.–

a) Wie ist die Anschaffung der Maschine vom wirtschaftlichen Standpunkt aus mithilfe der Kostenvergleichsmethode zu beurteilen, wenn ein jährliches Auftragsvolumen von 2 000 Stunden vorhanden ist?

b) Bei welchem Anschaffungspreis für die Maschine wären das maschinelle und das manuelle Herstellungsverfahren für ein Auftragsvolumen von 2 000 Stunden gleich teuer?

c) Bei welchem Auftragsvolumen in Stunden wären die beiden Herstellungsverfahren gleich teuer?

43.10

Die Bietenhader AG stellt für Werften und Flugzeugfabriken Teile aus Zink her. Sie will eine Gruppe von **Druckgussmaschinen** aufstellen, die eine Gesamtkapazität von 1200 Tonnen verarbeitetes Material pro Jahr aufweisen. Die Unternehmung hat die Wahl zwischen zwei Offerten von verschiedenen Anbietern:

Angaben je Maschine	Offerte A	Offerte B
Kapazität einer Maschine pro Jahr	200 t	300 t
Anschaffungswert	60 000.–	140 000.–
Nutzungsdauer	6 Jahre	7 Jahre
Liquidationswert am Ende der Nutzungsdauer	0.–	0.–
Kalkulatorischer Zinsfuss	10%	10%
Übrige Fixkosten pro Maschine und Jahr	3 000.–	6 000.–
Variable Fertigungslöhne pro Tonne	60.–	30.–
Sonstige variable Fertigungskosten pro Tonne	100.–	90.–

a) Für welche Offerte entscheiden Sie sich aufgrund der Kostenvergleichsmethode unter der Annahme, dass die Maschinengruppen im vollen Umfang ihrer Gesamtkapazität von 1200 Tonnen ausgelastet werden können?

b) Aufgrund von Schwankungen im Auftragseingang wird die Maschinengruppe wahrscheinlich nur selten ganz ausgelastet sein, d.h., die jährliche Gesamtkapazität von 1200 Tonnen wird unterschritten.

Bei welcher jährlichen Verarbeitungsmenge in Tonnen sind die Durchschnittskosten pro Jahr für beide Maschinengruppen gleich hoch (so genannter kritischer Punkt)?

43.11

Die Ice-Cream GmbH erwägt den Kauf einer neuen Anlage zur Herstellung von MEGA-Glacen. Es sind folgende Daten ermittelt worden:

Kapitaleinsatz	30 000.–
Nutzungsdauer	5 Jahre
Liquidationserlös	2 000.–
Jährliche fixe Kosten (ohne Zinsen und Abschreibungen)	6 000.–
Verkaufspreis pro Stück	3.–
Variable Kosten pro Stück	0.80
Kalkulatorischer Zinsfuss	10%
Geschätzter jährlicher Verkaufsumsatz in Stücken	6 600

Die Geschäftsleitung erwartet eine so genannte **Sensitivitätsanalyse**①, welche bei Anwendung der statischen Rechenverfahren eine Antwort auf folgende Fragen gibt:

a) Bei wie viel verkauften Glacen ist die Minimalverzinsung von genau 10% gewährleistet?

b) Wie hoch muss der Verkaufspreis angesetzt werden, damit bei der geschätzten Verkaufsmenge die Minimalverzinsung von 10% erreicht wird?

c) Wie lange ist die Payback-Dauer, wenn von 6600 verkauften Stücken und einem Verkaufspreis von Fr. 3.–/Stück ausgegangen wird?

d) Wo liegt die Rendite des eingesetzten Kapitals, wenn sich die Ausgangsdaten als richtig erweisen?

① Mit der Sensitivitätsanalyse wird untersucht, wie empfindlich (sensitiv) die prognostizierten Resultate bei Änderung der Eingabedaten reagieren. Mit anderen Worten wird ein Bereich abgesteckt, in welchem die Schätzfehler liegen dürfen, ohne die definierte Zielsetzung zu gefährden.

43.12

Eine grosse Schweizer Unternehmung für **Carreisen** überlegt sich, ob ein Car mit 50 Sitzplätzen oder ein Car mit 40 Sitzplätzen gekauft werden soll. Es liegen folgende Zahlen vor:

Investition

	50-Plätzer	40-Plätzer
Kaufpreis für Car	500 000.–	450 000.–
Nutzungsdauer	8 Jahre	8 Jahre
Liquidationserlös in Prozenten des Kaufpreises	20%	20%

Jährliche fixe Betriebskosten

	50-Plätzer	40-Plätzer
Jährliche Personalkosten inkl. Sozialleistungen (Chauffeur)	72 000.–	72 000.–
Versicherungsprämien (Kasko, Haftpflicht, Insassen)	9 000.–	9 000.–
Garagierung	6 000.–	6 000.–
Steuern (Motorfahrzeugsteuern, Schwerverkehrsabgabe)	3 000.–	3 000.–
Verwaltungsgemeinkosten (Disposition, Werbung, EDV u.a.)	40 000.–	40 000.–
	130 000.–	130 000.–

Variable Betriebskosten

	50-Plätzer	40-Plätzer
Diesel, Bereifung, Unterhalt und Reparaturen je km	1.–	1.–

Weitere Angaben

	50-Plätzer	40-Plätzer
Geplante jährliche Kilometerleistung	60 000 km	60 000 km
Geplante durchschnittliche Einsatztage im Jahr	200 Tage	200 Tage
Geplante durchschnittliche tägliche Kilometerleistung	300 km	300 km
Branchenüblicher Fahrerlös je Einsatztag	1 300.–	1 200.–
Kalkulatorischer Zinsfuss	6%	6%

a) Wodurch unterscheiden sich fixe und variable Kosten?

b) Wie hoch sind die jährlichen durchschnittlichen Gesamtkosten für jede Variante (bei einer geplanten jährlichen Kilometerleistung von 60 000 km)?

c) Wie gross ist der durchschnittliche jährliche Gewinn für jede Variante (bei einer geplanten jährlichen Kilometerleistung von 60 000 km)?

d) Wie hoch ist die durchschnittliche Rendite für jede Variante (bei einer geplanten jährlichen Kilometerleistung von 60 000 km)?

e) Warum wird in der Praxis meist der 50-Plätzer bevorzugt?

f) Berechnen Sie die voraussichtliche Payback-Dauer für beide Varianten (bei einer geplanten jährlichen Kilometerleistung von 60 000 km).

g) Bei wie vielen Einsatztagen (zu 300 km) wird die Nutzschwelle (Break-even-Point) beim 40-Plätzer erreicht? Es wird eine rechnerische und eine grafische Lösung verlangt. Ein Lösungsblatt ist unten abgebildet.

h) Der Carhalter strebt eine Gesamtkapitalrendite von 10% p.a. an. Wie viele zusätzliche Einsatztage im Jahr (zu 300 km) sind nötig, um dieses Ziel mit dem 50-Plätzer zu erreichen?

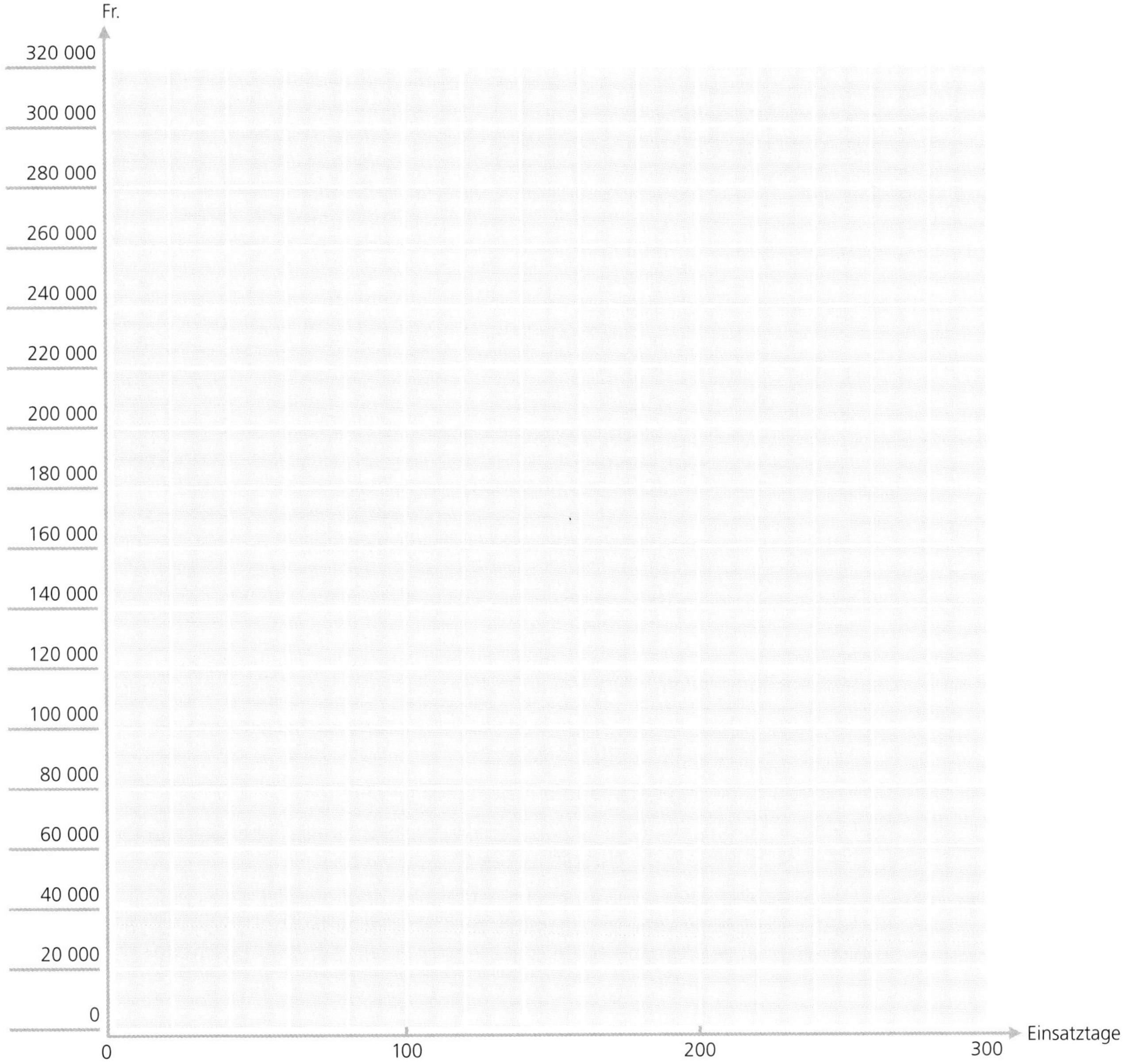

43.13

Ein **Grossverteiler** plant den Betrieb einer neuen Verkaufsstelle in einer mittleren Schweizer Stadt, in der er bisher noch nicht vertreten ist. Nebst technischen und sozialen Faktoren spielen vor allem wirtschaftliche Überlegungen eine Rolle, von denen in dieser Aufgabe einige anzustellen sind.

Investition (Kapitaleinsatz zu Beginn der Nutzungsdauer in Fr. 1000.–)

▷ Die Verkaufs- und Lagerflächen werden zu einem fixen Mietzins übernommen, sodass keine Investitionen in Grundstücke und Gebäude notwendig sind.	0	
▷ Investitionen ins Anlagevermögen (Betriebseinrichtung) Es ist von einer Nutzungsdauer von 10 Jahren auszugehen.	8 000	
▷ Investitionen in die UV-Erhöhung (vor allem Lager)	1 000	9 000

Kosten und Erlöse (geplante durchschnittliche Jahreswerte in Fr. 1000.–)

▷ Verkaufsumsatz	Kolonial	7 000	
	Molkerei	3 000	
	Fleisch	4 000	
	Früchte/Gemüse	3 000	
	Non-Food	9 000	26 000
▷ Diverse Kosten	Fixe Personalkosten	500	
	Umsatzabhängige Personalkosten	2 600	
	Mietzins	1 000	
	Diverse Fixkosten wie Energie, Unterhalt und Reparaturen, Werbung, Verwaltung, Gebühren	400	
▷ Marge	Die durchschnittliche Bruttogewinnmarge (in % des Verkaufsumsatzes) beträgt	25%	
▷ Zinsen	Der kalkulatorische Jahreszinsfuss beträgt	6%	

Allen Berechnungen ist eine geplante Nutzungsdauer von 10 Jahren zugrunde zu legen. Die Ergebnisse sind nötigenfalls auf eine Dezimalstelle nach dem Komma zu runden.

a) Wie hoch ist der durchschnittliche jährliche **Return on Investment** (Rendite auf dem durchschnittlich eingesetzten Kapital)?

b) Wie lang ist die **Payback-Dauer** (Wiedergewinnungszeit)?

c) Ermitteln Sie auf dem nebenstehenden Lösungsblatt grafisch, bei welchem durchschnittlichen Jahresumsatz die **Nutzschwelle** erreicht wird.

d) Um wie viel Prozent darf der effektive Verkaufsumsatz gegenüber dem geplanten Verkaufsumsatz tiefer sein, sodass immer noch eine minimale Verzinsung des durchschnittlich eingesetzten Kapitals von 6% p.a. erreicht wird **(Sensitivitätsanalyse)?**

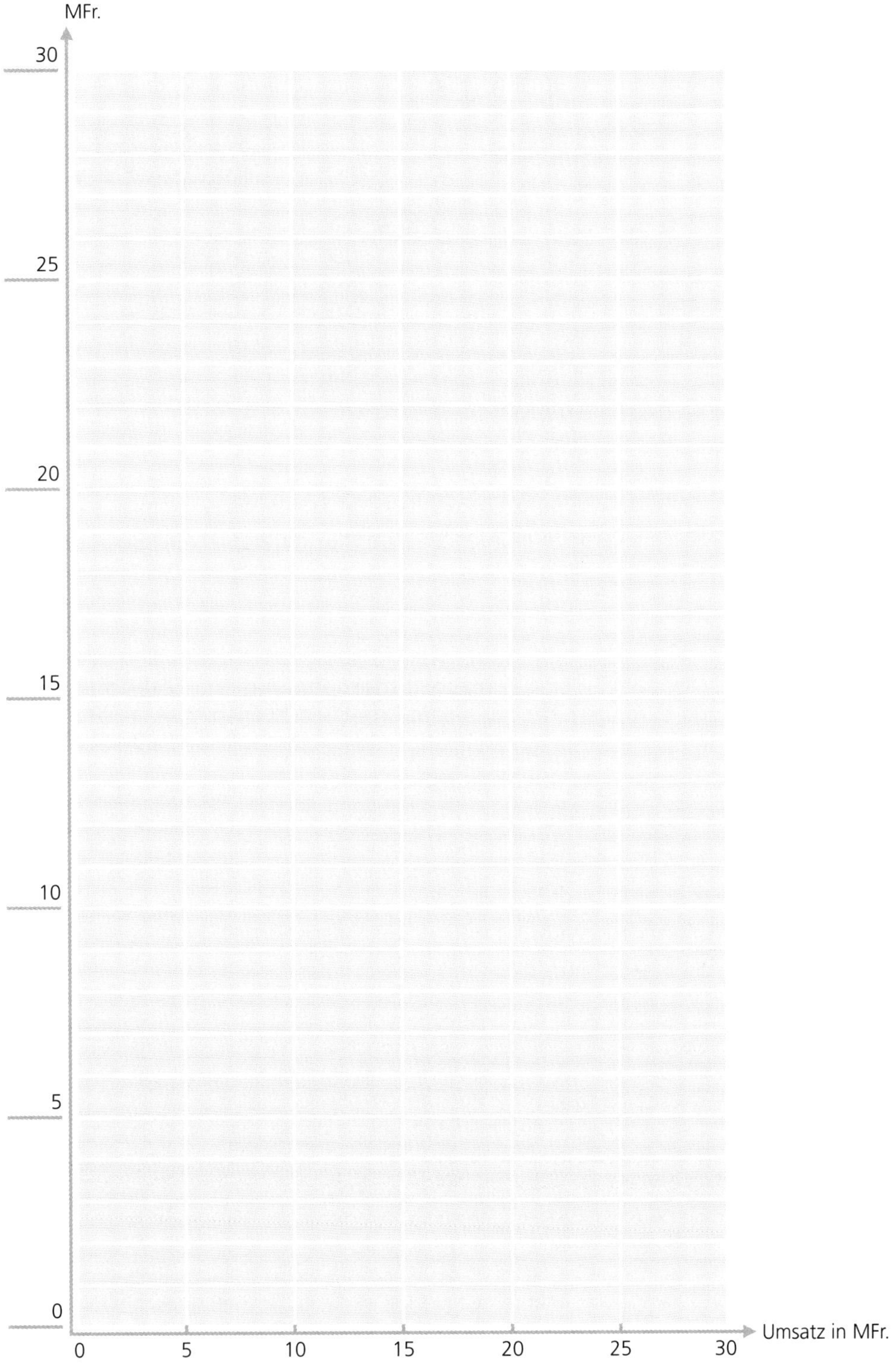
MFr.
30
25
20
15
10
5
0
0
5
10
15
20
25
30
Umsatz in MFr.

43.14

Einem Investor, der Fr. 1000 000.– während 8 Jahren anlegen möchte, werden folgende Möglichkeiten unterbreitet (alle Zahlen in Fr. 1000.–):

Fastfood-Restaurant in Alice Springs, Australien

	Cashflow
1. Jahr	150
2. Jahr	200
3. Jahr	250
4. bis 8. Jahr	200
Total	1 600

High-Tech-Unternehmung zur Entwicklung von Hochleistungs-Solarpanels in Zürich

	Cashflow
1. bis 5. Jahr	0
6. Jahr	400
7. Jahr	600
8. Jahr	800
Total	1 800

a) Wie entscheiden Sie aufgrund des ROI?

b) Wie entscheiden Sie nach der Payback-Methode?

c) Welche Investition würden Sie dem Investor empfehlen? Begründen Sie Ihre Antwort.

43.15

J. Müller betreibt eine **Transportunternehmung** und beabsichtigt, einen neuen Anhängerzug zu kaufen, der aus einem Dreiachslastwagen sowie einem Zweiachsanhänger besteht und ein Gesamtgewicht mit Ladung von 40 Tonnen aufweist.

Angaben zur geplanten Investition

Kaufpreis (Investitionsbetrag)	Fr. 300 000.–
Geplante Nutzungsdauer	5 Jahre
Liquidationswert nach 5 Jahren	30% des Kaufpreises
Kalkulatorischer Zinsfuss	6%
Frachtkapazität (Nutzlast)	25 Tonnen
Dieselverbrauch	35 Liter/100 km
Preis je Liter Diesel	Fr. 1.60/Liter
LSVA (vom Transporteur an den Staat zu zahlende leistungsabhängige Schwerverkehrsabgabe)	Fr. 0.86/km
Übrige variable Kosten (wie Pneuverbrauch, Schmiermittel)	Fr. 0.04/km
Lohn Chauffeur inkl. Sozialleistungen	Fr. 90 000.–
Diverse Fixkosten wie Fahrzeugsteuern, Versicherungen, Reparatur und Unterhalt, Garagierung	Fr. 25 000.–
Durch den Abschluss eines Transportvertrags mit einem Getränkekonzern ist die Transportkapazität ausgelastet. Die Vergütung des Getränkekonzerns an den Transportunternehmer beträgt in Abhängigkeit der geleisteten Kilometer:	Fr. 3.70/km
Geplante verrechenbare jährliche Kilometerleistung (ohne Garantie des Getränkekonzerns)	80 000 km

a) Wie gross ist der geplante durchschnittliche jährliche Gewinn (auf ganze Fr. genau)?

b) Berechnen Sie die statische Rendite (auf eine Kommastelle genau).

c) Als Vorbereitung für Vertragsverhandlungen mit dem Getränkekonzern ist zu berechnen, bei welcher Vergütung je Kilometer gerade die Nutzschwelle erreicht wird (auf Rappen genau).

d) Bei welcher verrechenbaren Kilometerleistung wird die Nutzschwelle erreicht (auf km genau)?

e) Wie lange ist die Payback-Dauer (auf Jahre mit einer Kommastelle genau)?

43.16

Eine Gruppe von Hoteliers, Handwerkern und Bauern aus einem voralpinen Ski- und Wandergebiet plant den Bau und Betrieb einer **Sesselbahn** sowie einer Rutschbahn. Dabei werden folgende Eckdaten geschätzt (Beträge in Fr. 1000.–):

Investitionen (Kapitaleinsatz)

▷ Sesselbahn	1 100	
▷ Rutschbahn	700	
▷ Pistenfahrzeuge	300	
▷ Beschneiungsanlagen	600	
▷ Diverse Anlagen wie Parkplatz, Wege, Beleuchtung	500	3 200

Zusätzliche Angaben

▷ Kalkulatorischer Zinsfuss	6%
▷ Nutzungsdauer aller Anlagen	20 Jahre
▷ Liquidationserlös am Ende der Nutzungsdauer	0

Durchschnittliche jährliche Erlöse (= Einnahmen)

▷ Verkaufserlös Tageskarten im Winter	350	
▷ Verkaufserlös Einzelbillette im Sommer	500	
▷ Verkaufserlös von Reiseunternehmungen	150	1 000

Durchschnittliche jährliche Betriebskosten (= Ausgaben)

▷ Personalkosten (Fixkosten)	200	
▷ Pachtzinsen für Land (Fixkosten)	36	
▷ Unterhalt, Reparaturen, Sicherheitschecks (Fixkosten)	33	
▷ Energieverbrauch (Fixkosten)	50	
▷ Versicherungsprämien (Fixkosten)	85	
▷ Werbung (Fixkosten)	50	
▷ Diverse Fixkosten	46	500
▷ Personalkosten (variabel, proportional zum Verkaufserlös)	90	
▷ Energieverbrauch (variabel, proportional zum Verkaufserlös)	10	100

a) Berechnen Sie die Rendite (auf eine Dezimale genau).

b) Wie lange ist die Payback-Dauer (auf eine Dezimale genau)?

c) Ermitteln Sie den jährlichen Break-even-Verkaufserlös.

d) Wie würde sich der durchschnittliche jährliche Gewinn verändern, wenn der Liquidationswert am Ende der Nutzungsdauer TFr. 200 betrüge, anstatt wie bisher angenommen 0 (auf TFr. genau)?

Dynamische Rechenverfahren

44.01

Da die dynamischen Methoden den zeitlichen Anfall der Zahlungsströme mittels Zinseszinsrechnung gewichten, folgen zuerst einige Übungen zur Auf- und Abzinsung.

Aufzinsung

Wie gross ist ein Anfangskapital (K_o) bei einem Zinsfuss von 6%

a) nach einem Jahr (K_1)?

b) nach zwei Jahren (K_2)?

c) nach drei Jahren (K_3)?

d) nach n Jahren (K_n)?

Abzinsung

Wie viel Wert hat ein Kapital heute (K_o), wenn es erst

e) nach einem Jahr zufliesst (K_1)?

f) nach zwei Jahren zufliesst (K_2)?

g) nach drei Jahren zufliesst (K_3)?

h) nach n Jahren zufliesst (K_n)?

Abzinsungstabellen

i) Welches ist der heutige Wert (K_o) einer *einmaligen* Kapitalzahlung von 1000.– bei einem Zinsfuss von 6% p. a., wenn

▷ diese einmalige Kapitalzahlung am Ende des ersten Jahres erfolgt?

▷ diese einmalige Kapitalzahlung am Ende des zweiten Jahres erfolgt?

▷ diese einmalige Kapitalzahlung am Ende des dritten Jahres erfolgt?

k) Welches ist der heutige Wert (K_o) einer *wiederholten* Kapitalzahlung von je 1000.– am Ende des ersten, zweiten und dritten Jahres bei einem Zinsfuss von 6% p.a.?

l) Berechnen Sie den Barwert (K_o) einer Rente von 1000.– während fünf Jahren, wenn die erste Rente am Ende des ersten Jahres ausbezahlt wird (i = 6%).

m) Berechnen Sie den Barwert (K_o) einer Rente von 1000.– während fünf Jahren, wenn die erste Rente am Ende des dritten Jahres ausbezahlt wird (i = 6%).

44.02

Bei der Kapitalwertmethode (**N**et **P**resent **V**alue oder **D**iscounted **C**ash**f**low) werden dem Kapitaleinsatz die abgezinsten Cashflows gegenübergestellt. Falls die diskontierten Cashflows grösser sind als der Kapitaleinsatz, ergibt sich ein positiver Kapitalwert.

a) Leiten Sie aus der folgenden Grafik die Formel zur Berechnung des Kapitalwertes her.

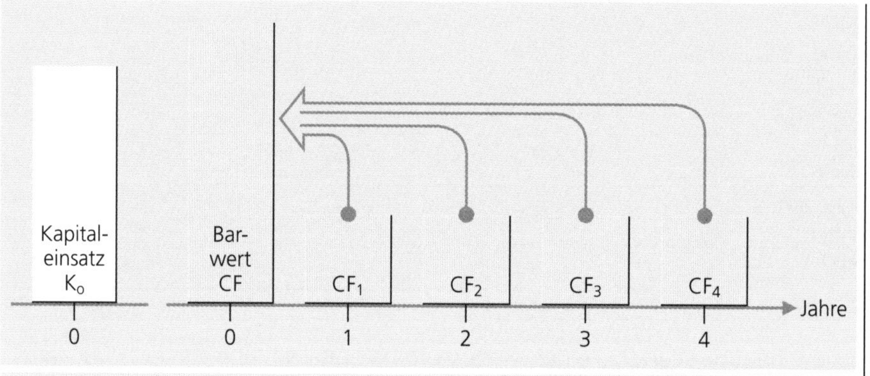

Kapitalwert =

b) Welcher der beiden Anlagen X und Y ist nach der Kapitalwertmethode der Vorzug zu geben, wenn für beide Anlagen die folgenden Daten gelten:

Kapitaleinsatz	750
Nutzungsdauer	4 Jahre
Kalkulatorischer Zinsfuss	12%
Liquidationserlös	0
Die Cashflows für die einzelnen Jahre sind bereits in der Lösungshilfe auf der nächsten Seite eingetragen.	

Lösungshilfe zu Aufgabe 44.02

	Cashflow		Abzinsungs-faktor 12%	Barwert	
	X	Y		X	Y
1. Jahr	100	250			
2. Jahr	200	250			
3. Jahr	300	250			
4. Jahr	400	250			
Total	1 000	1 000			

	X	Y
Barwert der Cashflows		
./. Kapitaleinsatz		
= Kapitalwert (NPV)		
Rangfolge		

44.03

Bei der **Annuitätenrechnung** wird der Kapitaleinsatz mittels Zinseszinsrechnung in jährliche Renten, d.h. Annuitäten, umgeformt und den durchschnittlichen Cashflows respektive Kostenersparnissen gegenübergestellt.

a) Leiten Sie aufgrund der folgenden Grafik die Formel zur Berechnung der Annuität aus dem Kapitaleinsatz her.

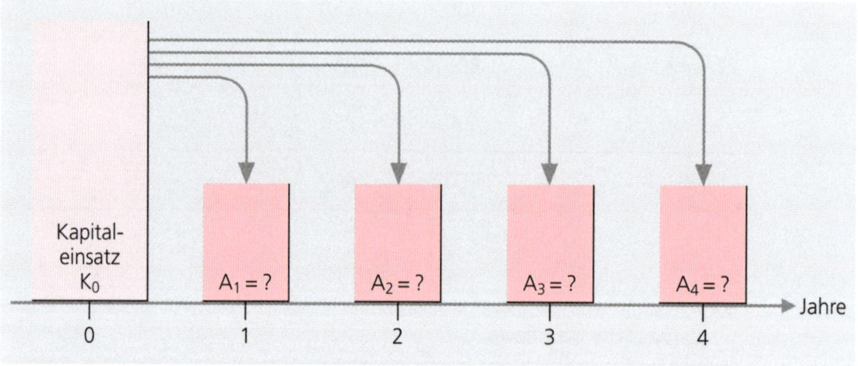

Annuität = ______

b) Aufgrund der Angaben von 44.02 ist eine Entscheidung nach der Annuitätenmethode zugunsten von Anlage X oder Y zu fällen.

Anlage X	Anlage Y

c) Die Annuitätenmethode stellt das Pendant zum statischen Gewinnvergleich dar. Wie hätte die Entscheidung aufgrund eines Gewinnvergleichs zwischen X und Y gelautet?

d) Kommentieren Sie die Entscheidungen gemäss Annuitäten- und Gewinnvergleichsmethode.

44.04

Der **interne Ertragssatz** (Internal Rate of Return, IRR) ist der Zinsfuss, bei welchem die abgezinsten Cashflows genau dem Kapitaleinsatz entsprechen.

a) Leiten Sie aus folgender Grafik die Formel zur Berechnung des Rentenbarwertfaktors (Rbf) her.

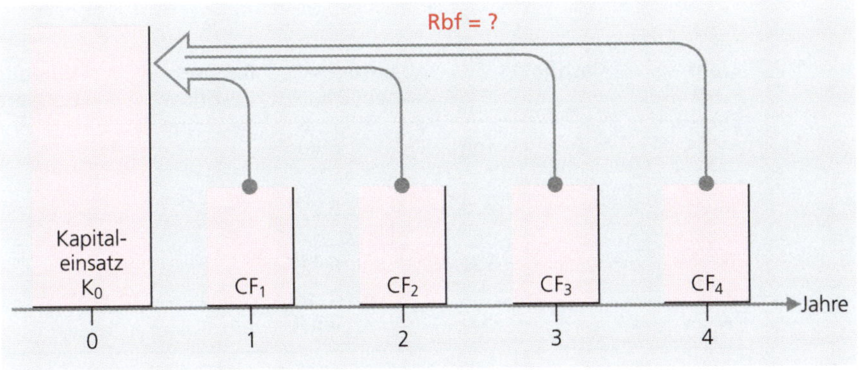

Rbf = ______________________________

b) Aufgrund der Angaben von Aufgabe 44.02 ist der interne Ertragssatz für die beiden Anlagen X und Y zu bestimmen.

c) Mit der Methode des internen Ertragssatzes wird die Renditerechnung dynamisiert. Welche Rendite erzielen die beiden Anlagen X und Y nach der statischen Berechnungsweise?

d) Vergleichen Sie die Ergebnisse der statischen und dynamischen Renditerechnung miteinander, und begründen Sie die Abweichungen.

44.05

Mit der **dynamisierten Payback-period** wird die Zeitspanne ermittelt, die verstreicht, bis eine Investition ihren Kapitaleinsatz nebst Zinseszinsen erwirtschaftet hat.

a) Mit den nachstehenden Lösungshilfen ist aufgrund der Angaben von Aufgabe 44.02 die dynamisierte Wiedergewinnungszeit für die beiden Anlagen X und Y zu berechnen.

Anlage X

Jahr	Cashflow	Abzinsungsfaktor 12%	Barwert Cashflow	Kumulierter Barwert	NPV
1	100	0,893			
2	200	0,797			
3	300	0,712			
4	400	0,636			

Anlage Y

Jahr	Cashflow	Abzinsungsfaktor 12%	Barwert Cashflow	Kumulierter Barwert	NPV
1	250	0,893			
2	250	0,797			
3	250	0,712			
4	250	0,636			

b) Ermitteln Sie die Wiedergewinnungszeiten nach der statischen Methode für die beiden Anlagen X und Y, und begründen Sie die Abweichungen gegenüber den dynamisch ermittelten Amortisationszeiten.

44.06

Von zwei möglichen Investitionsprojekten sind folgende Daten bekannt:

	Anlage V	Anlage W
Jährliche Einnahmenüberschüsse	175 000.–	125 000.–
Nutzungsdauer	10 Jahre	12 Jahre
Kapitaleinsatz	937 000.–	1 075 000.–
Kalkulatorischer Zinsfuss	8%	8%

Welcher Investitionsvariante ist der Vorzug zu geben

a) nach der Kapitalwertmethode?

b) nach der Methode des internen Ertragssatzes?

c) nach der Annuitätenmethode?

44.07

Berechnen Sie die fehlenden Grössen:

Aufgabe	Kapitaleinsatz	Jährlicher Cashflow	Nutzungsdauer in Jahren	Interner Ertragssatz
a)	150 000		14	14%
b)		100 000	12	10%
c)	200 000	40 000		18%
d)	80 000	20 000	15	

44.08

Wie hoch sind die internen Ertragssätze für die Investitionen Q und R?

		Anlage Q	Anlage R
Cashflow	1. Jahr	800 000.–	300 000.–
	2. Jahr	800 000.–	600 000.–
	3. Jahr	600 000.–	800 000.–
	4. Jahr	400 000.–	800 000.–
Kapitaleinsatz		2 050 000.–	1 400 000.–

44.09

Ein Investor will Jungunternehmer fördern. Es liegen die zwei in der Tabelle aufgeführten Projekte vor, die beide je einen anfänglichen Kapitaleinsatz von Fr. 250 000.– erfordern.

a) Beurteilen Sie die beiden Investitionsmöglichkeiten auf der Basis der dynamischen Payback-Methode.

b) Wie hoch ist der Kapitalwert für jedes Projekt?

				Fitness-Center			Schreinerei		
Jahr	CF Fitness-Center	CF Schreinerei	Abz.-Faktor 10%	Barwert	Kumulierter Barwert	NPV	Barwert	Kumulierter Barwert	NPV
1	50 000	45 000	0,909						
2	50 000	45 000	0,826						
3	60 000	60 000	0,751						
4	70 000	75 000	0,683						
5	75 000	85 000	0,621						
6	75 000	100 000	0,564						
Total	380 000	410 000			–	–		–	–
Rangfolge									

44.10

Es stehen zwei Investitionsprojekte zur Wahl. Welches würden Sie vorziehen? Der Entscheid ist aufgrund der Kapitalwert- und der internen Ertragssatzmethode zu fällen. Zinsfuss = 10%.

	Projekt I	Projekt II
Anlagesumme	100 000.–	100 000.–
Jährlich erwarteter Cashflow	60 000.–	25 000.–
Nutzungsdauer	2 Jahre	6 Jahre

44.11

Eine alte, voll abgeschriebene Maschine ohne Liquidationswert soll ersetzt werden. Die neue Maschine kostet 45 000.–, wobei die alte im Sinne eines Rabatts noch mit 10 000.– an Zahlung genommen wird. Für die Umschulung des Personals auf die neue Anlage werden 3 000.– veranschlagt. Die technische Nutzungsdauer der Ersatzanlage wird mit 8 Jahren angegeben. Der Liquidationserlös kann vernachlässigt werden.

Es wird angenommen, dass jährlich 7 000.– an Betriebskosten eingespart werden. Die Geschäftsleitung fordert eine kalkulatorische Verzinsung von 12%.

a) Wie entscheiden Sie nach der Kapitalwertmethode?

b) Wie entscheiden Sie nach der Methode des internen Ertragssatzes?

c) Wie entscheiden Sie nach der Annuitätenmethode?

d) Wie würden Sie aufgrund der Kapitalwertmethode entscheiden, wenn Ende des 4. Jahres eine Grossrevision gemacht werden müsste, die 2 000.– kostet, und dafür nach der Nutzungsdauer mit einem Liquidationswert von 6 000.– gerechnet werden kann?

44.12

Sie stehen vor der Wahl, entweder die Investition X oder die Investition Y vorzunehmen. Folgende Angaben stehen Ihnen zur Verfügung:

Nutzungsdauer für X und Y	je 3 Jahre
Investitionsbetrag X	5 000
Investitionsbetrag Y	7 500
Kalkulatorischer Zinsfuss	6%

Einnahmen und Ausgaben:

	Investition X		Investition Y	
	Einnahmen	Ausgaben	Einnahmen	Ausgaben
Jahr 1	10 000	7 000	8 000	10 000
Jahr 2	15 000	13 000	17 000	19 000
Jahr 3	20 000	19 000	30 000	16 000

a) Errechnen Sie als Entscheidungsgrundlage die folgenden Grössen:

	Statisch		Dynamisch	
	Investition X	Investition Y	Investition X	Investition Y
Rendite bzw. Interner Ertragssatz				
Rangfolge				
Gewinnvergleich bzw. Kapitalwert				
Rangfolge				

b) Begründen Sie, welche Investition Sie bevorzugen.

44.13

Im Versicherungsbereich werden jährlich gleiche Rentenzahlungen für eine unbestimmte Anzahl Jahre, z. B. bis zum Ableben eines Versicherten, entrichtet. Im Folgenden wird auf die Berechnung des Barwertes solcher Renten eingegangen.

a) Setzen Sie in der Tabelle die Rentenbarwertfaktoren für die verschiedenen Zinsfüsse und die unterschiedlich langen Lebensdauern ein:

Zinsfuss	Dauer			
	10 Jahre	25 Jahre	50 Jahre	
10%				
20%				
30%				
40%				
50%				

b) Welche Gesetzmässigkeiten für die Rentenbarwertfaktoren lassen sich hinsichtlich der Rentendauer aus obiger Tabelle ableiten?

c) Wie gross ist der Barwert einer Rente von jährlich 12 000.–, wenn der Rentenbezüger mit 60 Jahren pensioniert wird und die Rente bis zu seinem Tod im Alter von 85 Jahren bezieht? Es ist mit einem kalkulatorischen Zinsfuss von 10% zu rechnen.

d) Bei einem Wettbewerb kann der Preis entweder sofort bar oder in Form einer bis zum Tod des Bezügers laufenden (ewigen) Rente von Fr. 1 000.– pro Jahr bezogen werden. Wie hoch ist der Barwert dieser Rente, die jeweils Ende Jahr ausbezahlt wird? Der Berechnung wird ein Zinsfuss von 10% zugrunde gelegt.

e) Leiten Sie unter Verwendung der folgenden Symbole die Formel zur Berechnung des Barwertes einer ewigen Rente her.

K_0 = Barwert der Rente   p = Zinsfuss

R = Jährliche Rente   Rbf = Rentenbarwertfaktor

44.14

Bei einer geplanten Investition von Fr. 435 000.– ist mit einer Lebensdauer von 8 Jahren und einem jährlichen Cashflow von Fr. 100 000.– zu rechnen. Die Zahlungsströme fallen Ende Jahr an.

a) Wie hoch ist der interne Ertragssatz (dynamische Rendite)?

b) Nach welcher Zeit ist die Investition bei einem Zinsfuss von 10% abbezahlt (dynamische Payback-Dauer)?

c) Wie hoch müsste der prognostizierte Cashflow mindestens sein, damit der Kapitalwert bei einer Verzinsung von 10% gerade Fr. 0.– betragen würde?

d) Nehmen Sie an, dass diese Investition mit einem zu 10% verzinslichen Kredit finanziert wird und der Cashflow in Form von jährlichen Annuitäten vollständig zur Verzinsung und Rückzahlung dieses Darlehens verwendet wird.

Nach wie vielen Jahren ist der Kredit zurückbezahlt?

e) Fortsetzung von Teilaufgabe d): Erstellen Sie eine Übersicht, in der die Zins- und Rückzahlungsanteile bei den jährlichen Annuitäten sowie die jeweilige Restschuld bis zur vollständigen Tilgung des Kredites ausgewiesen werden.

44.15

In Ihrem Betrieb wird die Anschaffung einer neuen Maschinengruppe erwogen. Projekte A und B sind genauer zu untersuchen. Es ist aufgrund folgender Daten zu entscheiden:

		A	B
Kapitaleinsatz		150 000.–	150 000.–
Nutzungsdauer		5 Jahre	5 Jahre
Kalkulatorischer Zinsfuss		10%	10%
Cashflow:	1. Jahr	40 000.–	70 000.–
	2. Jahr	45 000.–	60 000.–
	3. Jahr	60 000.–	55 000.–
	4. Jahr	75 000.–	45 000.–
	5. Jahr	80 000.–	40 000.–

a) Welcher Maschinengruppe ist nach der Kapitalwertmethode der Vorzug zu geben?

b) Welches Projekt erhält den Vorzug aufgrund der Methode des internen Ertragssatzes?

c) Warum verändert sich die Rangfolge der Projekte in den Teilaufgaben a) und b)?

44.16

Folgende zwei Objekte sollen auf ihre Wirtschaftlichkeit hin untersucht werden:

	Maschine A	Maschine B
Ankaufspreis	200 000.–	300 000.–
Installationskosten	50 000.–	50 000.–
Umschulungskosten	8 000.–	4 000.–
UV-Erhöhung, bedingt durch diese Investition	60 000.–	70 000.–
Nettoumsatz pro Jahr	450 000.–	500 000.–
Baraufwendungen pro Jahr	400 000.–	430 000.–
Nutzungsdauer	8 Jahre	10 Jahre
Schrottwert Ende Nutzungsdauer	26 000.–	–.–
Kalkulatorischer Zinsfuss	10%	10%

a) Wie entscheiden Sie aufgrund eines statischen Gewinnvergleichs?

b) Wie entscheiden Sie nach der Kapitalwertmethode?

c) Wie gross müsste der durchschnittliche jährliche Cashflow bei Maschine B sein, damit genau eine zehnprozentige Rendite gewährleistet wäre?

44.17

Kreuzen Sie in den folgenden Aussagen zur Investitionsrechnung die richtigen an:

a) ☐ Allen Rechnungsverfahren liegt die Wiederanlageprämisse zugrunde, welche besagt, dass die durch die Investition erwirtschafteten Mittel sofort zum selben Zinssatz und ohne Anlagenebenkosten reinvestiert werden können.

b) ☐ Der Liquidationserlös vermindert die Amortisationszeit einer Investition.

c) ☐ Die Annuitätenmethode ist das Pendant zum statischen Gewinnvergleich.

d) ☐ Die dynamischen Methoden basieren darauf, dass der zeitliche Anfall der Zahlungen mithilfe der Zinseszinsrechnung gewichtet wird.

e) ☐ Die Höhe des Kapitalwertes verhält sich direkt proportional zur Höhe des Kalkulationszinsfusses.

f) ☐ Die Wiedergewinnungszeit ist ein Risikomass dafür, wie rasch die investierten Mittel wieder in die Unternehmung zurückfliessen.

g) ☐ Eine Investition ist immer rentabel, wenn die Wiedergewinnungszeit kürzer ist als die Nutzungsdauer.

h) ☐ Je kürzer die Wiedergewinnungszeit, desto grösser die Rentabilität der Investition.

i) ☐ Beim internen Ertragssatz ist der Kapitalwert grösser als 0.

k) ☐ Kontinuierlich steigende Cashflows während der Nutzungsdauer ergeben einen besseren Kapitalwert als gleichmässig anfallende Cashflows, sofern das Total der erzielten Cashflows dasselbe ist.

l) ☐ Wird der Kapitaleinsatz durch den durchschnittlichen Cashflow dividiert, erhält man den Rentenbarwertfaktor, der auch der Wiedergewinnungszeit für diese Investition entspricht.

m) ☐ Die Methode des internen Ertragssatzes und die Kapitalwertmethode führen meistens zum selben Investitionsentscheid.

44.18

Die folgende Übersicht zu den verschiedenen Rechenverfahren ist zu komplettieren.

Rechenverfahren

Statische (buchhalterische) Verfahren	Dynamische (finanzmathematische) Verfahren
▷ ______	▷ ______
▷ ______	▷ ______
▷ ______	▷ ______
▷	▷

Hauptmerkmale

Wie werden folgende Grössen bei den statischen bzw. dynamischen Verfahren behandelt?

Abschreibungen

Zinsen

Liquidationserlös

44.19

Eine Unternehmung hat folgende Alternativen (Nutzungsdauer 5 Jahre, verlangte Verzinsung 16%):

	Maschine A	Maschine B
Anschaffungskosten	250 000	100 000
Verkaufspreis/Stück	300	300
Variable, ausgabenwirksame Kosten pro Stück	120	200
Jährliche Absatzmenge in Stücken	500	500

a) Welche Maschine soll aufgrund der Kapitalwertmethode gewählt werden?

b) Ab welcher Stückzahl ist die andere Maschine vorzuziehen?

c) Bei welchem Zinssatz ergeben sich für beide Alternativen dieselben Überschüsse?

44.20

Für den Bau und Betrieb eines **Bootshafens** mit 100 Bootsplätzen wird mit folgenden Zahlen (in Fr. 1000.–) gerechnet:

Investitionsvolumen (Kapitaleinsatz am Anfang)	3 000
Jährliche Betriebsausgaben für Löhne, Unterhalt und Reparaturen, Energie, Versicherungsprämien, Verwaltungskosten und Diverses (ohne Zinsen)	150
Jährliche Einnahmen aus der Vermietung von Bootsplätzen	550
Liquidationswert am Ende der Nutzungsdauer	0
Kalkulatorischer Zinsfuss	10%
Betriebswirtschaftliche Nutzungsdauer	20 Jahre

a) Welches ist die statische Wiedergewinnungszeit (Payback-Dauer)?

b) Wie hoch ist die statische Rendite (Return on Investment)?

c) Wie hoch ist der interne Ertragssatz (Internal Rate of Return)?

d) Um wie viel Franken darf sich die Investition höchstens verteuern, bis der Kapitalwert (Net Present Value) gerade 0 beträgt?

e) Wie viele Bootsplätze dürfen im Durchschnitt höchstens unvermietet bleiben, bis der Kapitalwert gerade 0 beträgt? (Die 100 Bootsplätze werden alle zum gleichen Preis vermietet.)

Der Einfachheit halber kann angenommen werden, dass die Zahlungsströme jeweils Ende Jahr anfallen.

44.21

Eine Maschine kann geleast oder gekauft werden:

	Leasing	Kauf
Einrichtungskosten	50 000	50 000
UV-Erhöhung	30 000	30 000
Leasingraten vorfällig pro Jahr		
1. bis 4. Jahr	120 000	
5. bis 6. Jahr	10 000	
Kaufpreis		400 000
Revision Ende 4. Jahr		30 000
Liquidationserlös		20 000
Abbruchkosten Ende 6. Jahr	10 000	10 000
Zinsfuss = 10%		

a) Um wie viel ist die Kaufvariante bei einem Barwertvergleich günstiger als die Leasingvariante?

b) Bei welchem durchschnittlichen Cashflow wären die Investitionsausgaben bei der Kaufvariante gerade gedeckt?

c) Wie hoch ist der interne Ertragssatz bei der Leasingvariante, wenn mit einem durchschnittlichen jährlichen Cashflow von 120000 gerechnet werden könnte?

44.22

Herr Klenke tritt neu in die Unternehmung Grogg AG ein. Der Eintritt erfolgt unter der Bedingung, dass Herrn Klenke vom 66. Lebensjahr an eine Rente (nachfällig) von jährlich 12000.– ausbezahlt wird. Für Herrn Klenke wird mit einer Lebenserwartung von 80 Jahren gerechnet.

Die Finanzierung dieser 2. Säule erfolgt hälftig durch den Arbeitgeber und den Arbeitnehmer. Herr Klenke ist heute genau 45 Jahre alt. Die kalkulatorische Verzinsung beträgt 6%.

Wie gross wird der Monatsbeitrag, welcher Herrn Klenke jeweils von seinem Salär in Abzug gebracht wird?

44.23

Eine Garage plant einen Neubau mit angegliederter **Autowaschstrasse.** Die Geschäftsleitung fordert eine Minimalrendite von 12%.

Die fertige Autowaschstrasse kostet laut Voranschlag 350000.–, nicht eingerechnet die Landkosten. Dafür würden 1200 m² benötigt, wobei der Preis je m² auf 200.– angesetzt werden müsste.

Die Lebensdauer einer Waschanlage wird auf 8 Jahre geschätzt, der Liquidationswert kann vernachlässigt werden. Es darf angenommen werden, dass die für die Waschstrasse beanspruchte Grundstückfläche am Ende der Nutzungsdauer mindestens zum gleichen Preis wieder verkauft werden könnte.

Die Geschäftsleitung rechnet aufgrund von Studien mit einer durchschnittlichen monatlichen Besucherzahl von 3000. Der Waschpreis pro Auto beträgt 8.–, wobei Waschabonnemente mit 15% Rabatt angeboten werden. Es wird damit gerechnet, dass die Hälfte aller Besucher Stammkunden sein werden, die solche Abonnemente benützen.

Die Waschanlage ist 6 Tage pro Woche geöffnet und kann mit 1½ Personen bedient werden, die monatlich 4200.– Lohnkosten verursachen, nicht eingerechnet der 13. Monatslohn und Sozialleistungen von 15%.

An anderen Kosten fallen an:

▷ Energie, Wasser, Reinigung	1.– pro Auto
▷ Unterhalt und Reparaturen	10 000.– pro Jahr
▷ Übriger Aufwand (Werbung, Versicherung, Verwaltungskosten, Abgaben)	30 000.– pro Jahr
▷ Autoschäden	2 500.– je 10 000 Fahrzeuge

a) Erstellen Sie eine Investitionsrechnung nach der **Kapitalwertmethode,** und interpretieren Sie Ihr Ergebnis.

b) Bei welchen durchschnittlichen jährlichen Fixkosten würde ein interner Ertragssatz von 12% erreicht?

c) Wäre es vorteilhaft, das Grundstück nur im Baurecht zu übernehmen, wenn mit jährlichen Baurechtszinsen von 25000.– zu rechnen wäre? Die Zinsen würden jeweils Ende Jahr fällig.

d) Wie hoch kommen die Selbstkosten pro Wagen bei **statischer** Berechnung, wenn von einer jährlichen Besucherzahl von 36000 ausgegangen wird?

44.24

Eine kleine Fluggesellschaft beabsichtigt, für die Durchführung von **Flugsafaris** ein neues Flugzeug anzuschaffen. Dabei stellt sich unter anderem die Frage, ob das Flugzeug gekauft oder geleast werden soll.

Variante 1: Kauf	
▷ Anschaffungswert für das Flugzeug	360 000.–
▷ Jährlich fixe Betriebskosten (z.B. für Vollkaskoversicherung, Hangarmiete, Gebühren, Verwaltungskosten)	70 000.–
▷ Variable Betriebskosten je 1000 Flugstunden (z.B. für Flugbenzin sowie Reparaturen und Unterhalt)	76 000.–
▷ Jährliche Flugstunden	3 000 Std.
▷ Verkaufspreis für eine Flugstunde	120.–
▷ Nutzungsdauer	10 Jahre
▷ Liquidationswert am Ende der Nutzungsdauer	20 000.–

Variante 2: Leasing	
▷ Leasingdauer	10 Jahre
▷ 1. Leasingrate (fällig bei Übergabe des Flugzeuges)	120 000.–
▷ 10 weitere jährliche Leasingraten (nachschüssig) zu je	40 000.–
▷ Rücknahme des Flugzeuges durch den Leasinggeber am Ende der Vertragsdauer ohne Entschädigung	
▷ Die Betriebskosten (sowohl die fixen wie auch die variablen) sind in den Leasingraten nicht enthalten.	

a) Für welche Variante entscheiden Sie sich aufgrund der dynamischen Kapitalwertmethode (Net Present Value Method)? Verlangt werden ausführliche Berechnungen sowie eine kurze Begründung. Der Einfachheit halber kann davon ausgegangen werden, dass die Zahlungsströme für die fixen und die variablen Betriebskosten sowie die Erlöse jeweils auf Ende Jahr erfolgen. Zinsfuss 10%.

b) Wie hoch ist die statisch berechnete durchschnittliche Jahresrendite für Variante 1 (bei linearer Abschreibung und einem Zinssatz von 10%)?

c) Nehmen Sie an, Sie würden den Investitionsentscheid für Variante 1 oder 2 aufgrund der dynamischen Kapitalwertmethode treffen. Welchen Einfluss hätte dann die Höhe des Zinsfusses auf den Entscheid Kauf oder Leasing? (Keine Berechnungen durchführen; nur Überlegung in einem Satz angeben.)

d) Der interne Zinsfuss ist bei Variante 1 etwa 11%. Warum ist die statische Rendite (Aufgabe b) höher?

e) Wie hoch dürfte der Anschaffungswert für das Flugzeug bei sonst gleichen Voraussetzungen wie bei der Teilaufgabe a) höchstens sein, damit die Variante Kauf gerade einen Kapitalwert von Fr. 0.– aufweist?

f) Um wie viel Prozent könnte der Verkaufspreis für eine Flugstunde bei sonst gleichen Voraussetzungen wie bei Teilaufgabe a) gesenkt werden, damit die Variante Leasing gerade einen Kapitalwert von Fr. 0.– aufweist?

44.25

Die **Monta-Bergbahnen AG** planen den Weiterausbau ihrer Anlagen. Zur Auswahl stehen zwei Varianten (jeweils mit oder ohne Bergrestaurant), die auf den nächsten Frühling realisiert werden könnten, da die Konzessionen und Bewilligungen bereits vorliegen.

	Gross-kabinenbahn	Gondelbahn	Berg-restaurant
Investitionen zum Zeitpunkt 0	4 000 000.–	3 500 000.–	1 000 000.–
Jährlich fixe Betriebskosten für den Bahnbetrieb wie Personal, Unterhalt und Reparaturen, Energie	80 000.–	100 000.–	
Kosten für Grossrevision der Bahnen nach 7 Jahren Betriebszeit	70 000.–	40 000.–	
Anzahl transportierte Personen im Jahr:			
▷ mit Restaurant	80 000 Pers.	80 000 Pers.	
▷ ohne Restaurant	70 000 Pers.	70 000 Pers.	
Durchschnittlicher Fahrpreisertrag je Person (Mix aus einfachen Fahrten, Retourkarten, Abonnementen und Tageskarten für Kinder und Erwachsene)	10.–	10.–	
Jährlicher Cashflow des Bergrestaurants			50 000.–
Liquidationswerte nach 10 Jahren Nutzungsdauer	100 000.–	100 000.–	600 000.–

1. Entscheiden Sie sich anhand der Kapitalwertmethode (Net Present Value Method) für eine der folgenden Varianten:

   a) Grosskabinenbahn mit Bergrestaurant

   b) Grosskabinenbahn ohne Bergrestaurant

   c) Gondelbahn mit Bergrestaurant

   d) Gondelbahn ohne Bergrestaurant

   Die Kapitalwerte für die Varianten a) und b) sind bereits berechnet worden: Grosskabinenbahn mit Bergrestaurant = – 34060.– (Fehlbetrag), Grosskabinenbahn ohne Bergrestaurant = – 187410.– (Fehlbetrag).

   Die Kapitalwerte für die Varianten c) und d) sind noch zu ermitteln. Dabei ist ein kalkulatorischer Zinsfuss von 10% und eine Nutzungsdauer von 10 Jahren zugrunde zu legen. Der Einfachheit halber können Sie bei den Einnahmen und Ausgaben davon ausgehen, dass diese jeweils Ende Jahr anfallen.

2. Wie hoch ist der durchschnittliche jährliche Gewinn (statische Investitionsrechnung) für die Variante Grosskabinenbahn ohne Bergrestaurant? Zinsfuss 10%, Nutzungsdauer 10 Jahre.

3. Erklären Sie mit einem Satz, der sich konkret auf diese Aufgabenstellung bezieht, warum die hier durchgeführten Berechnungen für die Variante Grosskabinenbahn ohne Bergrestaurant ein unterschiedliches Resultat zeigen, je nachdem, ob dynamisch oder statisch gerechnet wurde.

44.26

Die **Bank AG** steht vor der Anschaffung einer neuen EDV-Anlage. Diese soll eine heute sechsjährige Anlage ablösen, die kapazitätsmässig ungenügend ist. Aus geschäftspolitischen Gründen kommt nur ein einziger Computerlieferant in Frage, wobei nun noch abzuklären ist, ob der Kauf- oder der Leasingbeschaffung der Vorzug gegeben werden soll.

Für die kommenden Jahre wird durchgehend mit einer kalkulatorischen Verzinsung von 8% gerechnet.

Die Inbetriebnahme der Anlage erfolgt ein Jahr nach Kaufabschluss.

Unabhängig von der Beschaffungsart wird bei der Installation mit Einrichtungskosten von 75 000.– gerechnet sowie mit jährlichen Systemnebenkosten von 210 000.– (nachfällig, in einem Betrag). Darin enthalten sind die Personal-, Miet-, Papier- und Klimatisierungskosten, nicht aber die Wartungs- und Unterhaltskosten.

Im Falle eines Kaufes müssten 400 000.– sofort als Anzahlung, die restlichen 1 200 000.– bei Inbetriebnahme der Anlage geleistet werden. Bei einer geschätzten Nutzungsdauer von 6 Jahren wird mit einem Liquidationserlös von 50 000.– kalkuliert. Das Wartungs- und Unterhaltsabonnement würde sich auf jährlich 80 000.– (nachfällig) belaufen. Die Personalumschulungskosten sind beim Kaufpreis inbegriffen, müssten aber im Falle von Leasing separat bezahlt werden.

An Leasinggebühren wären jährlich 516 000.– (nachfällig) zu bezahlen, wobei hier auch das Wartungs- und Unterhaltsabonnement eingeschlossen ist. Der Leasingvertrag wird auf 5 Jahre fest abgeschlossen. Nach Ablauf der Vertragsdauer wird die Leasinggebühr auf 120 000.– pro Jahr reduziert. Die Personalumschulung würde auf total 25 000.– zu stehen kommen; diese Kosten sind auf Ende des ersten Jahres nach Inbetriebnahme in Rechnung zu stellen.

Wie soll die Bank AG entscheiden?

Cashflow-basierte Unternehmungsbewertung

45.01

Der Einzelunternehmer Franz Koller möchte seine Nachfolge regeln und erwägt den Verkauf seiner Unternehmung für Autozubehör. Sie haben die Aufgabe, eine Unternehmungsbewertung nach der **Discounted Cashflow-Methode** vorzunehmen. Den Berechnungen ist eine kalkulatorische Verzinsung von 12% zugrunde zu legen.

Die von Franz Koller zur Verfügung stehenden Planungsdaten in Fr. 1000.– lauten:

	20_1	**20_2**	**20_3**	**20_4**	**20_5**	**20_6ff.**
Gewinne vor Zinsen	25	30	35	40	40	45
+ Abschreibungen	15	20	20	25	30	30
= Cashflows (Praktikermethode)	40	50	55	65	70	75
./. Investitionen ins Umlaufvermögen	– 3	– 3	– 4	– 4	– 5	– 5
= Cashflows	37	47	51	61	65	70
./. Investitionen ins Anlagevermögen	– 15	– 50	– 35	– 25	– 20	– 30
= Free Cashflows						Free CF = Endwert =
Abzinsungsfaktoren						
= Discounted Free Cashflows						

Unternehmungswert = Fr. ....

45.02

Berechnen Sie aufgrund folgender Planzahlen den Unternehmungswert per Ende 20_0 nach der Discounted Cashflow-Methode. Den Berechnungen ist ein kalkulatorischer Zinsfuss von 12% zugrunde zu legen.

Bilanzen nach Gewinnverteilung

	20_0	20_1	20_2	20_3	20_4	20_5
Liquide Mittel	2	2	2	2	2	2
Debitoren	10	10	11	12	14	15
Vorräte	18	17	14	15	17	19
Anlagevermögen	10	9	9	11	12	14
Total Aktiven	40	38	36	40	45	50
Kreditoren	10	8	7	8	10	12
Finanzschulden	16	13	10	12	13	15
Eigenkapital	14	17	19	20	22	23
Total Passiven	40	38	36	40	45	50

Erfolgsrechnungen

	20_1	20_2	20_3	20_4	20_5	20_6
Warenertrag	100	105	110	115	120	120
./. Warenaufwand	– 67	– 70	– 73	– 77	– 80	– 80
./. Diverser Baraufwand	– 22	– 27	– 27	– 27	– 28	– 28
./. Abschreibungen	– 2	– 2	– 2	– 2	– 3	– 3
./. Fremdzinsen	– 2	– 1	– 1	– 1	– 2	– 2
./. Steuern	– 3	– 2	– 3	– 3	– 3	– 3
Reingewinn (nach Steuern)	4	3	4	5	4	4

Ab dem Jahr 20_6 stabilisiert sich die Unternehmungsentwicklung, d.h., die künftigen Investitionen entsprechen den künftigen Abschreibungen. Ebenso kann davon ausgegangen werden, dass die Debitoren-, Kreditoren- und Vorratsbestände konstant bleiben.

Anhang 1 Literaturverzeichnis

Grundlagen der doppelten Buchhaltung

Leimgruber/Prochinig	Das Rechnungswesen der Unternehmung	Verlag SKV, Zürich

Weiterführende Literatur

Boemle, Max	Der Jahresabschluss	Verlag SKV, Zürich
Boemle, Max	Praxis der Jahresabschlussanalyse	Verlag SKV, Zürich
Boemle, Max/Stolz, Carsten	Unternehmungsfinanzierung	Verlag SKV, Zürich
Hail, Luzi/Meyer, Conrad	Abschlussanalyse und Unternehmensbewertung	Verlag SKV, Zürich
Leimgruber/Prochinig	Bilanz- und Erfolgsanalyse	Verlag SKV, Zürich
Leimgruber/Prochinig	Investitionsrechnung	Verlag SKV, Zürich
Peters, Gerd/Pfaff, Dieter	Controlling	Versus, Zürich
Prochinig, Urs	Mittelflussrechnung – Geldflussrechnung	Verlag SKV, Zürich
Prochinig/Winiger/von Gunten	Konzernrechnung	Verlag SKV, Zürich
Sterchi, Walter/Mattle, Herbert/Helbling, Markus	Kontenrahmen KMU	Verlag SKV, Zürich
Thommen, Jean-Paul	Managementorientierte Betriebswirtschaftslehre	Treuhand-Kammer, Zürich
Volkart, Rudolf	Unternehmungsbewertung	Treuhand-Kammer, Zürich
Volkart, Rudolf	Corporate Finance	Versus, Zürich
von Gunten/Winiger/Prochinig	Konsolidierung	Verlag SKV, Zürich
Winiger, Andreas/Prochinig, Urs	Kostenrechnung	Verlag SKV, Zürich

Anhang 2 Stichwortverzeichnis

Die Auswahl an Stichwörtern beschränkt sich auf das Wesentliche. In der Regel werden sie nur einmal erwähnt; meist finden sich im Anschluss an diese Stelle noch weitere Informationen. Auf Hinweise wie f. oder ff. wurde verzichtet.

Tabelle 2: Rentenbarwertfaktoren

Gegenwartswert einer Zahlung von jährlich 1.–, fällig Ende Jahr, während n Jahren.

Anzahl Jahre	2%	4%	6%	8%	10%	12%	14%	16%	18%
1	0.980	0.962	0.943	0.926	0.909	0.893	0.877	0.862	0.847
2	1.942	1.886	1.833	1.783	1.736	1.690	1.647	1.605	1.566
3	2.884	2.775	2.673	2.577	2.486	2.402	2.322	2.246	2.174
4	3.808	3.630	3.465	3.312	3.170	3.037	2.914	2.798	2.690
5	4.713	4 452	4.212	3.993	3.791	3.605	3.433	3.274	3.127
6	5.601	5.242	4.917	4.623	4.355	4.111	3.889	3.685	3.498
7	6.472	6.002	5.582	5.206	4.868	4.564	4.288	4.039	3.812
8	7.325	6.733	6.210	5.747	5.335	4.968	4.639	4.344	4.078
9	8.162	7.435	6.802	6.247	5.759	5.328	4.946	4.607	4.303
10	8.983	8.111	7.360	6.710	6.145	5.650	5.216	4.833	4.494
11	9.787	8.760	7.887	7.139	6.495	5.938	5.453	5.029	4.656
12	10.575	9.385	8.384	7.536	6.814	6.194	5.660	5.197	4.793
13	11.348	9.986	8.853	7.904	7.103	6.424	5.842	5.342	4.910
14	12.106	10.563	9.295	8.244	7.367	6.628	6.002	5.468	5.008
15	12.849	11.118	9.712	8.559	7.606	6.811	6.142	5.575	5.092
16	13.578	11.652	10.106	8.851	7.824	6.974	6.265	5.668	5.162
17	14.292	12.166	10.477	9.122	8.022	7.120	6.373	5.749	5.222
18	14.992	12.659	10.828	9.372	8.201	7.250	6.467	5.818	5.273
19	15.678	13.134	11.158	9.604	8.365	7.366	6.550	5.877	5.316
20	16.351	13.590	11.470	9.818	8.514	7.469	6.623	5.929	5.353
21	17.011	14.029	11.764	10.017	8.649	7.562	6.687	5.973	5.384
22	17.658	14.451	12.042	10.201	8.772	7.645	6.743	6.011	5.410
23	18.292	14.857	12.303	10.371	8.883	7.718	6.792	6.044	5.432
24	18.914	15.247	12.550	10.529	8.985	7.784	6.835	6.073	5.451
25	19.523	15.622	12.783	10.675	9.077	7.843	6.873	6.097	5.467
30	22.396	17.292	13.765	11.258	9.427	8.055	7.003	6.177	5.517
35	24.999	18.665	14.498	11.655	9.644	8.176	7.070	6.215	5.539
40	27.355	19.793	15.046	11.925	9.779	8.244	7.105	6.233	5.548
45	29.490	20.720	15.456	12.108	9.863	8.283	7.123	6.242	5.552
50	31.424	21.482	15.762	12.233	9.915	8.304	7.133	6.246	5.554

20%	22%	24%	26%	28%	30%	35%	40%	45%	50%
0.833	0.820	0.806	0.794	0.781	0.769	0.741	0.714	0.690	0.667
0.694	0.672	0.650	0.630	0.610	0.592	0.549	0.510	0.476	0.444
0.579	0.551	0.524	0.500	0.477	0.455	0.406	0.364	0.328	0.296
0.482	0.451	0.423	0.397	0.373	0.350	0.301	0.260	0.226	0.198
0.402	0.370	0.341	0.315	0.291	0.269	0.223	0.186	0.156	0.132
0.335	0.303	0.275	0.250	0.227	0.207	0.165	0.133	0.108	0.088
0.279	0.249	0.222	0.198	0.178	0.159	0.122	0.095	0.074	0.059
0.233	0.204	0.179	0.157	0.139	0.123	0.091	0.068	0.051	0.039
0.194	0.167	0.144	0.125	0.108	0.094	0.067	0.048	0.035	0.026
0.162	0.137	0.116	0.099	0.085	0.073	0.050	0.035	0.024	0.017
0.135	0.112	0.094	0.079	0.066	0.056	0.037	0.025	0.017	0.012
0.112	0.092	0.076	0.062	0.052	0.043	0.027	0.018	0.012	0.008
0.093	0.075	0.061	0.050	0.040	0.033	0.020	0.013	0.008	0.005
0.078	0.062	0.049	0.039	0.032	0.025	0.015	0.009	0.006	0.003
0.065	0.051	0.040	0.031	0.025	0.020	0.011	0.006	0.004	0.002
0.054	0.042	0.032	0.025	0.019	0.015	0.008	0.005	0.003	0.002
0.045	0.034	0.026	0.020	0.015	0.012	0.006	0.003	0.002	0.001
0.038	0.028	0.021	0.016	0.012	0.009	0.005	0.002	0.001	0.001
0.031	0.023	0.017	0.012	0.009	0.007	0.003	0.002	0.001	
0.026	0.019	0.014	0.010	0.007	0.005	0.002	0.001	0.001	
0.022	0.015	0.011	0.008	0.006	0.004	0.002	0.001		
0.018	0.013	0.009	0.006	0.004	0.003	0.001	0.001		
0.015	0.010	0.007	0.005	0.003	0.002	0.001			
0.013	0.008	0.006	0.004	0.003	0.002	0.001			
0.010	0.007	0.005	0.003	0.002	0.001	0.001			
0.004	0.003	0.002	0.001	0.001					
0.002	0.001	0.001							
0.001									

Anhang 3 Tabelle 1: Abzinsungsfaktoren

Gegenwartswert einer Zahlung von 1.–, fällig Ende Jahr.

Anzahl Jahre	2%	4%	6%	8%	10%	12%	14%	16%	18%
1	0.980	0.962	0.943	0.926	0.909	0.893	0.877	0.862	0.847
2	0.961	0.925	0.890	0.857	0.826	0.797	0.769	0.743	0.718
3	0.942	0.889	0.840	0.794	0.751	0.712	0.675	0.641	0.609
4	0.924	0.855	0.792	0.735	0.683	0.636	0.592	0.552	0.516
5	0.906	0.822	0.747	0.681	0.621	0.567	0.519	0.476	0.437
6	0.888	0.790	0.705	0.630	0.564	0.507	0.456	0.410	0.370
7	0.871	0.760	0.665	0.583	0.513	0.452	0.400	0.354	0.314
8	0.853	0.731	0.627	0.540	0.467	0.404	0.351	0.305	0.266
9	0.837	0.703	0.592	0.500	0.424	0.361	0.308	0.263	0.225
10	0.820	0.676	0.558	0.463	0.386	0.322	0.270	0.227	0.191
11	0.804	0.650	0.527	0.429	0.350	0.287	0.237	0.195	0.162
12	0.788	0.625	0.497	0.397	0.319	0.257	0.208	0.168	0.137
13	0.773	0.601	0.469	0.368	0.290	0.229	0.182	0.145	0.116
14	0.758	0.577	0.442	0.340	0.263	0.205	0.160	0.125	0.099
15	0.743	0.555	0.417	0.315	0.239	0.183	0.140	0.108	0.084
16	0.728	0.534	0.394	0.292	0.218	0.163	0.123	0.093	0.071
17	0.714	0.513	0.371	0.270	0.198	0.146	0.108	0.080	0.060
18	0.700	0.494	0.350	0.250	0.180	0.130	0.095	0.069	0.051
19	0.686	0.475	0.331	0.232	0.164	0.116	0.083	0.060	0.043
20	0.673	0.456	0.312	0.215	0.149	0.104	0.073	0.051	0.037
21	0.660	0.439	0.294	0.199	0.135	0.093	0.064	0.044	0.031
22	0.647	0.422	0.278	0.184	0.123	0.083	0.056	0.038	0.026
23	0.634	0.406	0.262	0.170	0.112	0.074	0.049	0.033	0.022
24	0.622	0.390	0.247	0.158	0.102	0.066	0.043	0.028	0.019
25	0.610	0.375	0.233	0.146	0.092	0.059	0.038	0.024	0.016
30	0.552	0.308	0.174	0.099	0.057	0.033	0.020	0.012	0.007
35	0.500	0.253	0.130	0.068	0.036	0.019	0.010	0.006	0.003
40	0.453	0.208	0.097	0.046	0.022	0.011	0.005	0.003	0.001
45	0.410	0.171	0.073	0.031	0.014	0.006	0.003	0.001	0.001
50	0.372	0.141	0.054	0.021	0.009	0.003	0.001	0.001	

20%	22%	24%	26%	28%	30%	35%	40%	45%	50%
0.833	0.820	0.806	0.794	0.781	0.769	0.741	0.714	0.690	0.667
1.528	1.492	1.457	1.424	1.392	1.361	1.289	1.224	1.165	1.111
2.106	2.042	1.981	1.923	1.868	1.816	1.696	1.589	1.493	1.407
2.589	2.494	2.404	2.320	2.241	2.166	1.997	1.849	1.720	1.605
2.991	2.864	2.745	2.635	2.532	2.436	2.220	2.035	1.876	1.737
3.326	3.167	3.020	2.885	2.759	2.643	2.385	2.168	1.983	1.824
3.605	3.416	3.242	3.083	2.937	2.802	2.508	2.263	2.057	1.883
3.837	3.619	3.421	3.241	3.076	2.925	2.598	2.331	2.109	1.922
4.031	3.786	3.566	3.366	3.184	3.019	2.665	2.379	2.144	1.948
4.192	3.923	3.682	3.465	3.269	3.092	2.715	2.414	2.168	1.965
4.327	4.035	3.776	3.543	3.335	3.147	2.752	2.438	2.185	1.977
4.439	4.127	3.851	3.606	3.387	3.190	2.779	2.456	2.196	1.985
4.533	4.203	3.912	3.656	3.427	3.223	2.799	2.469	2.204	1.990
4.611	4.265	3.962	3.695	3.459	3.249	2.814	2.478	2.210	1.993
4.675	4.315	4.001	3.726	3.483	3.268	2.825	2.484	2.214	1.995
4.730	4.357	4.033	3.751	3.503	3.283	2.834	2.489	2.216	1.997
4.775	4.391	4.059	3.771	3.518	3.295	2.840	2.492	2.218	1.998
4.812	4.419	4.080	3.786	3.529	3.304	2.844	2.494	2.219	1.999
4.843	4.442	4.097	3.799	3.539	3.311	2.848	2.496	2.220	1.999
4.870	4.460	4.110	3.808	3.546	3.316	2.850	2.497	2.221	1.999
4.891	4.476	4.121	3.816	3.551	3.320	2.852	2.498	2.221	2.000
4.909	4.488	4.130	3.822	3.556	3.323	2.853	2.498	2.222	2.000
4.925	4.499	4.137	3.827	3.559	3.325	2.854	2.499	2.222	2.000
4.937	4.507	4.143	3.831	3.562	3.327	2.855	2.499	2.222	2.000
4.948	4.514	4.147	3.834	3.564	3.329	2.856	2.499	2.222	2.000
4.979	4.534	4.160	3.842	3.569	3.332	2.857	2.500	2.222	2.000
4.992	4.541	4.164	3.845	3.571	3.333	2.857	2.500	2.222	2.000
4.997	4.544	4.166	3.846	3.571	3.333	2.857	2.500	2.222	2.000
4.999	4.545	4.166	3.846	3.571	3.333	2.857	2.500	2.222	2.000
4.999	4.545	4.167	3.846	3.571	3.333	2.857	2.500	2.222	2.000

Anhang 4 Kennzahlendefinitionen

Bilanzanalyse

Kapitalstruktur (Passiven)

Fremdfinanzierungsgrad (Fremdkapitalquote)	$\frac{\text{Fremdkapital}}{\text{Gesamtkapital}}$
Eigenfinanzierungsgrad (Eigenkapitalquote)	$\frac{\text{Eigenkapital}}{\text{Gesamtkapital}}$
Finanzierungsverhältnis	$\frac{\text{Fremdkapital}}{\text{Eigenkapital}}$
Selbstfinanzierungsgrad	$\frac{\text{Gewinnreserven}}{\text{Eigenkapital}}$

Vermögensstruktur (Aktiven)

Intensität des Umlaufvermögens	$\frac{\text{Umlaufvermögen}}{\text{Gesamtvermögen}}$
Intensität des Anlagevermögens	$\frac{\text{Anlagevermögen}}{\text{Gesamtvermögen}}$
Investitionsverhältnis	$\frac{\text{Umlaufvermögen}}{\text{Anlagevermögen}}$

Liquidität

Liquiditätsgrad 1	$\frac{\text{Flüssige Mittel}}{\text{Kurzfristiges Fremdkapital}}$
Liquiditätsgrad 2	$\frac{\text{Liquide Mittel + Forderungen}}{\text{Kurzfristiges Fremdkapital}}$
Liquiditätsgrad 3	$\frac{\text{Umlaufvermögen}}{\text{Kurzfristiges Fremdkapital}}$

Anlagendeckung (Goldene Bilanzregel)

Anlagedeckungsgrad 1	$\frac{\text{Eigenkapital}}{\text{Anlagevermögen}}$
Anlagedeckungsgrad 2	$\frac{\text{Eigenkapital + langfr. Fremdkapital}}{\text{Anlagevermögen}}$

Erfolgsanalyse

Kapitalrentabilität

Rentabilität des Eigenkapitals	$\frac{\text{Gewinn}}{\text{Eigenkapital}}$
Rentabilität des Gesamtkapitals	$\frac{\text{EBIT}}{\text{Gesamtkapital}}$

Umsatzrentabilität

Bruttogewinnmarge	$\frac{\text{Bruttogewinn}}{\text{Umsatz}}$
EBIT-Marge	$\frac{\text{EBIT}}{\text{Umsatz}}$
Gewinnmarge	$\frac{\text{Gewinn}}{\text{Umsatz}}$

Cashflow-Analyse

Cashflow-Marge	$\frac{\text{Cashflow}}{\text{Umsatz}}$
Cashflow/Investitions-Verhältnis	$\frac{\text{Cashflow}}{\text{Nettoinvestitionen}}$
Verschuldungsfaktor	$\frac{\text{Effektivverschuldung}^{①}}{\text{Cashflow}}$
Zinsdeckungsfaktor	$\frac{\text{Cashflow + Zinsen}}{\text{Zinsen}}$

Aktivitäts-Analyse

Debitorenumschlag	$\frac{\text{(Kredit-)Warenertrag}}{\text{Ø Debitoren}}$
Debitorenfrist	$\frac{\text{365 (evtl. 360)}}{\text{Debitorenumschlag}}$
Lagerumschlag	$\frac{\text{Warenaufwand}}{\text{Ø Warenvorrat}}$
Lagerdauer	$\frac{\text{365 (evtl. 360)}}{\text{Lagerumschlag}}$
Kreditorenumschlag	$\frac{\text{(Kredit-)Wareneinkäufe}}{\text{Ø Kreditoren}}$
Kreditorenfrist	$\frac{\text{365 (evtl. 360)}}{\text{Kreditorenumschlag}}$

① Fremdkapital
./. Flüssige Mittel
./. Forderungen
= Effektivverschuldung

Anhang 5 Kennzahlenwerte aus der Praxis

Die folgende Tabelle mit Kennzahlenwerten aus der Praxis basiert auf den vom Bundesamt für Statistik jährlich publizierten Buchhaltungsergebnissen schweizerischer Unternehmungen, wie sie sich aufgrund von freiwilligen Erhebungen bei etwa 2500 Betrieben ergeben.①

Da es sich um publizierte (externe) Zahlen handelt, sind die Kennzahlen um die Bestände und Veränderungen an stillen Reserven verfälscht. Die EBIT-Marge wurde von den Autoren geschätzt. Die Gesamtkapitalrendite ergab sich durch Multiplikation der geschätzten EBIT-Marge mit dem Kapitalumschlag.

Branche	Intensität des Anlagevermögens	Eigenfinanzierungsgrad	Liquiditätsgrad 2	Liquiditätsgrad 3	Anlagedeckungsgrad 1
Energieversorgung	77%	22%	170%	180%	30%
Nahrungsmittel	53%	29%	90%	110%	54%
Textilgewerbe	42%	33%	150%	210%	78%
Chemische Erzeugnisse	61%	55%	160%	180%	90%
Maschinenbau	36%	38%	110%	160%	106%
Präzisionsinstrumente, medizinische Geräte	23%	63%	290%	360%	275%
Baugewerbe	46%	24%	70%	120%	51%
Grosshandel	32%	24%	100%	130%	74%
Detailhandel	53%	30%	70%	110%	56%
Autogewerbe	33%	17%	80%	330%	51%
Gastgewerbe	85%	16%	28%	31%	19%
Unterhaltung, Sport	80%	57%	50%	50%	71%
Informatikdienste	55%	23%	80%	90%	43%
Privates Unterrichtswesen	65%	20%	70%	70%	30%

① Bundesamt für Statistik: Buchhaltungsergebnisse schweizerischer Unternehmen, Neuenburg 2003

② Full time equivalent (auf Vollzeitstellen umgerechnete Anzahl Mitarbeiter).

③ Kapitalumschlag = Umsatz : Gesamtkapital

Umsatz in TCHF/FTE②	EBIT-Marge	Kapital-umschlag③	Rendite des Gesamt-kapitals	Gewinn-marge	Rendite des Eigen-kapitals	Cashflow-Marge	Verschul-dungsfaktor
1 574	9,0%	0,4	3,6%	3,1%	5,5%	18,9%	4,0
444	4,2%	1,8	7,6%	2,4%	14,8%	6,7%	2,1
219	7,4%	1,0	7,4%	4,1%	12,7%	9,0%	1,7
671	38,4%	0,4	15,4%	36,2%	23,2%	32,5%	0,7
302	8,0%	1,3	10,4%	5,2%	17,4%	7,0%	2,0
387	14,2%	0,8	11,4%	10,0%	12,9%	7,0%	– 4,4
186	4,6%	1,4	6,4%	2,2%	9,6%	4,5%	9,5
1 525	4,8%	1,7	8,2%	2,7%	18,6%	3,6%	2,9
354	3,9%	2,2	8,6%	2,2%	16,3%	4,3%	4,3
1 041	2,7%	2,2	5,9%	1,3%	17,3%	2,0%	9,1
122	– 0,2%	0,7	– 0,1%	– 5,3%	– 23,3%	5,1%	19,2
1 046	6,8%	1,2	8,2%	5,0%	10,3%	9,2%	2,2
289	3,0%	1,4	4,2%	1,5%	8,7%	6,8%	3,8
124	4,0%	1,0	4,0%	1,9%	9,8%	5,3%	8,6

Im **Kontenrahmen KMU** wurden die Kontennummern in den Kontenklassen 3 bis 8 so gewählt, dass sich problemlos eine mehrstufige Erfolgsrechnung in Berichtsform nach dem Gesamtkostenverfahren (sogenannte Produktions-Erfolgsrechnung) gemäss folgendem Muster erstellen lässt (Kontenklassen bzw. Kontengruppen in der hintersten Spalte).

Erfolgsrechnung

	Nettoerlöse aus Lieferungen und Leistungen	3
+/–	Bestandesänderungen an unfertigen und fertigen Erzeugnissen bzw. nicht fakturierten Dienstleistungen	3
=	**Betrieblicher Ertrag aus Lieferungen und Leistungen**	
./.	Material- und Warenaufwand sowie Aufwand für Drittleistungen	4
./.	Personalaufwand	5
./.	Übriger Betriebsaufwand (ohne Abschreibungen und Zinsen)	60–67
=	**Betriebsergebnis vor Zinsen, Steuern und Abschreibungen (EBITDA)**①	
./.	Abschreibungen	68
=	**Betriebsergebnis vor Zinsen und Steuern (EBIT)**	
+/–	Zinsaufwand und Zinsertrag (Finanzaufwand und Finanzertrag)	69
=	**Betriebsergebnis vor Steuern**	
+/–	Aufwand und Ertrag von Nebenbetrieben	7
+/–	Betriebsfremder Aufwand und Ertrag	8
+/–	Ausserordentlicher Aufwand und Ertrag	8
=	**Unternehmenserfolg vor Steuern**	
./.	Direkte Steuern	89
=	**Unternehmenserfolg**	

Je nach Branche und Anwendungsfall können noch Zwischenergebnisse hinzugefügt oder weggelassen werden.

① EBITDA = Earnings before Interest, Taxes, Depreciation and Amortization

- ▷ Earnings = Ergebnis
- ▷ Interest = Zinsen
- ▷ Taxes = Steuern
- ▷ Depreciation = Abschreibung von materiellem Anlagevermögen
- ▷ Amortization = Abschreibung von immateriellem Anlagevermögen

3	**Betriebsertrag aus Lieferungen und Leistungen**
3000	Ertrag aus dem Verkauf von Erzeugnissen (Produktionserlös)
3080	Bestandesänderungen an unfertigen und fertigen Erzeugnissen
3200	Warenertrag (Handelserlös)
3400	Dienstleistungsertrag
3800	*Debitorenverluste (Verluste aus Forderungen)*

4	**Aufwand für Material, Waren und Dienstleistungen**
4000	Materialaufwand
4200	Warenaufwand
4400	Aufwand für Drittleistungen

5	**Personalaufwand**
5000	Lohnaufwand
5700	Sozialversicherungsaufwand
5800	Übriger Personalaufwand

6	**Übriger Betriebsaufwand sowie Zinsen**
6000	Raumaufwand/Mietaufwand
6100	Unterhalt und Reparaturen
6200	Fahrzeugaufwand
6300	Versicherungsaufwand
6400	Energie- und Entsorgungsaufwand
6500	Verwaltungsaufwand
6600	Werbeaufwand
6700	Sonstiger Betriebsaufwand
6800	Abschreibungen
6900	Zinsaufwand (Finanzaufwand)
6950	Zinsertrag (Finanzertrag)

7	**Betrieblicher Nebenerfolg**
740	**Wertschriften-/Beteiligungserfolg**
7400	Wertschriftenertrag
7410	Wertschriftenaufwand
7450	Beteiligungsertrag
7460	Beteiligungsaufwand
750	**Liegenschaftserfolg**
7500	Liegenschaftsertrag
7510	Liegenschaftsaufwand

8	**Neutraler Erfolg**
8000	Betriebsfremder Aufwand
8100	Betriebsfremder Ertrag
8500	Ausserordentlicher Aufwand③
8600	Ausserordentlicher Ertrag
8900	Direkte Steuern④

9	**Abschluss**
9000	Erfolgsrechnung
9100	Bilanz

① Wertberichtigungsposten sind auch bei anderen Aktiven möglich. Für Wertberichtigungskonten wird an der vierten Stelle jeweils die Ziffer 9 verwendet.

② Das Eigenkapital wird je nach Rechtsform unterschiedlich gegliedert.

③ Ausserordentlich umfasst hier als Oberbegriff auch die vom Obligationenrecht genannten einmaligen oder periodenfremden Ereignisse.

④ Bei der Aktiengesellschaft als juristischer Person werden auf diesem Konto die direkten Steuern verbucht. Bei der Einzelunternehmung ist der Steueraufwand der natürlichen Person des Inhabers/der Inhaberin auf dem Privatkonto zu buchen.

Anhang 6 Kontenrahmen KMU

Schweizer Kontenrahmen für kleine und mittlere Unternehmen in Produktion, Handel und Dienstleistung von Sterchi, Mattle, Helbling (Auszug für Schulzwecke)

1	Aktiven
10	**Umlaufvermögen**
100	**Flüssige Mittel**
1000	Kasse
1010	Post
1020	Bank
1050	Kurzfristige Geldanlagen
1060	Wertschriften
110	**Forderungen**
1100	Debitoren (Forderungen aus Lieferungen und Leistungen)
1109	*Delkredere (Wertberichtigung Debitoren)*①
1140	Vorschüsse und Darlehen
1170	Debitor Vorsteuer (MWST)
1176	Debitor VSt (Verrechnungssteuer)
120	**Vorräte**
1200	(Handels-)Waren
1210	Rohmaterial
1260	Fertige Erzeugnisse
1270	Unfertige Erzeugnisse
1280	Nicht fakturierte Dienstleistungen
130	**Aktive Rechnungsabgrenzung**
1300	Aktive Rechnungsabgrenzung (Transitorische Aktiven)
14	**Anlagevermögen**
140	**Finanzanlagen**
1440	Aktivdarlehen
1480	Beteiligungen
150	**Mobile Sachanlagen**
1500	Maschinen, Apparate
1509	*Wertberichtigung*①
1510	Mobiliar, Einrichtungen
1520	Büromaschinen, Informatik, Kommunikation
1530	Fahrzeuge
1540	Werkzeuge, Geräte
160	**Immobile Sachanlagen**
1600	Immobilien (Liegenschaften)
1609	*Wertberichtigung*①
170	**Immaterielle Anlagen**
1700	Patente, Lizenzen
180	**Nicht einbezahltes Grundkapital**
1800	Nicht einbezahltes Aktienkapital

2	Passiven
20	**Fremdkapital**
200	**Kurzfristiges Fremdkapital**
2000	Kreditoren (Verbindlichkeiten aus Lieferungen und Leistungen)
2100	Bank
2200	Kreditor Umsatzsteuer (MWST)
2206	Kreditor VSt (Verrechnungssteuer)
2260	Dividenden
2270	Kreditoren Sozialversicherungen
2300	Passive Rechnungsabgrenzung (Transitorische Passiven)
2330	Kurzfristige Rückstellungen
240	**Langfristiges Fremdkapital**
2400	Bankdarlehen
2430	Obligationenanleihen
2450	Passivdarlehen
2451	Hypotheken
2600	Langfristige Rückstellungen
28	**Eigenkapital**②
	Einzelunternehmung
2800	Eigenkapital
2850	Privat
	Aktiengesellschaft
2800	Aktienkapital
2900	Gesetzliche Kapitalreserve
2950	Gesetzliche Gewinnreserve
2960	Freiwillige Gewinnreserven
2970	Gewinnvortrag